现代实用

养鹅

技术大全

魏刚才　赵永静　申识川　主编

U0243632

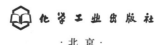

化学工业出版社

·北京·

内容简介

本书主要介绍了鹅的生物学特性、鹅的品种及选择、鹅的繁育、鹅场建设及环境管理、鹅的营养需要与饲料配制、鹅的饲养管理、种草养鹅、鹅病的诊断、鹅场的疾病防治以及鹅场的经营管理等鹅的高效饲养管理核心和关键技术。全书内容实用，语言通俗易懂，并配有大量彩色图片，以便读者更容易理解和掌握。

　　本书适合鹅场技术人员、饲养管理人员、兽医人员、鹅场经营者及广大养鹅专业户阅读参考，也可作为农业大专院校和农村函授培训班的辅助教材和参考书。

图书在版编目（CIP）数据

现代实用养鹅技术大全 / 魏刚才，赵永静，申识川主编. 一北京：化学工业出版社，2022.11（2025.4重印）
ISBN 978-7-122-42129-6

Ⅰ.①现…　Ⅱ.①魏…②赵…③申…　Ⅲ.①鹅－饲养管理　Ⅳ.①S835.4

中国版本图书馆 CIP 数据核字（2022）第 164434 号

责任编辑：邵桂林
文字编辑：朱丽秀　陈小滔
责任校对：刘曦阳
装帧设计：关　飞

出版发行：化学工业出版社
　　　　　（北京市东城区青年湖南街 13 号　邮政编码 100011）
印　　装：涿州市般润文化传播有限公司
850mm×1168mm　1/32　印张 15¼　字数 457 千字
2025 年 4 月北京第 1 版第 2 次印刷

购书咨询：010-64518888
售后服务：010-64518899
网　　址：http：//www.cip.com.cn
凡购买本书，如有缺损质量问题，本社销售中心负责调换。

定　　价：99.00 元　　　　　　　　　　版权所有　违者必究

本书编写人员名单

主编

魏刚才　赵永静　申识川

副主编

赵朋宽　裴俊涛　谢广明　高延敏

编写人员（按姓氏笔画排列）

申识川（濮阳市海关事务服务中心）

李　乐（新乡市农业综合行政执法支队）

李尚超（濮阳市农业综合行政执法支队）

宋　娟（获嘉县动物卫生监督所）

赵永静（濮阳市畜禽改良站）

赵朋宽（南乐县农业农村局）

赵智灿（新乡市动物检疫站）

柴允静（封丘县农业农村局）

徐梦圆（获嘉县乡镇动物防疫检疫中心站）

高延敏（延津县农业农村局动物疫病预防控制中心）

韩　飞（新乡市农业综合行政执法支队）

谢广明（台前县农业农村局）

裴俊涛（濮阳市华龙区农业农村局）

魏刚才（河南科技学院）

前言

近年来，随着我国社会的快速发展和经济水平的不断提高，人们对畜产品提出了更高要求。其不仅要满足数量的供给，更要绿色优质。所以，营养价值高、风味好、绿色无残留的畜产品深受人们青睐，市场需求量大、销售价格高、生产效益好。鹅是草食家禽，对粗纤维的消化能力强，对环境适应能力强，体质健壮，易于管理，这些特点十分有利于绿色优质产品的生产。加之鹅的产品种类多，可以生产出肉、蛋、羽绒、皮毛、血等，经济价值高，市场潜力大，许多地方政府和养殖者都把养鹅业作为一个朝阳产业，这极大地促进了养鹅业的发展，使我国成为养鹅数量最多的国家。

目前，我国养鹅业虽有较大发展（鹅的饲养数量和产品产量不断增加），但生产中仍存在许多问题亟待解决，如规模化和集约化程度的提高、生产性能的改善、产品的开发利用、生产成本的降低等，这就需要尽快推广应用先进配套的养鹅技术。为此，结合多年生产实践、教学与研究和我国养鹅业生产实际，我们组织有关人员编写了《现代实用养鹅技术大全》一书。

本书包括十章，分别是鹅的外貌特征及生物学特性、鹅的品种及选择技术、鹅的繁育技术、鹅场建设及环境管理技术、鹅的营养需要与饲料配制技术、鹅的饲养管理技术、种草养鹅技术、鹅病的诊断技术、鹅场的疾病防治、鹅场的经营管理。本书力求突出技术的实用性和可操作性，保持技术的系统性、先进性和配套性，并配有大量图片以帮助读者理解和应用。本书不仅适合鹅场饲养管理人员和广大养鹅专业户阅读，也可作为农业大专院校和农村函授培训班的辅助教材和参考书。

需要特别说明的是，本书所用药物及其剂量仅供读者参考，不可照搬。在生产实践中，所有药物学名、常用名与实际商品名称有差异，药物浓度也有所不同，建议读者在使用每一种药物之前，参阅厂家提供的产品说明以确认药物用量、用药方法、用药时间及禁忌等。购买兽药时，执业兽医有责任根据经验和对患病动物的了解决定用药量及选择最佳治疗方案。

本书中的图片主要是"家禽生产"课题组多年教学、科研与家禽生产服务的资料。由于作者水平有限，书中难免有不妥或疏漏之处，恳请读者指正。

目录

第五章　鹅的营养需要与饲料配制技术　154

第六章　鹅的饲养管理技术　　228

第七章 种草养鹅技术   295

第八章 鹅病的诊断技术   312

第九章　鹅场的疾病防治　　　340

第十章　鹅场的经营管理　　　454

第一章

鹅的外貌特征及生物学特性

第一节　鹅的外貌特征

1. 头部

鹅头比其他家禽大，前额高大是鹅的主要特征。鹅头部无冠、无肉垂、无耳叶，头的外形视品种而异。我国鹅种多数是鸿雁后代，在喙基部头顶上方长有肉瘤（额包），肉瘤随年龄增长而长大，老鹅的比青年鹅大，公鹅的比母鹅大。喙扁而宽，前端窄后端宽，形成楔形，喙的相对宽度不如鸭子，且角质较软，表层覆盖有蜡膜。喙的边缘有许多横脊，便于水中采食时将水滤出。大多数中国鹅种肉瘤和喙的颜色基本一致，有橘黄色和黑灰色两种。有的品种因咽喉部皮肤松弛下垂，形似袋状，称为咽袋（图1-1）；由灰雁驯化来的国外品种和新疆伊犁鹅无肉瘤和咽袋（图1-2）。

(a) 橘黄色喙   (b) 黑灰色喙

图 1-1　鸿雁驯化的鹅头部特征

(a) 伊犁鹅   (b) 莱茵鹅

图 1-2　灰雁驯化的鹅头部特征

【提示】鹅眼和耳分别是鹅的视觉和听觉器官，非常灵敏，在农村有养鹅护院的习惯。对鹅头部外形的要求，是在符合品种特征前提下，头宜小而短，眼大而明亮，反应灵敏。

2. 颈部

颈部分颈背区、颈侧区（两侧）和颈腹区，各占 1/4。鹅颈比其他家禽粗而长，并弯曲，有利于采食各类牧草。品种不同、性别不同，鹅的颈部也有差异（图 1-3、图 1-4）。鹅颈的粗细与体躯的宽深相关。对鹅颈部外形的要求是在符合品种特征的前提下，宜粗短些。

3. 躯体部

除头、颈、翼和后肢外，其余的都属于躯体部［图 1-5（a）］。鹅的体躯长而宽，且紧凑、坚实。躯体部又分为背区、腹区和左右两胁区。鹅的体躯也因品种不同而有区别，大型品种鹅的体躯大，骨骼也大，肉质较粗；小型品种鹅的体躯较小，骨骼也小，结构紧凑、肉质

(a) 中国鹅颈细长弯成弓形　　　　　　　(b) 欧洲鹅颈粗短

图 1-3　中国鹅颈和欧洲鹅颈特征

(a) 太湖鹅(小型鹅)　　　　　　　(b) 狮头鹅(大型鹅)

图 1-4　小型鹅颈和大型鹅颈特征

小型鹅颈细长，是产蛋量高的特征；大型鹅颈粗短，易育肥，适于生产肥肝。
公母比较，公鹅颈较粗，母鹅颈较细

较细。鹅的体躯长短及宽窄关系到个体的生产性能，体躯长而宽的个体，不仅产肉性能好，而且产羽绒也多；背宽腹大的个体则产蛋性能较高。有的品种母鹅的腹部皮肤有皱褶，俗称"蛋窝"，腹部逐步下垂，是母鹅临产的特征［图 1-5（b）］。对鹅的体躯外形要求是，宽深丰满，呈长方形。

4. 翼部

翼部分肩区、臂区、前臂区和掌指区。臂区和前臂区之间有一薄而宽的三角形皮肤褶即前翼膜。长而窄的后翼膜连接前臂区和掌指区的后缘。鹅的两翼宽大而厚实，且较长，常折叠于背上，有保持身体平衡的功能。鹅不能飞翔（个别品种除外），但急行时两翼张开，有助于行走。

图 1-5　鹅的躯体部（a）和蛋窝（b）

5. 腿部

鹅的腿部粗壮而有力，是支撑机体的支柱（图1-6）。腿部分股区、小腿区、跖区和趾区。各趾之间长着特殊的皮肤褶，称为蹼，鹅游泳时靠蹼划动前进。跖部的长短及粗细是品种的重要特征之一，公鹅跖部较长，母鹅较短；狮头鹅长达 12 厘米，而广东鹅只有 9 ～ 10 厘米。跖和蹼颜色相同，分橘红色和黑色两类。

图 1-6　鹅的腿部

6. 羽毛

鹅的体表覆盖羽毛。羽毛有白色和灰色两种，我国北方白鹅较多，南方灰鹅较多。按其形状结构可分为真羽、绒羽和发羽，从商品角度可分为翅梗毛、毛片和绒毛。实际上，真羽包括翅梗毛和毛片。

绒羽即是绒毛。发羽形似头发，数量很少，在生产上没有意义。鹅的雌雄羽毛很相似，不像鸡那样具有明显的形状和色彩的区别，也不像公鸭那样具有典型的性羽，单靠羽毛形状或颜色很难识别鹅的雌雄（公母区别见图1-7）。多数鹅雏鹅的毛色与成年鹅不同，如太湖鹅雏鹅全身乳黄，成年后纯白；伊犁鹅雏鹅为黄色，成年后多数为灰色。鹅羽毛是否富有光泽，能大体反映鹅体是否健康。

图 1-7　公母鹅的区别

一、鹅的消化特性

鹅在生活和生产过程中，需要各种营养物质，包括蛋白质、脂类、糖类、无机盐、维生素和水等，这些营养物质都存在于饲料中。饲料在消化器官中要经过消化、吸收两个过程。

1. 鹅的消化系统

鹅的消化系统包括消化道和消化腺两部分：消化道由喙、口腔、咽、食管（包括食管膨大部）、胃（腺胃和肌胃）、小肠、大肠和泄殖腔组成；消化腺包括肝脏和胰腺等。

（1）口腔和咽　鹅口腔没有唇、齿，颊部也很短，由上喙和下喙组成，上喙长于下喙，质地坚硬，扁而长，呈凿子状，便于采食草。喙边缘呈锯齿状，上下喙的锯齿互相嵌合，在水中觅食时具有滤水留食的作用。鹅舌长，前端稍宽，分舌尖和舌根两部分。舌黏膜有厚的角质层。鹅丝状乳头位于舌的边缘。舌上没有味觉乳头，但是在口腔黏膜内有味蕾分布。鹅无软腭，所以口腔和咽之间没有明显界限。咽与口腔之间以最后一列腭乳头为界，咽乳头和喉乳头为咽和食管的分界。咽的顶端正中有一咽鼓管口。咽黏膜下有丰富的唾液腺，包括上颌腺、下颌腺、腭腺、咽腺及口角腺。这些腺体很小，但数量很多，能分泌黏液，有导管开口于口腔和咽的黏膜面。

（2）食管　鹅的颈长，食管也长且较宽大，是一条富有弹性的长管，起于口咽腔，与气管并行，略偏于颈的右侧，在胸前与腺胃相连，具有较大的扩张性，便于吞咽较大的食团。鹅无嗉囊，但在食管后段形成纺锤形的食管膨大部，功能与嗉囊相似，起着贮存和浸软食物的作用。

（3）胃　鹅的胃由腺胃和肌胃两部分组成。腺胃呈短纺锤形，位于左、右肝叶之间的背侧部分。胃壁上有许多乳头，乳头虽比鸡的小，但数量较多，可分泌盐酸和胃蛋白酶，分泌物通过导管开口于乳头排到腺胃腔中。肌胃又叫砂囊，位于腺胃后方。肌胃呈扁圆形，有两个通口，一个通腺胃，一个通十二指肠。两个口都在肌胃的前缘。肌胃的肌层发达，暗红色。鹅肌胃的收缩力很强，适于对青绿饲料的磨碎。

【提示】鹅的肌胃压力比鸡大 2 倍，是鸭的 5 倍，内有 2 层厚的角质膜，内装砂石，可把食物磨碎；消化道长，是身体的 10 倍，盲肠特别发达。鹅对青草中的粗纤维消化率可以达到 45% ~ 50%。

（4）小肠　鹅的肠管分为大肠和小肠。小肠分为十二指肠、空肠和回肠。在大、小肠上均有肠绒毛，但无中央乳糜管。在大、小肠黏膜内有肠腺，但在十二指肠内无肠腺。鹅的小肠粗细均匀，肠系膜宽大，并分布大量的血管形成网状。十二指肠位于肌胃右侧。肌胃的幽门口连通十二指肠。十二指肠以对折的盘曲为特征，可分为降部和升部，两部分肠段之间夹有胰。与十二指肠起始端相对应处的十二指肠末端向后侧延续为空肠。空肠形成许多肠袢，由肠系膜悬挂于腹腔顶壁。鹅空肠形成 5 ~ 8 圈肠袢，数目比较固定。空肠中部有一盲突状卵黄囊憩室，是胚胎期间卵黄囊柄的遗迹。回肠短而直，仅指系膜与两盲肠相系的一段。小肠的肠壁由黏膜、肌膜和浆膜 3 层构成，黏膜内有很多肠膜，分泌含有消化酶的肠液，分泌物排入肠腔，对食物进行消化。

（5）大肠　鹅的大肠由 2 条盲肠和 1 条直肠组成，回盲口可作为小肠与大肠的分界线。距回盲口约 1 厘米处的盲肠壁上有一膨大部，由位于盲肠内的大量淋巴小结组成，称为盲肠扁桃体。盲肠呈盲管状，盲端游离，长约 25 厘米，比鸡鸭的都长，它具有消化粗纤维的作用。

（6）泄殖腔　直肠末端连接泄殖腔。泄殖腔略呈球形，内腔面有 3 个横向的环形黏膜褶，将泄殖腔分为 3 部分：前部分为粪道，与直肠相通；中部叫泄殖道，输尿管、输精管或输卵管开口于这里；后部叫肛道，直接通向肛门，肛门壁内有括约肌。

（7）肝脏　肝脏是体内最大的腺体，其重量从孵化出壳到性成熟增加 33.9 倍。一般鹅肝重为 60～100 克，呈黄褐色或暗红色。肝脏分左右两叶，各有一个肝门（每叶的肝动脉、肝门静脉和肝管进出肝的地方称为肝门）。右叶有一个胆囊，右叶分泌的胆汁先贮存于胆囊中，然后通过胆管开口于十二指肠。左叶肝脏分泌的胆汁从肝管直接进入十二指肠。

（8）胰腺　胰腺呈长条形、灰白色，位于十二指肠的肠袢内。胰的分泌部为胰腺，其分泌含淀粉酶、蛋白酶、脂肪酸等的胰液，经两条导管排入十二指肠，消化食物。

2. 鹅的消化生理特点

饲料由喙采食，然后通过消化道直至排出泄殖腔，在各段消化道中消化程度和侧重点各不相同。鹅是草食为主的家禽，在消化上又有其特点。

（1）胃前消化　食物入口后不经咀嚼，被唾液稍微润湿，即借舌的帮助而迅速吞咽。鹅的唾液中含有少量淀粉酶，有分解淀粉的作用。但由于在胃前的消化道中酶活力很低，其消化作用很有限，主要还是起食物通道和暂时贮存的作用。

（2）胃内消化　鹅腺胃可分泌盐酸和胃蛋白酶。胃蛋白酶能对食糜起到初步的消化作用，但因腺胃体积小，食糜在其中停留时间短，所以胃液的消化作用主要在肌胃而不是在腺胃。鹅肌胃很大，肌胃肌肉紧密厚实。同时肌胃内有许多砂粒，在肌胃强有力的收缩下，可以磨碎粗硬的饲料。在机械消化的同时，来自腺胃的胃液借助肌胃的运动得以与食糜充分混合，胃液中盐酸和胃蛋白酶协同作用，把蛋白质初步分解为蛋白胨、蛋白胨及少量的肽和氨基酸。鹅肌胃对水和无机盐有少量的吸收作用。

（3）小肠消化　小肠消化主要靠胰液、胆汁和肠液的化学性消化作用，在空肠段的消化最为重要。胰液和肠液含有多种消化酶，能使食糜中蛋白质、糖类（淀粉和糖原）、脂肪逐步分解，最终成为氨基酸、单糖、脂肪酸等。而肝脏分泌的胆汁则主要促进对脂肪及水溶性维生素的消化吸收。此外，食糜从胃入肠后依靠肠的蠕动逐渐向后推移，同时，鹅的小肠还具有明显的逆蠕动，使食糜往返运行，能在肠内停留更长时间，使消化和吸收更加充分。在小肠中经过消化的养分绝大部分在小肠吸收，鹅吸收的养分都是经血液循环进入组织中被利用的。

（4）大肠消化　大肠由盲肠和直肠构成，盲肠内栖居着微生物，是纤维素的消化场所。除食糜中带来的消化酶对盲肠消化起一定作用外，盲肠消化主要是依靠盲肠内微生物的发酵作用，产生低级脂肪酸而被肠壁吸收。盲肠中有大量细菌，1 克盲肠内容物细菌数有 10 亿个左右，最主要的是严格厌氧的革兰氏阴性杆菌。这些细菌能将粗纤维发酵，最终产生挥发性脂肪酸、氨、胺类和乳酸。同时，盲肠内细菌还能合成 B 族维生素和维生素 K。直肠较短，食糜停留时间也很短，消化作用不大，主要是吸收一部分水分和盐类，形成粪便，排入泄殖腔，与尿液混合排出体外。

3. 鹅的消化特点

鹅是草食家禽，完全可以依赖青绿饲料生存，消化主要是依靠肌胃强有力的机械消化、小肠对非粗纤维成分的化学性消化及盲肠对粗纤维的微生物消化等三者的协同作用。虽然鹅的盲肠微生物能更好地消化利用粗纤维，但由于盲肠处于消化道的后端，很多食糜并不经过盲肠。因此，其消化利用粗纤维的作用也是有限的，所以在配制鹅饲料时，粗纤维含量不能过高。农谚"鹅者饿也，肠直便粪，常食难饱"，反映了鹅是依赖频频采食，采食量大而获得大量养分的。因此，在制订鹅饲料配方和饲养规程时，可采取降低饲料质量（营养浓度），增加饲喂次数和饲喂数量，来适应鹅的消化特点，提高饲养效果。

二、鹅的繁殖特性

1. 鹅的生殖系统

（1）母鹅　母鹅的生殖系统只有左侧的发育完全，右侧的后来退化。生殖系统包括卵巢和输卵管两大部分。

① 卵巢。卵巢位于左肾前叶的下方，借卵巢系膜固定于腹腔顶壁，同时又以腹膜褶与输卵管相连。卵巢分为皮质部和髓质部，皮质部在外层，含有大量不同发育阶段的各级卵泡，突出于表面，大小不等，呈一串葡萄状，大的肉眼可见；髓质部在皮质部内，具有丰富的血管。到产蛋期，卵泡开始发育，逐渐积聚卵黄而增大，逐渐成熟，排出卵泡（蛋黄），直径可达 5 厘米。卵巢还合成和分泌性激素，维持母鹅生殖系统的发育，促进排卵，调节生殖功能。

② 输卵管。输卵管是一条长而弯曲的管道，从卵巢向后一直延伸到泄殖腔，按其形态和功能，可分为 5 段：漏斗部、蛋白分泌部、峡部、子宫部和阴道部。漏斗部边缘呈不整齐的指状突起，叫输卵管伞，当卵巢排卵时，它将卵卷入输卵管中。漏斗部有管状腺，可贮存精子，卵在此受精。蛋白分泌部又叫膨大部，是输卵管最弯曲最长的部分，内有大量的腺体，分泌蛋白质和盐类，形成蛋清。峡部细而短，黏膜内的腺体分泌一部分蛋白质形成纤维性壳膜。子宫部是输卵管最膨大的部分，肌层较厚，黏膜内的腺体分泌钙质、色素和角质层，形成蛋壳。阴道部位于输卵管末段，呈"S"形，开口于泄殖腔的左侧，它分泌的黏液，形成蛋壳表面的保护膜，阴道肌层收缩时将蛋排出体外。

（2）公鹅　公鹅的生殖系统包括两侧的睾丸、附睾、输精管和阴茎。

① 睾丸。呈椭圆形，以一片短的睾丸系膜悬挂在肾前叶的前下

方。睾丸外面被覆一层白膜，内为实质，由许多弯曲的精细管构成，性成熟时在精细管内形成精子。精细管之间分散着间质细胞，产生雄激素，以维持性功能。

② 附睾。鹅的附睾不很明显，主要是由睾丸输出管构成，最后汇成很短的附睾管。

③ 输精管。由附睾管延续而来，与输尿管基本平行向前延伸，末端稍膨大形成储精囊，开口于泄殖腔内的具有勃起功能的输精管乳头上。输精管既是精子通过的管道，又是分泌液体和主要储存精子的地方。

④ 阴茎。是交配器官，比较发达，位于泄殖腔肛道底壁的左侧。回缩时阴茎在基部形成球状，勃起时，基部胀大而填塞整个肛道。游离部呈螺旋状，伸出长达5厘米以上。阴茎表面有一螺旋状的射精沟，勃起时边缘闭合而形成管状，可将精液输入母鹅生殖道内。

2. 鹅的生殖生理特点

一是卵生动物，没有哺乳动物那样的发情期、发情周期和妊娠期；二是卵较大，而且在母鹅输卵管内增添受精卵发育需要的营养物质，随后以蛋的形式产出；三是受精蛋（精子运行到漏斗部与卵子结合，在体内开始发育）产出后可在体外适宜条件下保存，遇到适宜发育的条件后再继续发育，直到孵出雏鹅。

3. 鹅的繁殖特点

（1）季节性　鹅繁殖存在明显的季节性，绝大多数品种在气温升高、日照延长的6～9月间，卵黄生长和排卵都停止，接着卵巢萎缩，一直至秋末天气转凉时才开产，产蛋期在冬春两季。鹅一年只有8～9个月产蛋，其余时间则处于休产期。我国广东鹅与北方鹅品种的繁殖季节基本相反，广东鹅在每年的7月下旬开产，到次年4月上旬休产（狮头鹅为8月下旬到次年4月下旬）；而北方鹅为每年1月份开产，8月份基本休产。由此可见，休产期长是造成鹅产蛋率低的一个重要原因。

【注意】光照对鹅的繁殖有很大影响。在繁殖季节内，鹅对光照要求较高，如果光照不足或过高，会导致鹅繁殖性能降低。不同品种鹅对光照要求不同，从而造成不同品种鹅的繁殖季节性差异。在我国，广东鹅与北方鹅依自然光照的季节性变化而表现各自的繁殖周期。当光照时间由长变短或处于短光照季节则有利于广东鹅的繁殖（短日照品种），而光照由短变长或处于长光照季节则有利于北方鹅的繁殖（长日照品种）。

【提示】目前，很多鹅场利用鹅对光照的敏感性，通过人工调控进行鹅的反季节繁殖生产，使鹅苗和肉鹅的市场供应更加均衡。

（2）就巢性（抱性）　我国鹅种就巢性较强。母鹅一个产蛋年多数产3窝蛋（每窝8～12个蛋），少数产4窝蛋。种鹅一般产完1窝蛋后就巢，无蛋孵化时就巢期短，有蛋孵化时就巢期长，就巢期满后有一段较长恢复期。母鹅就巢期具有种间差异，不同品种鹅就巢期长短不一，同品种间因个体差异，就巢期也不同，可以通过选育来降低母鹅的就巢性，提高产蛋量。

（3）择偶性　在小群饲养时，每一只公鹅常与几只固定的母鹅配种，当重新组群后，公鹅与不熟识的母鹅会互相分离，互不交配，这在年龄较大的种鹅中更为突出。不同个体、品种、年龄和群体之间都有选择性，这一特性严重影响受精率。因此，组群要早，让它们年轻时就生活在一起，产生"感情"，形成默契，能提高受精率。同品种鹅择偶性的严格程度有差异。

（4）迟熟性　一般情况下，鹅的性成熟要晚于体成熟3～5个月，这主要是因为性器官发育和性腺活动受始祖鹅原产于寒带、长期低温驯化而发育缓慢的遗传因素影响，从而使性成熟相对要滞后于身体发育，而其他的大多数畜禽体成熟与性成熟基本同步或略晚。中小型鹅的性成熟期一般为6～8个月，大型鹅则更长。

【提示】种鹅的出雏时间与性成熟有高度相关性。当图卢兹鹅的出雏时间由2月份变为7月份时，开产日龄由52周龄减至42周龄；10～12月份出雏，极其早熟，可以在5～6个月开产。母鹅利用年限一般可以达到5年左右，公鹅的利用年限可达3年左右。母鹅通常在夜间产蛋，仅在产蛋前半小时进窝。

三、鹅的呼吸特性

鹅的呼吸系统由鼻腔、喉、气管、肺及气囊构成。肺不大，嵌于背部肋间，左右各一，呈海绵状、红色，其毛细支气管形成的气体交换面积较大；肺的弹性较差，依靠肋骨运动缩张胸腔而进行呼吸。肺上有开口与气囊相通，而气囊又与骨骼的内腔相通。气囊共有9个，其中颈部2个、锁骨间1个、前胸2个、后胸2个、腹部2个，其作用是储存气体，供肺进行不间断的气体交换，以适应禽类飞翔时强烈的新陈代谢，并且使鹅在潜水时能够保持一定时间的呼吸。

【注意】在给鹅腹腔注射时，应避免将药液注入气囊，造成异物性肺炎。

四、鹅的生活习性

熟悉鹅的生活习性，有利于日常管理制度的制订。鹅的主要生活习性归纳如下方面。

1. 喜水性

鹅是水禽，很喜欢水，在水面上游时像一只小船，轻浮如梭，时而潜入水中扑觅淘食。鹅有在水中交配的习性，特别是在早晨和傍晚，水中交配次数比例占60%以上。鹅喜欢清洁，羽毛总是油亮、干净，经常用嘴梳理羽毛，不断用嘴和下颌从尾脂腺处蘸取脂油，涂以全身羽毛，这样下水可防水，上岸抖身即可干，防止污物沾染。鹅要在陆地产蛋、采食、休息和睡眠，所以产蛋和睡眠的地方，必须保持干燥和清洁。在设计鹅舍时，最好有水陆运动场，二者还要连成一体，才能使鹅保持健康，羽毛有光泽。

2. 食草性

鹅以植物性食物为主，一般情况下，鹅只采食叶子，但野草不多时，茎、根、花、籽实也会被采食。有人把鹅的食草性无限扩大，认为鹅不食荤腥饲料，这是不对的，在李时珍的《本草纲目》中早已纠正了"鹅不食荤"的观点。其实，鹅群放牧时，鹅特别喜食昆虫、蚯蚓等小动物；饲料中加入少量的优质鱼粉，可明显地提高肉鹅的生长速度和母鹅的产蛋量。

3.耐寒性

鹅全身覆盖羽毛，羽毛细密柔软，特别是毛片下的绒毛，绒朵大、密度大、弹性好，保温性能极佳。鹅有发达的尾脂腺，常用喙把尾脂腺的油脂涂在羽毛上面，起到了防水御寒的作用，加之鹅的皮下脂肪比较厚，因而鹅具有较强的耐寒性。即使是在0℃左右的低温下，鹅仍能在水中活动；在10℃左右的气温条件下，便可保持较高的产蛋率。

【提示】鹅耐热能力差，在炎热的夏季，喜欢整天在水中，或者在树荫下纳凉休息，觅食时间减少，采食量下降，产蛋量也下降。许多鹅群往往在夏季停止产蛋。

4.合群性

鹅在野生状态下，天性喜群居。这种本性在驯化家养之后仍未改变，因而家鹅至今仍表现出很强的合群性。鹅喜欢群居和成群行动，行走时列队整齐，觅食时在一定范围内扩散。在大鹅群中，又有"小群体"存在。偶尔个别鹅离群，就"呱呱"大叫，追赶同伴归队集体行动。

【提示】鹅的合群性有利于大群放牧饲养和圈养。

5.次序性

在鹅群中，存在等级序列。新鹅群中等级常常通过争斗产生。等级较高的鹅，有优先采食、交配和占领领域的权力。在一个鹅群中，等级序列有一定的稳定性，但也会随某些因素的变化而变化，如生病时等级地位下降，而健康壮实者则等级提高，外源性雄激素也会导致等级行为的上升。在生产中，鹅群要保持相对稳定，频繁调整鹅群，打乱已存在的等级序列，不利于鹅群生产性能的发挥。

6.反应灵敏性

鹅反应灵敏，有一点动静就会引起鹅的躁动。听觉很灵敏，警觉性很强，遇到陌生人或其他动物时就会高声鸣叫以示警告，有的甚至用喙啄击或用翅扑击。

【提示】鹅肺脏较小，连接许多气囊，而且体内各个部位包括骨腔内都存在着气囊，彼此连通，从而使某些经空气传播的病原体很容易沿呼吸道进入肺、气囊和体腔、肌肉、骨骼之中，所以，各种传染病大多经呼吸道传播，发病迅速。生殖道与排泄孔共同开口于泄殖腔，蛋产出时容易受到粪尿污染，也易患输卵管炎。体腔中部缺少横膈膜，使腹腔感染很容易传至胸部的重要脏器。没有成形的淋巴结，淋巴系统不健全，使病原体在体内的流动传播不易被自身所控制，一旦感染，较易发病。

第二章

鹅的品种及选择技术

第一节　鹅的品种

　　品种是指来源相同、形态相似、遗传性能稳定，具有一定数量和较高经济价值的禽群。品种是养鹅生产的基础，只有选择优良的品种，才可能获得好的经济效果。

一、鹅的品种分类

　　鹅的品种分类方法主要有以下几种。

　　1. 按体重大小分类

　　根据鹅的体重大小分大型、中型、小型三类，这是目前最常用的分类方法（图 2-1）。

　　2. 按性成熟日龄分类

　　根据鹅的成熟日龄可分早熟型、中熟型和晚熟型（图 2-2）。

　　3. 按羽毛颜色分类

　　根据鹅的羽毛颜色分为白鹅和灰鹅两大类（图 2-3）。

公鹅体重3.7~5.0千克，母鹅3.1~4.0千克，如太湖鹅、乌棕鹅、永康灰鹅、豁眼鹅、籽鹅等

公鹅体重为5.1~6.5千克，母鹅4.4~5.5千克，如浙东白鹅、皖西白鹅、溆浦鹅、四川白鹅、雁鹅、伊犁鹅、莱茵鹅等

公鹅体重为10~12千克，母鹅6~10千克，如狮头鹅、图卢兹鹅、朗德鹅等

小型品种鹅　　中型品种鹅　　大型品种鹅

图2-1　按体重大小分类

开产期在130日龄左右的小型和部分中型鹅种

开产期在150~180日龄的中型鹅种

开产期在200日龄以上的大型鹅种

早熟型　　中熟型　　晚熟型

图2-2　按性成熟日龄分类

灰鹅　　白鹅

图2-3　按羽毛颜色分类

【提示】我国北方以白鹅为主，南方灰白品种均有，但白鹅多数带有灰斑，有的同一品种中存在灰鹅、白鹅两系。国外鹅品种以灰鹅占多数，有的品种如丽佳鹅苗呈灰色，长大后逐渐转白色。

4. 按产蛋量多少分类

不同品种鹅的产蛋性能差异很大，高产品种年产蛋高达150枚，甚至200枚，如豁眼鹅、籽鹅等；中产品种，年产蛋60～80枚，如太湖鹅、雁鹅、四川白鹅等；低产品种，年产蛋25～40枚，如我国的狮头鹅、浙东白鹅等，法国的图卢兹鹅、朗德鹅等。

5. 按经济类型分类

（1）绒用型 以皖西白鹅的羽绒洁白、绒朵大为上乘。一些客商在收购羽绒用活鹅时，如果为相同体重的白鹅，以皖西白鹅的价格为最高，故单纯选择绒用型时以皖西白鹅为佳。但皖西白鹅的产蛋量较低，繁殖性能差，如果生产上以肉、绒兼用型为主，可引入四川白鹅、莱茵鹅等对其进行杂交改良。

（2）蛋用型 豁眼鹅（山东叫五龙鹅，辽宁昌图地区叫昌图鹅）、籽鹅的产蛋量堪称世界之最，年产蛋重可达14千克，饲养较好的高产个体可达20千克。这两种鹅个体相对较小，除产蛋用外，还可作母本与体型较大的鹅种杂交生产肉鹅，充分利用其繁殖性能达到批量生产的目的，同时降低鹅种苗的生产成本。

（3）肉用型 仔鹅60～70日龄体重达3千克以上的鹅种均适宜作肉用鹅，如四川白鹅、皖西白鹅、浙东白鹅、天府肉鹅以及引进的莱茵鹅等。它们多属大、中型鹅种，早期增重速度快。

（4）肥肝用型 这类鹅的引进品种主要有朗德鹅、图卢兹鹅，国内品种主要有狮头鹅、溆浦鹅。经填饲后，肥肝重600克以上，优异的可达1000克以上。

【提示】选择鹅种时，除应考虑鹅的经济用途外，还应关注市场需求。如目前白鹅羽绒价高紧俏，故发展羽绒型的鹅场应注重选择相应的品种。此外，鹅肥肝虽然价格不菲，但生产技术要求较高，只有大型公司才有能力对这一产品进行开发，农户的小规模生产不宜进行。当然，农户养鹅宜与公司挂钩，实行"公司＋基地＋农户"的模式进行鲜鹅蛋及活鹅生产，产品回收才有保障。

二、鹅的主要品种

1. 小型鹅品种

（1）太湖鹅

① 产地及分布。原产于江苏省南部的苏州、无锡和浙江省北部的湖州、嘉兴等地区，因这一带均是太湖沿岸，故称太湖鹅。

② 外貌特征。体型小而紧凑，颈细长，肉瘤圆而突起，无咽袋。喙、跖、蹼橘红色，喙端色较淡，爪白色。眼睑淡黄色，虹彩灰蓝色。肉瘤淡黄褐色。公母鹅的全身羽毛都是白色，少数个体在眼梢、头顶、腰背部有少量灰褐色斑点。雏鹅的绒毛乳黄色，喙、跖、蹼橘红色（图2-4）。

图2-4　太湖鹅（左：公鹅；右：母鹅）

③ 生产性能。成年公母鹅体重分别为3.8～4.4千克和3～3.5千克。60日龄体重2.3～2.5千克。仔鹅全净膛率64%、半净膛率78.6%。成年公鹅全净膛率75.6%、半净膛率84.9%。成年母鹅全净膛率68.8%、半净膛率79.2%。开产期160～190日龄。

年产蛋量60～70个，平均蛋重135克，蛋壳白色。公母配比（1∶6）～（1∶7），即1000只母鹅群中放150只公鹅，种蛋受精率可达90%以上。种用期，产区群众饲养种鹅只利用1年，即当年春孵的小鹅留种，下半年开产后，连续产蛋到翌年的5月底或6月初，停产时即淘汰屠宰。实际上太湖鹅的种鹅也可以连续饲养4～5年。

【提示】太湖鹅是小型的白色鹅种，没有就巢性、产蛋率高，是该品种的主要特点。

（2）豁眼鹅

① 产地及分布。原产于山东省莱阳地区，后来推广到东北三省。

② 外貌特征。体型较小，全身羽毛洁白如雪，姿态优美。头较小，成年鹅头顶部肉瘤明显，呈橘黄色，眼大小中等，呈三角形，眼睛不太灵活，虹彩为蓝灰色，在眼睑后上方有自然豁口，故名豁眼鹅。喙扁平，橘黄色。颈细长，向前呈弓形。背宽广平直，挺拔健壮。两腿健壮有力，跗、蹼均为橘黄色。成年公鹅体型略大，有好斗性，叫声高而洪亮。母鹅体型略小，性情温驯，叫声低而清脆，腹部有少量不太明显的皱褶，俗称"蛋包"（图2-5）。

图2-5 豁眼鹅（左：母鹅；右：公鹅）

③ 生产性能。公鹅体重4～5千克，母鹅体重3.5～4千克。生长速度快，初生重70克左右，21日龄为300克左右，30日龄为800克左右，60日龄为2700克左右，70日龄为3500克左右，以后增重迅速减慢，5月龄达体重最高点。有的由于饲养管理条件的变化，体重还会有所下降。一般补饲精料的料肉比为1.5：1。经过育肥屠宰，全净膛率为72%、半净膛率为81%。肌肉纤维较粗，脂肪含量适中，胆固醇含量低，蛋白质含量高达18%，赖氨酸、组氨酸丰富。加工成食品后，颜色红亮，肉香味美。

豁眼鹅成熟较早，出壳后6～7月龄开始产蛋。集约饲养条件下每年产蛋120枚左右，个体高的可达160枚；粗放饲料条件下年产蛋100枚左右。蛋重105～137克，平均重118克；蛋壳白色，蛋形椭圆，横径5.35厘米，纵径7.71厘米，蛋形指数为0.69，料蛋比为3.2：1；公母鹅配种比例为（1：4）～（1：5），母鹅无就巢性，28日龄雏鹅存活率为92%。种鹅在第2年和第3年产蛋最多，可有效利用 3 ～ 4 年。由于豁眼鹅产蛋量最高、抗逆性极强，目前被广泛作为杂交繁育理想的母本品种，其杂交效果极为显著。

豁眼鹅全身白毛，羽绒质量较佳。活鹅人工拔毛，一年可拔两次，每次可拔 75 克，含绒量为 30%。活鹅拔毛蓬松度好，不含杂毛，飞丝少，深受羽绒加工商欢迎。屠宰拔毛每只可产毛 140 克，产绒 60 克左右。120 日龄前的育肥鹅含绒量低、绒絮短，越冬后的鹅羽绒质量最佳，利用价值极高。

【提示】豁眼鹅属中国白色鹅种的著名小型鹅，具有产蛋多、生长快、肉质好、耐粗饲等特点，其中产蛋量居全世界鹅中之最，有"鹅中来航"之称。

（3）籽鹅

① 产地及分布。产于黑龙江省的松嫩平原，以肇东市和肇源、肇州等地饲养最多。

② 外貌特征。体型较小，体躯呈卵圆形，颈细长，肉瘤较小，多数鹅头顶上有缨状羽毛。颌下垂皮（咽袋）小，腹部下垂。全身羽毛白色。喙、跖、蹼橘黄色。虹彩灰蓝色（图2-6）。

③ 生产性能。成年公母鹅体重分别为 4 ～ 4.5 千克和 3 ～ 3.5 千克，初生公鹅体重 89 克，母雏 85 克。70 日龄公仔鹅重 3275 克，母仔鹅 2860 克；70 日龄半净膛屠宰率 78.02% ～ 80.19%，全净膛屠宰率 64.7% ～ 71.3%；开产期 6 ～ 7 月龄。

图 2-6　籽鹅（左：公鹅；右：母鹅）

年产蛋量 100 个以上，多的可达 180 个，平均蛋重 130 克左右。蛋壳白色。公母配比（1：5）～（1：7），受精率和孵化率均在 90% 以上。受精蛋孵化率 90% 以上。没有就巢性。

【提示】籽鹅是我国白色羽毛鹅中的小型高产品种，因高产多子而名籽鹅。

（4）乌鬃鹅

① 产地及分布。原产于广东省清远市。因其颈背部有 1 条由大渐小的深褐色鬃状羽毛带，故又称清远乌鬃鹅。分布于邻近的花都区、佛冈、从化、英德等地。

② 外貌特征。体躯宽短，背平。侧面看，公鹅似榄核形，母鹅似楔形。颈细，眼大，虹彩褐色，喙、肉瘤、跖、蹼均为黑色。成年鹅的头部自喙基和眼的下缘起到最后一节颈椎，有 1 条由大渐小的鬃状黑色羽毛带，颈部两侧羽毛白色，翼、肩、背部的羽毛乌鬃色，这些羽毛末端有明显的棕褐色镶边，故俯视呈乌鬃色。胸部羽毛灰白色，尾羽灰黑色，腹尾的羽绒白色，在背部两边，有 1 条自肩部直至尾根的宽 2 厘米的白色羽毛带，在尾翼间不被覆盖的部分呈现白色圈带。青年鹅的各部羽毛颜色比成年鹅较深（图 2-7）。

③ 生产性能。成年公母鹅体重分别为 3.4 千克和 2.8 千克。初生重 95 克，30 日龄体重 695 克，70 日龄体重 2.5 ～ 2.7 千克，90 日龄体重 3.17 克。料肉比 2.31∶1。经育肥后的肉用仔鹅，公鹅全净膛率 77%、半净膛率 88%；母鹅全净膛率 78%、半净膛率 87%。

图 2-7　清远乌鬃鹅（左：母鹅；右：公鹅）

5 月龄左右开产，年产蛋量 28 ～ 30 个，蛋重 130 ～ 140 克。蛋壳白色。公母配比（1∶8）～（1∶10）。种蛋受精率 85% 以上，受精蛋孵化率 92.5%。就巢性很强，每年就巢 4 ～ 5 次。母鹅可利用 5 ～ 6 年，公鹅可利用 3 ～ 4 年。

【提示】乌鬃鹅为灰色鹅中体型最小的品种，因其肉质鲜美，活鹅在港澳市场上非常畅销。

（5）道州灰鹅

① 产地与分布。产于潇水中游的道县，中心产区为沿潇水河及其主要支流的道县蚣坝、清塘、寿雁、梅花、白马渡、营江、上关、东门、富塘等地，并相继被邻近的蓝山等县区及广西、广东等地区的邻近县市引入饲养。

② 外貌特征。道州灰鹅体型中等，喙、肉瘤呈黑色。颈背侧有一条明显的灰褐色羽毛带，背部羽毛呈灰色，颈前部、胸腹部羽毛为白色，胫、蹼呈黄色或橘黄色，爪呈黑色。特征为"铁嘴、铜脚、灰背、白肚"。颈短、脚短、体短、屁股圆。公鹅颌下有较小的半月状咽袋，母鹅无咽袋。雏鹅绒毛为深灰色（图2-8）。

图2-8 道州灰鹅（左：公鹅；右：母鹅）

③ 生产性能。60～75日龄个体重3.5～4.0千克；90日龄公鹅体重5千克，母鹅4～4.5千克。在粗放饲养条件下，60日龄左右即可上市。母鹅210～240日龄开产，公母配备比例为（1:7）～（1:10）。年产蛋40～60枚，蛋重172.1克，年产蛋3～4窝，每窝可产蛋11～15枚，产蛋时间集中于8月下旬至第二年3月底。就巢性强，每只母鹅可抱蛋10～15枚。

【提示】外形美观，个体适中，觅食力强，抗病耐粗饲，生长迅速，是湖南省家禽品种中的一个优良地方品种，为全省主要的外贸出口产品之一，在港澳市场及东南亚等地享有很高的声誉。

（6）长乐鹅

① 产地及分布。主产区位于福建省的东部沿海、闽江口的南岸。分布于长乐县及邻近的闽侯、福州、福清、连江、闽清等各县、市。

② 外貌特征。成年鹅昂首曲颈，胸宽而挺，体态俊美，具有中国鹅的典型特征。本品种大多数个体羽毛灰褐色，纯白色的很少，仅

占 5% 左右。灰褐色羽的成年鹅，从头部至颈部的背面，有一条深褐色的羽带，与背、尾部的褐色羽区相连接；颈部内侧至胸、腹部呈灰白色或白色，有的在颈、胸、肩交界处有白色环状羽带；喙黑色或黄色；肉瘤黑色或黄色带黑斑；皮肤黄色或白色，胫、蹼黄色；虹彩褐色（颈、肩、胸交界处有白色羽环者虹彩天蓝色）。公鹅肉瘤高大，稍带棱脊形，母鹅肉瘤较小而扁平，两者有明显区别（图 2-9）。

图 2-9　长乐鹅（左：公鹅；右：母鹅）

③ 生产性能。成年公鹅平均体重、体斜长、胸宽、胸深、胫长分别为：4.38 千克、32.24 厘米、11.72 厘米、11.48 厘米、9.60 厘米；成年母鹅分别为：4.19 千克、29.78 厘米、11.10 厘米、9.80 厘米、8.89 厘米。每年产蛋 2～4 窝，平均年产蛋量为 30～40 个，平均蛋重为 153 克。蛋壳白色，蛋形指数 1.4。

70 日龄半净膛率公鹅为 81.78%，母鹅为 82.25%；全净膛率公鹅为 68.67%，母鹅为 70.23%。公母配种比例 1∶6，种蛋受精率为 80% 以上。

【提示】长乐鹅是福建省的优良地方鹅种，有一定的数量和质量，生长较快，肥肝性能较好，但尚未经过系统选育。

（7）伊犁鹅（草鹅、新疆鹅）

① 产地及分布。产于新疆西北部伊犁哈萨克自治州和博尔塔拉蒙古族自治州各县。本品种由产区群众捡野雁蛋孵化后驯养而成，已有 200 多年的饲养历史，这是我国唯一一个起源于灰雁的中小型鹅种。

② 外貌特征。伊犁鹅体型中等，头上平顶，无肉瘤突起，颌下无咽袋，颈较短，胸宽广而突出，体躯呈扁平椭圆形，腿粗短，体型

与灰雁非常相似。雏鹅上体黄褐色，两侧黄色，腹下淡黄色，眼灰黑色，喙黄褐色，胫、趾、蹼橘红色，喙豆乳白色。成年鹅喙象牙色，胫、趾、蹼肉红色，虹彩蓝灰色。羽毛可分为灰、花、白三种颜色。灰色伊犁鹅，头、颈、背、腰等部羽毛灰褐色，胸、腹、尾下灰白色，并杂以深褐色小斑，喙基周围有一条狭窄的白色羽环，在体躯两侧及背部，深浅褐色相衔接，形成状似覆瓦的波状横带，尾羽褐色，羽端白色，最外侧两对尾羽白色（图2-10）。花色伊犁鹅，羽毛灰白相间，头、背、翼等部灰褐色，其他部位白色，常见在颈肩部出现白色羽环。白色伊犁鹅全身羽毛白色。

③ 生产性能。成年公母鹅体重分别约4.5千克和3.5千克。60日龄体重2.5～3千克。90日龄体重2.7～3.4千克。8月龄育肥15天的肉鹅屠宰，平均活重3.81千克，全净膛率75.5%左右，半净膛率83.6%左右。

图2-10　灰色伊犁鹅（左：公鹅；右：母鹅）

开产期9～10月龄。年产蛋量，第一至二年10个左右，第三至六年15个左右。平均蛋重150克。蛋壳白色。公母配比（1：2）～（1：4），受精率83.1%以上；受精蛋孵化率81.9%。就巢性每年1次，少数有2次。每只鹅可以产绒240克。

【提示】伊犁鹅的特点是耐寒冷、耐粗饲，适于放牧饲养，在产区几乎全部放牧于草地，很少补喂精料。

（8）麻阳白鹅

① 产地及分布。产于湖南省西部的麻阳、芷江等地。

② 外貌特征。全身羽毛洁白，颈细长呈弓形，体躯较长，额头肉瘤突出，喙、肉瘤、胫、蹼橘红色，爪白色。

③ 生产性能。成年公鹅体重4.5～5千克，母鹅体重4～4.5千

克。90日龄公鹅重4.3千克左右，母鹅4千克左右。开产期6～7月龄。年平均产蛋量80个左右。平均蛋重140～150克。基本没有就巢性。

【提示】麻阳白鹅是我国优良的肉用母系鹅种，体型较大、产蛋量较高。

2. 中型鹅品种

（1）溆浦鹅

① 产地及分布。产于湖南省沅水支流的溆水两岸，中心产区在溆浦县附近的新坪、马田坪、水车坪等地，分布于溆浦县及怀化地区各县市。

② 外貌特征。体躯稍长、似圆柱形。公鹅头颈高昂，挺立雄壮，叫声洪亮。母鹅体型稍小，性情温顺，产蛋期后躯丰满，腹部下垂，有腹褶。羽毛颜色有灰、白两种。白色溆浦鹅，喙、肉瘤、跖、蹼橘黄色，皮肤浅黄色，眼睑黄色，虹彩灰蓝色。灰色溆浦鹅的背、尾和颈部羽毛都是灰褐色，腹部白色；皮肤浅黄色；眼睑黄色，虹彩灰蓝色，跖、蹼橘红色，喙黑色；肉瘤突起，呈灰黑色（图2-11）。

(a)   (b)

图2-11　灰色溆浦鹅（a）和白色溆浦鹅（b）

③ 生产性能。成年公母鹅体重分别为5.6～6.5千克和5.5～6千克。60日龄体重3.2千克左右。90日龄体重4.42千克。6月龄公母鹅半净膛率分别为88.6%和87.3%；全净膛率分别为80.7%和79.9%。成年鹅填饲3周后，肥肝平均重627克，最大可达1330克。

年产蛋量25～40个，平均蛋重200克。蛋壳白色居多，少数为淡青色；开产期7～8月龄。公母配比（1：3）～（1：5），受精率均在90%以上，受精蛋孵化率93.5%。公鹅利用年限3～5年，母鹅利用年限5～7年。就巢性较强，每年2～3次，多的达5次。

【提示】溆浦鹅是我国地方鹅种中产肥肝性能较好的一个品种。

（2）皖西白鹅

① 产地及分布。产于安徽省西部的丘陵山区和河南省固始县，主要分布于皖西霍邱、寿县、六安、肥西、舒城、长丰等地。

② 外貌特征。体态高昂，细致紧凑，全身羽毛白色，体躯呈长方形。公鹅的颈粗长有力，母鹅的颈较细短，腹部轻微下垂。肉瘤橘黄色，公鹅的大而突出，圆而光滑。喙橘黄色，喙前端渐淡。跖、蹼橘红色。虹彩灰蓝色。约有6%的鹅颌下有咽袋。少数个体头颈后部有球形羽束，称为"顶心毛"（图2-12）。

图2-12 皖西白鹅（左：母鹅；右：公鹅）

③ 生产性能。成年公母鹅体重分别为6.0～6.8千克和5.5～6.1千克。初生重105克，60日龄体重3.4～3.6千克，90日龄体重4.3～4.8千克，110日龄体重4.7～5.5千克。全净膛率72.8%，半净膛率79%。

开产期6～9月龄。年产蛋量25个左右，平均蛋重142克。蛋壳白色。公母配比（1∶4）～（1∶5）。种蛋受精率88.7%，受精蛋孵化率91.1%。种用期，公鹅在8月龄后开始配种，可利用3～4年；母鹅4～5年，优良个体可利用7～8年。98%以上的个体每年就巢2次，少数个体每年只产1窝蛋，就巢1次；羽用性能好，绒朵大，平均每只每次产羽绒300克左右，其中纯绒有40～50克。

【提示】皖西白鹅是我国中型白色鹅种中体型较大的一个地方优良品种，具有早期生长快、耐粗饲、肉质好、羽绒品质优良等特点。

（3）浙东白鹅

① 产地及分布。中心产区在浙江东部的奉化、象山、定海一带，故称浙东白鹅。过去有的称奉化白鹅、象山白鹅、定海白鹅等，都是浙江白鹅品种内的地方类群。广泛分布于绍兴、余姚、慈溪、上虞、嵊州、新昌等地。

② 外貌特征。中等体型。体躯长方形，全身羽毛白色，仅有少数个体在头颈部或背腰处杂少数黑色斑块。颈细长，无咽袋。额上肉瘤高突，呈半球形覆盖于头顶，随年龄增长而突起明显（公鹅的肉瘤更明显）。喙、跖、蹼幼年时橘黄色，成年后橘红色，爪白色，眼睑金黄色，虹彩灰蓝色。成年公鹅高大雄伟，鸣声洪亮，好斗逐人；成年母鹅腹宽下垂，鸣声低沉，性情温顺（图2-13）。

图 2-13　浙东白鹅（左：母鹅；右：公鹅）

③ 生产性能。成年公鹅体重约5千克，母鹅4千克左右；初生重105克，60日龄体重3～3.5千克。70日龄左右（体重3.0～4.0千克）上市。全净膛、半净膛率分别为72%和81%。经填肥后，肥肝平均重392克，最大达600克。

开产期6月龄左右。年产蛋量35～45个。平均蛋重140～150克。蛋壳乳白色。公母配比一般是1∶10，群众饲养中有的达1∶15以上。种用期，公鹅初配年龄控制在7月龄以上，可利用3～5年，母鹅可利用5～6年。绝大多数个体都有较强的就巢性，每年就巢3～5次。一般连续产蛋9～11个后就巢1次。

【提示】浙东白鹅生长速度快、肉质好，是我国中型鹅中优良的品种之一。

（4）四川白鹅

① 产地与分布。四川白鹅主产于四川省南溪区，分布于江安县、长宁县、翠屏区、高县和兴文县等区县。

② 外貌特征。全身羽毛洁白、紧密，喙长 8.5 厘米、橘红色，胫、蹼呈橘红色，眼睑椭圆形，虹彩蓝灰色。成年公鹅体质结实，头颈较粗，体躯较长，额部有一个半圆形肉瘤。成年母鹅头清秀，颈细长，肉瘤不明显。成年公母鹅平均体重分别为 4.36 千克和 4.21 千克（图 2-14）。

(a) 母鹅　　　　　　　(b) 公鹅

图 2-14　四川白鹅

③ 生产性能。四川白鹅初生重 81.1 克，60 日龄平均重 2855.7 克，平均日增重 46.2 克，90 日龄平均重 3528.9 克，60 ～ 90 日龄平均日增重 22.1 克。产地群众喜欢肥嫩仔鹅，从 60 日龄开始陆续上市出售。公鹅 6 月龄平均体重 3.57 千克，全净膛屠宰率 79.3%，胸腿肌重 829.5 克，占胴体重的 29.3%；母鹅 6 月龄分别为 2.9 千克、73.1%、645 克和 34.4%。成年公鹅平均体重 3.85 千克，全净膛屠宰率 75.9%，胸腿肌重 861 克，占胴体重的 29.5%；成年母鹅分别为 3.4 千克、73.5%、788 克和 31.7%。料肉比（1∶1）～（1.3∶1）（不包括青绿饲料），骨肉比 0.37∶1。

四川白鹅产蛋旺季为 10 月至次年 4 月，一般年产蛋量 60 ～ 80 枚，高的可达 100 ～ 120 枚，平均蛋重 149.92 克，蛋壳白色。部分母鹅有就巢性。据南溪区四川白鹅原种场观察，圈养可消除就巢性，产蛋量提高 10% ～ 15%。公鹅性成熟期 180 天左右，母鹅开产日龄 200 ～ 240 天。公母比例（1∶3）～（1∶4）。受精率为 84.5%，受精蛋孵化率为 84.2%。0 ～ 20 周成活率 97.6%。

【提示】四川白鹅具有生长快、产蛋量高、体重大、适应性强、

肉质及产绒性能好等特点。

（5）莱茵鹅

① 产地及分布。原产于德国的莱茵河流域，在欧洲大陆分布很广，是欧洲鹅种中产蛋量较高的品种。江苏省南京市于 1990 年从法国克里莫公司引进了莱茵鹅。

② 外貌特征。全身羽毛白色，喙、跖、蹼橘黄色。初生雏绒毛灰白色，随着周龄增加而逐渐变化，至 6 周龄时变为白色羽毛（图2-15）。

图2-15　莱茵鹅（左：母鹅；右：公鹅）

③ 生产性能。成年公鹅体重 5 ～ 6 千克，母鹅 4.5 ～ 5 千克。在适当的饲养条件下，8 周龄体重达 4.2 ～ 4.3 千克，料肉比为（2.5∶1）～（3∶1），适于大型鹅场大批生产肉用仔鹅。生产肥肝性能中等，一般填饲条件下肥肝重 350 ～ 400 克，如用于肥肝生产，则必须经过杂交。

7 ～ 8 月龄开产，年产蛋量 50 ～ 60 个，蛋重 150 ～ 190 克；公母配比（1∶3）～（1∶4），受精率 75% 左右。

【提示】在法国和匈牙利，常用朗德鹅作父本，与莱茵鹅的母鹅交配，杂交鹅用以生产肥肝。如与意大利公鹅交配，杂交鹅作肉用仔鹅。

（6）天府肉鹅

① 产地与分布。四川农业大学家禽育种试验场采用现代家禽商

业育种的原理和方法，利用引进种和地方良种的优良基因库，经过十余年的努力，成功培育出了遗传性能稳定的天府肉鹅配套系。除四川省外，现已推广到安徽、广西、云南、上海、湖北、广东、江苏、贵州等地。

② 外貌特征。母系肉鹅体型中等，全身羽毛白色，喙橘黄色，头清秀，颈细长，肉瘤不太明显。父系公鹅体型中等偏大，额上无肉瘤，颈粗短，成年时全身羽毛洁白。初生雏鹅和商品代雏鹅头、颈、背部羽毛为灰褐色，从 2 ～ 6 周龄逐渐转为白色（图 2-16）。

图 2-16　天府肉鹅（左：母鹅；右：公鹅）

③ 生产性能。父系成年公鹅体重 5577.5 克，母鹅体重 4728.0克；母系成年公鹅体重 4216.7 克，母鹅体重 3943.2 克。天府肉鹅商品代在放牧补饲饲养条件下，8 周龄活重达 3394.2 克，10 周龄活重4220.0 克，料肉比 1.68∶1。10 周龄父系公鹅、母系母鹅、商品肉鹅全净膛屠宰率分别为 75.2％、69.0％、69.0％。天府肉鹅 17 周龄活体拔羽绒重：父系公鹅 40.1 克、母鹅 48.8 克，母系公鹅 33.0 克、母鹅32.4 克。父系的产绒性能优于母系。

母系开产日龄 190 ～ 200 天，年产蛋 85 ～ 90 枚，蛋重 141.3克，受精率 88％以上；父系开产日龄 210 ～ 230 天，年产蛋 40 ～ 50枚，蛋重 147.5 克，受精率 74％ ～ 77％；配套系种鹅开产日龄200 ～ 210 天，年产蛋 85 ～ 90 枚。

【提示】天府肉鹅配套系具有产蛋多、适应性和抗病力强、商品

肉鹅早期生长速度快等特点，深受广大养鹅户的青睐。

（7）诏安灰鹅

① 产地及分布。诏安灰鹅主产于福建省诏安县四都、桥东、深桥、西潭等乡镇。漳州、泉州等地及广东潮汕地区有大量分布。诏安灰鹅为地理标志证明商标。

② 外貌特征。体型高大，呈长方舟形，头高昂，姿态雄伟，步态稳健。头大小适中。喙黑色，短而坚实。颌下部有肉垂，质软，呈弓形，延展至颈部，前额与喙交界处均有肉瘤状的结缔组织。眼皮凸出，多呈黄褐色眼圈，眼球凹陷，虹彩棕黑色。公鹅面部皮肤比母鹅松软。全身背部羽毛及翼羽灰褐色，由头顶至颈部、背部，形成由前至后如鬃毛状的较深色的羽毛带，中腹部羽毛灰白色或白色。胫粗，橙红色。蹼宽，橙红色，有黑斑（图2-17）。

图2-17　诏安灰鹅（左：母鹅；右：公鹅）

③ 生产性能。平均体重：初生重111.51克，10日龄360.40克，30日龄1159.74克，50日龄2322.44克；成年公母鹅体重分别为6785克和6225克；肉用仔鹅65～70日龄平均体重5500克。16日龄公母鹅平均半净膛屠宰率分别为70.22%和70.22%；61日龄公母鹅平均全净膛屠宰率59.99%和60.45%。成年公母鹅平均肝重分别为（155.98±28.89）克和（117.74±21.16）克。

母鹅平均开产日龄195天。年产蛋4～5窝，每窝产蛋8～10枚，平均年产蛋34枚，平均蛋重197.57克。平均蛋形指数1.5。蛋壳乳白色。留种鹅群公母比例（1:6）～（1:7）。受精率可达80%以上，育雏成活率93%～95%。母鹅就巢性强，每产1窝蛋就巢1次，年就巢4～5次，每次25天。种公鹅利用年限2～3年，种母鹅4～5年，个别可延长到5～6年。

（8）马冈鹅

① 产地与分布。马冈鹅产于广东省开平市马冈镇，分布于佛山、雄庆、湛江及广州一带。

② 外貌特征。马冈鹅具有乌头、乌颈、乌背、乌脚等特征。颈的背侧黑褐色，背、翼、尾羽黑灰色，带有灰色的镶边；胸部褐色，腹部及其两侧灰白色。喙、肉瘤、胫、蹼黑色，虹彩褐色。公鹅体型较大，头大、颈粗、脚宽、背阔；母鹅全身羽毛紧贴（图2-18）。

图2-18　马冈鹅（左：公鹅；右：母鹅）

③ 生产性能。初生重为113克，成年公鹅体重5～5.5千克，成年母鹅4.5～5千克。半净膛屠宰率为85%～88%，全净膛屠宰率为73%～76%。母鹅140～150日龄开产，年产蛋35～40枚，平均蛋重150克；蛋壳白色。公母鹅配种比例为（1:5）～（1:6），种蛋受精率在85%左右，受精蛋孵化率90%左右。母鹅可利用5～6年；就巢性较强，每年3～4次。

【提示】马冈鹅属中型灰色鹅种，具有生长快、肉质鲜嫩、早熟、易肥等特点。

（9）白罗曼鹅

① 产地与分布。原产于意大利，后来丹麦、美国和我国台湾对白罗曼鹅进行了较系统的选育，主要提高其体重和整齐度，改善其产蛋性能。英国则选体型较小而羽毛纯白美观的个体留种。我国台湾地区进行了引进和培育，并且使其成为主要的肉鹅生产品种，饲养量占台湾全省的 93% 以上。近年来，在福建、广东、安徽等地有台商引进繁殖。

② 外貌特征。白罗曼鹅外表很像埃姆登鹅，但体型比埃姆登鹅小，属于中型鹅种。全身羽毛白色，眼为蓝色，喙、脚、胫、趾均为橘红色。其体型明显的特点是"圆"，颈短、背短、体躯短（图2-19）。

图 2-19　白罗曼鹅（左：母鹅；右：公鹅）

③ 生产性能。成年公鹅体重 6.0 ～ 6.5 千克，母鹅体重 5.0 ～ 5.5 千克。白罗曼鹅饲养 87 ～ 90 天即可出栏屠宰，母鹅平均重 6.5 千克，公鹅平均重 7.5 千克。料肉比约为 2.8∶1。母鹅每年产蛋数 40 ～ 45 个，受精率 82% 以上，孵化率 80% 以上。

【提示】白罗曼鹅性成熟早，具有中等繁殖力，易于饲养，可以用于肉鹅和羽绒生产，也可用作杂交配套的父本以改善其他品种的肉用性能和羽绒性能。

（10）雁鹅

① 产地及分布。原产于安徽省的霍邱、寿县、六安、舒城、肥西及河南省的固始等地，分布于安徽各地，以江苏省西南部与安徽省接壤的镇宁丘陵地区发展较快。目前，安徽的郎溪、广德一带是雁鹅

的饲养中心。

② 外貌特征。头顶肉瘤黑色，呈桃形或半球形向前方突出。肉瘤边缘及喙的后部有半圈白羽，喙扁阔、黑色，眼球黑色，虹彩灰蓝色。颈细长，胸深广，背宽平，腹下有皱褶，腿粗短，跖、蹼橘黄色（少数有黑斑），爪黑色。雏鹅全身绒毛墨绿色或棕褐色；喙、跖、蹼均灰黑色。成年鹅羽毛灰褐色或深褐色，颈的背侧有一条明显的灰褐色羽带；体躯的羽色由上向下从深到浅，至腹部成为灰白色或白色；除腹部的白色羽毛外，背、翼、肩及腿羽都是镶边羽（即灰褐色羽镶白色边），排列整齐（图 2-20）。

图 2-20　雁鹅（左：母鹅；右：公鹅）

③ 生产性能。成年公母鹅体重分别为 6 千克左右和 4.5 ～ 5 千克。60 日龄体重 2.1 ～ 2.5 千克（以放牧为主的）。公鹅的全净膛率、半净膛率为 72%、86%；母鹅的全净膛率、半净膛率为 65%、83%。7 ～ 9 月龄开产，年产蛋量 25 ～ 35 个，平均蛋重 150 克。蛋壳白色。公母配比 1∶5。种用期，公鹅性成熟后 1 ～ 2 年内性欲旺盛，雄性较好；母鹅开产后 3 年内产蛋量逐年提高，一般利用 5 年左右。就巢性较强，一般 1 年就巢 2 ～ 3 次。

【提示】雁鹅是中国鹅灰色品种中的代表类型。

（11）意大利鹅（奥拉斯鹅）

① 产地与分布。原产于意大利北部地区。育种过程中，加入过中国鹅血统，由派拉奇鹅改良育成，在欧洲各国分布较广。

② 外貌特征。全身羽毛白色，肌肉发达。

③ 生产性能。成年体重公鹅6～7千克，母鹅5～6千克。8周龄体重4.5～5千克。年产蛋量50～60个。公母配比（1∶3）～（1∶5），种蛋受精率85%左右。

【提示】意大利鹅具有生长快、繁殖率高等优点，适用于生产肉用仔鹅。匈牙利等国常用朗德鹅的公鹅与意大利鹅的母鹅杂交，用杂交鹅生产肥肝比较理想，经填肥后活重可达7～8千克，肥肝重可达700克左右。

（12）扬州鹅

① 产地与分布。扬州鹅是由扬州大学培育而成，被誉为我国第一个新的鹅种。其已在江苏省盱眙、盐城、洪泽区、武进区、镇江、张家港、东台、兴化等地以及山东、河南、上海、黑龙江、安徽等十多个省（自治区、直辖市）推广试养，并取得成功。

② 外貌特征。扬州鹅体型中等，体躯方圆紧凑。全身羽毛白色，偶见在眼梢或腰背部呈少量灰黑色羽毛个体；头中等大小，肉瘤明显，呈橘黄色，颈匀称，喙、胫、蹼呈淡橘红色，眼睑呈蛋黄色，虹彩呈灰蓝色。公鹅体态健壮，体型比母鹅略大而长，肉瘤大于母鹅；母鹅体态清秀。雏鹅全身乳黄色，喙、胫、蹼橘红色（图2-21）。

图2-21　扬州鹅（左：母鹅；右：公鹅）

③ 生产性能。70日龄仔鹅体重可达3.3～3.5千克，比太湖鹅的生长速度快27.8%；肉质好，肉类蛋白质含量比它的父本高1%；产蛋水平比较高，年产蛋量可达72～75枚，生产雏鹅62～64只。

【提示】扬州鹅集中了父本和母本的优点，它生长速度快、肉质好、繁殖率高。耐粗饲，放牧的时候任何草它都能吃。

3. 大型鹅品种

（1）狮头鹅

① 产地及分布。产于广东省饶平县溪楼村。现在广泛分布于广东省澄海区及汕头市郊区，即潮汕平原一带。因成年鹅的头部大如雄狮头状而得名。

② 外貌特征。狮头鹅体型硕大。体躯似方形，胸深而广，头大颈粗；肉瘤发达，并向前方突出，覆盖于喙的上方，两颊有左右对称的黑色肉瘤 1～2 对，尤其是公鹅和 2 岁以上的母鹅，肉瘤突出更为明显。喙短小呈黑色；跖、蹼橘红色，带有黑斑。脸部皮肤松软，眼皮突出，看上去好像眼球下陷。颌下咽袋发达，一直延伸至颈部。全身羽毛以灰色为基调，前胸和背部的羽毛以及翼羽均为棕褐色。由头顶至颈部直达背部形成一条鬃状的深褐色羽毛带。腹部毛色较浅，呈白色或灰白色（图 2-22）。

图 2-22　狮头鹅（左：母鹅；右：公鹅）

③ 生产性能。成年公鹅体重 8.5～9.5 千克，母鹅体重 7.5～8.5 千克；公母鹅初生重分别为 134 克和 133 克；60 日龄公鹅重 4.6～5.5 千克，母鹅重 4.2～5.2 千克。70～90 日龄上市未经育肥的仔鹅全净膛率 71%～73%，半净膛率 81%～84%；经 3～4 周填饲，平均肥肝重可达 600～750 克，最大 1400 克。

6～7 月龄开产。第一年产蛋 20～24 个，平均蛋重 170～

180 克。两年以上产蛋 24 ～ 30 个，平均蛋重 210 ～ 220 克。蛋壳乳白色。公母配比一般（1∶5）～（1∶6）。种蛋受精率 70% ～ 80%，受精蛋孵化率 80% ～ 90%。种用期，母鹅可利用 5 ～ 6 年，盛产期在 2 ～ 4 岁。青年公鹅配种都在 200 日龄以上，种公鹅可用 2 ～ 4 年。母鹅都有较强的就巢性，一般产蛋 6 ～ 10 个就巢 1 次，全年就巢 3 ～ 4 次。

【提示】狮头鹅是我国最大型的鹅种。

（2）朗德鹅

① 产地及分布。原产于法国西部的朗德省，匈牙利也有相当大的饲养量。由大型的图卢兹鹅和体型较小的玛瑟布鹅经过长期的连续杂交后选育而成，是优秀的肝用品种。

② 外貌特征。产地标准的朗德鹅是灰色羽品种，其全身羽毛以灰褐色为基调；颈背部羽色较深，接近黑色；胸部羽色渐浅，呈银灰色；腹部羽毛乳白色。实际上，朗德鹅的羽毛颜色尚未完全一致，还有少量白色和灰色的个体。朗德鹅的体型与中国鹅不同，具有从灰雁驯养的欧洲鹅特征，体型硕大，背宽胸深，腹部下垂，头部肉瘤不明显，喙尖而短，颈上部有咽袋，颈粗短，颈羽稍有卷曲。当站立或行走时，体躯与地面几乎呈平行状态（图 2-23）。

图 2-23　朗德鹅（左：母鹅；右：公鹅）

③ 生产性能。成年公鹅体重 7.0 ～ 8.0 千克，母鹅 6.0 ～ 7.0 千克。朗德鹅肝用性能好。山东昌邑引种后填饲测定，平均肥肝重 895 克，料肝比 24∶1，填饲期体重增长率 62% ～ 70%，但肥肝的质地欠佳。

年产蛋量 40 个左右，平均蛋重 180 ～ 200 克。公母配比 1∶3，就巢性较弱。公鹅配种能力差，精液品质欠佳，因而种蛋的受精率一般只有 60% ～ 65%。

第二节　鹅的品种选择和引进

优良品种是指适合一定地区、一定饲养环境条件和一定市场需求的适宜品种。养鹅要高产、高效，必须选择和引进优良品种。

一、鹅的品种选择

每一个品种由于适应性的差异，其生产性能在不同的地区有不同的表现，有的品种在某个地区表现优良，在另一个地区可能表现得不那么优良。同时，消费习惯和市场销售等因素也会影响到品种的选择。所以生产实际中，选择品种应考虑以下几个方面：

1. 生产性能

鹅的品种多种多样，不同的品种有不同的特点、不同的生产性能和不同的经济用途，其生产效果也有较大的差异，所以在选择品种时要充分考虑其生产用途和生产性能。如果是生产商品仔鹅，应选择生产速度快、体型大的大型鹅种。如果是种用鹅场，选择品种不仅要考虑生长速度，还应考虑产蛋量。因为生长速度与产蛋量呈负相关，生长速度快、产肉率高的大型鹅种，产蛋量少，生产雏鹅数量少，效益就差。可以选择产蛋量较高、生长速度较快的中小型品种或选择配套系种鹅（即母系来源于产蛋量高的鹅种，父系来源于生长速度快、体型大的品种，而且它们之间具有较好的配合力），如四川天府肉鹅是我国经过 10 多年专门化品系选育育成的一个肉鹅配套系。如果生产肥肝，通常情况下，肉用性能佳、体型越大的鹅品种，肥肝平均重越大。

2. 适应能力

每个品种都是在特定的环境条件下形成的，对原产地有特殊的适应能力。当被引入新的地区后，如果新地区的环境条件与原产地差异过大，其生产性能则不能充分表现。所以选择品种时既要考虑引进品种的生产性能，又要考虑当地条件与原产地条件的差异程度，应选择生命力强、成活率高、适应当地气候及环境条件的品种。

3. 市场需要

市场经济条件下，生产者只有根据市场需要来进行生产，才能获得较好的效益，鹅的生产也不例外。鹅的主要产品是鹅肉，其次是羽绒和一些副产物。由于鹅肉消费习惯的差异，形成了两大不同的消费需求市场。一部分是广东、广西、云南、江西、香港、澳门及东南亚地区，市场对鹅的品种要求为灰羽、黑头、黑脚，饲养的品种主要是灰鹅品种。近年来，多数养鹅场利用灰鹅品种（如马冈鹅、合浦鹅等为父本）与产蛋量高的天府肉鹅配套母系、四川白鹅等（为母本）进行杂交。另一部分是我国绝大部分省（区市）消费市场，对白鹅比较喜爱，饲养的鹅品种多是白羽鹅种。

二、鹅的品种引进

同一个品种来自不同的养殖场其品质就有较大差异，引种过程中一些因素也会影响引种效果，所以选好品种后还要注意做好如下引种工作。

1. 详细了解

引种前必须进行详细了解，绝对不能盲目引种。一要详细查阅引入品种的有关技术资料，对引入品种的生产性能、饲料营养要求要有足够的了解，如纯种应有的外貌特征、繁殖性能、遗传稳定性和饲养管理特点以及抗病力等。二要详细了解引种的种鹅场饲养管理情况。种鹅场的饲养管理情况直接影响到雏鹅的内在品质和健康，从而影响到以后生产性能的表现和经营效果。要到技术力量强、有种畜禽生产经营许可证、管理严格规范、信誉度高的种鹅场引种。

2. 充分准备

必须事先做好准备工作如圈舍、饲养设备等要提前洗、消毒，备足饲料及常用药物，饲养人员应提前进行技术培训。

3. 选好时机

引种最好选择在两地气候差别不大的季节进行，以便引入个体逐渐适应气候的变化。从寒冷地区向热带地区引种，以秋季引种最好；而从热带地区向寒冷地区引种，则以春末夏初引种适宜。引种时，夏季尽量在傍晚或清晨凉爽时运输，冬春季节尽量安排在中午风和日丽的时候运输。尽量缩短运输时间，减少途中损失。

4. 严格检疫

引种时必须符合国家法规规定的检疫要求，认真检疫，办齐一切检疫手续。严禁进入疫区引种，引入品种必须单独隔离饲养，经观察确认无病后才能入场。

5. 细致观察

引种时应引进体质健康、发育正常、无遗传疾病的未成年幼鹅，因为这个时期的个体可塑性强，容易适应环境；首次引入品种数量不宜过多，引入后要先进行 1～2 个生产周期的性能观察，确认引种效果良好时，再增加引种数量，扩大繁殖。

第三章

鹅的繁育技术

第一节　鹅的生产性能指标

生产性能指标可用于鹅的生产成绩鉴定、优良品种选择和饲养管理水平的检验等。

一、繁殖性能指标

1. 孵化种蛋合格率

种母鹅在规定的产蛋期内所产符合本品种、品系要求的种蛋数占产蛋总数的百分比。

种蛋合格率（%）＝合格种蛋数÷产蛋总数×100%

2. 种蛋受精率

受精蛋数占入孵蛋数的百分比。血圈、血线蛋按受精蛋计算；散黄蛋按无精蛋计算。

受精率（%）＝受精蛋数÷入孵蛋数×100%

3. 孵化率（出雏率）

（1）受精蛋孵化率　出雏数占受精蛋数的百分比。

　　受精蛋孵化率（%）= 出雏数 ÷ 受精蛋数 ×100%

（2）入孵蛋孵化率　出雏数占入孵蛋数的百分比。

　　入孵蛋孵化率（%）= 出雏数 ÷ 入孵蛋数 ×100%

4. 健雏率

出壳的健康雏鹅数占出雏数的百分比。

　　健雏率（%）= 健康雏鹅数 ÷ 出雏数 ×100%

5. 成活率

（1）雏鹅成活率　育雏期末成活雏鹅数占入舍雏鹅数的百分比。其中种鹅的育雏期为 0～3 周龄；肉用雏鹅 0～4 周龄。

雏鹅成活率（%）= 育雏期末成活雏鹅数 ÷ 入舍雏鹅数 ×100%

（2）育成期成活率　育成期末成活育成鹅数占育雏期末入舍雏鹅数的百分比。其中种鹅的育成期（育肥期）为 5～30 周龄，肉鹅为 4～8 周龄。

育成鹅（育肥鹅）成活率（%）= 育成期末成活育成鹅数 ÷ 育雏期末入舍雏鹅数 ×100%

6. 成年母鹅存活率

入舍母鹅数减去死亡数和淘汰数后的存活数占入舍母鹅数的百分比。

成年母鹅存活率（%）=（入舍母鹅数 - 死亡数 - 淘汰数）÷ 入舍母鹅数 ×100%

二、产蛋性能指标

1. 开产日龄

个体记录群以产第一个蛋的平均日龄计算；群体记录以鹅群产蛋率达 5%时的日龄计算。

2. 产蛋量

（1）入舍母鹅产蛋量

入舍母鹅产蛋量（枚）＝统计期内产蛋数 ÷ 入舍母鹅数

（2）母鹅只日产蛋量

母鹅只日产蛋量（枚）＝统计期内产蛋数 ÷（统计期累计存活的母鹅数 ÷ 统计期日数）

3. 产蛋率

母鹅在统计期内的产蛋百分比，有两种表示方法。

（1）母鹅只日产蛋率

母鹅只日产蛋率（％）＝统计期内产蛋数 ÷ 统计期内累加母鹅饲养只日数 ×100％

（2）入舍母鹅产蛋率

入舍母鹅产蛋率（％）＝统计期内产蛋数 ÷（入舍母鹅数 × 统计日数）×100％

【提示】母鹅只日产蛋率是反映存活母鹅产蛋量高低的一个良好指标，但它忽略了死亡率这一生产指标；入舍母鹅产蛋率兼顾了产蛋量和累计死亡数，从产蛋成本看它反映了鹅群过去和现在的实际情况以及鹅群的生产水平。

4. 蛋重

蛋重分为平均蛋重和总蛋重。不同鹅种，蛋重标准不同；同一鹅种不同产蛋阶段，蛋重标准也不相同；蛋重随日龄增长而增加。

（1）平均蛋重　鹅群的平均蛋重，可用 300～304 日龄连续 5 天测定蛋重的平均值来代表，平均蛋重单位用克表示。大型鹅场按日产蛋量的 5％的平均值称测蛋重。

（2）总蛋重　每只种母鹅在一个产蛋期内的产蛋总重。

总蛋重（千克）＝产蛋数 × 平均蛋重 ÷1000

三、蛋品质量指标

测定蛋数不少于 50 枚，每批种蛋应在产出后 24 小时内进行测定。

1. 蛋形指数

用蛋形指数测定仪或游标卡尺测量蛋的纵径与最大横径（以毫米为单位，精确度为 0.5 毫米），求其商。

$$蛋形指数 = 纵径 \div 横径$$

2. 蛋壳强度

用蛋壳强度测定仪（图 3-1）测定，单位为千克/厘米^2。

图 3-1 蛋壳强度测定仪

3. 蛋壳厚度

用蛋壳厚度测试仪（图 3-2），分别测量蛋壳的钝端、中部、锐端三个厚度，求其平均值。应剔除内壳膜。以毫米为单位，精确到 0.01 毫米。

图 3-2 蛋壳厚度测试仪

4. 蛋的密度

蛋的密度级别以溶液对蛋的浮力来表示。蛋的密度级别高，则蛋壳较厚，质地较好。蛋的密度用盐水漂浮法测定，其溶液各级密度见表3-1。

表3-1　盐溶液各级密度

级别	0	1	2	3	4	5	6	7	8
溶液相对密度	1.068	1.072	1.076	1.080	1.084	1.088	1.092	1.096	1.100
加入食盐量/克	276	300	324	348	372	396	420	444	468

注：3000毫升水中加入的食盐量。

5. 蛋黄色泽

按罗氏比色扇（图3-3）的15个蛋黄色泽等级比色，统计每批蛋各级的数量和百分比。

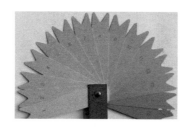

图3-3　罗氏比色扇

6. 蛋壳色泽

按白色、浅褐色、褐色、深褐色、青色等表示。

7. 哈氏单位

用蛋白高度测定仪测量蛋黄边缘与波蛋白边缘的中点，避开系带，测三个等距离中点的平均值为蛋白高度。

$$哈氏单位 = 100 \lg (H - 1.7W^{0.37} + 7.6)$$

其中，H为蛋白高度（mm），W为蛋重（g）。

已知蛋重和蛋白高度后，可查哈氏单位表或用哈氏单位计算尺算出。

8. 血斑率和肉斑率

测定总蛋数中含有血斑和肉斑的百分比。

血斑（肉斑）率（%）= 血斑（肉斑）总数 ÷ 测定总蛋数 ×100%

四、肉用性能指标

1. 活重

在屠宰前禁食 12 小时后的重量，以克为单位（以下同）。

2. 屠体重

放血去羽毛后的重量（湿拔法须沥干）。

3. 半净膛重

屠体去气管、食管、食管膨大部、肠、脾、胰和生殖器官，留心、肝（去胆）、肺、肾、腺胃、肌胃（去内容物及角质膜）和腹脂（包括腹部板油和肌胃周围的脂肪）的重量。

4. 全净膛重

半净膛去心、肝、肺、肾、腺胃、肌胃、腹脂，保留头、颈、爪的重量。

5. 增重

（1）日增重

$$日增重 =（末重 - 始重）\div 饲养天数$$

（2）全期增重

$$全期增重 = 末重 - 始重$$

6. 常用的几项屠宰率的计算方法

$$屠宰率（\%）= 屠体重 \div 活重 \times 100\%$$

$$半净膛率（\%）= 半净膛重 \div 活重 \times 100\%$$

$$全净膛率（\%）= 全净膛重 \div 活重 \times 100\%$$

$$胸肌率（\%）= 胸肌重 \div 全净膛重 \times 100\%$$

$$腿肌率（\%）= 腿肌重 \div 全净膛重 \times 100\%$$

五、产肥肝性能指标

1. 肥肝重

鹅填肥结束后，宰杀剖腹取出的新鲜肥肝的重量，就是肥肝重。鸭群，则用肥肝平均重表示，同时标明最大肥肝重，以反映肥肝的生产潜力。

2. 料肝比

反映饲料转化为肥肝的能力，即生产单位重量的肥肝所消耗的精料重量。

$$料肝比 = 填肥期饲料消耗量 \div 肥肝重$$

【注】肉用鹅品系选育时要测定填饲期淘汰率和增重率。

六、产羽绒性能指标

1. 烫煺毛产量

指鹅烫煺毛的干重量。一般在肉用仔鹅上市时或成年时测烫煺毛产量。

2. 活拔毛产量

即活体拔羽绒的产量。这个指标要注明是 1 次活体拔毛产量，还是 1 年活体拔毛产量。一般活体拔羽只拔胸部、腹部、腿部、体侧、尾侧，头颈、翅膀、尾羽不拔。

3. 含绒率

在鹅的羽绒中，绒朵是最珍贵的部分。含绒率就是羽绒中所含绒朵的重量比。

$$含绒率（\%）= 绒朵的重量 \div 羽绒的总重 \times 100\%$$

【注】羽用鹅品系选育时要分别测定 12 周龄和 18 周龄的产羽量和产绒量、全年可活体拔羽绒次数及全年羽绒产量、产蛋结束时羽绒产量。

七、饲料转化指标

饲料转化率是衡量养殖管理技术和品种性能的重要指标，不同的品种饲料转化率不同，即使是同一品种，不同的饲养管理方法和技术水平，饲料转化率也有差异。

1. 料重比

肉用仔鹅的料肉比 = 肉用仔鹅全程饲料消耗量 ÷ 总活体重

2. 料蛋比

$$料蛋比 = 饲料消耗量 \div 总蛋重$$

第二节　鹅的选种与选配

一、鹅的选种

鹅的选种是育种的中心问题。选种是指生物在野生或家养条件下选择一些个体参与繁殖后代，或指一个生物群体中不同基因型的个体在繁殖过程中产生数量不等的后代所带来的影响，它使群体的结构发生变化。选择的作用是淘汰那些突变的不适合环境的或有害的基因。选择包括自然选择（遵循的是适者生存的原则）和人工选择。人工选择可以通过诱导创造出新的基因，并把自然条件下或人工诱导产生的有利突变保留下来。其有利于变异基因获得优先发展进而扩散成群体的主要类型，并可通过培育形成新的品种。

1. 根据体型外貌与生理特征进行选择和淘汰

体型外貌和生理特征可以反映出种鹅的生长发育和健康状况，并可作为判断其生产性能的重要参考。这种选择方法尤其适合于生产商品鹅的种鹅，因为这种生产场的种鹅一般不进行个体的生产性能记录。根据体型外貌和生理特征选择种鹅，是鹅群繁育工作中通常采用的简单易行、快速的选种方法。根据鹅的体型外貌进行选择的时间和要求见表 3-2。

表 3-2　根据鹅的体型外貌进行选择的时间和要求

类型	时间	标准
雏鹅	出壳后 12 小时以内	雏鹅血统要记录清楚；来自高产个体或群体的种蛋；应具备该品种特征，如绒毛、喙、脚的颜色和初生重符合要求，雏体健康（杂色、弱雏鹅等不符合品种要求以及出壳太重或太轻的、干瘦、大肚脐、眼睛无神、行动不稳和畸形的雏鹅应淘汰或作为商品肉鹅饲养）

类型	时间	标准
青年鹅	雏鹅30日龄脱温后转群之前	生长发育快，体重大。公雏的体重应在同龄、同群平均体重以上，高出1～2个标准差，并符合品种发育的要求；体型结构良好，羽毛着生情况正常，符合品种或选育标准要求；体质健康、无疾病史。淘汰那些体重小，生长发育落后，羽毛着生慢，以及体型结构不良的个体
后备种鹅	中鹅阶段（70～80日龄），饲养结束后转群前	公鹅要求体型大，体质结实，各部结构发育均匀，肥度适中，头适中，两眼有神，喙正常无畸形，颈粗而粗长（作为生产肥肝的中鹅应粗而短），胸深而宽，背宽长，腹部平整，脚粗壮有力、长短适中、距离宽，行动灵活，叫声响亮。选留公鹅数要比按配种的公母比例数多20%～30%，以作为后备
		后备母鹅要求体重大，头大小适中，眼睛灵活，颈细长，体型长而圆，前躯浅窄，后躯宽深，臀部宽广
成年种鹅	进入性成熟期，转入种鹅群生产阶段前	要在后备种鹅选留的基础上进行严格选留和淘汰。淘汰那些体型不正常，体质弱，健康状况差，羽毛混杂（白鹅绝不能有异色杂毛），肉瘤、喙、眼、胫等颜色不符合品种要求（或选育指标）的个体。特别是对公鹅的选留，要进一步检查性器官的发育情况，严格淘汰阴茎发育不良、阳痿和有病的公鹅，选留阴茎发育良好、性欲旺盛、精液品质优良的公鹅作种用。公母鹅的留种比例以1:6为宜，公母合群饲养，自由交配
经产种鹅	具有1～2年以上生产记录的种鹅	第一个产蛋周期产蛋结束后，根据母鹅的开产期、产蛋性能、蛋重、受精率和就巢情况选留。有个体记录的还可以根据后代生产性能和成活率、生长速度、毛色分离等情况进行鉴定选留。在选留种鹅时，种母鹅应生产力好，颈短身圆，眼亮有神，性情温顺，善于采食，生长健壮，羽毛紧密，前躯较浅，后躯较宽，臀部圆阔，脚短匀称，尾短上翘，卵泡显著，产蛋率高，具有品种特征。种母鹅必须经过一个冬春的产蛋观察才能定型，白鹅品种的母鹅须年产蛋90枚以上才留作种鹅
		种公鹅应遗传性能好，发育正常，叫声洪亮，体大脚粗，肉瘤凸出，性欲旺盛，采食力强，羽毛紧凑，健康无病，配种力强，具有显著的品种雄性特征

2. 根据生产成绩进行选择

根据生产记录进行选择主要有四种方法。

（1）根据个体本身成绩进行选择与淘汰　本身成绩是种鹅生产性能在一定饲养管理条件下的现实表现，反映了该个体达到的生产水平。根据个体本身成绩进行选择只对遗传力高的性状，如体重、蛋重、生长速度等有效；而遗传低的性状，如繁殖力和适应性则需要采用家系成绩选择方才有效。

（2）根据家系成绩进行选择与淘汰　用于尚无生产性能记录的幼鹅、育成期的鹅或公鹅某些性状（如产蛋性能）的选择。将血缘优良的选留作种用，血缘差的淘汰。已知与个体亲缘关系愈近影响愈大，因此，在根据系谱资料选择时，一般只比较亲代和祖代即可。

（3）根据全同胞或半同胞生产成绩进行选择与淘汰　同胞是指全同胞和半同胞两种亲缘关系。同胞选择即家系选择。同父同母的兄弟姐妹称全同胞，同父异母或同母异父的兄弟姐妹称半同胞。这种选择方法对早期选择公鹅最为可行，可根据种公鹅的全同胞或半同胞姐妹的产蛋成绩来估测该公鹅的产蛋性能。全同胞或半同胞数越多，同胞均值的遗传力越大，对于一些低遗传力性状，用同胞资料进行选种的可靠性也增大。此外，对一些不能活体度量的性状，如屠体品质、屠宰率等，采用同胞选择就更有意义了。这里要说明的是同胞测验只能区别家系之间的优劣，而对同一家系内的个体就难以鉴别其好坏了。

（4）根据后裔成绩进行选择与淘汰　后裔就是子女，根据后裔成绩选种是选择种鹅的最好形式。因为这种方法选出的种鹅不仅本身是优良的个体，而且能把其优良性能遗传给下一代。种鹅的利用年限可达4～5年。因此，这种选择方法在鹅的育种工作中更有实用价值。

3. 多性状选择

上述选择方法是对一个性状而言，但在育种工作中，经常要同时选择几个优良性状。多性状的选择一般方法如下。

（1）顺序选择法　把所要选择的几个性状，一个性状一个性状按顺序来选，这种选择方法用时较久，而且如果遇到性状之间呈负相关时，很可能顾此失彼，在使用上有其局限性。

（2）独立淘汰法　对各个待选性状规定一个淘汰标准，个体或家系只要其中一项指标未达标就被淘汰。这种方法易把一些个别性状优良的个体或家系淘汰掉，留下一些所谓的"中庸者"。在鹅育种中，独立淘汰法仍有较强的实用价值。一般对一些不是最重要的，但又必须加以改进的次级选育性状采用独立淘汰法，但选择差不能高。最常见的有受精率、孵化率或成活率等性状。通过这种方法，可以有效地克服自然选择对人工选育的抵抗，保持这些性状的基本稳定或使其略有改进。

（3）综合选择法　常用的方法是制订综合选择指数进行多性状选择，根据性状的遗传力、经济加权值和性状间的遗传相关性等制订出综合选择指数，计算出每个个体的指数值（复合育种值），然后进行选择。指数愈高则愈佳，低的予以淘汰。

二、鹅的选配

在选种的基础上进行选配，即把优良的、具有种用价值的个体选出后，有目的地组配公母个体或家系或群体，以便获得体质外貌理想和生产性能优良的后代。选配是双向的，既要为母鹅选择最合适的与配公鹅，也要为公鹅选择最适合的与配母鹅。选种必须通过选配才能表现其作用，选配决定着整个鹅群以后的发展方向。

1. 选配分类

（1）同质选配　又叫相似选配，是指选有相同生产性能特点或高产个体进行交配。同质选配能巩固和加深性状的表现，可以提高后代个体基因型的纯合性和遗传稳定性。但同质选配容易导致生活力下降，也可引起不良性状的积累。所以同质选配一般只用于理想型个体之间的选配。

（2）异质选配　又叫不相似选配，是指选有不同生产性能特点或性状的个体进行交配。异质选配能丰富后代的变异性，提高后代的生活能力。异质选配既可能使双亲的各自优良性状在后代身上结合起来，也可能把双亲的不良性状在后代身上结合起来。

（3）随机交配　随机交配不是随便的乱交乱配。真正的随机交配，应使每只母鹅都有同等的与每只公鹅交配的机会。采用随机法决定与配双方，也可称为随机选配。其优点是，有可能把原来分散在群体中各个个体的不同优良基因集中到同一个个体中，从而获得理想型的个体。

【提示】同质选配和异质选配可归类为目的选配。异质选配可以利用一方的优点来矫正另一方的缺点，目前在现代家禽业育种中不主张采用；随机交配是为了保障群体的遗传结构不变，适合保存品种资源。

2. 配种年龄、比例、时间

（1）配种年龄　配种过早，影响鹅的自身生长发育和精液质量，导致种蛋合格率低，雏鹅品质差。适时配种能发挥种鹅的最佳效益。不同类型鹅的配种年龄见图3-4。

6～7月龄　小型品种鹅

7～8月龄　中型品种鹅

9～11月龄　大型品种鹅

图 3-4　鹅的配种年龄

说明：鹅的适宜配种期，公鹅 11～12 个月，母鹅 8～9 月龄左右可以获得良好效果。特别早熟的小型鹅种，公母的配种年龄可以适当提前

（2）配种比例　公母鹅的配种比例是否恰当直接影响种蛋的受精率。不同类型鹅的配种比例见图3-5。繁殖季节到来之前，可适当提早合群，合群初期公鹅的数量可适当提高。在良好的饲养管理条件下，尤其是放牧时公鹅的数量可适当减少。

（3）配种时间　一天中，早晨和傍晚是种鹅交配的高峰期。资料显示，鹅的早晨交配次数占全天的39.8%，傍晚占37.4%，早晚合计达77.2%。健康种公鹅一上午能配种 3～5 次。因此，在种鹅群的繁殖季节，要充分利用早晨开棚放水和傍晚收牧放水的有利时机，使母鹅获得配种机会，提高种蛋受精率。公母鹅在水面和陆地上均可进行自然交配，但公母鹅喜在水面嬉戏、求偶，并容易交配成功。因此，种鹅舍应设水面活动场，每天至少给种鹅放水配种2次。

图 3-5 鹅的公母配种比例

（鹅的配种比例因种鹅的品种、年龄、体质、配种方法、配种季节、鹅合群的时间长短以及饲养管理等诸多因素的不同而有所差异。如青年的、老年的公鹅配种时母鹅数量应适当减少，体质强壮的适龄公鹅配种时母鹅的数量可适当增加）

3.配种方法

种鹅的配种方法分为自然配种和人工辅助配种两种。

（1）自然配种　自然配种是让公母鹅在适宜的环境中进行自行交配的一种配种方法。配种季节一般为每年的春、夏、秋初。自然配种有大群配种和小群配种两种方式（图3-6）。

图 3-6　鹅的自然交配

① 大群配种。将公母鹅按一定比例合群饲养，群的大小视种鹅群规模和配种环境的面积而定。一般利用池塘、河湖等水面让鹅嬉戏交配。这种方法能使每只公鹅都有机会与母鹅自由组合交配，受精率较高，尤其是放牧的鹅群受精率更高，适用于繁殖生产群。但需注意，大群配种时，种公鹅的年龄和体质要相似，体质较差和年龄较大

的种公鹅，没有竞配能力，不宜作大群配种用。

② 小群配种。将每只公鹅及其所负担配种的母鹅单间饲养，使每只公鹅与规定的母鹅配种，每个饲养间设水栏，让鹅自由活动交配。公鹅和母鹅均编上脚号，每只母鹅晚上在固定的产蛋间产蛋，种蛋记上公鹅和母鹅脚号。这种方法能明确知道种蛋的父母，适用于鹅的育种，是种鹅场常用的方法。

（2）人工辅助配种　在公鹅体型大、母鹅体型小或没有水源的情况下，公母鹅陆地交配时，自然交配有困难，需要人工辅助才能使其顺利完成交配。在利用大型鹅种作父本进行杂交改良时，常常需要采取这种配种方法以提高受精率。先把公母鹅放在一起，让它们彼此熟悉，并进行配种训练，待建立起交配的条件反射后，当公鹅看到有人把母鹅按压在地上，母鹅腹部触地，头朝操作人员，尾部朝外时，公鹅就会前来爬跨母鹅配种。操作人员也可以蹲在母鹅左侧，双手抓母鹅的两腿保定住，让公鹅爬跨到母鹅背上，用喙啄住母鹅头顶的羽毛，尾部向前下方紧压，母鹅尾部向上翘，当公鹅双翅张开外展时，阴茎就插入母鹅阴道并射精，公鹅射精后立即离开，此时操作人员应迅速将母鹅泄殖腔朝上，并在周围轻轻压一下，促使精液往阴道里流。人工辅助配种能有效地提高种蛋受精率。

4. 利用年限

鹅的利用年限较长。一般情况下，母鹅前 3 年的产蛋量最高。而且在这 3 年内，年产蛋量逐年增加，3 年后开始逐渐减少。所以，种鹅利用 3 ~ 5 年最好，年龄愈大，蛋重愈大，雏鹅生长速度愈快。通常，第二年的母鹅比第一年的多产蛋 15% ~ 25%，第三年的比第一年的多产 30% ~ 45%。也有些小型早熟鹅种，如我国的太湖鹅，其产蛋量以第一年为最高。对这些种鹅只可利用 1 年，一到产蛋末期、少数鹅开始换羽时就将其全部淘汰。

5. 鹅群结构

为保证鹅群高产、稳产，在选留种鹅时要保持适当的年龄结构。一般鹅群的年龄结构为 1 岁母鹅占 30%、2 岁母鹅占 35%、3 岁母鹅占 25%、4 岁母鹅占 10%。有些鹅种如太湖鹅，产蛋量以第一个产蛋年为最高，常采用"年年清"的方法全群更换种鹅。每到产蛋季节结束，全部淘汰作肉鹅屠宰，选留当年部分幼鹅作第二年的种鹅。公鹅一般在 2 ~ 3 岁时配种能力最强。

第三节　鹅的繁育体系

鹅的繁育体系包括纯种繁育体系和杂交繁育体系两类。

一、鹅的纯种繁育体系

商品鹅的生产将逐渐采用配套杂交的生产模式。现代家鹅育种的品系是指在 1 个品种或品变种内，由于育种目的和方法的不同，甚至由于育种单位、育种者的不同而形成了一些具有某些突出优点，并能将这些优点相对稳定地遗传给后代的种群。如产蛋性能高的蛋用品系，生长速度快和产肉能力突出的肉用品系及肥肝性能卓越的肝用品系等。

1. 肉用鹅品系的培育

（1）肉用品系的要求

① 早期生长速度快，体重较大。肉鹅多在 8 ~ 10 周龄上市，所以一般不强调成年体重的大小，但必须早期生长速度快。肉用鹅生产的母本品系，必须具备一定的早期生长速度，成年体重不大且产蛋性能较高。

② 屠宰率和净肉率高。屠宰率和净肉率是衡量肉用鹅产肉性能的重要指标。欧美一些国家对净肉率有较高的要求。在做烤鹅时，我国南方地区及东南亚地区，则要求肉用鹅有一定的肥度。在选育时可根据不同的目标市场确定选育目标。

③ 饲料转化率高。饲料转化率与饲养者的经济效益直接相关，同时，选择饲料转化率高的一般可加快早期生长速度和提高胴体净肉率。

④ 具有较好的繁殖性能。多数鹅品种虽然体型较大，但繁殖性能较低，这不利于肉用鹅的规模化生产。肉用鹅品系不要求体型特别

大，只要早期生长发育迅速就行，但必须具有中等繁殖力，如莱茵鹅、四川白鹅等。

⑤ 具有强健的双腿、整齐的羽色和良好的适应性。肉用鹅品系一般体型较大，良好的腿脚是活动和交配的基础。整齐的羽色则是肉鹅规模化、产业化生产的要求。良好的适应性是基础，没有良好适应性的品系是没有应用价值的。

（2）肉用品系的选育素材 肉用鹅品系选育的素材，特别是父本品系，应该是生长速度快、体型较大、适应性较强的品种或品变种。我国的狮头鹅、皖西白鹅、雁鹅和国外的莱茵鹅、意大利鹅、朗德鹅、非洲鹅、图卢兹鹅等，是肉用鹅父本品系选育的常用素材。其中狮头鹅、雁鹅、朗德鹅、图卢兹鹅和非洲鹅为灰羽品种，皖西白鹅、意大利鹅和莱茵鹅属纯白羽品种。

肉用鹅母本品系选育的素材常选用中型或中偏小型品种或品变种。如我国的四川白鹅、浙东白鹅和豁眼鹅，以及国外的库班鹅、莱茵鹅等。这些品种产蛋性能优良、早期生长速度较快。

（3）肉用品系的选育 肉用品系选育的目标性状包括生长速度、屠宰率或净肉率等，这些性状大多属于高遗传力性状。因此，肉用品系的选育可采用个体选择的方法，加大选择差便可取得较好的遗传进展。对于肉用鹅品系的选育，一般根据群体平均体重制订高限和低限，去除高限以上和低限以下的个体，再根据产蛋记录进行家系选择。肉用鹅品系育成时，还应注意群体整齐度，以适应规模化、集约化生产和现代加工业的要求。肉用鹅父本品系选育，应以群体的性状遗传改进为中心，按育种方案有序进行。肉用鹅母本品系的选育，应重点选择繁殖性能，一般以家系结合个体选择。

2. 羽用鹅品系的培育

以前，羽绒生产是水禽生产的副产品，很多鹅品种或品系均可肉羽兼用。随着羽绒产业的发展，有的地区以产羽绒为主，鹅肉成为养鹅业的副产品，所以"羽肉兼用"品种或品系则成为今后培育目标的方向。

（1）羽用品系的要求

① 羽毛纯白。纯白羽毛可以根据消费者的需要染成各种颜色，

且纯白本身高雅、美观。有些欧洲鹅种，出生的早期羽色为灰羽，但在第一次拔羽时可转变为纯白羽，也符合要求。

② 羽毛产量高。羽毛产量与体躯的大小有一定的关系，一般体大者产羽量较高。公鹅高于母鹅。欧洲鹅种绒产量高于我国鹅种。

③ 羽毛再生能力强。只有这样才能适应多次拔羽的要求。一般要求活体拔羽绒后 42 天长齐。

④ 产蛋结束时羽绒保持良好。高产蛋结束时一般进行一次活体拔羽绒，要求鹅体此时的羽绒保持良好。

（2）羽用品系的选育素材　必须是 8 周龄及成年时羽毛纯白的品种。我国的皖西白鹅、浙东白鹅、四川白鹅、豁眼鹅、溆浦鹅的白羽群体以及国外的莱茵鹅、意大利鹅、白罗曼鹅等，是著名的白羽品种，可以测定其羽绒产量和质量，筛选出育种素材。一般选择白羽中体型较大、生长较快的鹅种。

（3）羽用品系的选育

① 选育方法。羽用品系的选育一般也是父本和母本品系分别进行。父本品系要求体躯较大，羽毛细致紧凑，耐粗放饲养，羽毛产量高，且再生能力强。母本品系要求羽毛细致紧凑，适应性强，产蛋量高。

② 选育进程。活体拔羽绒的鹅一般 9～11 周龄进行第一次活体拔羽绒，以后每 6～7 周活拔一次。因此，可以结合羽用性能，采用个体选择、后裔测定等方法进行，母系兼顾产蛋性能，父系选育参照表 3-3。

表 3-3　羽用鹅品系选育参照表

选择性状	选择时间	选择方法
羽色	出壳	外观：我国白羽品种羽毛全身浅黄；欧洲鹅种淘汰喙、胫为黑色者
体型	4 周龄	个体选择：称重及观察
羽毛产量	9 周龄	个体选择：活体拔羽称重
羽绒质量	9 周龄	个体选择：含羽绒测定
羽绒再生速度	15 周龄、21 周龄	个体选择：活体拔羽称重
利用年限	第一个产蛋年休产期及活体拔羽绒 2～3 次	个体选择：羽毛产量及再生速度
羽绒性能	40 周龄	后裔测定：后代羽绒产量和质量测定

3. 肝用鹅品系的培育

（1）肝用品系的要求　父本品系的肥肝重量应达到国际优质肥肝的要求（600～900克）。另外，要求耐粗饲，肝料比高。母本品系要求有一定的生长速度和体型大小。

（2）肝用品系的选育素材　用于肥肝生产的父本品种有狮头鹅、皖西白鹅、溆浦鹅以及引进的肥肝专用品种朗德鹅；用于肥肝生产的母本品种有四川白鹅、浙东白鹅和引进的莱茵鹅。合理利用引进品种，并选育出我国自己的肥肝专用品系或配套系是今后的努力方向。

（3）肝用品系的选育　由于肝重的遗传力很高，采用同胞选择即可获得较好的遗传进展。同时，可利用肝重与体重的正相关关系，通过对体重的直接选择而对其进行间接选择。另外，填饲期增重与肥肝重呈强正相关关系，可以通过对填饲期增重的直接选择而间接选择肥肝重。可以采用正反交反复选择法选育提高肥肝品系的母系繁殖性能和与父本的配合力。

二、鹅的杂交繁育体系

不同品种间的公母鹅交配称为杂交。由两个或两个以上的品种杂交所获得的后代，具有亲代品种的某些特征和性能，丰富和扩大了遗传物质基础和变异性，因此，杂交是改良现有品种和培育新品种的重要方法。由于杂交一代常常表现出生活力强、成活率高、生长发育快、产蛋产肉多、饲料报酬高、适应性和抗病力强的特点，所以在生产中利用杂交生产出的具有杂种优势的后代，作为商品鹅是经济而有效的。根据杂交的目的可分为育种性杂交和经济性杂交。

1. 育种性杂交

（1）级进杂交（改良杂交、改造杂交、吸收杂交）　指用高产的优良品种公鹅（改良品种）与低产品种母鹅（被改良品种）杂交，所得的杂种后代母鹅再与高产的优良品种公鹅杂交。一般连续进行3～4代，就能迅速而有效地改造低产品种。当需要彻底改造某个种群（品种、品系）的生产性能或者是改变生产性能方向时，常用级进杂交（图3-7）。

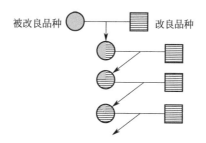

图3-7　鹅的级进杂交模式图

在进行杂交时应注意：①根据提高生产性能或改变生产方向选择合适的改良品种。②对引进的改良公鹅进行严格的遗传测定。③杂交代数不宜过多，以免外来血统比例过大，导致杂种对当地的适应性下降。

（2）导入杂交　在原有种群的局部范围内引入不高于1/4的外部血统，以便在保持原有种群特性的基础上克服个别缺点。当原有种群生产性能基本上符合需要，局部缺点在纯繁下不易克服，此时宜采用导入杂交（图3-8）。

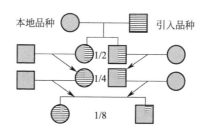

图3-8　鹅的导入杂交模式图

在进行导入杂交时应注意：①针对原有种群的具体缺点，进行导入杂交试验，确定导入种公鹅品种。②对导入种群的种公鹅要严格选择。

（3）育成杂交　指用两个或更多的种群相互杂交，在杂种后代中选优固定，育成一个符合需要的品种。当原有品种不能满足需要，也没有任何外来品种能完全替代时常采用育成杂交。进行育成杂交时应注意：①要求外来品种生产性能好、适应性强。②杂交亲本不宜太多，以防遗传基础过于混杂，导致固定困难。③当杂交出现理想型时应及时固定。

2. 经济性杂交（配套杂交）

（1）配套杂交模式

① 二系配套杂交。两个种群或品系进行杂交，利用 F_1 代的杂种优势进行商品鹅生产（图 3-9）。配合力是指不同种群的杂交所能获得的杂种优势程度，是衡量杂种优势的一种指标。配合力有一般配合力和特殊配合力两种，应选择最佳特殊配合力的杂交组合。

图 3-9　二系配套杂交模式

【注意】在大规模的杂交之前，必须进行配合力测定。

② 三系配套杂交。三系配套杂交指两个种群或品系的杂种一代和第三个种群或品系杂交，利用含有三种群血统的多方面杂种优势进行商品鹅生产。三系配套杂交，第一次杂交应注意繁殖性状，第二次杂交应强调生长等经济性状（图 3-10）。

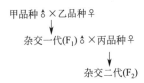

图 3-10　三系配套杂交模式

③ 四系配套杂交。四系配套杂交是指四个种群或品系分为两组，先各自杂交，在产生杂种后，杂种间再进行第二次杂交。现代育种常采用近交系（近交系数达 37.5% 以上的品系）、专门化品系（专门用于杂交配套生产用的品系）或合成系（以优良品系为基础，通过品系间多代正反交，对杂种封闭选育形成的新型品系）相互杂交（图 3-11）。

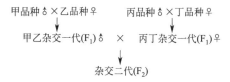

图 3-11　四系配套杂交模式

（2）经济杂交应用　经济杂交是生产中获得优良的商品鹅最常用和最有效的方法，是提高养鹅经济效益的重要措施之一。国内外鹅的品种资源丰富，不同的鹅种有不同的特点和用途，进行经济杂交，必须注意如下问题。

① 注意杂交父本和母本的选择。用来杂交的母本要求：一是群体数量多，以节约引种成本，便于杂交技术的普及推广；二是繁殖性能好，产蛋数量多，以降低杂交一代商品鹅苗的生产成本；三是个体要相对较小，以便节约饲料，降低种鹅的生产成本。如四川白鹅、豁眼鹅、籽鹅是中小型鹅种中产蛋量较多的鹅种；太湖鹅虽然产蛋量不算最高，但其个体小、饲养成本低，这些鹅种作为母本进行杂交的效果显著。用来杂交的父本应是个体大、生长速度快、饲料转化率高、肉质好的品种或品系。如莱茵鹅、皖西白鹅。用莱茵鹅作父本，与中小型鹅种杂交可以显著改善地方鹅种个体小、生长慢的不足。皖西白鹅羽绒质量好，属中型鹅种，可以用它作父本，与我国地方的中小型鹅种进行杂交，可以生产羽肉兼用型商品鹅。

【提示】用来杂交的父本和母本其原产地应距离较远，且来源差别大，这样杂交后代的杂种优势才会明显，杂交的互补性才更强。

② 注意杂交后代羽色的显隐性关系。售鹅羽是养鹅和鹅产品加工中的重要增收方法之一，由于白色的鹅羽市场价格高，因此在杂交组合时应注重父本和母本的羽色选择，使生产的杂交商品鹅的白色羽毛均匀一致。

③ 注意杂交后种蛋的受精率。杂交的目的不仅是使子代生长快，也要获得大量的雏鹅，如果杂交后种蛋的受精率差，将直接影响经济效果。如果在本交的情况下，父本的体型过大，受精率会大幅降低。

如果使用我国的狮头鹅作为父本，与中小型鹅杂交，受精率也很低。采用人工授精可以大幅度提高受精率。

第四节 鹅的人工授精

人工授精就是通过人工采集精液给母鹅人工输精配种的技术（图3-12）。鹅的人工授精是一项先进的繁殖技术，同时又是育种工作中扩大优良基因影响和获得优良基因组合的重要手段。

(a)　　　　　　　　　　(b)

图 3-12　公鹅的采精（a）和母鹅的输精（b）

一、鹅人工授精前的准备和消毒

1. 器具的准备

人工授精前应准备好各种器具，包括集精杯、输精器、注射器、稀释液、脱脂棉花、75% 酒精、输精台或输精架（高 60～80 厘米）、显微镜及其配套器具、消毒器具、保温瓶、围栏等（图3-13）。集精杯、输精器、注射器在每次使用前应消毒备用。新购和每次使用后的器具都要进行清洗消毒（图3-14）。

【注意】每次使用后，将器具浸在清水中，用毛刷把上面的污物刷洗干净，然后放在锅内篦子上蒸汽消毒 30 分钟，取出干燥待用。

(a) 集精杯　　　　　　　　　　　　(b) 贮精杯

(c) 输精管　　　　　　　　　　　　(d) 输精架

图 3-13　人工授精器具

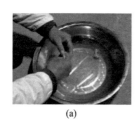
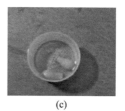

(a)　　　　　　　　(b)　　　　　　　　(c)

图 3-14　授精器具的清洗消毒

（a）新购用具用肥皂水浸泡、洗刷，再用自来水洗干净；（b）煮沸 30 分钟消毒或在 1% ～ 2% 盐酸水溶液中浸泡 4 小时后再用自来水冲洗，蒸馏水洗 2 ～ 3 次，放在 100 ～ 130℃烘箱中烘干消毒备用；（c）输精用胶头不能蒸煮和烘烤，用 75% 的酒精浸泡消毒

2. 种鹅的选留

（1）种公鹅的选留　鹅人工授精技术的成败，很大程度上取决于种公鹅的精液质量，要获得高质量的精液，就必须选择年轻、性活

动旺盛的种公鹅。公鹅应选择叫声洪亮、体大好斗、羽毛有光泽、肢体健壮的优良个体。用手提鹅的颈部使其离开地面，鹅会两腿用力向前侧方蹬动，同时双翅频频拍打。生殖器官发育完全，6月龄公鹅翻肛检查，阴茎长度应在4厘米以上，直径要在0.8厘米以上。

（2）种母鹅的选留　对母鹅的选择主要考虑其健康状况和良好的外貌特征，要求外貌清秀，前躯宽深，臀宽丰满，肥瘦适中，颈部细长，眼睛有神，脚掌小而脚距宽。

3. 种公鹅采精前训练

种鹅在性成熟前公母分开饲养，公鹅泄殖腔周围的羽毛要剪去。人工授精前约一周对种公鹅进行按摩训练，训练时要按采精的操作方法，每日定时进行，使种公鹅形成按摩性条件反射。训练中性反射差、阴茎发育不良、精液少、品质差的种鹅应及时淘汰。一般优秀种公鹅占备用种公鹅1/3左右，因此为保证有足够可采精的种公鹅，应适当多留备用种公鹅。

【提示】按摩训练开始后的第二天、第三天就有精液排出，第八天、第九天排出较多，到第十一天能射精的公鹅数基本稳定。按摩训练过程中不是所有的种公鹅都能形成性反射而采到精液，形成性反射而采到精液的比例因品种不同而有差异。

二、鹅的采精

1. 采精方法

种公鹅性成熟后开始采精。目前主要的采精方法是背腹式按摩采精法，操作方法有两种。

一种方法是采精者坐于板凳上（凳高以采精者坐下时大腿呈水平状为宜），将公鹅平放于大腿上，呈自然交配姿势，公鹅头朝右侧，待公鹅安定后，右手张开虎口由公鹅背翅膀基部向尾部，左手自腹部由前向后至泄殖腔处，两手同步顺势有节奏按摩，进行十多次后感觉泄殖腔周围及阴茎膨胀，两手拇指及食指顺势分别捏于泄殖腔上下方，使阴茎勃起外露精液流出，助手用集精杯收集精液，同时用消毒药棉擦去泄殖腔流出的异物，防止污染精液。用手按摩背部后顺势挤捏泄殖腔效果更佳，使采精完全。

另一种方法是由助手将公鹅保定在采精台（桌、凳兼可）上，右手按住鹅翅根部，左手拿采精杯。采精操作员左手掌心向下，大拇指和其余四指分开，稍弯曲，手掌面紧贴公鹅背部，从翅膀基部向尾部方向有节奏地反复按摩。每次 1～2 秒，持续 4～5 次后，左手按摩稍用力挤压公鹅的尾根部。同时右手拇指和食指有节奏地按摩腹部后面的柔软部，并逐渐按摩、挤压泄殖腔环的两侧，使其充血引起阴茎勃起。此时左手拇指和食指轻挤泄殖腔环背侧，使输精沟闭锁，精液沿输精沟从阴茎顶端射出，助手将其收集在采集杯内（图 3-15）。

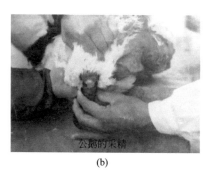

(a)　　　　　　　　　　(b)

图 3-15　公鹅的保定（a）和采精（b）

2. 采精注意事项

（1）人员固定　采精人员要固定，换人操作时，会由于公鹅的不适应而影响精液的质量或采不到精液。

（2）按摩用力要适当　按摩用力不能太猛，用力过猛容易引起生殖器官出血，污染精液。

（3）适宜采精时间和采精间隔　采精时间最好在早晨放水前进行，采精前公鹅不能放水活动，避免相互爬跨而射精；公鹅采精后43 小时精液量能恢复到采精前的水平，因此，公鹅以隔天采精一次为宜。

【提示】公鹅于产蛋季节结束前，精液品质迅速变差，故授精前应进行显微镜检查，以防止受精率降低。

（4）采精前 4 小时应停水停料　污染精液的另一主要因素是采精

时公鹅排便。其原因除按摩手势不当，致使粪便排出外，主要是采精前公鹅吃得过饱，肠道排泄物增多，所以，在采精前 4 小时应停水停料。另外，集精杯勿太靠近泄殖腔，防止粪便污染精液。采集的精液不能曝于强光之下，30 分钟内使用效果最好。

（5）减少应激　采精前将公鹅缓慢赶进采精室（可在鹅舍的一端隔出 10 ～ 15 平方米大小的地方），用折叠式活动栏将公鹅圈在采精室的一个角落。待鹅安静后再抓鹅，抓鹅的动作不能粗暴。

（6）每次用空杯收集精液　每只公鹅一个集精杯，采精后用吸管吸到贮精瓶内保存。集精杯每次使用后都要清洗消毒。寒冷季节采精时，集精杯夹层内应加 40 ～ 42℃暖水保温。

【注意】公鹅的营养水平是影响精液品质的重要因素。繁殖季节保证日粮较高的蛋白质水平，并补足多种维生素，尤其是维生素 E、维生素 A、维生素 D，有利于促进性腺发育和增强生殖功能，提高种鹅繁殖能力。

三、鹅的精液品质检查和稀释与保存

一般通过外观判断、显微镜检查等方法检测精液品质。

1. 外观检查

外观正常无污染的精液呈乳白色，无杂质、不透明。如果混入血液呈粉红色，被粪便污染为黄褐色，有尿酸盐混入时，呈粉白色棉絮状块。凡被污染的精液，不能用于人工授精。

2. 精液量检查

采用有刻度的吸管或注射器，将精液吸入，测量一次射精量。射精量随品种、年龄、季节、个体差异和采精操作熟练程度而有较大变化。平均射精量为 0.1 ～ 1.3 毫升。要选择射精量多、稳定正常的公鹅供种。

3. 精子密度、形态及活力检查

可使用显微镜检测。具体操作方法是：采精后 30 分钟内进行，取同量精液及生理盐水各一滴，置于载玻片一端，混匀后放上盖玻片，在镜检箱内 37℃ 左右的温度条件下，用 200 ～ 400 倍显微镜检查。采用密度估测法，分"密""中""稀"三级，观察视野被精子占满定为"密"，观察视野中精子有一定距离为"中"，有较大间隙为"稀"（图 3-16）。精子活力则观察视野中呈直线运动精子数所占比例；精子形态则观察视野中的精子畸形率，顶体膨胀、躯干畸形、断尾、尾部弯曲等为异常精子。

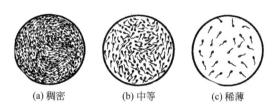

(a) 稠密　　　　　　(b) 中等　　　　　　(c) 稀薄

图 3-16　精子密度

4. 精液的稀释与保存

在采集精液前按比例准备好稀释液，采集的新鲜精液经品质检查如果符合要求，可立即按（1∶1）～（1∶2）的比例稀释并输精。如果不用保存，采用简单成分的稀释液，即可获得良好效果。常用稀释液配方有 0.9% 的氯化钠生理盐水或氯化钠 0.65 克、氯化钾 0.02 克、氯化钙 0.02 克、蒸馏水 100 毫升等。

四、鹅的输精

1. 输精方法

输精宜两人操作，助手负责保定母鹅，用双手抓住母鹅翅膀根部，将母鹅固定在输精台上。输精者面朝母鹅尾部，用浸有生理盐水的棉球清洁肛门；左手食指、中指、无名指和小指并拢，将母鹅的尾部拨向一边，大拇指紧靠泄殖腔下缘，轻轻向下压迫，使泄殖腔张开；右手将吸足精液的输精器缓缓插入泄殖腔 2 ～ 3 厘米后，抬高右手向左下方插入 5 ～ 7 厘米，左手扶住输精器，右手将精液慢慢注入。最后抽出输精器，助手将母鹅轻放在地上。阴道翻出后应迅速输精，翻出太久易使微血管破裂，受污染而发炎（图 3-17）。

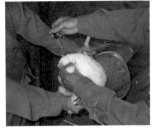

图 3-17　母鹅的输精

2. 输精时间和间隔

母鹅的产蛋是在下半夜到早晨进行，这段时期约有 80% 的蛋产出，所以鹅在上午 9 ～ 10 时输精为宜。虽然部分母鹅的子宫内有蛋，但其受精率仍是很高。这样，母鹅上午输精与公鹅的早晨采精是相符的；一般 5 ～ 6 天输精 1 次，受精率可达 80% 以上。

3. 输精量

鹅的一次输精量可用新鲜精液 0.05 毫升，要求含活精子 3000 万～ 4000 万个，第一次输精量要加倍。如采出的精液用灭菌生理盐水按（1：1）～（1：2）比例稀释，一般每次输精量为稀释后的 0.1 ～ 0.12 毫升。

【提示】为减少鹅的过度惊吓、互相践踏，减少操作困难，提高受精率，提倡将鹅进行笼养。

 ## 第五节　鹅的人工孵化

一、种蛋的管理

1. 种蛋的选择

（1）来源　种蛋必须来源于饲养环境良好、饲养管理严格、有种畜禽生产经营许可证的种鹅场；种鹅日粮的营养物质须全面，鹅群须生产性能优良、健康无病。

（2）选择方法

① 大小和形状。要符合不同品种各自的要求，蛋重一般在平均数 ±15% 范围内，都可作为种蛋。小型鹅种，如太湖鹅蛋重应为110 ～ 130 克、豁眼鹅 110 ～ 135 克、中型鹅种，如四川白鹅蛋重120 ～ 145 克、皖西白鹅 130 ～ 155 克；大型鹅种，如狮头鹅蛋重为170 克左右。蛋重大小在品种之间的差别比较大，选择的时候需要按品种要求对待。蛋形以椭圆形为宜，过大或过小、过长或过圆的蛋，应予剔除（图 3-18）。

(a) 过大的种蛋　　　　(b) 蛋形指数要求　　　　(c) 过长的种蛋

图 3-18　种蛋的大小和形状选择

② 蛋壳质量。壳质致密均匀，厚薄适当（一般鹅蛋壳厚度为0.45 ～ 0.62 毫米，四川白鹅为 0.55 毫米，锐端比钝端略厚），表面平整，没有一丝裂纹，敲击响声正常。有的蛋壳特别细密厚实，敲击时发出似金属的响声，俗称"钢皮蛋"，必须剔除。因为这种蛋孵化时受热缓慢，气体不易交换，水分蒸发也慢，雏鹅啄壳困难，孵化率极低。"沙壳蛋"的蛋壳表面钙沉积不均匀，壳薄而粗糙，水分蒸发快，容易破碎，这种蛋绝不可作种蛋（图 3-19）。

③ 蛋壳清洁无污染。不清洁的蛋，壳面常被粪便污染，妨碍气体交换，微生物极易侵入蛋内，引起种蛋腐败变质，污染孵化器，使死胎增加，孵化率降低。鹅蛋一般都产在圈栏内的垫料上，很容易被粪便污染，除了勤换垫料以保持种蛋清洁外，对已被粪便污染的种蛋，要清洗消毒（图 3-20）。

④ 壳色。不同品种的种蛋，都有固定的色泽，挑选时要符合该品种的标准要求。

(a) 合格种蛋

(b) 裂缝蛋

(c) 沙壳蛋

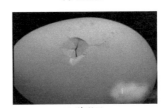
(d) 破裂蛋

图 3-19　蛋壳质量选择

(a)

(b)

图 3-20　污染蛋（a）与清洗蛋（b）

（被粪便和污物污染的种蛋，应在每日集蛋时用 40℃ 左右的温水配成浓度为 0.1% 的新洁尔灭溶液洗擦蛋壳表面并抹干保存；或将种蛋清洗干净，用消毒液浸泡后立即入孵）

⑤ 照蛋检查。使用照蛋器或验蛋台，通过光线观察蛋壳、气室、蛋黄等情况，看有无散黄、血丝、裂纹、霉点及气室不正、过大等，如有应予剔除。

2. 种蛋的消毒

种蛋的消毒方法主要有熏蒸法和溶液法。熏蒸法既可用于种蛋保存前消毒，也可用于入孵和孵化过程消毒；而溶液法只能用于种蛋入孵前消毒。

（1）熏蒸法

① 福尔马林（40% 甲醛溶液）熏蒸法。将蛋置于可以密封的容器内，按每立方米体积用福尔马林 30 毫升、高锰酸钾 15 克的药量，消毒时在蛋架的下方置一瓷碗，先放入高锰酸钾，再倒入福尔马林，迅速封闭容器，熏蒸 20 ～ 30 分钟，然后取出种蛋送贮蛋室贮存。熏蒸时，室温最好控制在 24 ～ 27℃、相对湿度 75% ～ 80%，消毒效果更理想。蛋的表面沾有粪便或泥土时，必须先清洗，否则影响消毒效果。

② 过氧乙酸熏蒸法。过氧乙酸是一种高效广谱和快速的消毒剂。将蛋置于可以密封的容器内，按每立方米体积用 16% 过氧乙酸溶液 40 ～ 60 毫升，加高锰酸钾 4 ～ 6 克的药量，熏蒸 15 分钟。使用时应注意过氧乙酸遇热不稳定，如 40% 以上浓度加热至 50℃ 易引起爆炸，应在低温下保存。过氧乙酸无色透明，腐蚀性强，不能接触皮肤和衣服，消毒时应使用陶瓷或瓦制的容器，现用现配。

（2）溶液法

① 溶液浸泡法。将种蛋在 0.1% 的新洁尔灭溶液中浸泡 5 分钟，然后取出晾干，送入孵化器进行孵化。浸泡溶液的温度应略高于蛋温，这一点在夏季尤其重要。如果消毒液的温度低于蛋温，当种蛋浸入时由于受冷而使内容物收缩，形成负压，会使附于表面的微生物通过气孔进入蛋内，影响孵化效果。

② 溶液喷洒法。孵化前，使用喷雾器直接将稀释的化学消毒剂喷洒在种蛋的表面。选择高效、无毒、广谱的消毒剂，如氯制剂、表面活性剂和碘伏消毒剂等。

3. 种蛋的保存

种蛋保存条件不好、保存方法不当，对孵化效果影响极大。

（1）保存条件

① 温度。适宜保存温度见图 3-21。

② 湿度。保存种蛋的环境湿度，对孵化率也有一定影响。较理想的相对湿度是 70% ～ 75%，这种湿度与鹅蛋的含水率比较接近，蛋内水分不会大量蒸发。

③ 翻蛋。为防止胚盘与蛋壳粘连，影响种蛋孵化率，保存期

间应注意翻蛋。保存时间1周内可以不翻蛋，超过1周应每天翻蛋一次。

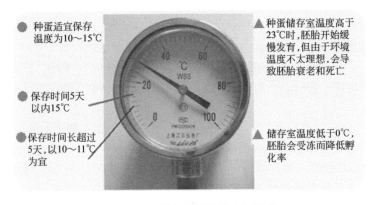

图3-21　保存种蛋最适宜的温度

④卫生。蛋库内要通风良好，清洁卫生；注意消灭鼠类和昆虫。

（2）保存时间　种蛋保存期越长，孵化率越低，故最好用新鲜蛋入孵。种蛋保存时间一般为：春季不超过7天，夏季不超过5天，冬季不超过10天。如果有特殊需要必须较长期保存时，可采用充氮法保存。将种蛋置于塑料袋或其他容器中，填充氮气，然后密封，使种蛋处于与外界隔绝的环境里，减少蛋内的水分蒸发，抑制细菌繁殖，保存期可以适当延长。

4. 种蛋的装运

启运前，必须将种蛋包装妥善，盛器要坚实，能承受较大的压力而不变形，并且还要有通气孔，一般都用纸箱或塑料制的蛋箱盛放。装蛋时，每个蛋之间上下左右都要隔开，不留空隙，以免松动时碰破。通常用纸屑或木屑、谷壳填充空隙。装蛋时，蛋要竖放，钝端在上，每箱（筐）都要装满（图3-22）。蛋箱要整齐地摆放在车（船）上，盖好防雨设备，冬季还要防风保湿，运行时不可剧烈颠簸，以免引起蛋壳或蛋黄膜破裂，损坏种蛋。经过长途运输的种蛋，到达目的地后，要及时开箱并取出。剔除破蛋，尽快消毒装盘入孵，千万不可贮放。

图 3-22　种蛋装入专用箱内运输

二、胚胎的物质代谢

胚胎在鹅体外的发育，即孵化过程中的发育。在适宜的温湿度等条件下经过 30.5 天胚胎发育成雏鹅出壳。

胚胎的物质代谢是十分复杂的生理、生化过程，孵化头两天胚膜尚未形成，此时胚胎主要通过渗透方式直接利用蛋黄中的葡萄糖，利用碳水化合物中分解出来的氧气。

胚胎物质代谢过程：从卵黄囊血液循环形成到鹅胚龄 7 天止，胚胎主要靠卵黄囊血管吸收卵黄中的营养物质和氧气。随后胚胎的物质代谢迅速增强并趋于复杂，既利用碳水化合物，又利用蛋白质。鹅胚龄 8 ～ 28 天时，物质代谢旺盛，增重迅速，此时胚胎除靠卵黄囊血管吸收卵黄中的营养物质外，还通过尿囊血管吸收蛋清中的蛋白质和蛋壳中的钙。胚胎对蛋白的利用日趋完全，能分解出尿素和尿酸。蛋白和蛋黄中的蛋白质大量减少，大部分转化成为胚胎细胞、器官的主要成分。胚龄在 16 天时，尿囊在蛋的小头合拢之后，胚胎利用大量脂肪并沉积为体脂肪，胚胎骨化日益旺盛，蛋壳中的矿物质大部分被利用。胚龄 28 ～ 29 天时，蛋白已用尽，尿囊枯萎，胚胎开始用肺呼吸，此时脂肪代谢达到高峰，胚胎产热更多。在孵化后期，由于脂肪代谢不断增强，产热逐渐增多，除孵化温度适当降低外，从胚龄 16 ～ 17 天以后每天还要进行凉蛋 2 次。

三、胚胎的发育特征

鹅的胚胎发育分为两个阶段：第一阶段在母体内进行，精子移动到喇叭口与卵子结合，在鹅体内较高的温度条件下开始发育，当受精蛋产出体外后，胚胎就处于相对静止的状态。第二阶段在母体外进行。若将受精蛋置于适宜的环境里孵化，胚胎就继续发育，经过30～31天（鹅的孵化期为30～31天），发育出壳成为雏鹅。孵化期内，胚胎每天都在变化，并且有一定的规律性。采取照蛋办法可以检验胚胎的发育情况（表3-4）。

表3-4　鹅胚胎发育和照蛋特征

胚龄/天	胚胎发育特征	照蛋特征
1～2	胚盘重新开始发育，器官原基出现，但肉眼不易辨别。蛋黄表面有一颗颜色稍深、四周稍亮的圆点，俗称"鱼眼珠"	
3～3.5	血液循环开始，卵黄囊血管区出现心脏，开始跳动，卵黄囊、羊膜和浆膜开始生出。已经可以看到卵黄囊血管区，其形状很像樱桃，俗称"樱桃珠"	
4.5～5	胚胎头尾分明，内脏器官开始形成，尿囊区开始发育。卵黄囊明显扩大；卵黄囊血管的分布像蚊子，俗称"蚊虫珠"	
5.5～6	胚胎头明显增大，与卵黄分离，各器官和组织都已具备，可见脚、翼、喙的雏形。尿囊迅速生长，卵黄囊血管包围的卵黄约达1/3。羊水增加，胚胎已能自由地在羊膜群内活动。卵黄不随着蛋转动而转动，俗称"钉壳"。胚胎和卵黄囊血管形状像一只小的蜘蛛，又称"小蜘蛛"	

胚龄/天	胚胎发育特征	照蛋特征
6.5	胚胎头弯向胸部，四肢开始发育，已具有鸟类外形特征，生殖器官形成，公母已定。尿囊与浆膜、壳膜接近，血管网向四周发射。能明显看到黑色的眼点，称"单珠""起眼"	
8	胚胎的躯干部增大，口部形成，翅与腿可分辨，胚胎开始活动，引起羊膜有规律地收缩。卵黄囊包围一半以上卵黄，尿囊迅速增大，胚胎头部明显，与弯曲增大的躯干部形似"电话筒"，俗称"双珠"	
9	胚胎已表现明显的鸟类特征，颈伸长，翼、喙明显，脚上生出趾（蹼）。卵黄增大达最大，蛋白重量减少；羊水增多，胚胎活动尚不强，似沉在羊水中，俗称"沉"。正面已布满扩大的卵黄和血管	
10	胚胎的肋骨、肺、肝和胃明显，四肢成形，趾间有蹼。正面：胚胎较易看到，像浮在水中，俗称"浮"；背面：卵黄扩大到背面，转动时两边卵黄不易晃动，称"边口发硬"	
11～12	胚胎眼裂呈椭圆形，脚趾上出现爪，绒毛原基扩展到头、颈部，羽毛突起明显，腹腔愈合，软骨开始骨化。尿囊迅速向小头伸展，几乎包围了整个胚胎。蛋转动时，两边卵黄容易晃动，俗称"晃得动"。背面尿囊血管迅速伸展，越出卵黄，俗称"发边"	 背面
14～15	胚胎的头部偏向气室，眼裂缩小，喙具一定形状，爪角质化，全部躯干覆以羽绒。尿囊在蛋的小头完全合拢；尿囊血管继续伸展，在蛋小头合拢，整个蛋除气室外都布满血管，俗称"合拢""长足"	 背面

胚龄/天	胚胎发育特征	照蛋特征
16	胚胎各器官进一步发育，头部和翅生出羽毛，腺胃可区别出来，足部鳞片明显可见。血管开始加粗，血管颜色开始加深	 背面
17	鼻孔出现，全身覆有长的绒毛，肾脏开始工作。小头蛋白由一管状道（浆羊膜道）输入羊膜腔中；血管继续加粗，颜色逐渐加深。左右两边卵黄在大头端连接	 背面
18	胚胎头部位于翼下，生长迅速，骨化作用急剧。胚胎大量吞食稀释的蛋白，尿囊中有白絮状排泄物出现。绒毛明显覆盖全身，气室逐渐增大。小头发亮的部分随胚龄增加逐渐缩小	 背面
19～21	胚胎的头部全在翼下，眼睛已被眼睑覆盖，胚胎开始由横向转向纵向。卵黄与蛋白显著减少，羊膜腔及尿囊中液体减少。小头发亮的部分逐渐缩小，蛋内黑影部分则相应增大，胚体不断增大	 背面
22～23	鼻孔已形成，小头蛋白已全部输入羊膜囊中，蛋壳与尿囊极易剥离；小头看不到发亮的部分，俗称"封门"	 背面

胚龄/天	胚胎发育特征	照蛋特征
24～26	喙开始朝向气室端，眼睛睁开。吞食蛋白结束，卵黄已有小量进入腹中。胚胎转身引起气室朝一方倾斜，俗称"斜口"	
27～28	胚胎两腿弯曲朝向头部，颈部肌肉发达，同时大转身，颈部及翅突入气室内，准备啄壳。卵黄绝大部分已进入腹中，尿囊血管逐渐萎缩，胚膜完全退化。气室内可以看到黑影在闪动，俗称"闪毛"	
29～30	胚胎的喙进入气室，开始啄壳见嘌，卵黄收净，可听到雏的叫声，肺呼吸开始。尿囊血管枯萎。少量雏鹅出壳，开始啄壳，俗称"啄壳""见嘌"	
30.5～31	出壳；出壳重为蛋重65%～70%，腹中尚有5克左右卵黄	

四、孵化条件

1. 温度

温度是鹅蛋孵化的首要条件。在胚胎发育的整个过程中，各种物质代谢，都是在一定的温度条件下进行的。适宜的温度是孵化成败的关键，孵化温度过高过低都会影响胚胎的发育。胚胎发育的不同阶段，对热量需要量是不同的。发育初期，幼小的胚胎还没有调节体温的能力，需要供给较多的热量；发育后期，由于脂肪代谢加速，能产生大量的生理热，需要的热量较少。因此，孵化期的温度控制一般是"前高、中平、后低"，再结合孵化季节、室温、孵化器以及胚胎的发育状况，做到"看胎施温"，灵活掌握。当前，孵鹅蛋分恒温和变温两种方法。

（1）恒温孵化　鹅蛋恒温孵化的施温标准见图 3-23。

（2）变温孵化　鹅蛋变温孵化的施温标准见表 3-5。

 孵化机内温度(孵化温度):1~28天37.8℃,28天以后37.5℃。
孵化室内温度:1~28天23.9~29.4℃,28天以后29.4℃以上。

图 3-23　恒温孵化的施温标准

表 3-5　鹅蛋变温孵化施温标准

| 品种 | 室温/℃ | 孵化温度/℃ | | | | | 适孵季节 |
		1~6天	7~12天	13~18天	19~28天	29~31天	
中型品种	23.9~29.4	38.1	37.8	37.8	37.5	37.2	冬季和早春
	29.4以上	38.1	37.8	37.5	37.2	36.9	春季
		37.8	37.2	37.5	36.9	36.7	夏季
大型品种	23.9~29.4	37.8	37.5	37.5	37.2	36.9	春季
	29.4以上	37.8	37.5	37.2	36.9	36.7	夏季

2. 湿度

湿度对胚蛋的影响及不同时期的湿度要求见图 3-24。

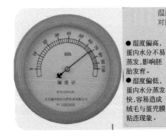 湿度对蛋内水分蒸发和胚胎物质代谢有密切关系，对胚胎的发育有较大影响，也直接影响鹅胚的破壳。

● 湿度偏高，蛋内水分不易蒸发，影响胚胎发育。
● 湿度偏低，蛋内水分蒸发快，容易造成绒毛与蛋壳膜粘连现象。

● 孵化前期，胚胎要形成大量羊水和尿囊液，机内温度又较高，所以相对湿度需要大一些，一般前10天的相对湿度控制在65%~70%。
● 孵化中间10天，为了排出羊水和尿囊液，相对湿度可降至55%~60%。
● 孵化至后10天，为了防止绒毛粘连，要将相对湿度提高到70%~75%。

● 孵化湿度掌握的原则是"两头高，中间低"。孵蛋在孵化过程中，常结合凉蛋降温，在鹅蛋上喷洒温水，以增加机内的相对湿度，使胚胎散热加强。

图 3-24　湿度对胚蛋的影响及不同时期的湿度要求

3. 空气（通风换气）

鹅胚胎在发育的过程中，不断吸入氧气，排出二氧化碳，进行气体交换。胚胎发育需要的空气环境应是氧气含量不能低于20%，二氧化碳的含量在0.3%～0.5%之间，最高允许量为1.5%。如果孵化机内二氧化碳含量超过1.5%，则胚胎发育迟缓，死亡率增高，出现胎位不正和畸形等现象，降低孵化率和雏鹅质量。

孵化初期，胚胎的物质代谢能力较低，需要氧气较少；随胚龄增大，尿囊发育，呼吸量逐渐增加；孵化至最后两天，胚胎开始用肺呼吸，吸入的氧气和呼出的二氧化碳比孵化初期增加100多倍。为保护胚胎的正常发育，孵化机必须有良好的通风条件，保证提供足够的新鲜空气。特别是孵化后期，通风量逐渐增大，尤其是出雏期间。如果通风换气不足，会导致出雏前死胚增多。现在设计的孵化器，都十分注意通风装置，开设了进气孔和出气孔。

4. 翻蛋

翻蛋的作用是使胚胎各部受热均匀，避免与蛋壳粘连，使蛋的不同部位受热相似，并促进气体代谢，有利于营养吸收，提高孵化率。机器孵化有自动或半自动翻蛋系统，可根据需要定时翻蛋。一般每昼夜可翻蛋4～12次。机械孵化转蛋前俯后仰45°，转蛋角度90°～100°最好（图3-25）。在整个孵化期中，前期和后期的翻蛋次数不同，前期翻蛋次数要多些，开始第一周特别重要，应适当增加翻蛋次数，而孵至最后3～4天，可停止翻蛋。

图3-25　机器孵化转蛋

5. 凉蛋

鹅蛋孵化至中期后，胚胎的物质代谢增强，产生大量的生理热，使机内温度上升。凉蛋的目的是帮助胚胎散发热量，促进气体代谢，改善血液循环，增强胚胎调节体温的能力，从而提高孵化率和雏鹅的品质。凉蛋就是在短时间内使蛋温降低。凉蛋的方法因孵化种类而异。自然孵化时，母鹅每天离巢饮水、采食、排便，这就是凉蛋活动。机器孵化时，照蛋、喷水也属于凉蛋工作，但经常性的凉蛋要每天进行。孵化前期，凉蛋的时间短一些，孵至第15天后，要逐渐增加凉蛋的时间，每天打开机门2次，关闭热源，只开动风扇，并把蛋盘从蛋盘架上抽出1/3，再将温水喷洒在蛋上。随着胚龄增加，延长凉蛋时间，每天可凉蛋喷水2～3次；每天凉蛋的程度，以眼皮接触蛋壳感觉比较温和即可。凉蛋结束，将蛋盘推回机内，关闭机门，接通热源。凉蛋的时间因季节、室温、胚龄而异，通常为20～30分钟。摊床孵化时，凉蛋与翻蛋结合进行。

6. 孵化卫生

（1）孵化场的场址选择和工艺流程　孵化场场址选择在隔离条件好，水、电、交通等便利地方。工艺流程为单向流程：种蛋选择→种蛋消毒→种蛋贮存→分级码盘→孵化→移盘→出雏→鉴别→分级→免疫→雏禽存放→外运。孵化场工艺流程和布局见图3-26。

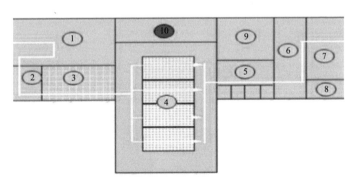

图 3-26　孵化场工艺流程和布局

1—种蛋处置室；2—种蛋消毒室；3—种蛋存放室；4—孵化室；5—出雏室；6—雏鹅处置室；7—雏鹅发送室；8—储物间；9—清洗间；10—通道

（2）工作人员的卫生　孵化场工作人员进场前必须淋浴换衣和消毒后方可进入孵化区（图3-27）。

图3-27　孵化场工作人员的淋浴换衣和消毒

（3）两批出雏间隔时间的消毒　两批出雏间隔出现蛋壳、绒毛、死胚等严重污染孵化车间环境，先清理清扫，然后进行彻底的清洁和消毒。

① 孵化器及孵化室的清洁消毒。取出孵化盘及增湿水盘，先用水冲洗，再用新洁尔灭擦洗孵化器内外表面（注意孵化器顶部的清洁），用高压水冲刷孵化室地面，用熏蒸法消毒孵化器，每立方米用福尔马林42毫升、高锰酸钾21克，在温度24℃、湿度75%以上的条件下，密闭熏蒸1小时，然后开机门和进出气孔通风1小时左右，驱除甲醛气体。孵化室用福尔马林14毫升、高锰酸钾7克，密封熏蒸1小时，或两者用量增加1倍熏蒸30分钟。

② 出雏器及出雏室的清洁消毒。取出出雏盘，将死胚蛋（毛蛋）、死弱雏及蛋壳装入塑料袋中，将出雏盘送清洗间浸泡在消毒液中冲洗消毒；清除出雏室地面、墙壁、天花板上的废物，冲刷出雏器内外表面后，用新洁尔灭水擦洗，然后每立方米用42毫升福尔马林和21克高锰酸钾熏蒸消毒出雏器和出雏盘；用浓度为0.3%的过氧乙酸（每立方米用量30毫升）喷洒出雏室的地面、墙壁和天花板。

③ 清洗间和雏鹅存放室的清洁消毒。清洗间是最大的污染源，应特别注意清洗消毒。将废弃物（绒毛、蛋壳等）装入塑料袋；冲刷地面墙壁和天花板；清洗间每立方米用42毫升福尔马林和21克高锰酸钾熏蒸消毒30分钟。雏鹅存放室也经冲洗后用过氧乙酸喷洒消毒（或甲醛熏蒸消毒）。孵化场的上述各室，也可以用次氯酸钠溶液喷洒消毒。

【提示】注意消毒不能代替冲洗，只有彻底冲洗后，消毒才有效。用高压水冲刷孵化室地面，用抹布擦抹孵化器的内壁，然后用熏蒸法消毒。

（4）废弃物处理　死雏、绒毛、蛋壳、雏鹅粪便等废弃物装入塑料袋内封闭（图3-28）。

图3-28　废弃物处理

【提示】封闭的塑料袋送到远离孵化场的地方进行处理。

（5）污水处理　污水经消毒处理符合排放要求后排放。

【提示】还必须注意以下两点：一是种蛋要平放或大头（钝端）在上，绝对不可小头（尖端）在上；二是孵化机内要保持黑暗，必要时才开灯照明，用后关闭。许多试验表明，机内长期连续开灯，对孵化率影响极大。此外，孵化室的环境对孵化机内保持适宜条件有很大关系。孵化室较理想的条件是，室温21～24℃，相对湿度50%～60%，室内空气新鲜，要避免阳光直射或冷风直吹孵化机；墙壁、地面和用具，要清洁卫生，摆放整齐，并定期进行消毒。

五、孵化方法

种蛋的人工孵化方法包括机器孵化法、平箱孵化法、炕孵法以及摊床孵化法等。

1. 机器孵化法

用电孵化器孵化鹅蛋，可根据鹅蛋的数量选用适当的电孵化器，根据鹅蛋的大小，设计孵化蛋盘。

（1）孵化准备

① 制订孵化计划。根据孵化能力和销售合同制订孵化计划，合理安排孵化批次，将码盘上蛋、照蛋、出雏时间错开，不要放在同一天进行。

② 孵化设备和用具。机器孵化设备有孵化器、出雏器、蛋架车、

孵化盘、出雏盘、照蛋器、清洗机等用具。目前鹅产业化生产均采用全自动孵化器和出雏器。孵化器类型和内部结构见图3-29、图3-30。

(a) 单体孵化器　　　　　　　(b) 巷道式孵化器

图 3-29　孵化器类型

(a) 孵化器　　　　　　　　(b) 出雏器

图 3-30　孵化器和出雏器内部结构

③ 试机运转。孵化前要全面检修孵化机的翻蛋、控温、控湿、通风、报警等系统以及孵化机的密封性能和机内上下、左右、前后的温度和湿度差。孵化机内各部温差不超过 0.3℃，湿度差不超过 3％。孵化室和孵化机具要彻底消毒。试机运转 1～2 天正常后再开始入蛋孵化。为了防止临时停电事故的发生，应有专用的发电设备或备用电源，电压不稳定的地方应安装稳压器。

（2）孵化操作

图 3-31　温室内预热

① 入孵前种蛋预热。入孵前种蛋要预热，如果凉蛋直接入孵，由于温差悬殊对胚胎发育不利，还会使种蛋表面凝结水汽。预热对存放时间长的种蛋和孵化率低的种蛋更为有利。入孵前，将种蛋放入 22～25℃的温室中预热 6～12小时（图3-31）或将码好的蛋盘放入蛋

架车上，然后在 20 ～ 22℃的孵化室内预热 6 ～ 18 小时。

② 码盘。码盘是将种蛋大头向上摆放在孵化盘上。将码好的蛋盘放入蛋架车上，准备入孵或预热（图 3-32）。

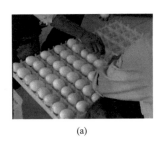 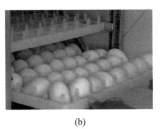

图 3-32　码盘（a）和放入孵化架车（b）

③ 入孵和消毒。入孵的时间安排在下午 4 点以后为宜，这样白天大量出雏，方便进行雏鹅的分级、性别鉴定、疫苗接种和装箱等工作。鹅蛋有分批入孵和整批入孵两种方式。整批入孵是一次把孵化机装满，大型孵化厂多采用整批入孵。分批入孵，一般每隔 3 天、5 天或 7 天入孵一批种蛋，出一批雏鹅。分批入孵时"新蛋"与"老蛋"交错放置，彼此调节温度。入孵后对种蛋进行消毒（图 3-33）。

【注意】当机内温度升高到 27℃、湿度达到 65% 时，进行入孵消毒。方法为甲醛熏蒸法，孵化器每立方米用福尔马林 30 毫升、高锰酸钾 15 克，熏蒸时间 20 分钟，然后打开排风扇，排出甲醛气体。

图 3-33　鹅蛋入孵

④ 温度、湿度调节。入孵前要根据不同季节及前几次的孵化经验设定合理的孵化温度、湿度，设定好以后，旋钮不能随意扭动。刚入孵时，开门上蛋会引起热量散失，同时种蛋和孵化盘也要吸收热量，这样会造成孵化器温度暂时降低，经一段时间即可恢复正常。孵

化开始后，要对机显温度和湿度、门表温度和湿度进行观察记录。一般要求每隔半小时观察 1 次，每隔 2 小时记录 1 次，以便及时发现问题，并得到尽快处理。有经验的孵化人员，经常用手触摸胚蛋或将胚蛋放在眼皮上感温，实行"看胚施温"。正常温度情况下，眼皮感温要求微温，温而不凉。要保持机内水盘有水，并定期添加温水，有利于维持机内湿度。

⑤ 通风换气。在不影响温度、湿度的情况下，通风换气越畅通越好。在恒温孵化时，孵化机的通气孔要打开一半以上，落盘后全部打开。变温孵化时，随胚胎日龄的增加，需要的氧气量逐渐增多，所以要逐渐开大排气孔，尤其是孵化第 20 天以后，更要注意换气、散热。

⑥ 翻蛋（转蛋）。入孵后 12 小时开始翻蛋，每 2 小时翻蛋 1 次，1 昼夜翻蛋 12 次。在 28 天落盘后停止翻蛋（图 3-34）。

图 3-34　翻蛋

⑦ 照检。利用照蛋器进行照蛋，查明胚胎发育情况、孵化条件是否合适以及剔出无精蛋、死胚蛋，以免污染孵化器，影响其他蛋的正常发育（图 3-35）。

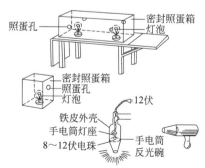

图 3-35　照蛋器类型及照蛋

孵化 7～8 天进行头照，剔出无精蛋和死胚蛋（图 3-36）。如果发现种蛋受精率低，应及时调整公鹅和改善种鹅的饲养管理。

 正常胚蛋:血管网鲜红,扩散较宽,黑眼明显。 死胚蛋:无血管网,有血线或溶血。 无精蛋:蛋内透明,转动可见卵黄阴影。

图 3-36　头照时正常和异常胚蛋特征

入孵后的第 15 天进行第二次照检，将死胚蛋和漏检的无精蛋剔出（图 3-37）。

 正常胚蛋：尿囊已在锐端合拢,并包围所有蛋内容物,可见锐端血管分布。 死胚蛋:很小的胚胎与蛋黄分离,小头发亮。

图 3-37　二照时正常和异常胚蛋特征

【提示】如果此时尿囊膜已在蛋的小头"合拢"，则表明胚胎发育是正常的，孵化条件的控制亦合适。

入孵后第 28 天进行第三次照蛋（图 3-38）。

 正常胚:胚胎占满除气室外的全部空间,气室边缘弯曲,有时可见胚胎在蛋内闪动。 气室　弱胚:气室较小,边界平齐。 死胚:气室周围无血管,或锐端色淡。

图 3-38　三照时正常和异常胚蛋特征

⑧ 落盘。孵化到 28 天，通过照检剔除死胚蛋后，把发育正常的蛋转入出雏器内继续孵化，称之"落盘"。落盘时，如发现胚胎发育延缓，应推迟落盘时间。落盘后应注意提高出雏机内的湿度和增大通风量。

⑨ 出雏。出雏期间保持出雏器黑暗，以免引起雏鹅的骚动。出雏期间不要经常打开机门，以免降低机内温度、湿度，影响出雏整齐

度。及时拣雏，在出雏末期，对已啄壳但无力出壳的弱雏，可进行人工破壳助产。助产要在尿囊血管枯萎时方可施行，否则易引起大量出血，造成雏鹅死亡。雏鹅拣出后即可进行雌雄鉴别和免疫（图3-39）。

(a)　　　　　　　　　　(b)

图3-39　拣雏鹅（a）和放入雏鹅箱（b）

⑩ 统计分析。根据记录统计种蛋受精率、孵化率、健雏率，对结果进行分析，以改进孵化条件和种鹅的饲养管理方法，提高孵化成绩。记录表格如表3-6～表3-8。

表3-6　孵化室日程表

批次	机号	入孵		头照		抽检		移盘		出雏	
		月	日	月	日	月	日	月	日	月	日

表3-7　孵化条件记录表

时间/小时	孵化室		孵化器				值班人员	备注
	温度/℃	湿度/%	温度/℃	湿度/%	翻蛋	凉蛋		
0								
1								
2								
3								
4								
5								
6								
7								
8								
9								
...								

表 3-8　孵化成绩统计表

批次	品种	种蛋来源	入孵日期	入孵蛋数/枚	照蛋			出雏情况				受精蛋数/枚	受精率/%	受精蛋孵化率/%	入孵蛋孵化率/%	健雏率/%	备注
					无精蛋	死精蛋	破蛋	移盘数	健雏数	弱雏数	死胚蛋						

2. 平箱孵化法

（1）孵化准备　准备好孵化使用的平箱，出雏使用的摊床，温度计及棉被、毯子、棉絮等保温物。

箱体大小可根据孵蛋多少而定，一般箱高 1.6 米，长与宽各为 1 米，可容鹅蛋 600 枚左右。箱体分上、下两部分，上部为蛋架，下部为热源。箱体可利用木料、纤维板或厚纸板制成，也可由砖坯砌成。箱的四周填充蓬松的废棉花。平箱上的蛋架装有活动的轴心，以使蛋架转动。蛋架分 7 层，上面 6 层放蛋筛，蛋筛是由竹篾编成有空格的圆形筛子，外径 78 厘米，高 8 厘米。底层蛋架放置一空竹匾，也可由厚纤维代替，起缓冲温度的作用。平箱下部为热源，四周用砖坯砌成，底部用 3 层砖防潮，内部 4 个角用泥抹成圆形炉膛。炉膛和箱身连接处装一厚铁皮，铁板上铺一层薄草泥。在平箱底部（即厚铁皮下面）安放 1 个 40 厘米 ×40 厘米 ×80 厘米的铁架，用瓷胡固定 2 组各 300 瓦的电热丝，用膨胀饼或控温继电器控制，组成自动控温装置。每个平箱下面的炉子后面可开 1 个排烟孔，让烟往室外排出，保持孵化室清洁卫生。有电源时进行电热孵化，断电时可在炉膛内用柴炭、煤炉生火加热。

（2）试温　入孵前要对平箱进行供热试验，检查箱内保温性能是否良好，特别要仔细检查热源与箱体连接处（厚铁皮）是否与四壁衔接紧密，以免烟泄入箱身而影响孵化成绩。如采用电热丝供热，应仔细检查电源接线、水银导电电表及控温继电器是否正常和灵敏。孵化温度计也需校验。待一切准备就绪后，即可上蛋入孵。

（3）孵化管理

① 入孵。种蛋预热后放入蛋筛内，每个蛋筛可以装鹅蛋 100 个，经消毒处理后，即可关闭箱门，并塞上火门，开始升温。

② 翻蛋和调筛。其目的是使上层、下层温度基本均匀。一般箱内上层、底层温度较高，中间各层温度略低。调筛方法：升温后，为使温度均匀，应每隔 2～3 小时转筛 1 次，即用手轻轻将蛋架旋转 180º，同时观察温度，当胚蛋温达到 38.3℃时，即可进行第 1 次调筛。调筛的要点是将顶筛和底筛调到中间层，然后以中间层为中点，将上方或下方的蛋筛依次上移或下放一格。当箱温达 38.9℃，可进行第 2 次调筛和第 1 次翻蛋。待蛋温继续上升到 38.9℃时，再进行第 3 次调筛和第 2 次翻蛋。经 3 次调筛和 2 次翻蛋后，整个箱内的蛋温基本均匀，此时，抽检中层蛋筛的蛋，如温度在 38.3℃，即表明已达到正常温度标准。一般春秋季孵化要求每天调筛翻蛋 3～4 次，夏季每天调筛翻蛋 2～3 次，同时将蛋筛中间的蛋和边缘的蛋互换位置。为使种蛋受热均匀，还应定期转筛，每隔 2～3 小时检查箱内温度 1 次。有孵化经验的人可用眼皮测试蛋温，发现温度过高过低要及时调整。

③ 摊床管理。鹅蛋孵化到 17～18 天后，自温显著增高，若室温达到 25℃以上时，就可将胚蛋从平箱移到摊床上，此后孵化阶段则以其自温来保持孵化所需温度，一直孵至出雏。初上摊床时，为防止蛋温降低，应把种蛋垒成 2～3 层，再在上面盖 3～5 层棉被，以减少热量散失来提高蛋温，待鹅蛋温达到 38℃左右时，即可除去棉被降温片刻，然后进行 1 次"抢摊"，目的是起到翻蛋和调温的作用。将边缘与中心蛋互换位置后，用上法再进行 1 次增温，这样就使全部蛋的温度大致均匀。2 次增温应在 1 天至 1 天半的时间内完成。以后逐渐降低温度，除去棉被，种蛋放平成单层。在摊床期间，还要根据中心蛋与边蛋的温差情况，每天翻蛋 2 次左右，翻蛋要注意将边缘与中心蛋的位置互换。通过照蛋或抽样进行破壳观察，及时了解胚胎发育的情况，以便随时调整温度，保证孵化的效果。

3. 摊床孵化法

摊床孵化是炕孵、缸孵或平箱孵化后期普遍采用的一种方法。摊床孵化不用热源，依靠胚蛋后期的自发温度及孵化室的室温孵化，因而是一种十分经济的方法。

（1）摊床的构造和设备　摊床一般设在孵化器（包括土缸、土炕、电孵化机）的上方，以充分利用空间和孵化器的余热。如果孵化室太大，不易保温，或房舍低矮，可单独设置摊床孵化室。摊床是用木头（水泥或三角铁）做架，钉上竹条，然后铺上草席制成的。孵化时根据胚龄的大小及室温的高低，配备棉絮、棉毯或被单等物，以保持胚胎所需温度。摊床的面积根据孵化室的大小及生产规模而定，设1～3层。摊床应底层最宽，越上层越窄，便于操作时站立。一般底层宽1.8米时，每上一层缩进20厘米（图3-40）。

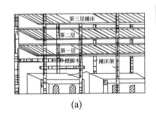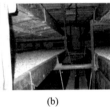

(a)　　　　　　　(b)　　　　　　　(c)

图3-40　摊床的构造

（a）多层摊床结构图；（b）多层摊床实景图；（c）单层摊床实景图

（2）上摊时间　鹅蛋在第15天后，即在第二次照蛋以后上摊。如果外界气温低，可以稍微推迟上摊时间。

（3）调温操作要点　上摊以后调节温度的工作是管理工作的中心，所以一定要调节好温度。

① 调温原则。摊床温度的调节，应根据中心蛋与边蛋存在温差的特点来进行，应掌握"以稳为主，以变补稳，变中求稳"的原则。也就是说，为使蛋温趋于一致，要"以稳为主"，即以保持中心蛋适温平衡为主；但中心蛋保持适温时，边蛋蛋温必然偏低，以弥补温度的不足；当升温达到要求时，又要适时采取控制措施，不使温度升得太高，达到"变中求稳"的目的。

② 调温措施

一是翻蛋（抢摊）。在摊床上翻蛋，将中心蛋和边蛋对换位置。因为边蛋易散热，蛋温较低，而摊床中间的中心蛋不易散热，蛋温易升高，通过互换位置，能使蛋温趋于平衡、均匀。

二是调整摆蛋密度。通过调整蛋的排列层数和松紧来调节蛋温。刚上摊时，可摆放双层，排列紧密；随着胚蛋自温升高，上层可放稀些；以后只将边蛋放双层，继而全部放平。

三是增减覆盖物。通过棉被、单被等覆盖物的增减和掀盖来调节。随着胚龄的增长，其自发温度日益增强，覆盖物应由多到少，由厚到薄，覆盖时间由长到短。当蛋温偏低时，可加盖覆盖物。如果蛋温上升较快，可减少覆盖物，甚至可将覆盖物掀起凉蛋。

四是开关门窗。门窗、气窗也是调节蛋温的辅助设施。上摊初期和寒冷季节，应关闭门窗，以利保温；后期升温快或夏季气温高，应打开门窗，加大通风量，以利散热。

第六节　初生鹅的管理

一、初生雏鹅雌雄鉴别

现代养鹅业都非常重视雏鹅的雌雄鉴别工作，但初生雏鹅雌雄鉴别比较困难，因为雏鹅身上的绒毛较多，泄殖腔小，不易根据生殖器官来鉴别。在生产中，多采用以下方法，从外观和形态上来鉴别。

1. 外形鉴别法

一般来讲，初生雄雏鹅体格较大，身躯较长，头较大，颈较长，嘴角较长而阔，眼较圆，眼角无绒毛，腹部稍平贴，站立的姿势比较直；雌雏鹅体格较小，身躯较短圆，头较小，颈较短，嘴角短而窄，眼较长圆，眼角有绒毛，腹部稍下垂，站立的姿势有点倾斜。

2. 动作、声音鉴别法

如果在大母鹅面前试着追赶雏鹅，低头伸颈发出惊恐鸣声的为雄鹅；高昂着头，不断发出叫声的为雌雏。一般雄鹅的鸣声高、尖、清晰；雌鹅的鸣声低、粗、沉浊。

3. 羽毛鉴别法

羽毛有色泽的鹅，如灰羽鹅，雄鹅的羽色总是比雌鹅的羽色淡一些。有的鹅种，如英国的西英格兰鹅、美洲的移民鹅，具有自别雌雄的特征。移民鹅的初生公鹅，羽毛是奶油色（乳黄色），喙的颜色较浅；母鹅的羽毛为浅黄色，喙的颜色较深。西英格兰鹅雌鹅带有明显的灰色标志，雄雏则为全白色。

4. 翻肛法

当根据外形、动作及声音等都不易鉴别时，可根据生殖器官的形态来判别。方法同识别雏鸭的雌雄一样，先把雏鹅捉住，并仰卧固定，然后用拇指和食指把肛门轻轻拨开，再稍加压力向外翻，使内部外露，如果有螺旋状而不大的阴茎突起，即为雄雏鹅；如果肛门只有三角瓣形皱褶，便是雌雏鹅。

5. 捏肛法

捏肛（摸肛）是鉴别初生水禽雌雄的传统办法。这种方法操作速度快，准确率很高，但要有丰富的经验。浙江萧山一带孵坊的师傅，每小时可鉴别 1500 ～ 1800 只，平均约 3 秒鉴别 1 只。雄雏鹅的阴茎比较发达，长约 0.5 厘米螺旋形，在泄殖腔肛门口内的下方，而雌雏鹅则没有，因此这种办法是科学的。操作方法是：以左手捉住雏鹅，使其背朝天，腹部朝下，并以拇指和食指轻轻抓住鹅颈部。然后，用右手的拇指和食指在鹅肛门外部捏一捏，使其泄殖腔略微外翻一点，以手指触诊，如感觉到油菜及芝麻粒大小的突起，就是雄的，否则即是雌的。初学者可多捏几次，用力要轻，不能来回揉动，以免伤及肛门。

6. 顶肛法

此法在山东一带广泛采用，比捏肛法困难一些，要求有较高的技术，不过熟练以后，速度比捏肛法还要快，准确率也不低于捏肛法。其原理与捏肛法相同。操作方法是：左手捉雏鹅，以右手的拇指在其肛门外轻轻往上顶，如果感觉到有一颗油菜籽或芝麻粒小的东西，即为雄雏，没有这种感觉便是雌雏。此法需要较长时间反复实践，才能熟练掌握。

二、初生雏鹅分级

每一批孵化，总有一些弱雏和畸形雏。当出雏结束、发运之前，要进行一次严格的挑选和分级。畸形雏坚决淘汰，弱雏单独处理，绝不可留作种用。

1. 健雏

30～31天内出壳；绒毛整洁，长短合适，色泽鲜亮；体重正常符合该品种标准，大小均匀；腹部大小适中，柔软，脐部干燥，愈合良好，其上覆盖绒毛；精神活泼，反应灵敏，腿干结实；抓在手中饱满，挣扎有力。

2. 弱雏

提早或推后出壳；绒毛蓬乱污秽，缺乏光泽，有时短缺；体重过大或过小，大小不一致；腹部特别膨大，脐部愈合不好，脐孔大，触摸有硬块，有黏液，或卵黄囊外露，脐部裸露；精神表现是痴呆，闭目，反应迟钝，站立不稳，触感瘦弱、松软，无力挣扎。

3. 畸形雏

头部小、眼睛突出，一只眼或无眼；交错喙，颈部扭曲，跗关节粗肿，多脚，弯趾；卵黄吸收不良，绒毛板结过短，侏儒，八字脚等。畸形雏鹅无康复价值，应及时淘汰。

三、雏鹅的运输

1. 运前准备

准备好运输工具。车辆性能要好，以带布篷车厢的车为宜。备齐鹅篮，鹅篮要求新、质量好、数量足。篮子直径为85厘米，高为18厘米，在4～5厘米高处加一条边线，有利于筐子相叠。运雏人员具有一定运雏经验，在车厢内时刻观察雏鹅情况，及时调整。到达目的地后迅速点数，不耽搁时间。

2. 运输技术

雏鹅质量是影响长途运输效果的首要因素。弱雏鹅经过长时间颠簸,途中死亡多,育雏期成活率低,损失大,因此装运前必须认真挑选,选择健康雏鹅进行运输。

雏鹅运输前要包装。雏鹅的包装物可用专用纸箱,这种纸箱一般规格为15厘米×40厘米×60厘米,呈上小下大的梯形,每个纸箱分四个下格,并有环形隔板,缓冲死角,以避免雏鹅损伤,每小格可装雏鹅20~25只,且保湿和通风效果均比较理想。距离较近的可采用圆形竹筐(规格一般为直径60厘米,高23厘米,约可放雏鹅50只)、专用纸箱或方形塑料筐,筐内应垫稻草、麦秸或干草,注意不能使用稻谷壳和锯末作垫料,以免雏鹅啄食,引起消化不良,甚至发生意外。筐和垫草都要经过消毒以后方可使用(图3-41)。

图3-41　雏鹅的包装

运送雏鹅,最好使用厢式和带篷车辆;雏鹅运输途中的管理关键是保温和通风,冬季注意保温,夏季注意通风。保持厢内温度在30~34℃和空气新鲜,防止雏鹅缺氧、呼吸困难、窒息死亡,使雏鹅处于舒适、安静的环境中。

车辆行驶速度应为40~50千米/小时,坚持"四快四慢"的原则,即好路快、中途快、中午快、天气好快;歪路慢、开车和停车时慢、晚上慢、阴雨慢。车辆行驶保持平稳、安全。一般晚上运输较好。运输途中不要停车,尽快到达育雏舍。若一车鹅苗要分多点饲养,分发既要快、好,又要不出差错。

第四章
鹅场建设及环境管理技术

　　环境好坏不仅影响鹅群的健康和生产性能发挥，而且影响公共卫生和食品安全。通过科学地、经济地设置鹅场和控制环境，可以为鹅群创造适宜的（如适宜的温度、湿度、光照、通风等）、洁净的（如微粒、微生物少）和安静的小气候环境，有利于维护鹅群健康，减少环境污染和提高生产效益。

第一节　鹅场的生产工艺及办场程序

一、鹅场的生产工艺及备案

　　鹅场生产工艺是指养鹅生产中采用的生产方式（鹅群组成、周转方式、饲喂饮水方式、清粪方式和产品的采集等）和技术措施（饲养管理措施、卫生防疫制度、废弃物处理方法等）。工艺设计是开办鹅场的基础，也是以后进行生产的依据和纲领性文件。经过市场的调查，确定鹅场建设，首先进行生产工艺设计，根据工艺设计进行投资估测、效益预测和投资分析，最后进行筹资、投资和建设。

1. 鹅场性质和规模

（1）鹅场性质　根据生产任务和繁育体系，鹅场分为种鹅场和商品鹅场。种鹅场按照繁育体系的要求进行种鹅养殖，生产种蛋；商品鹅场饲养由种鹅场提供的雏鹅生产肉鹅、鹅蛋和鹅绒等商品。

（2）鹅场规模　鹅场规模就是鹅场饲养鹅的多少。鹅场规模表示方法一般有三种：一是以存栏繁殖母鹅只数来表示；二是以年出栏商品肉鹅只数来表示；三是以常年存栏鹅的只数来表示。

根据我国鹅场规模情况，鹅场可划分为大、中、小型鹅场。如辽宁省种畜禽生产经营企业类型划定试行标准规定：生产经营原种（纯系）的种鹅场，种鹅存栏数量13000套以上为大型，2000～12999套为中型，1999套以下为小型；生产经营曾祖代、祖代、父母代的种鹅场，存栏种鹅数量8000套以上为大型，7999套以下为中、小型；生产经营商品代的种鹅场，种鹅存栏数量10000套以上为大型，9999套以下为中、小型。

（3）影响鹅场性质和规模的因素　鹅场经营方向和规模的大小，受到内外部各种主客观条件的影响，主要有如下因素。

① 市场需要。市场的活鹅价格、鹅肉价格、鹅绒及鹅皮价格和饲料价格等是影响鹅场性质和饲养规模主要因素。如市场（国际市场需求尤为明显）对鹅绒需求量大，鹅绒价格高时，饲养绒用鹅有利；市场肉鹅价格高时，饲养肉鹅有利。鹅场生产的产品是商品，商品必须通过市场进行交换而获得价值。同样的资金，不同的经营方向和不同的市场条件获得的回报也有很大差异。确定鹅场经营方向（性质），必须考虑市场需要和容量，不仅要看到当前需要，更要掌握大量的市场信息并进行细致分析，正确预测市场近期和远期的变化趋势和需要（因为现在市场价格高的产品，等到你生产出来产品时价格不一定高），然后进行正确决策，才能取得较好的效益。

市场需求量、鹅产品的销售渠道和市场占有量直接关系到鹅场的生产效益。如果市场对鹅产品需求量大，价格体系稳定健全，销售渠道畅通，规模可以大些，反之则宜小。只有根据生产需要进行生产，才能避免生产的盲目性。

② 经营能力。经营者的素质和能力直接影响鹅场的经营管理水

平，规模越大，层次越高的鹅场，对经营者的经营能力要求越高。素质高、能力强的经营者，能够根据市场需求不断进行正确决策，不断引进和消化吸收新的科学技术，合理地安排和利用各种资源，充分调动饲养管理人员的主观能动性，使鹅场获得较好经济效益，所以可以建设较大规模或层次较高的鹅场；如果经营者的素质不高，缺乏灵活的经营头脑，则饲养规模以小为宜，鹅场性质为商品场较好。

③ 资金数量。鹅场建设需要一定资金，层次越高，规模越大，需要的投资也越多。如种鹅场，基本建设投资大，引种费用高，需要的资金量要远远大于同样规模的商品鹅场；同样性质场，规模越大需要的资金量也就越多。不根据资金数量多少而盲目上层次、扩规模，结果投产后可能由于资金不足而影响生产正常进行。因此确定鹅场性质和规模要量力而行，资金拥有量大，其他条件具备的情况下，经营规模可以适当大一些。

④ 技术水平。现代养鹅业在品种、环境、饲料、管理等方面都要求有较高的技术支撑，鹅的高密度饲养和多种应激反应严重影响鹅的健康，也给疾病控制增加了更大难度。要保证鹅群健康，生产性能发挥，必须应用先进技术。

不同性质的鹅场，对技术水平要求不同。高层次鹅场需要进行杂交制种、选育等工作，其质量和管理直接影响到下一代鹅和商品鹅的质量和生产表现，生产环节多，饲养管理过程复杂，对隔离、卫生和防疫要求严格，对技术水平要求高；而商品鹅场生产环节少，饲养管理过程比较简单，相对技术水平较低。如果不考虑技术水平和技术力量，就可能影响投产后的正常生产。

不同规模的鹅场，对技术水平要求也不同。规模越大，对技术水平要求越高。不根据技术水平高低，盲目确定规模，特别是盲目上大规模，缺乏科学技术，不能进行科学的饲养管理和疾病控制，结果鹅的生产潜力不能发挥，疾病频繁发生，不仅不能取得良好的规模效益，甚至还会亏损倒闭。

（4）鹅场性质和规模的确定

① 鹅场性质的确定。鹅场性质不同，鹅群组成不同，周转方式不同，对饲养管理和环境条件的要求不同，采取的饲养管理措施不同，鹅场的设计要求和资金投入也不同。所以，建设鹅场要

综合考虑社会及生产需要、技术力量和资金状况等因素来确定自己的经营方向（如果市场对种鹅需求量大，市场价格高，又有雄厚资金和技术，可以开办种鹅场；如果资金、技术力量薄弱，种鹅市场需求不旺盛，最好开办商品鹅场。由于鹅的产品种类较多，还要根据市场效益合理选择鹅场种类）。否则，就可能影响投资效果。

②鹅场规模的确定。养鹅的最终结果是为了获取利益，即使鹅养得很好，但规模过小，其经济效益也不会太多；而饲养规模过大，超出了饲养者的承受能力，养殖条件差，鹅的生产性能低，也不可能获得最好经济效益。因此，选择什么样的养殖规模是决定饲养效益的前提和关键环节。而鹅场规模的大小又受到资金、技术、市场需求、市场价格以及环境的影响，这就需要饲养者精于统筹规划，根据资源情况确定适度规模。适度规模的确定方法如下：

一是对比分析法。根据适者生存这一原理，观察一定时期内鹅的生产规模水平变化和集中趋势，从而判断哪种规模为最佳规模。这是最简单的一种方法，适合专业户使用。

二是综合评分法。此法是比较在不同经营规模条件下的劳动生产率、资金利用率、鹅的生产率和饲料转化率等指标，评定不同规模间经济效益和综合效益，以确定最优规模。

具体做法是先确定评定指标并进行评分，其次合理地确定各指标的权重（重要性），然后采用加权平均的方法，计算出不同规模的综合指数，获得最高指数值的经营规模即为最优规模。

三是投入产出分析法。此法是根据动物生产中普遍存在的报酬递减规律及边际平衡原理来确定最佳规模的重要方法。也就是通过产量、成本、价格和赢利的变化关系进行分析和预测，找到盈亏平衡点，再衡量规划多大的规模才能达到多赢利的目标。

养鹅生产成本可以分为固定成本和变动成本两种。鹅场占地、鹅舍笼具及附属建筑、设备设施等投入为固定成本，它与产量无关；种鹅的购入成本、饲料费用、人工工资和福利、水电燃料费用、医药费、固定资产折旧费和维修费等为变动成本，与主产品产量呈某种关系。可以利用投入产出分析法求得盈亏平衡时的经营规模和计划一定盈利（或最大赢利）时的经营规模。利用成本、价格、产量之间的关系列出总成本的计算公式：

$$PQ=F+QV+PQx$$

$$Q=\frac{F}{[P(1-x)-V]}$$

式中　F——某种产品的固定成本；

　　　x——单位销售额的税金；

　　　V——单位产品的变动成本；

　　　P——单位产品的价格；

　　　Q——盈亏平衡时的产销量。

【例】某肉鹅场固定资产投入 30 万元，计划 10 年收回投资；每千克肉鹅的变动成本为 15 元，肉鹅价格为 20 元 / 千克，求盈亏平衡时的规模和年赢利 10 万元的规模（按每只鹅 3 千克计算）？

解：① 盈亏平衡时出售的肉鹅量 =300000 元 ÷（20 -15）千克 / 元 =60000 千克

盈亏平衡时的规模 =60000 千克 ÷3 千克 / 只 =20000 只

② 如要赢利 10 万元，需要出栏肉鹅 [（300000+100000）元 ÷（20 -15）元 / 千克]÷3 千克 / 只 ≈ 26667 只

四是成本函数法。通过建立单位产品成本与养鹅生产经营规模变化的函数关系来确定最佳规模，单位产品成本达到最低的经营规模即为最佳规模。

2. 鹅群组成及工艺流程

鹅场的生产工艺流程关系到鹅舍类型和隔离卫生。鹅的一个饲养周期一般分为育雏、育成和成年鹅三个阶段。育雏期为 0 ～ 4 周龄，育成期为 5 ～ 30 周龄，31 周龄以后为产蛋期（鹅产蛋期可以延续 3 ～ 5 年）。不同饲养时期，鹅的生理状况不同，对环境、设备、饲养管理、技术水平等方面都有不同的要求，因此，鹅场应分别建立不同类型的鹅舍，以满足鹅群生理、行为及生产等要求，最大限度地发挥鹅群的生产潜能（图 4-1）。

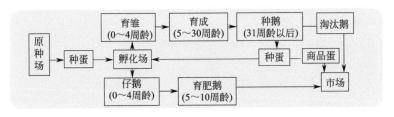

图 4-1　鹅场的工艺流程

3.主要工艺参数

工艺参数主要包括鹅群的划分及饲养日数和生产指标。种鹅场鹅群一般可分为雏鹅、育成鹅、成年母鹅、种公鹅。肉用商品鹅场饲养的肉用仔鹅、各鹅群的饲养日数，应根据鹅场的种类、性质、品种、鹅群特点、饲养管理条件、技术及经营水平等确定。

4.饲养管理方式

（1）饲养方式　饲养方式是指为便于饲养管理而采用的不同设备、设施（栏圈、笼具等），或每圈（栏）容纳畜禽的多少，或管理的不同形式。如按饲养管理设备和设施的不同，可分为笼养、缝隙地板饲养、板条地面饲养或地面平养；按每栏饲养的只数多少，可分为群养和单个饲养。饲养方式的确定，需考虑畜禽种类、投资能力、技术水平、劳动生产率、防疫卫生、当地气候和环境条件、饲养习惯等。鹅的饲养方式主要有笼养、地面平养、网上平养、地面-网上结合平养。

（2）饲喂方式　饲喂方式是指不同的投料方式或饲喂设备（如采用链环式料槽等机械饲喂）或不同方式的人工饲喂等。采用何种饲喂方式应根据投资能力、机械化程度等因素确定。鹅场可采用人工饲喂，也可采用机械喂料。

（3）饮水方式　饮水方式有水槽饮水和各种饮水器（杯式、乳头式）自动饮水。水槽饮水不卫生，劳动量大；饮水器自动饮水清洁卫生，劳动效率高。

（4）清粪方式　清粪方式有人工清粪和机械清粪。鹅场多采用人工清粪。

5. 建设场地标准

鹅场场地面积推荐表见表 4-1。

表 4-1　鹅场场地面积推荐表

性质	养殖场规模/万只	占地面积/亩[①]	运动场、水池等面积/米²	生产建筑面积/米²
种鹅场	1.0	35	13000	9000
商品鹅场	10.0	50	—	20500

① 1 亩 =666.67 平方米。

6. 确定管理定额

管理定额的确定主要取决于鹅场性质和规模、不同畜群的要求、饲养管理方式、生产过程的集约化及机械化程度、生产人员的技术水平和工作熟练程度等。管理定额应明确规定工作内容和职责，以及工作的数量（如饲养畜禽的头／只数、畜禽应达到的生产力水平、死淘率、饲料消耗量等）和质量（如畜舍环境管理和卫生情况等）。管理定额是鹅场实施岗位责任制和定额管理的依据，也是鹅场设计的参数。一栋鹅舍容纳鹅的只数，宜恰为一人或数人的定额数，以便于分工和管理。由于影响管理定额的因素较多，而且其本身也并非严格固定的数值，故实践中需酌情确定并在执行中进行调整。

7. 卫生防疫制度

疫病是畜牧生产的最大威胁，积极有效的对策是贯彻"预防为主，防重于治"的方针，严格执行国务院发布的《家畜家禽防疫条例》和农业农村部制定的《家畜家禽防疫条例实施细则》。工艺设计应据此制订出严格的卫生防疫制度。此外，鹅场还须从场址选择、场地规划、建筑物布局、绿化、生产工艺、环境管理、粪污处理利用等方面注重设计并详加说明，全面加强卫生防疫，在建筑设计图中详尽绘出与卫生防疫有关的设施和设备，如消毒更衣淋浴室、隔离舍、防疫墙等。

8. 鹅舍样式、构造、规格和设备

鹅舍样式、构造的选择，主要考虑当地气候和场地地方性小气候、鹅场性质和规模、鹅的种类以及对环境的不同要求、当地的建筑习惯和常用建材、投资能力等。

鹅舍设备包括饲养设备（笼具、网床、地板等）、饲喂及饮水设备、清粪设备、通风设备、供暖和降温设备、照明设备等。设备的选型须根据工艺设计确定的饲养管理方式（饲养、饲喂、饮水、清粪等方式）、畜禽对环境的要求、舍内环境调控方式（通风、供暖、降温、照明等方式）、设备厂家提供的有关参数和价格等进行选择，必要时应对设备进行实际考察。各种设备选型配套确定之后，还应分别算出全场的设备投资及电力和燃煤等的消耗量。

9. 鹅舍种类、栋数和尺寸

在完成了上述工艺设计步骤后，可根据鹅群组成、饲养方式和劳动定额，计算出各鹅群所需笼具和面积、各类鹅舍的栋数；然后可按确定的饲养管理方式、设备选型、鹅场建设标准和拟建场的场地尺寸，徒手绘出各种鹅舍的平面简图，从而初步确定每栋鹅舍的内部布置和尺寸；最后可按各鹅群之间的关系、气象条件和场地情况，做出全场总体布局方案。

10. 粪污处理利用工艺及设备选型配套

根据当地自然、社会和经济条件及无害化处理和资源化利用的原则，与环保工程技术人员共同研究确定粪污利用的方式，选择相应的排放标准，并据此提出粪污处理利用工艺，继而进行处理单元的设计和设备的选型配套。

11. 投资估算和效益预测

根据工艺设计确定的性质和规模，可以确定占地面积、建筑面积、设备数量、引种数量等，按照市场价格可以计算出固定资产，根据饲料、人力等需求量计算出流动资金以及其他开办费用而估算出总投资；根据投资数量、产品产量计算出产品的成本，结合市场价格可以预测经营效益。

【附】投资概算和效益分析方法和举例。

（1）鹅场的投资概算　投资概算反映了项目的可行性，同时有利于资金的筹措和准备。鹅场总投资＝固定资产投资＋产出产品前所需要的流动资金＋不可预见费用。

① 固定投资。包括建筑工程的一切费用（设计费用、建筑费用、改造费用等）、购置设备发生的一切费用（设备费、运输费、安装费等）。

在鹅场占地面积、鹅舍及附属建筑种类和面积、鹅的饲养管理和环境调控设备以及饲料、运输、供水、供暖、粪污处理利用设备的选型配套确定之后，可根据当地的土地、土建和设备价格，粗略估算固定资产投资额。

② 流动资金。包括饲料、药品、水电、燃料、人工费等各种费用，并要求按生产周期计算铺底流动资金（产品产出前）。根据鹅场规模、鹅的购置、人员组成及工资定额、饲料和能源价格，可以粗略估算流动资金额。

③ 不可预见费用。主要考虑建筑材料、生产原料的涨价，其次是其他变故损失。

（2）效益预测　按照调查和估算的土建、设备投资以及引种费、饲料费、医药费、工资、管理费、其他生产开支、税金和固定资产折旧费，可估算出生产成本，并按本场产品销售量和售价，进行预期效益核算。一般常用静态分析法，就是用静态指标进行计算分析，主要指标公式如下。

利润＝总收入－总成本＝（单位产品价格－单位产品成本）×产品销售量

投资利润率＝年利润/投资总额×100%

投资回收期＝投资总额/平均年收入

投资收益率＝（收入－经营费－税金）/总投资×100%

（3）举例　存栏10000只肉鹅场的投资估算和效益分析。

① 投资估算

固定资产投资：一是鹅场建筑投资。采用网上平养，每平方米饲养8只，需要鹅舍面积为1250平方米，另外附属建筑面积150平方米。总建筑面积1400平方米，每平方米建筑费用400元，合计投资56.00万元。二是设备购置费。需要1250平方米网面，每平方米20元，投资2.5万元，另外风机、采暖、光照、饲料加工、清粪、饮水、饲喂等设备2.5万元，合计投资5.0万元。固定资产投资总计

61.00 万元。

土地租赁费：5 亩 ×1500 元 /（亩·年）=0.75 万元 / 年。

雏鹅费用：10000 只 ×6 元 / 只 =6.0 万元。

饲料费用：每只鹅需要 8 千克饲料，每千克饲料 2.6 元，饲料费用 20.8 万元。

总投资 = 固定资产投资 + 土地租赁费 + 雏鹅费用 + 饲料费用 =88.55 万元。

② 总收入

出售鹅收入：年出栏肉鹅 2 批，每批 10000 只。20000 只 ×95%×3 千克 / 只 ×15 元 / 千克 =85.5 万元。

副产品收入：0.5 元 / 只 ×20000 只 ×95%=0.95 万元。

总收入 = 出售鹅收入 + 副产品收入 =86.45 万元。

③ 总成本

鹅舍和设备折旧费：鹅舍利用 10 年，年折旧费 5.6 元；设备利用 5 年，年折旧费 1.0 万元。合计 6.6 万元。

年土地租赁费：0.75 万元。

雏鹅费用：6.0 万元。

饲料费用：20.8 万元 ×2=41.6 万元。

人工费：2 人 ×3.0 万元 / 人 =6.00 万元。

电费等其他费用可用副产品抵消。

总成本 = 鹅舍和设备折旧费 + 年土地租赁费 + 雏鹅费用 + 饲料费用 + 人工费 + 其他费用 =60.95 万元。

④ 盈利

年收入 = 总收入 − 总成本 =86.45 万元 −60.95 万元 =25.5 万元。

资金回收年限 =88.55÷25.5 ≈ 3.47 年

投资利润率 = 年利润 / 投资总额 ×100%=25.5÷88.55× 100% ≈ 28.8%

二、鹅场的办场手续和备案

规模化养殖不同于传统的庭院养殖，养殖数量多，占地面积大，产品产量和废弃物排放多，必须要有合适的场地，最好进行登记注册，这样可以享受国家的有关畜禽养殖的优惠政策和资金扶持。登记注册需要一套手续，并在有关部门备案。

1. 项目建设申请

（1）用地申批　近年来，传统农业向现代农业转变，农业生产经营规模不断扩大，农业设施不断增加，人们对于设施农用地的需求越发强烈（设施农用地是指直接用于经营性养殖的畜禽舍、工厂化作物栽培或水产养殖的生产设施用地及其相应附属设施用地，农村宅基地以外的晾晒场等农业设施用地）。

《国土资源部、农业部关于完善设施农用地管理有关问题的通知》（国土资发〔2010〕155号）对设施农用地的管理和使用作出了明确规定，将设施农用地具体分为生产设施用地和附属设施用地，认为它们直接用于或者服务于农业生产，其性质不同于非农业建设项目用地，依据《土地利用现状分类》（GB/T 21010—2017），按农用地进行管理。因此，对于兴建养殖场等农业设施占用农用地的，不需办理农用地转用审批手续，但要求规模化畜禽养殖的附属设施用地规模原则上控制在项目用地规模7%以内（其中，规模化养牛、养羊的附属设施用地规模比例控制在10%以内），最多不超过15亩。养殖场等农业设施的申报与审核用地按以下程序和要求办理：

①经营者申请。农业经营者应拟定设施建设方案，方案内容包括项目名称、建设地点、用地面积、拟建设施类型、数量、标准和用地规模等；并与有关农村集体经济组织协商土地使用年限、土地用途、补充耕地、土地复垦、土地交还和违约责任等有关土地使用条件。协商一致后，双方签订用地协议。经营者持设施建设方案、用地协议向乡镇政府提出用地申请。

②乡镇申报。乡镇政府依据设施农用地管理的有关规定，对经营者提交的设施建设方案、用地协议等进行审查。符合要求的，乡镇政府应及时将有关材料呈报县级政府审核；不符合要求的，乡镇政府要及时通知经营者，并说明理由。涉及土地承包经营权流转的，经营者应依法先行与农村集体经济组织和承包农户签订土地承包经营权流转合同。

③ 县级审核。县级政府组织农业农村部门和自然资源部门进行审核。农业农村部门重点就设施建设的必要性与可行性，承包土地用途调整的必要性与合理性，以及经营者农业经营能力和流转合同进行审核；自然资源部门依据农业农村部门审核意见，重点审核设施用地的合理性、合规性以及用地协议，涉及补充耕地的，要审核经营者落实补充耕地情况，做到先补后占。符合规定要求的，由县级政府批复同意。

（2）环保审批　由本人向项目拟建所在乡镇提出申请并选定养殖场拟建地点，报县生态环境局申请办理环保手续（出具环境影响报告书）。

【注意】环保审批需要附项目的可行性报告，与工艺设计相似，但应包含建场地点和废弃物处理工艺等内容。

2. 养殖场建设

按照县自然资源局、生态环境局、县发改经信局批复进行项目建设。开工建设前向县农业农村局或畜牧局申领"动物防疫条件合格证申请表""动物饲养场、养殖小区动物防疫条件审核表"，按照审核表内容要求施工建设。

3. 动物防疫条件合格证办理

养殖场修建完工后，向县农业农村局或畜牧局申请验收，县农业农村局派专人按照审核表内容到现场逐项审核验收，验收合格后办理动物防疫条件合格证。

4. 工商营业执照办理

凭动物防疫条件合格证到县市场监督管理局按相关要求办理工商营业执照。

5. 备案

养殖场建成后需到当地县畜牧部门进行备案。备案是畜牧兽医行政主管部门对畜禽养殖场（指建设布局科学规范、隔离相对严格、主体明确单一、生产经营统一的畜禽养殖单元）、养殖小区（指布局符合乡镇土地利用总体规划、建设相对规范、畜禽分户饲养、经营统一进行的畜禽养殖区域）的建场选址、规模标准、养殖条件予以核查确认，并进行信息收集管理的行为。

（1）备案的规模标准　养猪场设计存栏规模 300 头以上、家禽养殖场 6000 只以上、奶牛养殖场 50 头以上、肉牛养殖场 50 头以上、肉羊养殖场 200 只以上、肉兔养殖场 1000 只以上应当备案。

各类畜禽养殖小区内的养殖户达到 5 户以上，生猪养殖小区设计存栏 300 头以上，家禽养殖小区 10000 只以上，奶牛养殖小区 100 头以上，肉牛养殖小区 100 头以上，肉羊养殖小区 200 只以上，肉兔养殖小区 1000 只以上应当备案。

（2）备案具备的条件　申请备案的畜禽养殖场、养殖小区应当具备下列条件：

一是建设选址符合城乡建设总体规划，不在法律法规规定的禁养区，地势平坦干燥，水源、土壤、空气符合相关标准，距村庄、居民区、公共场所、交通干线 500 米以上，距离畜禽屠宰加工厂、活畜禽交易市场及其他畜禽养殖场或养殖小区 1000 米以上。

二是建设布局符合有关标准规范，畜禽舍建设科学合理，动物防疫消毒、畜禽污物和病死畜禽无害化处理等配套设施齐全。

三是建立畜禽养殖档案，载明法律法规规定的有关内容；制订并实施完善的兽医卫生防疫制度，获得动物防疫条件合格证；不得使用国家禁止的兽药、饲料、饲料添加剂等投入品，严格遵守休药期规定。

四是有为其服务的畜牧兽医技术人员，饲养畜禽实行全进全出，同一养殖场和养殖小区内不得饲养两种（含两种）以上畜禽。

第二节　鹅场的场址选择和规划

一、鹅场的场址选择

鹅场场址的选择，主要是对场地的地势、地形、土质、水陆运动场，以及周围环境、交通、电力、青绿饲料供应和放牧条件进行全面的考察，必须在养鹅之前做好周密计划，选择最合适的地点建场。

1. 位置

规模化鹅场的位置选择首先要考虑当地土地利用发展规划和村镇建设发展规划，要符合畜禽规模养殖用地规划及相关法律法规要求，符合环境保护的要求，不能在自然保护区、旅游区、重要水系区建场。要考虑鹅对饮水、戏水的需求，用水方便，不宜在山上和干旱地区建场。鹅场要易于防御隔离，距离村镇 500 米以上，距离其他饲养场 1000 米以上，远离畜禽加工厂、家禽交易市场。若周边有畜禽加工厂和化工厂，鹅场应处在上风口，而且不能与畜禽加工厂、家禽交易市场有公用道路。交通方便，以利饲料、药品及产品等物资运输。鹅场不能选择在高速公路和主要交通干道旁边，应距离主干道1000 米以上，以利防疫卫生和环境安静。同时，通往鹅场的道路要求路基坚硬，路面平坦，最好是石子路或水泥路（图 4-2）。

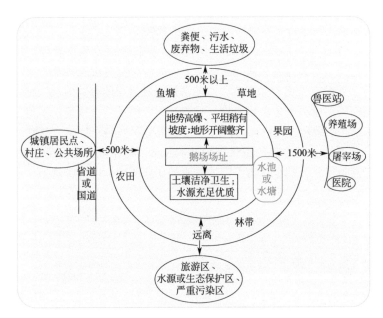

图 4-2　鹅场位置

在选择鹅场场址时，要特别注意排污问题。最好能把鹅场排污与周围的农田灌溉结合起来，如鹅场可以为农田、林木、花草等提供有机肥料，也可用于鹅场自身的牧草生产，达到生态循环的良好效果；将可以利用的鹅场污水，有控制地排向鱼塘，这样既可纳污，又能肥塘。鹅场污水不能直接排入河流，应修建化粪池，进行污水处理。

2. 地势和地形

鹅场应在地势高燥、平坦或缓坡地带，南向或东南向缓坡地势最佳（图4-3）。场地高燥，这样排水良好，地面干燥，阳光充足，不利于微生物和寄生虫的滋生繁殖；否则，地势低洼，场地容易积水潮湿泥泞，夏季通风不良，空气闷热，有利于蚊蝇等昆虫的滋生，冬季则阴冷。地形要开阔整齐，向阳、避风，特别是要避开西北方向的山口和长形谷地，保持场区小气候状况相对稳定，减少冬季寒风的侵袭。场地不要过于狭长，也不要边角太多，以减少防护设施的投资。鹅舍一般建在水塘的北边，水上运动场位于鹅舍的南边（图4-4）。

图4-3 鹅场地形地势

(a)　　　　　　　　　　　　(b)

图4-4 鹅场水塘（a）和水上运动场（b）

3. 土壤

鹅场的土壤，应洁净卫生、透气性强、毛细管作用弱、吸湿性和导热性小；质地均匀、抗压性强，以沙质土壤最适合，便于雨水迅速下渗。愈是贫瘠的沙性土地，愈适合建造鹅舍，这种土地渗水性强。如果找不到贫瘠的沙土壤，至少要找排水良好、暴雨后不会积水的土壤，以保证多雨季节不会变得潮湿和泥泞，有利于保持鹅场和鹅舍干燥。

4. 水源

鹅场对水的需求量较大，在生产过程中，鹅的饮食、饲料的调制、鹅舍及用具的清洗，以及饲养管理人员的生活，都需要使用大量的水。同时，鹅的放牧、洗浴和交配等都离不开水源，鹅场必须有充足的水源。在鹅场选址时应考虑水源，宜在有水源的地方建场。

水源应符合下列要求：一是水量要充足，既要能满足鹅场内的人、鹅用水和其他生产、生活用水，还要能满足鹅的放牧、洗浴等所需用水。二是水质要求良好，不经处理即能符合饮用标准的水最为理想（表 4-2）。此外，在选择时要调查当地是否因水质而出现过某些地方性疾病等。如果水质不好，可以在场内建造 2～3 个水池，对进水采取轮流净化、消毒等措施，以改善水质。若附近有河、湖、水库等流动活水可以利用的水源最为理想，但不能将鹅群直接放到湖里，会污染水质。利用自然水源时，要注意水源上游应无畜禽加工厂和化工厂污染源。大型鹅场可建造大型蓄水池收集雨水，或自建深井，以保证用水。三是水源要便于保护，以保证水源经常处于清洁状态，不受周围环境的污染。四是要求取用方便，设备投资少，处理技术简便易行（图 4-5）。

表 4-2　鹅的饮用水标准

指标	项目	标准
感官性状及一般化学指标	色度 / 度 浑浊度 /NTU 臭和味 肉眼可见物 总硬度（碳酸钙计）/（毫克 / 升） pH 溶解性总固体 /（毫克 / 升） 氯化物（氯计）/（毫克 / 升） 硫酸盐（硫酸根离子计）/（毫克 / 升）	≤ 30 ≤ 20 不得有异臭异味 不得含有 ≤ 1500 6.4～8.0 ≤ 1200 ≤ 250 ≤ 250
微生物指标	总大肠杆菌群数 /（个 /100 毫升）	家禽 ≤ 1

指标	项目	标准
毒理指标	氟化物（氟离子计）/（毫克/升）	≤ 2.0
	氰化物/（毫克/升）	≤ 0.05
	总砷/（毫克/升）	≤ 0.2
	总汞/（毫克/升）	≤ 0.001
	铅/（毫克/升）	≤ 0.1
	铬（六价铬计）/（毫克/升）	≤ 0.05
	镉/（毫克/升）	≤ 0.01
	硝酸盐/（氮计）/（毫克/升）	≤ 30

(a)　　　　　　　　　　　(b)

图 4-5　水源类型

（a）地层深水是理想的饮水水源；（b）水塘河流作为水源最好建立渗水井取水

5. 场地面积

场地面积要根据饲养规模和以后发展规划来确定。占地面积不宜过大，也不能过小，应满足饲养密度要求（表 4-1）。

6. 青绿饲料的供应

鹅不仅需要较多的精饲料，也需要大量的青绿饲料（每只种鹅每天需要青绿饲料 1.5 ～ 2.5 千克）。肉鹅养殖场要紧靠林地、园地、荒坡和大片耕地，以便于放牧饲养；种草养鹅场地的选择还要考虑草场的位置和草的供应，场地尽量靠近草场。牧草的好坏与养鹅的经济效益密切相关，牧草充足，既可以节省精料，提高出栏率，还可以提高种鹅的产蛋率、受精率和孵化率，一般每种一亩优质牧草可养 100 羽种鹅或 150 羽商品鹅（图 4-6）。

7. 电源

建场时，要考虑鹅场附近电源的位置和距离，如附近有变电站和高压输出线的条件最理想，同时应自备发电机，以防线路故障或停

(a)   (b)   (c)

图4-6　林地（a）、玉米地（b）、草地（c）放养鹅

电检修。电力容量要保证鹅场的孵化器、风机、保温电器、饲料加工、照明以及职工宿舍等的用电量（图4-7）。

图4-7　鹅场的变压器和配电房

【提示】鹅场应充分利用自然的地形、地物，如树林、河流等作为场界的天然屏障，既要避免鹅场受到周围环境的污染（如化工厂、屠宰场等污染源），又要避免鹅场对周围环境（如对周围居民生活区等）的污染。

二、鹅场的规划布局

鹅场的规划布局就是根据拟建场地的环境条件，科学确定各区的位置，合理地确定各类房舍、道路、供排水和供电等管线、绿化带等的相对位置及场内防疫卫生的安排。鹅场的规划布局是否合理，直接影响到鹅场的环境控制和卫生防疫。集约化、规模化程度越高，规划布局对其生产的影响越明显。场址选定以后，要进行合理的规划布局。因鹅场的性质、规模不同，建筑物的种类和数量亦不同，规划布局也不同。科学合理的规划布局可以有效地利用土地面积，减少建场投资，保持良好的环境条件和管理的高效方便。

鹅场规划布局应遵循原则：一是便于管理，有利于提高工作效率；二是便于搞好防疫卫生工作；三是充分考虑饲养作业流程的合理性；四是节约基建投资。

1. 分区规划

鹅场通常根据生产功能，分为生产区、管理区或生活区和隔离区等（图4-8）。

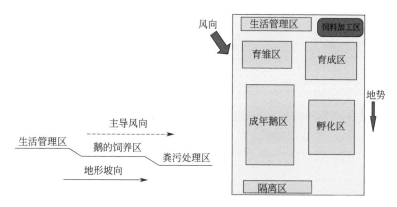

图4-8　地势、风向分区规划示意及布局

（1）管理区　管理区进行鹅场的经营管理活动，与社会联系密切，易造成疫病的传播和流行。该区的位置应靠近大门，并与生产区分开，外来人员只能在管理区活动，不得进入生产区。场外运输车辆不能进入生产区。车棚、车库均应设在管理区，除饲料库外，其他仓库亦应设在管理区。职工生活区设在管理区的上风向和地势较高处，以免相互污染。

（2）生产区　生产区是鹅的饲养区，该区的主要建筑物为各种鹅舍和生产辅助建筑。位于全场中心地带，地势应低于管理区，并在其下风向，但高于隔离区，并在其上风向。生产区内饲养着不同日龄的鹅，因为日龄不同，其生理特点、环境要求和抗病力也不同，所以，在生产区内，要分小区规划，育雏区、育成区和成年鹅区严格分开，并加以隔离，日龄小的鹅群放在安全地带（上风向、地势高的地方）。种鹅场、孵化场和商品场应各自分开，相距300～500米以上；饲料库可以建在与生产区围墙同一平行线上，用饲料车直接将饲料送入料库。放牧的鹅场或放牧的鹅群还要靠近牧地以方便放牧（图4-9）。

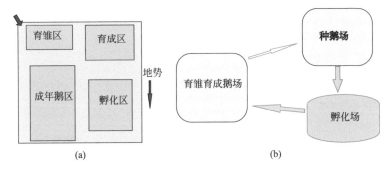

图4-9 生产区的分区规划（a）和分场规划（b）

（3）病鹅隔离区 病鹅隔离区主要用来治疗、隔离、处理病鹅。为防止疫病传播和蔓延，该区应在生产区的下风向，并在地势最低处，而且应远离生产区、牧地和放水的池塘。焚尸炉和粪污处理地设在生产区下风处。隔离鹅舍尽可能与外界隔绝。该区四周应有自然的或人工的隔离屏障，设单独的道路与出入口（图4-10）。

图4-10 鹅场的疾病诊疗室

2. 建筑物布局

建筑物布局就是建筑物的摆放位置。分区规划后，根据各区的建筑物种类合理安排其位置，以利于生产和管理。

（1）鹅舍排列方式 鹅舍排列方式多种多样，比较常见和合理的排列方式有单列式和双列式。具体见图4-11～图4-13。

图4-11 单列式鹅舍布局（a）及实景（b）

图 4-12　双列式鹅舍布局（a）及实景（b）

图 4-13　多列式鹅舍布局（a）及实景（b）

（2）鹅舍间距　鹅舍间距直接影响鹅舍的通风、采光、卫生、防火。间距过小，场区的空气环境差，舍内微粒、有害气体和微生物含量过高，增加病原含量和传播机会，容易引起鹅群发病。为了维持场区和鹅舍适宜环境，鹅舍之间要保持适宜距离，以 15 ～ 20 米为宜（图 4-14）。

图 4-14　鹅舍距离

（3）鹅舍朝向　鹅舍朝向是指鹅舍长轴与地球经线是水平还是垂直。鹅舍的朝向与鹅舍通风换气、防暑降温、防寒保暖以及采光等环境效果有关。朝向选择应考虑当地的主导风向、地理位置、采光和通风排污等情况。鹅舍朝南，即鹅舍的纵轴方向为东西向，对我国大部分地区的开放舍来说是较为适宜的。这样的朝向，在冬季可以充分利用太阳辐射的温热效应和射入舍内的阳光以防寒保温；夏季辐射面积较少，阳光不易直射舍内，有利于防暑降温。

（4）道路　鹅场设置清洁道和污染道，清洁道供饲养管理人员、清洁的设备用具、饲料和新母鹅等使用，污染道供清粪、污浊的设备用具、病死和淘汰鹅使用。清洁道和污染道不交叉。

（5）贮粪场　鹅场设置粪尿处理区。粪场靠近道路，有利于粪便的清理和运输。贮粪场（池）设置注意：贮粪场应设在生产区和鹅舍的下风处，与住宅、鹅舍之间保持30～50米的卫生间距，并应便于运往农田或做其他处理；贮粪池的深度以不受地下水浸渍为宜，底部应较结实。贮粪场和污水池要进行防渗处理，以防粪液渗漏流失污染水源和土壤；贮粪场底部应有坡度，使粪水可流向一侧或集液井，以便取用；贮粪池的大小应根据每天牧场家畜排粪量多少及贮藏时间长短而定（图4-15）。

图4-15　贮粪场及粪便处理

（6）防疫隔离设施　规模化鹅场周围设置隔离墙，墙体严实，高度2.5～3米。大门设置消毒池和消毒室，供人员、设备和用具的消毒（图4-16、图4-17）。

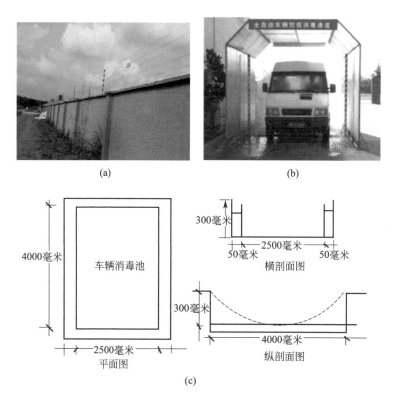

(a)   (b)

车辆消毒池

4000毫米

2500毫米
平面图

300毫米
2500毫米
50毫米   50毫米
横剖面图

300毫米
4000毫米
纵剖面图

(c)

图4-16 隔离墙（a）、车辆消毒池实景（b）及消毒池的结构（c）

(a) 雾化中的人员通道

(b) 更衣室紫外线灯消毒

图4-17 人员消毒室

第三节　鹅舍的设计

据工艺设计要求，在选择好的场地上进行合理规划布局后，可以设计鹅舍，确定鹅舍规格，绘制鹅舍建筑详图。鹅舍设计应冬暖夏凉，空气流通，光线充足，便于饲养管理，容易消毒和经济耐用。

一、鹅舍的结构及要求

1. 屋顶的形式和要求

屋顶形式多种多样，钟楼式屋顶夏季防暑效果好，冬季密封开露的部分，适合南方地区；双坡式屋顶成本不高，容易施工建设，跨度可大可小，北方多见；双拱形屋顶，造价低，屋顶内侧可用水冲洗。为降低成本，也可使用塑料大棚屋顶。单坡式双层石棉瓦中间夹泥巴屋顶，成本低，保温隔热。根据不同地区特点、气候特点和实际情况选择最适宜的屋顶形式和结构（图4-18）。对屋顶的要求是：耐久、耐火、防水、光滑、不透气；保温隔热（最好设置天棚）；具有一定承重能力；结构简便，造价便宜；屋顶净高（指地面到天棚高度），一般地区3～3.5米，严寒地区2.4～2.7米。

(a) 钟楼式屋顶

(b) 双坡式屋顶

(c) 双拱形屋顶

(d) 石棉瓦屋顶

(e) 塑料大棚屋顶

图 4-18　屋顶形式

2.墙体的形式和要求

根据墙体情况将鹅舍分为棚舍、开放舍和密闭舍。棚舍建筑成本低，可以充分利用自然条件，安装帘子布和卷帘机，根据外界气候变化升降帘子布（图4-19）；开放舍侧墙上留有窗户，根据外界气候变化开启窗户，可以充分利用外界自然条件（图4-20）；密闭舍侧墙封闭或留有很小的应急窗（图4-21），舍内环境人工控制，不受外界气候影响。鹅舍和设备投资大，但生产性能高。对墙体的要求是：坚固、耐久、抗震、耐水、防火；良好的保温隔热性能；结构简单，便于清扫消毒；防潮防水（用防水耐久材料抹面，保护墙面不受雨雪侵蚀，做好散水和排水沟以及设防潮层和墙围）。

(a)

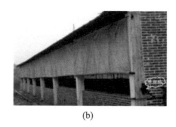
(b)

图4-19 棚舍（a）及帘子布（b）

图4-20 开放舍

(a)

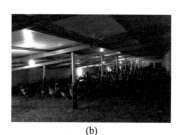
(b)

图4-21 密闭舍外景（a）和室内（b）

3. 地面的要求

鹅舍的地面要硬化，便于清洁消毒（图 4-22）。

(a) 网上平养鹅舍的硬化地面   (b) 地面平养鹅舍的硬化地面

图 4-22　鹅舍的硬化地面

二、鹅舍的类型及特点

鹅场有雏鹅舍、后备鹅舍、育肥舍、种鹅舍以及孵化室等，鹅场性质不同，鹅舍种类不同，对鹅舍要求也不同。如商品肉鹅场只需要雏鹅舍和育肥舍，或雏鹅-育肥舍；种鹅场就需要雏鹅舍、后备鹅舍和种鹅舍。

1. 雏鹅舍

雏鹅舍主要饲养 3～4 周龄以内的雏鹅。对雏鹅舍的要求：一是保温隔热。屋顶和墙壁选择导热性小的材料，并达到一定厚度，为增加保温性能可内设天花板。二是舍内干燥。为保持舍内干燥，地面应比舍外高 25～30 厘米，最好用水泥或砖铺成，以利于冲洗、消毒和防鼠害。三是采光通风良好。窗与地面面积之比一般为（1∶10）～（1∶15）。舍内空气流通而无贼风。

雏鹅舍的建筑面积根据育雏方式、饲养密度、饲养数量和饲养鹅的类型、周龄而定。鹅舍内分割成多个小栏，每栏面积 12～14 平方米，可容纳雏鹅 100 只。每座雏鹅舍容纳 500～1000 只雏鹅比较适宜，如果饲养 1000 只雏鹅，则需要 120～140 平方米的雏鹅舍。

雏鹅舍的宽度一般为 6～10 米，长度根据雏鹅舍的面积和场地情况确定，房檐高 2～2.5 米，如果还饲养中鹅，可适当加高，有利于通风换气。地面平养和网上平面雏鹅舍见图4-23。

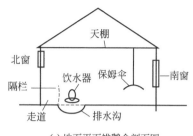

(a) 地面平面雏鹅舍剖面图

(b) 网上平面雏鹅舍内部实景

图4-23 雏鹅舍

2. 后备鹅舍（青年鹅舍）

育雏结束，鹅的羽毛开始生长，对环境温度抵抗力增强，鹅舍的保温要求不高。因此，后备鹅舍的建筑结构简单，基本要求是遮挡风雨、夏季通风、冬季保暖、室内干燥。规模较大的鹅场，建筑后备鹅舍时，可参考雏鹅舍。在南方只要建简易的棚架鹅舍就可以了。要求鹅舍能做到遮雨、挡风，北方地区还要注意防寒。鹅舍下部能适当封闭，防止敌害。上部敞开，增加通风量，夏季特别注意散热。南方至40日龄后，可半露宿饲养，因此，鹅舍外应有舍外水陆运动场，鹅舍与陆地运动场面积的比例在1:2以上。每栏鹅群可扩大到200～300只，舍内密度大型鹅6～7只/米^2，中小型鹅8～10只/米^2。如果远离水源，可以人工挖一个水池（图4-24）。

(a)

(b)

图4-24 后备鹅舍（a）和人工挖的水池（b）

3. 种鹅舍

鹅舍有单列式和双列式两种。双列式鹅舍中间设走道，两边都有陆上运动场和水上运动场，在冬天结冰的地区不宜采用双列式。单列式鹅舍冬暖夏凉，较少受季节和地区的限制，故大多采用这种方式。单列式鹅舍走道应设在北侧。种鹅舍要求防寒，隔热性能要好，有天花板或隔热装置更好［图4-25（a）］。屋檐高1.8～2.0米。窗与地面面积比要求（1:10）～（1:12）。特别在南方地区南窗应尽可能大些，气温高的地区朝南方向可以无墙也不设窗户。鹅舍的内侧墙下安置产蛋箱［产蛋箱规格见图4-25（b）］或设置产蛋窝，并在地面上铺垫较厚的垫料以供产蛋之用。舍内地面用水泥或砖铺成，并有适当坡度（高出舍外10～15厘米），饮水器置于较低处，并在其下面设置排水沟。每栋种鹅舍以养400～500只种鹅为宜。大型种鹅每平方米养2～2.5只，中型种鹅每平方米养3只，小型种鹅每平方米养3～3.5只。

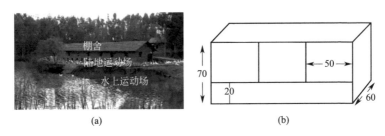

图4-25　简易种鹅舍（a）和种鹅产蛋箱（b）（单位：厘米）

种鹅也可用秸秆搭建大棚。大棚坐北朝南，前墙高度1米左右，后墙高度不碰头为宜。大棚四周可以使用玉米秸、高粱秸围起或挂上草帘，并保证不透风（用草泥抹糊或内衬塑料布）。冬季种鹅舍地面铺上3～4厘米厚的垫料，经常翻晒和更换补充垫料，保持垫料洁净。大棚饲养种鹅的饲养密度为2～3只／米²为宜。

塑料温室大棚式鹅舍坐北朝南建设，跨度一般为6～10米，四周围栏高1.0～1.2米，支撑大棚可用空心砖等材料砌成，棚高一般在2.5～3米。大棚可以采用半坡式，也可采用双坡式。建设大棚可选用钢筋、水泥等材料，顶部覆盖塑料薄膜、编织布、草帘等。大棚夏天拉开塑料薄膜卷帘，加盖遮阳网等于是个凉棚；冬季放下塑料薄膜卷帘，加盖草帘就成为一个暖圈，冬暖夏凉，为鹅提供了一个良好的生长环境（图4-26）。

种鹅舍外须设陆地运动场和水面运动场（图4-27）。陆地运动场的面积应为鹅舍面积的1.5～2倍，周围要建围栏或围墙（花墙），一般高80厘米。周围种植树木，既可绿化环境，又可在夏季作凉棚。在陆上运动场与水面连接处，须用块石砌好，用水泥做好斜坡，坡度为25°～35°，斜坡要深入水中，与枯水期的最低水位持平。水上运动场的面积应大于陆上运动场，周围可用竹竿或鱼网围住，围栏深入水下，高出水面80～100厘米（最高水位时）（图4-28）。

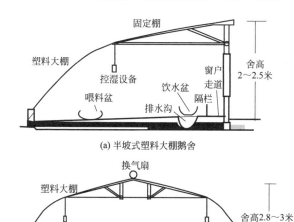

(a) 半坡式塑料大棚鹅舍

(b) 双坡式塑料大棚鹅舍

(c) 塑料大棚鹅舍外景

图4-26　塑料大棚鹅舍

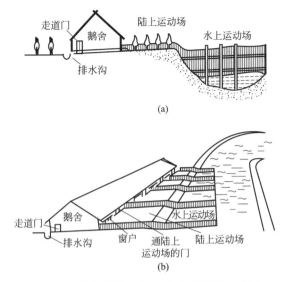

(a)

(b)

图 4-27　鹅舍外景示意（a）和侧面示意（b）

(a) 陆上运动场及戏水池

(b) 陆上运动场与水面连接处斜坡

图 4-28　鹅舍的陆上运动场

现在许多地方的鹅场没有水面运动场，所以应当扩大陆地运动场的面积，并在运动场上设置戏水池（可以用水泥抹底抹壁，也可以用塑料布铺设，避免水向下渗）。

【注意】水池不宜过大过深。鹅舍水池面积为舍内面积的三分之一左右即可，深度在 **40 厘米**左右。即使利用天然河道、水库等，也需设置拦网，水面不超过舍内面积。水池过大过深，如果经常换水，则用水量大大增加，导致排污大大加剧；如果不经常换水，则水质恶化，病菌在水内滋生，可导致各种疾病发生。水浅池小，可以经常换水，保持水质良好，并把各种病菌及时排出。

4. 肉用鹅舍和填鹅舍

肉用鹅舍的要求与雏鹅舍基本相同，但窗户可以大些，通风量应大些，要便于消毒。肉用仔鹅采用笼养和网上平养时房舍应适当高些。仔鹅育肥期间，每小栏15平方米左右，可养中型鹅80～90只。有些地区，饲养量较多时，常采用行栅、草舍、塑料大棚等简易鹅舍，这种鹅舍多采用毛竹、稻草、塑料布和油毛毡等材料制成，投资少、建造快，夏天通风，冬天保暖，东南各省常采用，饲养效果甚佳。肉用仔鹅后期育肥要求环境安静、光线暗淡、通风良好。平养育肥密度，大型鹅种3～4只/米²，中小型鹅种5～8只/米²。舍中栏圈单位应小些，一般以每群20～50只为宜，不应超过100只。为提高育肥效率或因特殊需要育肥（如肥肝生产填肥），最好选择离地育肥。离地育肥应保证通风、饮水供应充分。对肥肝生产还可实行单栏饲养（图4-29）。

商品鹅网上养殖结合喷淋(每天喷淋3次，每次持续10分钟)，有助于降低舍内温度，改善仔鹅屠宰性能，显著提升羽绒质量

网上平养+刮粪机清粪

图4-29　网上平养肉用鹅舍

三、鹅舍的配套及规格

1. 鹅舍的配套

鹅舍的配套就是根据不同阶段的占舍时间，确定各种鹅舍的配套比例或数量，以保证鹅群的正常周转和提高鹅舍的利用率。

（1）种鹅场鹅舍的配套　种鹅场的鹅舍主要有雏鹅舍、仔鹅舍和种鹅舍。种鹅的利用年限一般是 3 年，每年需要育成 1/3 的存栏种鹅。仔鹅舍年周转 2 次，则仔鹅舍和种鹅舍的配套比例是 1∶6。即饲养 6000 套种鹅，每栋存栏 1000 套，则需要 6 栋种鹅舍和 1 栋后备鹅舍。

（2）商品肉鹅场鹅舍的配套　商品肉鹅场的鹅舍与饲养制度有关。一段制饲养，只需要雏鹅 - 仔鹅舍，年周转 3 次；二段制饲养，需要雏鹅舍和仔鹅舍（或育肥舍），其比例是 1∶2（即 1 栋雏鹅舍，2 栋仔鹅舍），雏鹅舍年周转 10 次，仔鹅舍周转 5 次。

2. 鹅舍规格的确定

鹅舍规格即是鹅舍的长宽高。鹅舍规格取决于饲养方式、设备和笼具的摆放形式及尺寸、鹅舍的容鹅数和内部设置。平养鹅舍因为不受笼具摆放形式和笼具尺寸影响，只要满足饲养密度要求，长宽可以根据面积需要和场地情况灵活确定。

如一种鹅场的种鹅舍，每栋饲养种鹅 1000 套，公母比例为 1∶4，需要公鹅 250 只，则舍内共容纳 1250 只鹅。采用地面平养，饲养密度 2.5 只 / 米^2，则鹅舍的饲养面积为 500 平方米。鹅舍宽度确定为 10 米，则长度为 50 米。鹅舍南北向，内设 1 米的后走廊，东西贯通。舍内设置 5 个 9 米 ×10 米的单元（鹅栏），每个单元的南北墙上各开一个门，门宽 1 米。鹅舍的入口可设值班室和饲料间。

鹅舍前檐高 2 米，后檐高 1.8 米，墙体根据气候特点设计。舍内地面为水泥地面，比运动场高 10 ～ 25 厘米，由北向南倾斜。前檐长 1.2 米，这样可以防刮风下雨时雨水进入鹅舍，同时可以防止前檐下的饲料槽日晒雨淋。舍内靠走廊处设置产蛋箱 90 个（每个 50 厘米宽，留门处不设置）。

运动场宽 10 米，场上檐下靠墙处设料槽一个，每个单元长 8 米。

水泥地面与水池相连，内高外低向水池方向倾斜。水池宽 5～10 米，深 40～50 米，靠运动场一边设置 50 厘米的斜坡，坡度 30°，深入水池。运动场与水池结合处有一宽 50 厘米的明沟，上面用漏缝水泥板或塑料网覆盖，缝隙的方向应与明沟的流向一致，以利污水等进入明沟。沟底有 10° 的坡度，以利污水排出。各鹅舍明沟均汇入鹅舍一端的总明沟，总明沟由南向北流入粪污处理池，总明沟宽 0.5 米，由南向北倾斜，坡度为 10°～15°。运动场靠水池一边植树遮阳或搭凉棚。

前一栋种鹅舍与后一栋鹅舍的水池间有 30 米间距，以利防火、防疫。其间可以植树、种植牧草和苗圃。在每栋鹅舍入口处，即走廊的东（或西）端建一个消毒池，宽 1.5 米左右，进出鹅舍必须经该处消毒。

四、鹅场常用的设备用具

1. 育雏保温设备

我国农村群众常用的育雏方法就是利用塑料薄膜、箩筐或芦席围子作挡风保温设备，依靠鹅自身的热量相互取暖通过覆盖物的开合来进行调温。

（1）自温设备

① 草窝。用稻草编织而成，一般口径 60 厘米，高 35 厘米左右，每窝关初生雏 15～20 只。草窝可以另外做盖，也可以用麻袋覆盖。草窝既保温，又通气（空气可以缓慢地流通），是理想的自温育雏用具。

② 箩筐。分两层套筐和单层竹筐两种。两层套筐，用竹篾编织而成，由筐盖、小筐和大筐拼合为套筐。筐盖直径 60 厘米，高 20 厘米，用作保温和喂料。大筐直径 50～55 厘米，高 40～43 厘米。小筐的直径略小于大筐，高 18～20 厘米，套在大筐的上半部。两筐底均铺垫草，筐壁四周铺垫棉絮等保温材料，每层可关初生雏鹅 10 只左右。单层竹筐筐底及四周铺垫垫草等保温材料，上面覆盖筐盖或其他保温材料（图 4-30）。

图 4-30 单层竹筐

③ 栈条。长 15～20 米，高 60～70 厘米，用竹编成，供围鹅用。栈条一般在春末夏初至秋分这段时间，作鹅自温育雏用具。

（2）加温设备 育雏期间需要人工加温，加温主要有如下设备可供选择。

① 煤炉供温。在育雏室内设置煤炉和排烟通道，燃料用炭块、煤球、煤块均可，保温良好的房舍，每 15～25 平方米设置一个煤炉。为了防止舍内空气污染，可以紧挨墙砌煤炉，把煤炉的进风口和掏灰渣口留在墙外。这种方法优点是省燃料，温度容易上升；缺点是费人力，温度不稳定。适用于专业户、小规模鹅场（图 4-31）。

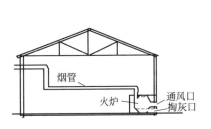

图 4-31 煤炉供温示意

② 保姆伞加温。形状像伞样，撑开吊起，伞内侧有加温和控温装置（如电热丝、电热管、温度控制器等），伞下一定区域温度升高，达到育雏温度。雏鹅在伞下活动、采食和饮水。伞的直径大小不同，养育的雏鹅数量不等。目前保姆伞的材料多是耐高温的尼龙，可以折叠，使用比较方便。其优点是育雏数量多，雏鹅可以在伞下选择适宜的温度带，换气良好；不足是无法维持育雏舍内一定的温度。适用于地面平养和网上平养（图 4-32）。

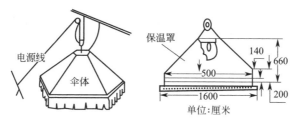

图 4-32　保姆伞加温示意

③ 烟道加温。可在舍内地面上方架设烟道，雏鹅活动在烟道下，为了保温在烟道上设置护板；雏鹅也可饲养在烟道上面的网面上。这种烟道可使用任何燃料，也可根据舍温调整烧火次数。

④ 红外线灯加温。在室内直接使用红外线灯泡加热。常用的红外线灯每只250～500瓦，悬挂在距离地面40～60厘米高处，并可根据育雏需要的实际温度来调节灯泡的悬挂高度。一般每只红外线灯可保温雏鹅100～150只。红外线灯发热量高，不仅可以取暖，还可杀菌。加温时温度稳定，室内垫料干燥，管理方便；不利之处是耗电量大，灯泡易损坏，成本较高。供电不稳定地区不宜使用（图4-33）。

图4-33　红外线灯加温

⑤ 普通白炽照明灯加温。普通白炽照明灯也可用来供雏鹅保温，尤其是饲养量较少的情况下，用普通照明灯泡取暖育雏既经济又实用。用木材或纸箱制成长100厘米、宽50厘米、高50厘米的简易育雏箱，在箱的上部开2个通气孔，在箱的顶部悬挂两盏60瓦的灯泡供热。

⑥ 热水热气加温。大型鹅场育雏数量较多，可在育雏舍内安装

散热片和管道，利用锅炉产生的热气或热水使育雏舍内温度升高。此法能保证育雏舍的清洁卫生，育雏温度稳定，但投入较大（图4-34）。

图4-34　热水热气加温

⑦ 热风炉加温。热风炉是以空气为介质，以煤炭或油为燃料的一种新型供热设备，其结构紧凑合理、热效率高、运行成本低、操作方便。全自动型具有自动控制环境温度、进煤数量、空气进入、热风输出，自动保火、报警，高效除尘等性能特点（图4-35）。

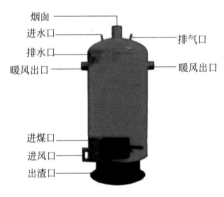

图4-35　热风炉

2. 通风设备

鹅舍的通风方式有自然通风和机械通风。

（1）自然通风　主要利用舍内外温度差和自然风力进行舍内外空气交换，适用于开放舍和有窗舍。利用门窗开启的大小及禽舍屋顶上的通风口进行。通风效果取决于舍内外的温差、通风口和风力的大小，炎热夏季舍内外温差小，通风效果差；冬季禽舍内外温差大，通风效果好（图 4-36）。

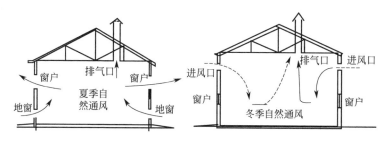

图 4-36　自然通风示意

（2）机械通风　是利用风机进行强制的送风（正压通风）和排风（负压通风）。常用的风机是轴流式风机。风机是由外壳、叶片和电机组成，有的叶片直接安装在电机的转轴上，有的是叶片轴与电机轴分离，由传送带连接。风机及参数如图4-37。

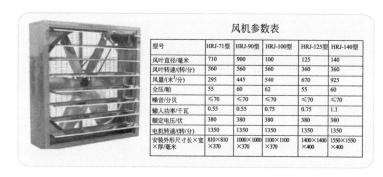

风机参数表

型号	HRJ-71型	HRJ-90型	HRJ-100型	HRJ-125型	HRJ-140型
风叶直径/毫米	710	900	100	125	140
风叶转速/(转/分)	560	560	560	360	360
风量/(米³/分)	295	445	540	670	925
全压/帕	55	60	62	55	60
噪音/分贝	≤70	≤70	≤70	≤70	≤70
输入功率/千瓦	0.55	0.55	0.75	0.75	1.1
额定电压/伏	380	380	380	380	380
电机转速/(转/分)	1350	1350	1350	1350	1350
安装外形尺寸长×宽×厚/毫米	810×810×370	1000×1000×370	1100×1100×370	1400×1400×400	1550×1550×400

图 4-37　风机及参数表

3. 照明设备

鹅舍应安装人工光照照明系统。人工照明采用普通灯泡或节能灯泡，安装灯罩，以防尘和最大限度地利用灯光。根据饲养阶段采用不同功率的灯泡。如育雏舍用 40 ～ 60 瓦的灯泡，育成舍用 15 ～ 25 瓦的灯泡，产蛋舍用 25 ～ 45 瓦的灯泡。灯距为 2 ～ 3 米。光源布置要均匀。

4. 饲喂和饮水设备

应根据鹅的品种类型和日龄配置大小和高度适当的喂料器和饮水器，要求所用喂料器和饮水器适合鹅的平喙型采食、饮水特点，能使鹅头颈舒适地伸入器内采食和饮水，但最好不要使鹅任意进入料、水器内，以免弄脏。

（1）饲喂设备

① 料盘。主要用于开食，长方形的为 40 厘米 ×40 厘米，圆形的直径 60 厘米，边缘高 2 ~ 2.5 厘米，每个料盘可养雏鹅 35 ~ 40 只。雏鹅用开食盘见图 4-38。

图 4-38　雏鹅用开食盘

② 料桶、料槽。可用于各个饲养阶段。料桶材料为塑料或玻璃钢，容量为 3 ~ 10 千克。其特点是容量大，可一次添加大量饲料，饲喂次数少，对鹅群影响小，但应注意布料均匀。一般育肥期料槽上宽 30 ~ 35 厘米，底宽 24 厘米，高 20 ~ 23 厘米，长 50 ~ 100 厘米，料槽底可比地面高出 20 厘米以防饲料浪费。种鹅用饲槽长 100 ~ 120 厘米，上宽 40 ~ 43 厘米，底宽 30 ~ 35 厘米，高 10 ~ 20 厘米；也可用直径 50 ~ 60 厘米、高 15 ~ 20 厘米的盆作饲槽（图 4-39）。

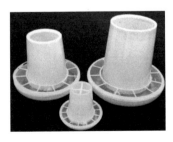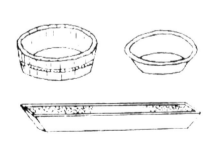

图 4-39　料桶和食盆、食槽

③自动喂料系统。由人工加料于料箱，其余全部是自动化喂料，适用于地面或网上平养。该系统包括驱动器、料箱、料槽、输料管和转角器，饲料在驱动器钢缆带动下，经料箱和输料管进入料槽供鹅采食（图4-40）。

图4-40　自动喂料系统

（2）饮水设备　供鹅饮水的设备，形式和花样多种多样，只要是清洁卫生、便于清洗的瓷盆、瓦钵、竹筒、塑料盆等均可用于鹅饮水。

① 塔形真空饮水器。它由一个上部尖顶圆桶和底部比圆桶稍大的圆盘组成。圆桶顶腰部不漏气，基部离底盘2.5厘米处开1～2个小口。圆桶盛满水后当盘内水位低于小孔时，空气从小孔中进入而水自动流入盘。当盘中水位高过小孔时，空气进不了桶内而水流不出（图4-41）。

图4-41　塔形真空饮水器

② 长条饮水器。即长条形水槽，断面一般呈"V"形、"U"形。其大小可随鹅的饲养阶段（即日龄）而异，育肥期水槽宽20厘米，高12厘米；种鹅期水槽长100～120厘米，上宽40～43厘米，底

宽 30 ～ 35 厘米，高 10 ～ 20 厘米。也可用直径 50 ～ 60 厘米、高 15 ～ 20 厘米的盆作水槽。

③自动饮水器。自动饮水器主要由阀体、阀芯、密封圈、回位弹簧、塞盖、滤网等组成。主要有吊塔式自动饮水器、乳头式自动饮水器和槽式自动饮水器等（图 4-42）。

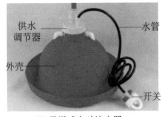

(a) 吊塔式自动饮水器

(b) 乳头式自动饮水器

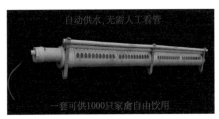

(c) 槽式自动饮水器

图 4-42　自动饮水器

（3）填饲机械　填饲机械常分为手动填饲机和电动填饲机两类。

①手动填饲机。手动填饲机规格不一，主要由料箱和料筒两部分组成。填饲嘴上套橡胶软管，其内径 1.5 ～ 2 厘米，管长 10 ～ 13 厘米。手动填饲机结构简单，操作方便，适用于小型鹅场。

②电动填饲机。电动填饲机又可分为两大类型。一类是螺旋推运式，它利用小型电动机，带动螺旋推运器，推运玉米经填饲管填入鹅食管。这种填饲机适合填饲整粒玉米，效率较高。另一类是压力泵式，它利用电动机带动压力泵，使饲料通过填饲管进入鹅食管。这种填饲机采用尼龙和橡胶制成的软管做填饲管，不易造成咽喉和食管的损伤，也不必多次向食管送饲料，生产率也高，这种填饲机适合填饲糊状饲料。

5. 清洗消毒设备和发电设备

（1）清洗消毒设备　鹅场常用的清洗消毒设备主要有消毒车、背负式手动喷雾器等（图4-43）。

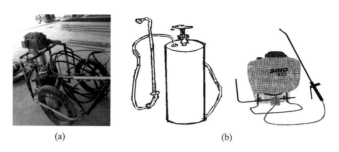

图 4-43　消毒车（a）和背负式手动喷雾器（b）

（2）备用发电设备　鹅场备用发电机组可以在停电时应急供电（图4-44）。

图 4-44　备用发电机组

6. 其他用具

（1）围栏　软竹围可圈围1月龄以下的雏鹅，竹围高40～60厘米，圈围时可用竹夹子夹紧固定。1月龄以上的中鹅改用围栏，围栏高60厘米，竹条间距离2.5厘米，长度依需要而定。

（2）产蛋箱　一般生产鹅场多采用开放式产蛋巢，即在鹅舍一角用围栏隔开，地上铺以垫草，让鹅自由进入产蛋和离开。

良种繁殖场如果做母鹅个体产蛋纪录，可采用自动关闭产蛋箱。此箱高50～70厘米，宽50厘米，深70厘米。箱放在地上，箱底不必钉板，箱前开以活动自闭小门，让母鹅自由入箱产蛋，箱上面安装盖板，母鹅进入产蛋箱后不能自由离开，需集蛋者在记录后，将母鹅捉出或打开门放出。

（3）运输笼　用作育肥鹅的运输，铁笼或竹笼均可，每只笼可容 8 ～ 10 只；笼顶开一小盖，盖的直径为 35 厘米，笼的直径为 75 厘米，高 40 厘米（图 4-45）。

图 4-45　家禽运输笼（右图为折叠式）

第四节　鹅场的环境管理

一、场区的环境管理

1. 合理的规划设计

科学地进行规划布局是保证鹅场安全的基础。鹅场必须分区规划，科学布局鹅舍和道路，配备必需的防护设施（如鹅场周围建立隔离墙、防疫沟等，鹅场入口和鹅舍入口设立消毒池、配套粪污及污水处理设施等），并制订严格的卫生防疫管理制度（图 4-46）。

图 4-46　鹅场管理区的大门

2. 绿化

绿化不仅有利于场区和鹅舍温热环境的维持和空气洁净，还可以美化环境，因此鹅场建设必须搞好绿化。

（1）场界林带的设置　在场界周边种植乔木和灌木混合林带，乔木如杨树、柳树、松树等，灌木如榆叶梅等。特别是场界的西侧和北侧，种植混合林带宽度应在 10 米以上，以起到防风阻沙的作用。应选择适应北方寒冷天气的树种。

（2）场区隔离林带的设置　主要用以分隔场区和防火。常用杨树、槐树、柳树等，两侧种以灌木，总宽度为 3～5 米。

（3）场内外道路两旁的绿化　常用树冠整齐的乔木和亚乔木以及某些树冠呈锥形、枝条开阔、整齐的树种。需根据道路宽度选择树种的高矮。在建筑物的采光地段，不应种植枝叶过密、过于高大的树种，以免影响自然采光。

（4）运动场的遮阴林　在运动场的南侧和西侧，应设 1～2 行遮阴林。多选枝叶开阔，生长势强，冬季落叶后枝条稀疏的树种，如杨树、槐树、枫树等。运动场内种植遮阴树时，应选遮阴性强的树种。但要采取保护措施，以防家畜损坏。

3. 水源保护

鹅场水源可分为三大类：第一类为地面水，如江、河、湖、池塘及水库水等，主要由降水或地下泉水汇集而成。其水质受自然条件影响较大，易受污染。特别是易受生活污水及工业废水的污染，经常因此而引发疾病或造成中毒。使用此类水源应经常进行水质化验。一般而言，活水比死水自净力强。应选择水量大、流动的地面水源。供饮用的地面水要进行人工净化和消毒处理。第二类为地下水。这种水为封闭的水源，受污染的机会较少。地下水距离地面越远，受污染的程度越低，也越洁净。但地下水往往受地质化学成分的影响而含有某些矿物性成分，硬度较大。有时会因某些矿物性毒物而引起地方性疾病。所以，选用地下水时，应进行检验。第三类为降水，由雨、雪等降落在地面而形成。大气中经常含有某些杂质和可溶性气体，容易使降水受到污染。降水不易收集，且无法保证水质，贮存困难，除水源特别困难的小型鹅场外，一般不宜采用降水作为水源。

作为鹅场水源的水质，必须符合卫生要求（表4-2、表4-3）。当饮用水含有农药时，农药含量不能超过表4-4中的规定。鹅场建好后，对饮用水源还要注意防护，并定期进行水质检测和消毒，防止水源被污染。

表4-3　畜禽饮用水质量

项目	自备水	地面水	自来水
大肠杆菌值/（个/升）	3	3	——
细菌总数/（个/升）	100	200	——
pH	5.5～8.5	——	——
总硬度/（毫克/升）	600	——	——
溶解性总固体/（毫克/升）	2000	——	——
铅/（毫克/升）	Ⅳ地下水标准	Ⅳ地下水标准	饮用水标准
铬/（六价，毫克/升）	Ⅳ地下水标准	Ⅳ地下水标准	饮用水标准

表4-4　畜禽饮用水中农药限量指标　单位：毫克/毫升

项目	马拉硫磷	内吸磷	乐果	百菌清	甲萘威	2,4-二氯苯氧乙酸
限量	0.25	0.03	0.08	0.01	0.05	0.1

4. 废弃物处理

鹅场的废弃物，如粪便、污水、病死鹅等直接影响鹅场的卫生和疫病控制，危害鹅群安全和公共卫生安全，必须进行无害化处理。

（1）粪便处理　粪便既是污染物质，又是很好的资源。经过堆积腐熟或高温、发酵干燥处理后，体积变小、松软、无臭味，不带病原微生物，可作为有机肥用于农田。比较简单的处理方法是堆粪法，即在距鹅场100～200米或以外的地方设一个堆粪场，进行堆积发酵（图4-47）。

图4-47　条垛式堆肥发酵处理（右图覆盖塑料薄膜）

如果有传染病发生，在地面挖一浅沟，深约20厘米，宽1.5～2米，长度不限（随粪便多少确定），可将粪便堆积于此。堆积粪便的循序见图4-48。如此堆放3周至3个月，即可用以肥田。

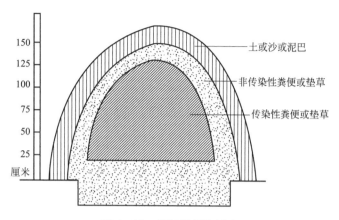

图 4-48　堆积粪便的循序

【提示】当粪便较稀时，应加些杂草；太干时倒入稀便或加水，使其不稀不干，以促进迅速发酵。

（2）病死鹅处理　病死鹅必须及时进行无害化处理，坚决不能图私利而出售。处理方法有如下方面。

① 焚烧法。将病死鹅投入焚化炉内烧掉（图4-49），是一种较完善的方法，要烧透、不留残渣。此法不能利用产品，且成本高，故不常用。但对一些危害人、畜健康极为严重的传染病病畜的尸体，仍有必要采用此法。

图 4-49　病死鹅焚化炉

② 高温处理法。此法是将畜禽尸体放入特制的高温锅（温度达

150℃）内或有盖的大铁锅内熬煮，达到彻底消毒的目的。鹅场也可用普通大锅，经100℃以上的高温熬煮处理。此法可保留一部分有价值的产品，但要注意熬煮的温度和时间，必须达到消毒的要求。

③ 土埋法。是利用土壤的自净作用使其无害化。此法虽简单但不理想，因其无害化过程缓慢，某些病原微生物能长期生存，从而污染土壤和地下水，并会造成二次污染，所以不是最彻底的无害化处理方法。采用土埋法，必须遵守卫生要求：埋尸坑远离畜舍、放牧地、居民点和水源，地势高燥；尸体掩埋深度不小于2米。掩埋前在坑底铺上2～5厘米厚的石

图4-50　病死鹅土埋法

灰，尸体投入后，再撒上石灰或洒上消毒药剂，埋尸坑四周最好设栅栏并做上标记（图4-50）。

④ 发酵法。将尸体抛入尸坑内，利用生物热的方法进行发酵，从而起到消毒灭菌的作用。尸坑一般为井式，深达9～10米，直径2～3米，坑口有一个木盖，坑口高出地面30厘米左右。将尸体投入坑内，堆到距坑口1.5米处，盖封木盖，经3～5个月发酵处理后，尸体即可完全腐败分解（图4-51）。

图4-51　尸体处理塔或化尸池

【注意】在处理畜尸时，不论采用哪种方法，都必须将病畜的排泄物、各种废弃物等一并进行处理，以免造成环境污染。

（3）污水处理　污水经过消毒后排放。被病原体污染的污水，可用沉淀法、过滤法、化学药品处理法等进行消毒。比较实用的是化学药品消毒法。方法是先将污水处理池的出水管用一木闸门关闭，将

污水引入污水池后，再加入化学药品（如漂白粉或生石灰）进行消毒。消毒药的用量视污水量而定（一般1升污水用2～5克漂白粉）。消毒后，将闸门打开，使污水流出。

（4）垫料处理　地面平养时多使用垫料，使用垫料对改善环境条件具有重要的意义。垫料具有保暖、吸潮和吸收有害气体等作用，可以降低舍内湿度和有害气体浓度，保证一个舒适、温暖的小气候环境。选择的垫料应具有导热性低、吸水性强、柔软、无毒、对皮肤无刺激性等特性，并要求来源广、成本低、适于作肥料和便于无害化处理。常用的垫料有稻草、麦秸、稻壳、树叶、野干草、植物藤蔓、刨花、锯末、泥炭和干土等。近年来，还采用橡胶、塑料等制成的厩垫以取代天然垫料。没有发生过传染病的垫料经过阳光暴晒以及熏蒸消毒后可以重复利用，利用后可以经过堆积发酵和消毒以作肥料；发生过传染病的垫料要焚烧。

5. 灭鼠杀虫

（1）灭鼠　鼠是人、畜多种传染病的传播媒介，鼠还盗食饲料和鹅蛋、咬死雏鹅、咬坏物品、污染饲料和饮水，危害极大，因此鹅场必须加强灭鼠。

① 防止鼠类进入建筑物。鼠类多从墙基、天棚、瓦顶等处窜入室内，在设计施工时注意墙基最好用水泥制成，碎石和砖砌的墙基，应用灰浆抹缝。墙面应平直光滑，防鼠沿粗糙墙面攀登。砌缝不严的空心墙体，易使鼠隐匿营巢，要填补抹平。通气孔、地脚窗、排水沟（粪尿沟）出口均应安装孔径小于1厘米的铁丝网，以防鼠窜入。

② 器械灭鼠。器械灭鼠方法简单易行，效果可靠，对人、畜无害，主要有夹、关、压、卡、翻、扣、淹、粘、电等（图4-52）。

图4-52　器械灭鼠

③ 化学灭鼠。化学灭鼠效率高、使用方便、成本低、见效快；缺点是能引起人、畜中毒，有些鼠对药物有选择性、拒食性和耐药性。所以，使用时须选好药剂和注意使用方法，以确保安全有效。灭鼠药剂种类很多，主要有灭鼠剂、熏蒸剂、烟剂、化学绝育剂等。鹅场的孵化室、饲料库、鹅舍鼠类最多，是灭鼠的重点场所。饲料库可用熏蒸剂毒杀。鹅舍灭鼠投放毒饵时，要防止鹅食。鼠尸应及时清理，以防被人、畜误食而发生二次中毒。选用鼠吃惯了的食物作饵料，突然投放，饵料充足且分布广泛，以保证灭鼠的效果。常用的慢性灭鼠药物见表4-5。

表4-5　常用的慢性灭鼠药物

名称	特性	作用特点	用法	注意事项
敌鼠钠盐	黄色粉末，无臭，无味，溶于沸水、乙醇、丙酮，性质稳定	作用较慢，能阻碍凝血酶原在鼠体内的合成，使凝血时间延长；而且其能损坏毛细血管，增加血管的通透性，引起内脏和皮下出血，最后死于内脏大量出血。一般在投药1～2天出现死鼠，第5～8天死鼠量达到高峰，死鼠可延续10多天	①敌鼠钠盐毒饵：取敌鼠钠盐5克，加沸水2升搅匀，再加10千克杂粮，浸泡至毒水全部吸收后，加入适量植物油拌匀，晾干备用。②混合毒饵：将敌鼠钠盐加入面粉或滑石粉中制成1%毒粉，再取毒粉1份，倒入19份切碎的鲜菜中拌匀即成。③毒水：用1%敌鼠钠盐1份，加水20份即可	对猫、犬、兔、猪毒性较强，使用时注意管理，以防家畜误食中毒或发生二次中毒。中毒可用维生素K解救
氯敌鼠（氯鼠酮）	黄色结晶性粉末，无臭，无味，溶于油脂等有机溶剂，不溶于水，性质稳定	敌鼠钠盐的同类化合物，但对鼠的毒性作用比敌鼠钠盐强，为广谱灭鼠剂，而且适口性好，不易产生拒食性。主要用于毒杀家鼠和野栖鼠，尤其是可制成蜡块剂，用于毒杀下水道鼠类。灭鼠时将毒饵投在鼠洞或鼠活动的地区即可	有90%原药粉、0.25%母粉、0.5%油剂3种剂型。使用时可配制成如下毒饵：① 0.005%水质毒饵。取90%原药粉3克，溶于适量热水中，待凉后，拌于50千克饵料中，晒干后使用。② 0.005%油质毒饵。取90%原药粉3克，溶于1千克热食油中，冷却至常温，洒于50千克饵料中拌匀即可。③ 0.005%粉剂毒饵。取0.25%母粉1千克，加入50千克饵料中，加少许植物油，充分混合拌匀即成	

名称	特性	作用特点	用法	注意事项
杀鼠灵	又名华法令。白色粉末，无味，难溶于水，其钠盐溶于水，性质稳定	属香豆素类抗凝血灭鼠剂，一次投药的灭鼠效果较差，少量多次投放灭鼠效果好。鼠类对其毒饵接受性好，甚至出现中毒症状时仍采食	毒饵配制方法如下。①0.025%毒米：取2.5%母粉1份、植物油2份、米渣97份，混合均匀即成。②0.025%面丸：取2.5%母粉1份，与99份面粉拌匀，再加适量水和少许植物油，制成每粒1克重的面丸。以上毒饵使用时，将毒饵投放在鼠类活动的地方，每堆约39克，连投3～4天	对人、畜和家禽毒性很小，中毒时维生素K_1为有效解毒剂
杀鼠迷	黄色结晶粉末，无臭，无味，不溶于水，溶于有机溶剂	属香豆素类抗凝血杀鼠剂，适口性好，毒杀力强，二次中毒极少，是当前较为理想的杀鼠药物之一，主要用于杀灭家鼠和野栖鼠类	市售有0.75%的母粉和3.75%的水剂。使用时，将10千克饵料煮至半熟，加适量植物油，取0.75%杀鼠迷母粉0.5千克，撒于饵料中拌匀即可。毒饵一般分2次投放，每堆10～20克。水剂可配制成0.0375%饵剂使用	
杀它仗	白灰色结晶粉末，微溶于乙醇，几乎不溶于水	对各种鼠类都有很好的毒杀作用。适口性好，急性毒性强，1个致死剂量被吸收后3～10天就发生死亡，一次投药即可	用0.005%杀它仗稻谷毒饵，杀黄毛鼠有效率可达98%，杀室内褐家鼠有效率可达93.4%，一般一次投饵即可	适合杀灭室内和农田的各种鼠类。犬很敏感

（2）杀虫　鹅场易滋生蚊、蝇等有害昆虫，骚扰人、畜和传播疾病，给人、畜健康带来危害，应采取综合措施杀灭。

① 搞好环境卫生。搞好鹅场环境卫生，保持环境清洁、干燥，是杀灭蚊蝇的基本措施。蚊虫需在水中产卵、孵化和发育，蝇蛆也需在潮湿的环境及粪便等废弃物中生长。因此，填平无用的污水池、土坑、水沟和洼地；保持排水系统畅通，对阴沟、沟渠等定期疏通，勿使污水储积；对贮水池等容器加盖，以防蚊蝇飞入产卵；对不能清除或需要的水池，在蚊蝇滋生季节，应定期换水；永久性水体（如鱼塘、池塘等），蚊虫多滋生在水浅而有植被的边缘区域，应修整边岸，加大坡度和填充浅湾；鹅舍内的粪便应定时清除，并及时处理，贮粪池应加盖并保持四周环境的清洁，这样才能有效地防止蚊虫滋生。

② 物理杀灭。利用机械方法以及光、声、电等物理方法，捕杀、

诱杀或驱逐蚊蝇。我国生产的多种紫外线光或其他光诱器，效果良好。此外，还有可以发出声波或超声波并能将蚊蝇驱逐的电子驱蚊器等，都具有防除效果（图4-53）。

③ 生物杀灭。利用天敌杀灭害虫，如池塘养鱼即可达到鱼类治蚊的目的。此外，应用细菌制剂杀灭吸血蚊的幼虫，效果良好。

④ 化学杀灭。化学杀灭是使用天然或合成的毒物，以不同的剂

图4-53 光触媒灯光灭蝇

型（粉剂、乳剂、油剂、水悬剂、颗粒剂、缓释剂等），通过不同途径（胃毒、触杀、熏杀、内吸等），毒杀或驱逐蚊蝇。化学杀虫法具有使用方便、见效快等优点，是当前杀灭蚊蝇的较好方法。马拉硫磷为有机磷杀虫剂，是世界卫生组织推荐用的室内滞留喷洒杀虫剂。其杀虫作用强而快，具有胃毒、触毒作用；也可作熏杀，杀虫范围广，可杀灭蚊、蝇、蛆、虱等，对人、畜的毒害小，故适于畜舍内使用。拟除虫菊酯类杀虫剂是一种神经毒药剂，可使蚊蝇等迅速呈现神经麻痹而死亡。杀虫力强，特别是对蚊的毒效比敌敌畏、马拉硫磷等高10倍以上，对蝇类，因不产生抗药性，故可长期使用（图4-54）。

(a)

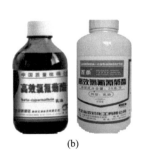
(b)

图4-54 马拉硫磷（a）和拟除虫菊酯类杀虫剂（b）

二、舍内的环境管理

影响鹅群生活和生产的主要环境因素有空气温度、湿度、气流、光照、有害气体、微粒、微生物、噪声等。在科学建设鹅舍、配套设备以及保证良好场区环境的基础上，加强对鹅舍环境管理来保证舍内温度、湿度、气流、光照、空气中有害气体、微粒、微生物、噪声等条件适宜，保证鹅舍良好的小气候，为鹅群的健康和生产性能提高创造条件。鹅舍主要环境参数见表4-6。

表4-6　各类鹅舍主要环境参数

类别	温度/℃	相对湿度/%	噪声允许（强度）/分贝	尘埃允许量/（毫克/米³）	有害气体/（毫克/米³）		
					氨气	硫化氢	二氧化碳
成年鹅舍	10～15	60～70	90	2～5	12	15	2950
1～30日龄笼养	20	65～75	90	2～5	8	15	2950
1～30日龄平养	20～22	65～75	90	2～5	8	15	2950
30～65日龄	18～20	65～75	90	2～5	8	15	2950
66～240日龄	14～16	70～80	90	2～5	12	15	2950

1. 舍内温度的控制

温度是主要环境因素之一，舍内温度的过高过低都会影响鹅体的健康和生产性能的发挥。舍内温度的高低受到舍内热量的多少和散失难易的影响。舍内热量冬季主要来源于鹅体的散热，夏季几乎完全受外界气温的影响。如果鹅舍具有良好的保温隔热性能，则可减少冬季舍内热量的散失而维持较高的舍内温度，可减少夏季太阳辐射热进入鹅舍而避免舍内温度过高。

（1）适宜的舍内温度　雏鹅适宜的温度见表4-7。母鹅产蛋的适宜温度为8～25℃，公鹅产壮精的适宜温度是10～25℃。

表4-7　雏鹅适宜温度

日龄/天	1～2	3～5	6～10	11～15	16～20	20日龄以上
育雏温度/℃	29～30	27～28	25～26	22～24	18～22	脱温
舍内温度/℃	17～18	15～16	15～16	15	15	—

（2）育雏舍温度控制

① 提高育雏舍的保温隔热性能。加强育雏舍的保温隔热性能设计和精心施工。屋顶和墙壁是育雏舍最易散热的部位，要达到一定的厚度，要选择隔热材料，结构要合理，屋顶最好设置天棚。天棚可以选用塑料布、彩条布等隔热性能好、廉价、方便的材料（图4-55）。

(a) 夹层屋顶　　　　　　　(b) 保温墙

(c) 彩条布吊顶　　　　　(d) 隔热材料封闭墙体

图4-55　育雏舍温度控制

② 供温设施要稳定可靠。根据本场情况选择适宜的供温设备。无论选用什么样的供温设备，安装好后一定要试温，通过试温，观察能不能达到育雏温度、达到育雏温度需要多长时间（这样可以在雏鹅入舍前适宜的时间开始供温，使温度提前上升到育雏温度）、温度稳定不稳定、受外界气候影响大小等。如果不能达到要求的温度，一定要采取措施加以解决。供温设备应能满足一年四季需要，特别是冬季

的供温需要。

③ 防止育雏温度过高。夏季育雏时，外界温度高，如果育雏舍隔热性能不良，舍内饲养密度过高，会出现温度过高的情况。可以通过加强通风、喷水蒸发降温等方式降低舍内温度。

（3）育成舍和产蛋鹅舍温度控制　鹅有较厚的羽毛，耐寒不耐热，重点是做好夏季防暑降温工作。

① 隔热降温。在鹅舍屋顶铺盖 15 ~ 20 厘米厚的稻草、秸秆等垫草，或设置通风屋顶，可降低舍内温度 3 ~ 5℃；将圈舍的外墙壁用生石灰水或白色涂料刷白，房顶覆盖白色物料，可增强光的反射作用，减少圈舍对热量的吸收；在鹅舍周围及运动场南侧种植高大的乔木形成阴凉或在鹅舍南侧、西侧种植爬壁植物，搭建遮阳棚，减少太阳的辐射热（图4-56）。在圈舍内离鹅体 2 米左右的高处，用 1.5 ~ 2.5 厘米厚的白色泡沫塑料板做一层天花板，塑料板的隔热作用可使圈舍温度下降 2 ~ 4℃。

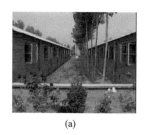
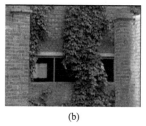

(a)　　　　　　　　　　(b)

图4-56　鹅舍周围植树（a）和在南侧种植爬壁植物（b）

② 通风降温。鹅舍内安装必要有效的通风设备（图4-57），定期对设备进行维修和保养，使设备正常运转，提高鹅舍的空气对流速度，有利于缓解热应激。

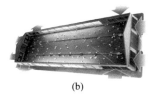

(a)　　　　　　　　　　(b)

图4-57　无动力屋顶风机（a）和机械负压纵向通风模式（b）

③喷水降温。中午高温时，将刚抽上来的深井水用喷雾器对圈舍空间喷洒，或冲洗房顶和外墙壁，这样可加强散热，降低舍温（图4-58）。

(a)　　　　　　　　　　　(b)

图 4-58　舍内喷水降温（a）和屋顶喷水降温（b）

④ 降低饲养密度。饲养密度降低，单位空间产热量减少，有利于舍内温度降低（图4-59）。

图 4-59　密度适宜的鹅舍

2. 舍内湿度的控制

湿度是指空气的潮湿程度，生产中常用相对湿度表示。相对湿度是指空气中实际水汽压与饱和水汽压的百分比。鹅体排泄和舍内水分的蒸发都可以产生水汽而增加舍内湿度。高温高湿影响鹅体的热调节，加剧高温的不良反应，破坏热平衡。低温高湿时机体的散热容易，但潮湿的空气使鹅的被毛潮湿，保温性能下降，鹅感到更加寒冷，加剧了冷应激，特别是对雏鹅影响更大。鹅易患感冒性疾病，如风湿症、关节炎、肌肉炎、神经痛等，以及消化道疾病（腹泻）。高温低湿的环境能使鹅的体表皮肤或外露的黏膜发生干裂，降低对微生物的防卫能力，而招致细菌、病毒感染等，可导致被毛粗糙、鹅绒的品质下降。低湿，舍内尘埃增加，容易诱发呼吸道疾病。

（1）舍内适宜的湿度　鹅虽是水禽，但也怕圈舍潮湿。特别是30日龄以内的雏鹅更怕潮湿。鹅舍最适宜的相对湿度为0～10日龄60%～65%，11～21日龄65%～70%，22～240日龄60%～80%，成年鹅舍60%～70%。

（2）舍内湿度调节措施　舍内相对湿度低时，可在舍内地面洒水或用喷雾器在地面和墙壁上喷水，水的蒸发可以提高舍内湿度。如雏鹅舍舍内温度过低时可以喷洒热水，或在舍内的供暖炉上放置水壶或水锅，使水蒸发提高舍内湿度。舍内相对湿度过高时，可以采取如下措施：

① 加大换气量。通过通风换气，驱除舍内多余的水汽，换进较为干燥的新鲜空气。舍内温度低时，要适当提高舍内温度，避免通风换气引起舍内温度下降。

② 提高舍内温度。舍内空气水汽含量不变，提高舍内温度可以增大饱和水汽压，降低舍内相对湿度。特别是冬季或雏鹅舍，加大通风换气量对舍内温度影响大，可提高舍内温度。

（3）防潮措施　鹅较喜欢干燥，潮湿的空气环境与高温起协同作用，容易对鹅产生不良影响。保证鹅舍干燥需要做好鹅舍防潮工作，除了选择地势高燥、排水好的场地外，还可采取如下措施。

① 鹅舍墙基设置防潮层。新建鹅舍待干燥后使用，特别是雏鹅舍。有的刚建好就立即使用，由于雏鹅舍密封严密，舍内温度高，没有干燥的外围护结构中存在的大量水分就很容易蒸发出来，使舍内相对湿度一直处于较高的水平。晚上温度低的情况下，大量的水汽会变成水在天棚和墙壁上附着，舍内的热量容易散失。

② 舍内排水系统畅通，粪尿、污水及时清理。

③ 尽量减少舍内用水。舍内用水量大，舍内湿度容易提高。防止饮水设备漏水，能够在舍外洗刷的用具尽量在舍外洗刷或洗刷后的污水立即排到舍外，不要在舍内随处抛洒。

④ 保持舍内较高的温度，使舍内温度经常处于露点以上。

⑤ 使用垫草或防潮剂（如撒布生石灰、草木灰），及时更换污浊潮湿的垫草。

3. 舍内通风的控制

（1）通风的作用　冬季的通风可以驱除舍内多余的水汽和污浊的空气，保持舍内空气干燥和洁净；夏季的通风可以驱除舍内多余的热量，保证一定的气流速度，使鹅感到舒适。

（2）鹅舍的通风要求　通风参数见表4-8。

表 4-8　鹅舍的通风参数表

鹅舍	换气量/（米³/小时）		气流速度/（米/秒）	
	冬季	夏季	冬季	过渡季
成年鹅舍	0.60	5.0	—	0.5～0.8
1～9周龄鹅舍	0.8	5.0	0.2～0.5	0.2～0.5
9周龄以上鹅舍	0.6	5.0	0.2～0.5	0.2～0.5

（3）舍内的通风控制　鹅舍的通风方式，一般可分为自然通风和机械通风两种。利用门窗的空气对流或屋顶的排气孔和进气孔进行调节的方式叫自然通风；采用机械进行抽风或送风的方式叫机械通风。种鹅舍一般饲养密度较小，种鹅经常在运动场进行活动，夏季可以利用采光窗或墙体开露部分进行自然通风，冬季寒冷季节可以利用冬季通风系统来进行通风；圈养肉鹅舍由于饲养密度高，夏季可以借助风机进行机械通风。

4. 舍内光照的控制

光照不仅影响鹅的生长发育，而且影响仔鹅培育期的性成熟时间和以后的产蛋。培育期光照时间过长，鹅性成熟时间早、开产早、产蛋小；产蛋期光照时间不足会使鹅产蛋减少。光照控制是要保证鹅舍内的光照强度和光照时间符合要求，并且光线均匀。鹅舍一般采用自然光照与人工补光相结合。

5. 舍内有害气体的控制

鹅舍内鹅群密集，呼吸、排泄和生产过程的有机物分解，导致有害气体成分要比舍外空气成分复杂和含量高。在规模化养鹅生产中，鹅舍中有害气体含量超标，可以直接或间接引起鹅群发病或生产性能下降，影响鹅群安全和产品安全。

（1）舍内有害气体的种类及分布　见表4-9。

表 4-9　鹅舍中主要有害气体及分布

种类	理化特性	来源和分布
氨	无色、刺激性臭味气体，比空气轻，易溶于水，在 0℃时，1 升水可溶解 907 克氨	来源于家畜粪尿、饲料残渣和垫草等有机物分解的产物。舍内含量多少取决于家畜的密集程度、畜舍地面的结构、舍内通风换气情况和舍内管理水平。上下含量高，中间含量低
硫化氢	无色、易挥发的恶臭气体，比空气重，易溶于水，1 体积水可溶解 4.65 体积的硫化氢	来源于含硫有机物的分解。当家畜采食富含蛋白质的饲料而又消化不良时排出大量的硫化氢。破损蛋腐败发酵产生，粪便厌氧分解也可产生。硫化氢产自地面和畜床，密度大，故愈接近地面浓度愈大
二氧化碳	无色、无臭、无毒，比空气重	来源于鹅的呼吸。由于二氧化碳密度大于空气，因此聚集在地面上
一氧化碳	无色、无味、无臭气体，比空气轻	来源于火炉煤炭不完全的燃烧，特别是冬季夜间畜舍封闭严密，通风不良，可达到中毒程度。分布于畜舍上部

（2）消除措施

① 加强场址选择和合理布局，避免工业废气污染。合理设计鹅场和鹅舍的排水系统，粪尿、污水处理设施。

② 加强防潮管理，保持舍内干燥。有害气体易溶于水，湿度大时易吸附于材料中，舍内温度升高时又挥发出来。

③ 加强鹅舍管理。地面平养时，在鹅舍地面铺上垫料，并保持垫料清洁卫生；保证适量的通风，特别是注意冬季的通风换气，处理好保温和空气新鲜的关系；做好卫生工作，及时清理污物和杂物，排出舍内的污水，加强环境的消毒等。

④ 加强环境绿化。绿化不仅美化环境，还净化环境。绿色植物进行光合作用可以吸收二氧化碳，生产出氧气。如每公顷阔叶林在生长季节每天可吸收 1000 千克二氧化碳，产出 730 千克氧气；绿色植物可大量地吸附氨，如玉米、大豆、棉花、向日葵以及一些花草都可从大气中吸收氨而生长；绿色林带可以过滤阻隔有害气体，有害气体通过绿色地带至少有 25% 被阻留，煤烟中的二氧化硫 60% 被阻留。

⑤ 采用化学物质消除。在鹅的饲料中添加丝兰属植物提取物、沸石，或在鹅舍内撒布过磷酸钙、活性炭、煤渣、生石灰等具有吸附

作用的物质，均可不同程度地消除空气中的臭味。另外，利用过氧化氢、高锰酸钾、硫酸亚铁、硫酸铜、乙酸等化学物质也可降低鹅舍空气臭味。如用4%硫酸铜和适量熟石灰混在垫料之中，或者用2%的苯甲酸或2%乙酸喷洒垫料，均可起到除臭作用。

⑥ 提高饲料消化吸收率。科学选择饲料原料；按可利用氨基酸需要合理配制日粮；科学饲喂；利用酶制剂、酸制剂、微生态制剂、寡聚糖、中草药添加剂等可以提高饲料转化率，减少有害气体的排出量。

6. 舍内微粒的控制

微粒是以固体或液体微小颗粒形式存在于空气中的分散胶体。鹅舍中的微粒来源于鹅的活动、咳嗽、鸣叫，饲养管理过程，如清扫地面、分发饲料、饲喂及通风除臭机械设备运行等。鹅舍内有机微粒较多。

（1）微粒对鹅健康影响

① 影响散热和引起炎症。微粒落在皮肤上，可与皮脂腺、皮屑、微生物混合在一起，引起皮肤发痒、发炎，堵塞皮脂腺和汗腺，导致皮脂分泌受阻；皮肤干，易干裂感染；影响蒸发散热；落在眼结膜上引起尘埃性结膜炎。

② 损坏黏膜和感染疾病。微粒可以吸附空气中的水汽、氨、硫化氢、细菌和病毒等造成黏膜损伤，引起血液中毒及传播各种疾病。

（2）消除措施

① 改善畜舍和牧场周围地面状况，实行全面的绿化，种树、种草和农作物等。植物表面粗糙不平、多绒毛，有些植物还能分泌油脂或黏液，能阻留和吸附空气中的大量微粒。含微粒的大气流通过林带，可以降低风速、下沉大直径微粒，小的则被吸附；夏季可吸附35.2%～66.5%微粒。

② 注意湿度和通风。保持适宜的湿度，有利于尘埃沉降；保持通风换气，必要时安装过滤设备。

③ 加强管理。鹅舍远离饲料加工场，分发饲料和饲喂动作要轻；更换和翻动垫草动作也要轻；保持鹅舍地面干净，禁止干扫。

7. 舍内噪声的控制

物体呈不规则、无周期性震动所发出的声音为噪声。鹅舍内的噪声来源主要有：外界传入；场内机械产生和鹅自身产生。鹅对噪声比较敏感，容易受到噪声的危害。

（1）噪声对鹅健康影响　噪声特别是比较强的噪声作用于鹅，易引起严重的应激反应，不仅能影响生产，还能使其正常的生理功能失调，免疫力和抵抗力下降，危害健康，甚至导致死亡。

（2）改善措施

① 注意场地和设备选择。鹅场选在安静的地方，远离噪声大的地方，如交通干道、工矿企业和村庄等；选择噪声小的设备。

② 加强绿化和饲养管理。场区周围种植林带，可以有效地隔声；饲养管理过程中动作要轻柔，避免人为产生噪声。

第五章

鹅的营养需要与
饲料配制技术

对于鹅的生产性能和经济效益高低，饲料营养是重要的决定因素之一。不同类型、不同生长阶段、不同生产性能，其营养需要不同。必须根据鹅的生理特点和营养需要，科学选择饲料原料，合理配制，生产出优质的配合饲料，满足鹅的营养需求，才能取得好的生产效果。

第一节　鹅的营养需要

鹅的生存、生长和繁衍后代等生命活动，离不开营养物质，而营养物质必须从外界摄取。饲料中凡能被鹅用来维持生命、生产禽类产品、繁衍后代的物质，均称为营养物质（营养素）。饲料中含有各种各样的营养素，不同的营养素具有不同的营养作用。不同类型、不同阶段、不同生产水平的家禽对营养素的需求也是不同的。

一、蛋白质

1. 蛋白质的营养作用

蛋白质主要是由碳、氢、氧、氮四种元素组成。此外，有的蛋白质尚含有硫、磷、铁、铜和碘等。动物体内所含的氮元素，绝大部分存在于蛋白质中，不同蛋白质的含氮量虽有所差异，但皆接近于16％。蛋白质的营养作用见图5-1。

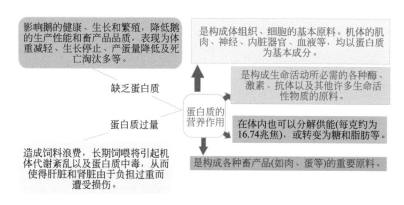

图 5-1　蛋白质的营养作用

2. 蛋白质中的氨基酸

蛋白质是由氨基酸组成的，蛋白质营养实质上是氨基酸营养。蛋白质的营养价值不仅取决于所含氨基酸的数量，而且取决于氨基酸的种类及其相互间的平衡关系。组成蛋白质的各种氨基酸，虽然对动物来说都是不可缺少的，但它们并非全部需要直接由饲料提供。

（1）氨基酸的种类　氨基酸可分为必需氨基酸和非必需氨基酸。必需氨基酸是指畜禽体内不能合成或合成数量满足不了需要，必须由饲料供应的氨基酸。鹅的必需氨基酸主要有赖氨酸、甲硫氨酸、色氨酸、苯丙氨酸、亮氨酸、异亮氨酸、缬氨酸和苏氨酸等。

在饲料中，某种或几种必需氨基酸的含量低于动物的需要量，而且由于它们的不足限制了动物对其他必需和非必需氨基酸的利用，这些氨基酸称为限制性氨基酸。通常将饲料中最易缺乏的氨基酸称为第一限制性氨基酸；其余按相对缺乏的必需氨基酸，依次称为第二、第三、第四、第五限制性氨基酸。全面分析饲料中各种必需氨基酸的含量，然后与家禽营养需要量进行对比，即可得出何种氨基酸是限制性氨基酸。在由一般谷物与油饼类配合的饲料中，甲硫氨酸和赖氨酸常达不到营养标准。因此，甲硫氨酸被称为鹅的第一限制性氨基酸；

赖氨酸被称为鹅的第二限制性氨基酸。所以，有人把甲硫氨酸、赖氨酸又叫作蛋白质饲料的营养强化剂。鱼粉之所以营养价值高，就是因为其中的甲硫氨酸、赖氨酸含量高。我国多用的植物蛋白饲料，如果能添加适量的甲硫氨酸及赖氨酸，则可大大提高蛋白质的营养价值。

非必需氨基酸是指在畜禽体内合成较多或需要较少，不需由饲料来供给，也能保证畜禽正常生长的氨基酸，即必需氨基酸以外的均为非必需氨基酸。例如，丝氨酸、谷氨酸、丙氨酸、天冬氨酸、脯氨酸和瓜氨酸等。畜禽可以利用由饲料供给的含氮物在体内合成，或用其他氨基酸转化代替这些氨基酸。

此外，根据近年来对畜禽体内氨基酸的转化代替、生化机制的研究，提出了"准必需氨基酸"的概念，即把在一定条件下成为必需氨基酸的氨基酸叫作准必需氨基酸。试验证明：丝氨酸数量充足时，甘氨酸则可在体内充分合成；而在甘氨酸不足的情况下，丝氨酸便成了必需氨基酸。而胱氨酸和酪氨酸又可分别由甲硫氨酸、苯丙氨酸在体内合成。因此，可把甘氨酸、丝氨酸、胱氨酸、酪氨酸、甲硫氨酸和苯丙氨酸叫作准必需氨基酸。

（2）氨基酸的互补作用　畜禽体蛋白质的合成和增长、旧组织的修补和恢复、酶类和激素的分泌等均需要有各种各样的氨基酸，但饲料蛋白质中的必需氨基酸，由于饲料种类的不同，其含量有很大差异。例如，谷类蛋白质含赖氨酸较少，而含色氨酸则较多；有些豆类蛋白质含赖氨酸较多，而色氨酸含量又较少。如果在配合饲料时，把这两种饲料混合应用，即可取长补短，提高其营养价值，这种作用就叫作氨基酸的互补作用。

【提示】根据氨基酸在饲粮中存在的互补作用，则可在实际饲养中有目的地选择适当的饲料，进行合理搭配，使饲料中的氨基酸能起到互补作用，以改善蛋白质的营养价值，提高其利用率。

（3）氨基酸的平衡　所谓氨基酸的平衡，是指日粮中各种必需氨基酸的含量和相互间的比例与动物体维持正常生长、繁殖的需要量相符合。

【注意】只有在日粮中氨基酸保持平衡条件下，氨基酸方能有效地被利用。任何一种氨基酸的不平衡都会导致动物体内蛋白质的消耗增加，生产性能的降低。如赖氨酸过剩而精氨酸不足的日粮，会严重

影响雏鹅和育肥鹅的生长。

3. 影响饲料蛋白质营养作用的因素

（1）日粮中蛋白质水平　日粮中蛋白质水平即蛋白质在日粮中占有的数量，过多或缺乏均会造成危害。因此，只有维持合理的蛋白质水平，才能提高蛋白质利用率。

（2）日粮中蛋白质的品质　蛋白质的品质是由组成它的氨基酸种类与数量决定的。凡必需氨基酸种类全、数量多的蛋白质，其全价性高，品质也好，则称其为完全价值蛋白质；反之，全价性低，品质差，则称其为不完全价值蛋白质。若日粮中蛋白质的品质好，则其利用率高，并且可节省蛋白质的喂量。

【提示】近年来，通过对氨基酸营养价值的研究，使得蛋白质在日粮中的数量趋于降低，但这实际上已满足了家禽体内蛋白质代谢过程对氨基酸的需要，提高了蛋白质的生物学价值，因而节省了蛋白质饲料。在饲养实践中规定配合日粮饲料应多样化，使日粮中含有的氨基酸种类增多，产生互补作用，以达到提高蛋白质生物学价值的目的。

（3）日粮中各种营养物质的关系　日粮中的各种营养因素都是彼此联系、互相制约的。当日粮中能量不足时，体内蛋白质分解加剧，用以满足家禽对能量的需求，从而降低了蛋白质的生物学价值。因此，在饲养实践中应供给足够的量，避免价值高的蛋白质被作为能量利用。

另外，当日粮能量浓度降低时，畜禽为了满足对能量的需要势必增加采食量，如果日粮中蛋白质的百分比不变，则会造成日粮蛋白质的浪费；反之，日粮能量浓度增高，采食量减少，则蛋白质的进食量相应减少，这将造成畜禽生产力下降。因此，日粮中能量与蛋白质含量应有一定的比例，如"能量蛋白比"是表示此关系的指标。

许多维生素参与氨基酸的代谢反应，如维生素 B_{12} 能提高植物性蛋白质在机体内的利用率。此外，抗生素的利用及磷脂等的补加，也均有助于提高蛋白质的生物学价值。

（4）饲料的调制方法　豆类和生豆饼中含有胰蛋白酶抑制素，其可影响蛋白质的消化吸收，但经加热处理破坏抑制素后，则会提高蛋白质利用率。应注意的是加热时间不宜过长，否则会使蛋白质变性，反而降低蛋白质的营养价值。

（5）合理利用蛋白质养分的时间因素　在家禽体内合成一种蛋白质时，须同时供给数量上足够和比例上合适的各种氨基酸。因为如果因饲喂时间不同而不能同时达到体组织，必将导致先到者已被分解，后至者失去用处，结果氨基酸的配套和平衡失常，影响利用。

二、能量

鹅的生存、生长和生产等一切生命活动都离不开能量。能量不足或过多，都会影响鹅的生产性能和健康状况。饲料中的有机物——蛋白质、脂肪和碳水化合物都含有能量，但主要来源于饲料中的碳水化合物、脂肪。饲料中各种营养物质的热能总值称为饲料总能。饲料总能减去粪能为消化能，消化能减去尿能和产生气体的能量后便是代谢能。在一般情况下，由于鹅的粪尿排出时混在一起，因而生产中只能测定饲料的代谢能而不能直接测定其消化能，故鹅饲料中的能量都以代谢能来表示，其表示方法是兆焦／千克或千焦／千克。能量在鹅体内的转化过程见图 5-2。

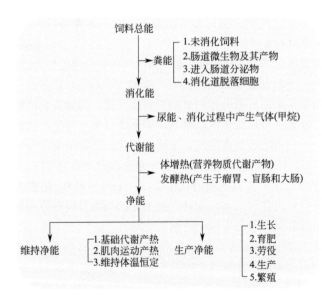

图 5-2　能量在机体内的转化过程

1. 碳水化合物

碳水化合物（又称糖）包括淀粉、纤维素、半纤维素、木质素、果胶、糖胺聚糖等物质。饲料中的碳水化合物除少量的葡萄糖和果糖外，大多数以多糖形式的淀粉、纤维素和半纤维素存在。

淀粉主要存在于植物的块根、块茎及谷物类籽实中，其含量可高达80%以上。在木质化程度很高的茎叶、稻壳中可溶性碳水化合物的含量很低。淀粉在动物消化道内，在淀粉酶、麦芽糖酶等水解酶的作用下水解为葡萄糖而被吸收。

纤维素、半纤维素和木质素存在于植物的细胞壁中，一般情况下，不容易被家禽所消化。但鹅有发达的盲肠，可以提高其对纤维素的消化率，纤维素的含量可控制在5%～10%。如果饲料中纤维素含量过少，也会影响胃、肠的蠕动和营养物质的消化吸收，并且易发生吞食羽毛、啄肛等不良现象。

碳水化合物在体内可转化为肝糖原和肌糖原贮存起来，以备不时之需。糖原在动物体内的合成贮备与分解消耗经常处于动态平衡状态之中。动物摄入的碳水化合物，在氧化、供给能量、合成糖原后有剩余时，将用于合成脂肪贮备于机体内，以供营养缺乏时使用。

如果饲料中碳水化合物供应不足，不能满足动物维持生命活动需要，动物为了保证正常的生命活动，就必须动用体内的贮备物质，首先是糖原，继之是体脂。如果仍不足，则开始挪用蛋白质代替碳水化合物，以解决所需能量的供应。在这种情况下，动物表现机体消瘦，体重减轻，生产性能下降，产蛋减少等。

鹅的一切生命活动，如躯体运动、呼吸运动、血液循环、消化吸收、废物排泄、神经活动、繁殖后代、体温调节与维持等，都需要耗能，而这些能量主要靠饲料中的碳水化合物进行生理氧化来提供。

2. 脂肪

脂肪是广泛存在于动、植物体内的一类有机化合物。根据其分子结构的不同，可分为真脂肪和类脂肪两大类。

脂肪和碳水化合物一样，在鹅体内分解后产生热量，用以维持体温和供给体内各器官活动时所需要的能量，其热能是碳水化合物或蛋白质的 2.25 倍。脂肪是体细胞的组成成分，是合成某些激素的原料，尤其是生殖激素大多需要胆固醇作原料；也是脂溶性维生素的携带者，脂溶性维生素 A、维生素 D、维生素 E、维生素 K 必须以脂肪作溶剂在体内运输。若日粮中缺乏脂肪，容易影响这一类维生素的吸收和利用，导致鹅患脂溶性维生素缺乏症。亚油酸在体内不能合成，必须从饲料中获取，称必需脂肪酸。必需脂肪酸缺乏，影响磷脂代谢，造成膜结构异常，通透性改变，皮肤和毛细血管受损。以玉米为主要成分的饲料中通常含有足够的亚油酸，而以稻谷、高粱和麦类为主要成分的饲料中可能出现亚油酸的不足。

3. 蛋白质

当体内碳水化合物和脂肪不足时，多余的蛋白质可在体内分解、氧化供能，以补充热量的不足。过度饥饿时体蛋白也可能供能。鹅体内多余的蛋白质可经脱氨基作用，将不含氮部分转化为脂肪或糖原，储备起来，以备营养不足时供能。但蛋白质供能不仅不经济，而且容易加重机体的代谢负担。

鹅对能量的需要包括本身的代谢维持需要和生产需要。影响能量需要的因素很多，如环境温度，鹅的类型、品种、不同生长阶段及生理状况和生产水平等。日粮的能量值在一定范围，鹅的采食量多少可由日粮的能量值而定，所以饲料中不仅要有一个适宜的能量值，而且与其他营养物质比例要合理，使鹅摄入的能量与各营养素之间保持平衡，提高饲料转化率和饲养效果。

三、矿物质

除碳、氢、氧和氮，主要以有机化合物形式存在外；其余的各种元素无论其含量多少，统称为矿物质或矿物元素。它是一类无机营养物质，存在于鹅体内的各种组织及细胞中。按照各种矿物元素在动物体内的含量不同，可将其分为常量元素与微量元素两类。常量元素是指占动物体总重量 0.01% 以上的元素，它包括钙、磷、镁、钠、钾、氯和硫 7 种元素；微量元素则是指占动物体总重量 0.01% 以下的元素，包括铁、铜、锌、锰、碘、钴、硒、钼、铬等 40 余种元素。

常量元素占动物体内矿物元素总量的99.95%；而微量元素仅占矿物元素总量的0.05%。必需元素在动物体内的含量见表5-1。

表5-1 必需元素在动物体内的含量

常量元素		微量元素	
名称	含量/%	名称	含量/（毫克/千克）
钙	1.50	铁	20～80
磷	1.00	锌	10～50
钾	0.20	铜	1～5
钠	0.16	钼	1～4
氯	0.11	硒	1～2
硫	0.15	锰	0.2～0.5
镁	0.04	碘	0.3～0.6
—	—	钴	0.02～0.1
—	—	铬	1.7

1. 常量元素的营养作用

常量元素钙、磷、镁3种元素是构成骨骼和牙齿的主要成分；钠、钾、氯3种元素则是血液和体液的重要成分；硫元素是含硫氨基酸的组成成分。

（1）钙的营养 动物体内总含钙量的98%以羟基磷灰石 $[Ca_{10}(PO_4)_6Ca(OH)_2]$ 的形式存在于骨骼和牙齿中。其余2%的钙，则以离子状态存在于软组织、细胞外液和血液中，通常将它们称为混溶钙池。

骨骼中的钙与混溶钙池中的钙，二者之间保持着动态平衡。钙除作为骨骼和牙齿的重要组分外，还起着维持各种组织细胞正常生理机能的作用。如临床上因神经、肌肉兴奋性增高所引起的抽搐，即是因血液中钙离子浓度过低所致。钙离子还参与机体的凝血过程及某些酶的激活过程。此外，鹅蛋含钙也多，特别是蛋壳主要由碳酸钙组成。

动物对钙的吸收主要在胃内完成。饲料中的钙可与胃液中的盐酸化合而成为氯化钙，它是一种可溶性钙盐，极易被胃黏膜上皮所吸收。肠道对钙的吸收率甚低，仅有 20%～ 30%。肠道之所以对钙的吸收作用甚弱，原因有：一是肠道中的碱性反应，使可溶性的氯化钙转变为难溶性的磷酸钙和碳酸钙；二是钙在肠道中可与脂肪酸、植酸和草酸等阴离子结合形成不溶性钙盐。

雏鹅缺钙，则患软骨病；母鹅缺钙时，蛋壳变薄，产蛋减少。母鹅体内保留钙的能力有限，粉状的钙在胃、肠道很快就被吸收、利用；没有吸收的钙也很快由粪便、尿液排出体外。钙量过多可影响镁、锰、锌的吸收，妨碍雏鹅生长。鹅日粮中钙含量一般在 1.5%～ 2% 范围内。

【提示】动物对钙的吸收作用受到钙磷比例、维生素 D、乳糖、蛋白质等因素影响。

（2）磷的营养　磷与钙两者共同以羟基磷灰石的形式构成动物的骨骼和牙齿。骨骼和牙齿中的磷约占体内总含磷量的 80%。其余的磷，则位于软组织和体液中，主要是以磷蛋白、磷脂和核酸的组成成分而发挥作用。磷还是碳水化合物、脂肪代谢过程中形成的己糖磷酸盐、二磷酸腺苷和三磷酸腺苷的组成成分。此外，磷元素还参与机体酸碱平衡的调节。

鹅体内缺乏磷元素时，表现食欲减退，消瘦，生长缓慢，异食（啄肛、啄羽等）；关节硬化，骨质易碎，甚至可出现营养性瘫痪。谷物和糠麸中含磷较多，但多为植酸磷，鹅对植酸磷的利用能力较低，对无机磷的利用率可达 100%。因此，饲料中必须补充一部分无机磷（占总磷的 1/3 以上），饲料中无鱼粉时尤应注意。鹅饲料中磷含量一般为 0.8%。

【提示】在配制全价饲料时，应密切注意钙、磷的正常比例。两者的比例适当，有助于钙、磷的正常吸收和利用，从而保证鹅对钙、磷的需要。钙磷比例为 2∶1。

（3）钠的营养　钠主要存在于动物体的软组织和体液中，是血液、胃液和其他细胞外液中的主要阳离子。钠在保持体液的酸碱平衡和渗透压方面起着重要的作用。钠可维持肠道中的碱性，有助于消化酶的活动。此外，钠还和其他离子协同维持神经、肌肉的正常兴奋性。

钠是维持动物体生长、发育、繁殖的重要营养因素。鹅没有储存钠的能力，容易发生缺乏。缺钠时，可显著降低能量和蛋白质的利用率，影响正常繁殖机能，并发生啄癖。在配制全价饲料时可用食盐（含钠36.7%，添加量一般为0.25%～0.5%）补充饲料中钠的不足。

（4）氯的营养　氯元素主要存在于动物细胞外液中，它可与钠、钾共同维持体液的酸碱平衡和渗透压，并且参与胃液中盐酸的生成，保持胃液的酸性。此外，氯还与唾液中的α-淀粉酶形成复合物，从而增进α-淀粉酶的活性。

氯缺乏时，鹅食欲减退，消化不良，生长发育缓慢，容易出现啄肛、啄羽等恶癖。种鹅还表现体重下降，蛋重减轻，产蛋率下降等。鹅对氯的需要量有限，在用食盐补钠时所提供的氯足以满足鹅的需要。因此，在配制饲料时并不需要单纯补氯。

（5）钾的营养　钾是动物细胞内液中的主要阳离子。钾与钠、氯及碳酸氢根离子一起，在调节体液渗透压、保持细胞容量方面起着重要作用。钾还是维持神经、肌肉兴奋性不可缺少的元素。钾作为细胞内液的主要碱性离子，参与缓冲系统的形成，保持体液的酸碱平衡。

动物实验性缺钾，一般表现为生长停滞、肌肉软弱、异食癖等现象。钾在饼（粕）类，尤其是大豆饼（粕）含量丰富，一般含量为1.2%～2.2%，因此，无需再另外添加。

（6）镁的营养　镁在动物体内约有70%以磷酸盐或碳酸盐的形式参与骨骼和牙齿的形成；大约有25%的镁与蛋白质结合形成络合物，存在于软组织中。动物所有的组织和细胞中都含有镁，它既存在于细胞外液，也存在于细胞内液。在细胞内，镁主要汇集于线粒体内，对维持氧化磷酸化有关的酶系统的生物活性至为重要。镁还与钙、钾、钠共同维持神经、骨骼肌、心肌的兴奋性。

动物实验性缺镁，一般表现为精神抑郁、肌肉软弱、心肌坏死等。在生产中，镁缺乏症家禽则极少发生。各种谷物类饲料中含镁丰富，其镁含量已完全可以满足鹅的营养需要，故无需另外添加。

（7）硫的营养　动物体内的硫主要存在于含硫氨基酸（胱氨酸、半胱氨酸和甲硫氨酸）、含硫维生素（硫胺素、生物素）以及激素（胰岛素）中，仅有少量呈无机态的硫。因此，硫主要是通过上述含硫氨基酸、含硫维生素以及激素而体现其生理机能的。

动物性蛋白质供应丰富时，一般不会缺硫；多数微量元素添加剂都是硫酸盐，当使用这些添加剂时，鹅也不会缺硫。日粮中胱氨酸和甲硫氨酸缺乏时会造成缺硫。缺乏硫或含硫氨基酸时，鹅会食欲减退、掉毛，常因体重虚弱而引起死亡。缺乏硫时，多采用补充含硫氨基酸（胱氨酸、半胱氨酸和甲硫氨酸）或羽毛粉的方法来治疗，而很少采用补充硫酸盐（无机硫）的方法。

2. 微量元素的营养作用

微量元素在动物体内含量虽然微小，但在动物的生命活动中却具有极其重要的作用。其中砷、钴、钼等元素，在常规饲料中含量虽微小，但已足以满足动物的需要，目前尚未证实有添加的必要。

（1）铁的营养 铁是血红蛋白、肌红蛋白和许多种酶（细胞色素氧化酶、过氧化物酶、过氧化氢酶等）的组成部分。动物体内的铁，$65\%\sim70\%$ 以血红蛋白、30% 以肌红蛋白、1% 以含铁酶的形式存在；其余的则为贮备铁，以铁蛋白和含铁血黄素的形式，贮存于肝脏、脾脏和骨髓内。铁在机体内的主要生理功能是参与氧的转运、交换及组织呼吸过程。因此，肌体内铁的携氧能力被阻断，或铁的数量不足时，将会不同程度影响机体正常代谢过程，导致缺铁性疾病。

动物缺铁时，主要表现缺铁性贫血。由于动物体内的铁可周而复始地重复利用，且各种饲料原料中均含有丰富的铁，因而家禽在正常饲养情况下很少发生缺铁性贫血。但为了提高鹅的生产性能，各饲料厂在家禽用微量元素添加剂中，都加有一定量的铁盐。

（2）锌的营养 锌是动物乃至一切生物最重要的生命元素。它参与合成、激活体内 200 余种酶类，如碱性磷酸酶、碳酸酐酶、乳酸脱氢酶、谷氨酸脱氢酶、羧肽酶、醇脱氢酶等。缺锌时可影响骨骼生长，机体发育；使毛囊角化，脱毛。严重时可使雄性动物的精子生成障碍、精子活力下降；雌性动物卵巢、子宫发育受阻，卵子不能正常成熟和受孕。

家禽缺锌，表现食欲不振，生长停滞，羽毛生长不良，毛质松脆，胫骨变短，表面呈鳞片样。鹅产蛋下降，蛋壳变薄、易碎，孵化率下降，畸形胚胎率显著增高。植物性饲料（如玉米、高粱等）锌含量较低，而动物性饲料（鱼粉、骨粉、肉骨粉等）锌含量较高。故以植物性饲料为主的全价饲料，应注意补锌。此外，饲料中钙、磷及二价元素过多，可干扰锌的吸收，在配制全价饲料时应给予注意。添加量为 35 ～ 65 克 / 吨。

（3）锰的营养　锰是多糖聚合酶、半乳糖基转移酶活性中心，缺锰可影响己糖胺、聚糖和硫酸软骨素的合成，并影响软骨生长、骨骼生成和矿化作用。锰主要参与机体脂肪、蛋白质等的多种代谢，可以促进动物生长，增强动物的繁殖性能。

雏鹅缺乏锰时，表现软骨生长不良，生长受阻，体重下降，发生滑腱症。成年鹅产蛋下降，蛋壳质量差，种蛋孵化率降低，死胚增多。玉米、大豆、小麦等饲粮中的锰含量很低，以玉米、豆粕为主食的鹅容易发生锰缺乏症。此外，饲料中钙含量过高和胆碱缺乏均可干扰鹅对锰的吸收和利用。为了提高种鹅产蛋率、种蛋蛋壳强度、种蛋孵化率，降低雏鹅腿病发生率，在以玉米、豆粕为主的种鹅产蛋期的高钙日粮中，应相应提高锰的补给量，以消除高钙对锰吸收的抑制作用。

（4）碘的营养　碘是动物必需的微量元素。体内的碘 70％～ 80％集中在甲状腺内，用于合成甲状腺素，甲状腺素是调节机体生长发育、新陈代谢和繁殖的主要激素。人发生碘缺乏时，表现为甲状腺肿大或"呆小症"；动物碘缺乏时，则表现生长发育受阻，全身脱毛，生命力下降，易患病、死亡。家禽碘缺乏时，羽毛失去光泽。公鹅睾丸萎缩，精子缺乏，性欲下降；母鹅对碘缺乏具有较强的耐受性，发生碘缺乏时，表现产蛋量稍微减少，种蛋孵化率下降和鹅胚甲状腺肿大等。为了保证产蛋率、种蛋受精率和雏鹅质量，各国在禽用微量元素添加剂中都加入了碘。

（5）铜的营养　铜是体内许多酶的组成成分，如铜蓝蛋白、酪氨酸酶、赖氨酸酰基氧化酶、超氧化物歧化酶等。当机体缺乏铜时，这些酶活性下降，因而产生贫血、羽毛褪色、关节肿大、骨质疏松、血管壁弹性下降，甚至产生心脏肥大。

铜缺乏症分为原发性和继发性两种。原发性铜缺乏症是因饲料中铜含量太少，铜摄入不足所致，主要表现为含铜酶活性下降及相关症状出现。继发性铜缺乏是因为饲料中可干扰铜吸收利用的元素（如钼、硫等）含量太多，即使铜含量正常，仍可造成铜摄入不足，引起铜缺乏。临床上表现食欲不振、异嗜症、骨骼疏松、运动失调和神经症状。

（6）硒的营养　硒在体内是谷胱甘肽过氧化物酶的组成成分，每个谷胱甘肽过氧化物酶分子内含 4 个原子硒，成为谷胱甘肽过氧化物酶的活性中心。谷胱甘肽过氧化物酶可将细胞代谢活动中所产生的有机氧化物和无机氧化物转化为羟基化合物和水而解毒，硒只有在谷胱甘肽过氧化物酶中才能发挥作用。饲料中硒过多（＞5 毫克/千克），谷胱甘肽过氧化物酶活性不再增高，并可产生中毒。硒能增强维生素 E 的抗氧化作用，补充硒或维生素 E 可达到互补和纠正各自的缺乏症的目的。

鹅缺硒时，表现精神沉郁，食欲减退，生长缓慢，渗出性素质和肌营养不良，并引起肌胃变性、坏死和钙化；产蛋率和种蛋孵化率下降。种公鹅精液品质下降，受精率降低，机体免疫力下降。现代的家禽用微量元素添加剂中都加有硒，饲料中添加量一般为 0.15 毫克/千克。硒是一种毒性很强的元素，其安全范围小，容易中毒，使用时必须准确计量，混合均匀。

【提示】矿物元素是鹅新陈代谢、生长发育、长绒和产蛋必不可少的营养物质，但它们的过量对鹅体可产生毒害作用。因此，在生产实践中一定要按营养需要配给，切不可过分强调它们的作用而随意加大剂量使用，以防造成中毒。

四、维生素

维生素是动物机体进行新陈代谢、生长发育和繁衍后代所必需的一类有机化合物。动物对维生素的需要量很小，通常以毫克计，但它们在动物体的生命活动中生理作用却很大，而且相互之间不可代替。它们主要是以辅酶和辅基的形式参与构成各种酶类，广泛地参与动物体内的生物化学反应，从而维持机体组织和细胞的完整性，以保证动物的健康和生命活动的正常进行。

动物体内的维生素可从饲料中获取；由消化道中微生物合成和

动物体的某些器官合成。鹅的消化道短、消化道内的微生物较少，合成维生素的种类和数量都有限；除肾脏能合成一定量的维生素 C 外，其他维生素均不能在鹅体内合成，而必须从饲料中摄取。

动物缺乏某种维生素时，会引起相应的新陈代谢和生理机能的障碍，导致特有的疾病，这称为某种维生素缺乏症。数种维生素同时缺乏而引起的疾病，则称为多种维生素缺乏症。

1. 维生素的分类

维生素按其溶解性可分为脂溶性和水溶性两大类，每一类中又各包括许多种维生素。维生素最初是以拉丁字母命名的，现在多以化学结构特征或结合生理功能进行命名。家禽营养中重要的维生素如表5-2 所示。

表 5-2　家禽营养中重要的维生素

类别	名称（别名）	类别	名称（别名）	
脂溶性维生素	维生素 A（视黄醇）	水溶性维生素	维生素 B_1（硫胺素）	维生素 B_6（吡哆素）
	维生素 D_2（麦角骨化醇）		维生素 B_2（核黄素）	维生素 B_7（生物素）
	维生素 D_3（胆钙化醇）		维生素 B_5（泛酸）	维生素 B_9（叶酸）
	维生素 E（生育酚）		胆碱	维生素 B_{12}（钴胺素）
	维生素 K（凝血维生素）		维生素 B_3（尼克酸）	维生素 C（抗坏血酸）

2. 维生素的作用

维生素对鹅生长发育的作用见表5-3。

表 5-3　维生素对鹅生长发育的作用

名称	主要功能	缺乏或过量表现	备注
维生素 A（1 国际单位维生素 A=0.6 微克胡萝卜素）	参与视网膜细胞中四种感光色素（视紫红质、视青紫质、视紫质、视青质）的合成，维持正常视觉；维持黏膜上皮细胞的正常形态和生理机能	缺乏时，在弱光线下视觉减弱或完全丧失，即所谓的"夜盲症"。引起上皮组织干燥和过度角质化，尤其是眼部、呼吸、消化、泌尿和生殖器官的上皮角质化。过量发生中毒，表现为器官变性，生长缓慢，易骨折，皮肤易致损伤等	生长鹅的需要量为1500 国际单位 / 千克；产蛋鹅和种鹅4000 国际单位 / 千克。当发生维生素 A 缺乏时可按正常添加量的 2～3 倍添加喂服

名称	主要功能	缺乏或过量表现	备注
维生素 D（国际单位，毫克/千克表示）	包括维生素 D_2 和维生素 D_3。具有促进钙、磷吸收，维持血液中钙、磷浓度相对稳定，促进幼年动物钙、磷向骨骼中沉集的作用	缺乏时，幼龄鹅胸骨脊呈"S"状弯曲，喙软呈橡皮状，胫跗骨可见轻微弯曲，易骨折。产蛋鹅生产薄蛋壳鸡蛋或软壳蛋，继之产蛋减少，孵化率降低。过量时可造成骨质疏松，发生肾结石、动脉硬化等	正常情况下，每千克饲料中维生素 D_3 的添加量为200国际单位。当发生维生素 D 缺乏时，可按正常添加量的 2～3 倍添加
维生素 E（国际单位、毫克/千克表示），又名生育酚、抗不育维生素	与生殖机能有关。在机体主要作为生物催化剂，改善氧的利用，维持组织细胞正常的呼吸过程；作为抗氧化剂能防止易氧化物质氧化，保护富含脂质的细胞膜不被破坏，维持肌肉及外周血管系统功能。硒与维生素 E 具有协同作用	缺乏时，雏鹅可发生白肌病、小脑软化症等，当日粮中缺硒时，会加速以上症状的发生；长期缺乏可造成繁殖机能紊乱。维生素 E 还影响机体的免疫功能和抗应激能力。缺乏时，免疫功能和抗应激能力均下降。正常情况下，家禽对维生素 E 的耐受剂量为需要量的100倍	每千克饲料应含维生素 E 5 国际单位。硒能促进维生素 E 的吸收，在发现家禽缺乏维生素 E 时，则要注意检查饲料中的硒含量是否充足
维生素 K	催化肝脏中凝血酶原以及凝血活素的合成，使血液凝固	缺乏时，皮下出血形成紫斑，而且受伤后血液不易凝固，流血不止以致死亡。家禽对维生素 K 的最大耐受剂量为每千克日粮 500～1000 毫克。天然形式的维生素 K_1 和维生素 K_2，对鹅不会产生毒害作用	每千克饲料中维生素 K_3 的添加量为 0.5 毫克。缺乏症时或长期使用抗生素时可加大用量至 5～8 毫克/千克。维生素 K 在青绿饲料和鱼粉中含量丰富
维生素 B_1（硫胺素）	参与碳水化合物的代谢，促进乙酰胆碱的合成	缺乏时，表现痉挛、抽搐、麻痹等神经症状，且伴有心肌弛缓，心力衰竭和引起多发性神经炎；胃、肠运动缓慢，消化液分泌减少，消化不良。维生素 B_1 与抗球虫药有拮抗作用，在投喂抗球虫药时应注意	每千克饲料中维生素 B_1 的添加量为 1～2 毫克，以添加剂的形式补充。当发生维生素 B_1 缺乏时，每千克饲料中维生素 B_1 的添加量可增至 30～50 毫克，连续喂 5～7 天
维生素 B_2（核黄素）	参与细胞的呼吸，可催化蛋白质、脂肪、糖代谢、氧化-还原过程	雏鹅更容易发生维生素 B_2 缺乏症。缺乏时，雏鹅表现羽毛生长迟缓，眼充血，两腿软弱，脚爪麻痹并蜷曲成拳头状，腿部肌肉萎缩，常蹲伏于地面，严重影响生长发育。产蛋母鹅表现产蛋量显著下降，种蛋孵化率极低，胚胎死亡率升高	每千克饲料中维生素 B_2 的添加量为 2～4 毫克，高能量高蛋白日粮、低温环境以及抗生素的使用等因素会加大对维生素 B_2 的需要量。当发生维生素 B_2 缺乏症时，每千克饲料维生素 B_2 的添加量可增至 20 毫克

名称	主要功能	缺乏或过量表现	备注
维生素B_5（泛酸）	以乙酰辅酶A的形式参与蛋白质、脂肪、碳水化合物的代谢	缺乏症常见于雏鹅。主要表现为天然孔周围发生皮肤炎，最初出现在嘴角和眼睛周围，继之在口、鼻、肛门等处，严重时腿部亦可发生大面积皮肤炎；产蛋鹅缺乏烟酸时，很少出现上述症状，表现为种蛋孵化率低	一般情况下，每千克饲料中维生素D-泛酸钙的添加量为10～30毫克。如果发生缺乏症，可按正常添加量的2倍添加，连续饲喂5～7天
维生素B_3（烟酸、烟酰胺、维生素PP、抗癞皮病因子或尼克酸）	在体内可转化为烟酰胺，烟酰胺是辅酶Ⅰ（NAD）和辅酶Ⅱ（NADP）的组成部分。辅酶Ⅰ和辅酶Ⅱ则是体内多种脱氢酶的辅酶，在生物氧化过程中起着传递氢的作用	缺乏时，表现黏膜功能紊乱，食欲不振，消化不良，腹泻，大肠发生溃疡、坏死以至出血，皮肤粗糙，并形成鳞屑。神经麻痹，共济运动失调。羽毛生长不良，跗关节增生、发炎，骨质粗，股胃弯曲，呈"O"形腿，喙角、眼睑部分皮肤发炎明显	每千克饲料中维生素B_3的需要量为10～70毫克。当发生缺乏症时，维生素B_3的添加量可增至1～2倍，连续饲喂5～7天。饲料中烟酸多呈结合状态，鹅的利用率低，容易缺乏，需要在日粮中补充
维生素B_6（吡哆素）	在体内以磷酸吡哆醛和磷酸吡哆胺的形式构成许多酶的辅酶，它参与的生物化学反应极其多样，如参与氨基酸的脱羧作用、氨基转移作用、色氨酸和含硫氨基酸代谢、不饱和脂肪酸代谢等	缺乏可导致神经系统损伤。病鹅表现共济运动失调，胸、腹部贴地，两个翅膀时常拍打地面，或呈仰卧姿势，两腿交替踢蹬等现象。成年鹅产蛋率和孵化率下降	在饲料中含量较丰富，一般很少发生缺乏症。所以，在许多厂家生产的多维中均不含维生素B_6。一般情况下，每千克饲料中维生素B_6的需要量为2～5毫克
生物素（维生素B_7）	生物素是机体内许多羧化酶的辅酶，参与CO_2的转送。生物素作为CO_2的载体先与CO_2结合，然后将CO_2传递给适当的受体	雏鹅发生生物素缺乏时，表现脚爪部、喙和眼睛周围皮肤发炎，食欲不振，生长迟缓，羽毛干燥而脆。种鹅缺乏生物素时，所产种蛋孵化率下降，鹅胚发育不全，呈先天性骨粗短症和鹦鹉喙	一般情况下，每千克日粮中生物素的需要量为25～50微克。当长期喂给缺乏生物素的玉米和小麦等谷物饲料时应注意添加生物素
胆碱	胆碱是构成卵磷脂的成分，参与脂肪和蛋白质代谢；是甲硫氨酸等合成时所需的甲基来源	缺乏时，出现共济运动失调，产蛋率下降；在鹅的日粮中添加适量胆碱，可提高蛋白质的利用率	每千克日粮中胆碱需要量为500～2000毫克。饲料中硫氨酸、叶酸和维生素B_{12}含量不足时，应提高氯化胆碱的用量

名称	主要功能	缺乏或过量表现	备注
叶酸（维生素 B_9）	叶酸不仅参与一碳基团或残基（如甲醛、甲基等）的转移，而且还参与嘌呤、胸腺嘧啶等甲基化合物和核酸的合成	雏鹅缺乏时，表现生长缓慢，羽毛脆弱、褪色，全身苍白贫血，出现典型的巨红细胞性贫血和血小板减少症。种鹅缺乏时，表现产蛋减少，孵化率下降，胚胎髋关节移位，下颌缺损，趾畸形，神经沟裂开，残雏率明显升高	正常情况下不会发生叶酸缺乏症，但长期饲喂抗生素、磺胺类药物或长期患消化道慢性疾病时，有可能出现叶酸缺乏症
维生素 B_{12}（多指钴胺素）	在体内是以辅酶的形式参加多种代谢过程的，可促进某些化合物的异构化和甲基转移作用，加强氨基酸和蛋白质的生物合成，维持血细胞、上皮细胞的正常生成	生长鹅缺乏时，表现采食量下降，生长、发育迟缓，全身苍白，神经兴奋性增高，易惊，共济运动失调。种鹅缺乏时，则表现肌胃糜烂，消化不良，产蛋量下降，种蛋孵化率显著降低，鹅胚畸形，死亡多	鹅的饲料中只要有一定比例的动物性蛋白质饲料，就不会发生维生素 B_{12} 的缺乏症。如果为无鱼粉饲料，一定要补充维生素 B_{12}
维生素 C（抗坏血酸）	具有可逆的氧化性和还原性，广泛参与机体的多种生化反应；能刺激肾上腺皮质激素合成；促进肠道内铁的吸收，使叶酸还原成四氢叶酸	缺乏时，易患坏血病，生长停滞，体重减轻，关节变软，身体各部出血、贫血，适应性和抗病力降低	维生素 C 在青绿饲料中含量丰富，生产中多使用维生素 C 添加剂。抗应激用量一般为 50～300 毫克/千克。具有提高抗热应激和逆境的能力

五、水

水是家禽机体一切细胞和组织的组成成分，广泛分布于各器官、组织和体液中。体液以细胞膜为界，分为细胞内液和细胞外液。正常动物，细胞内液约占体液的 2/3；细胞外液主要指血浆和组织液，约占体液的 1/3。细胞内液、组织液和血浆之间的水分不断地进行着交换，保持着动态平衡。组织液是血浆中营养物质与细胞内液中代谢产物进行交换的媒介。

动物体内水的营养作用是很繁多和复杂的，所有生命活动都依赖于水的存在。其主要生理功能是参与体内物质运输（体内各种营养物质的消化、吸收、转运和大多数代谢废物的排出，都必须溶于水中才能进行转送）、参与生物化学反应（在动物体内的许多生物化学反应都必须有水的参与，如水解、水合、氧化还原，有机物的合成和所有聚合和解聚作用都伴有水的结合或释放）、参与体温调节（动物体内新陈代谢过程中所产生的热，被吸收后通过体液交换和血液循环，经皮肤中的汗腺和肺部呼气散发出来）。

【注意】鹅饮不到水比吃不到饲料更难维持生命。饥饿时动物可以消耗体内的绝大部分脂肪和一半以上的蛋白质来维持生命，但如果体内水分损失达 10%，则可引起机体新陈代谢的严重紊乱；如果体内损失 20% 以上的水分，即可引起死亡，高温季节缺水的后果更为重要。

第二节　鹅的常用饲料原料

一、鹅饲料的分类

凡是含有鹅所需要的营养成分而不含有害成分的物质都称为饲料。鹅的常用饲料有几十种，各有其特性，归纳起来主要可以分为五大类，见表 5-4。

表 5-4　鹅的常用饲料分类

饲料类别	举例
能量饲料	谷实类，如玉米、麦类、高粱、谷子等；糠麸类，如米糠、高粱糠、小麦麸；油脂类，如植物油脂、动物油脂等
蛋白质饲料	动物性蛋白质饲料，如血粉、鱼粉等；植物性蛋白质饲料，如豆粕、花生粕、棉籽粕等
矿物质饲料	食盐、贝壳粉、石粉、骨粉等
维生素饲料	青菜类，如胡萝卜；青草、草粉
饲料添加剂	营养性添加剂，如维生素、微量元素和氨基酸添加剂；非营养性添加剂，如抗生素类、驱虫保健剂、防霉剂等

二、鹅的常用饲料原料及特性

饲料原料又称单一饲料，是指以一种动物、植物、微生物或矿物质为来源的饲料。单一饲料所含养分的数量及比例都不符合鹅的营养需要，生产中需要根据各种饲料原料的营养特点，合理利用。

1. 能量饲料

凡干物质中粗纤维含量不足 18%，粗蛋白质含量低于 20% 的饲料均属能量饲料，能量饲料富含碳水化合物和脂肪。这类饲料主要包括禾本科的谷实饲料以及它们加工后的副产品，如块根块茎类、动植物油脂和糖蜜等，是鹅用量最多的一类饲料，占日粮的 50% ～ 80%。

（1）玉米　玉米是能量饲料的主要来源。能量高（消化能含量为 16.386 兆焦 / 千克），粗纤维含量低（1.3%），无氮浸出物高（主要是易消化的淀粉，其消化率高达 90%），适口性好，价格适中；但玉米蛋白质含量较低（8.6%），蛋白质中的一些必需氨基酸含量少，特别是赖氨酸和色氨酸；脂肪含量高（3.5% ～ 4.5%），是小麦、大麦的 2 倍，主要是不饱和脂肪酸，因此，玉米粉碎后易酸败变质。玉米中含有较多的黄色或橙色色素，一般含大约 5 毫克 / 千克叶黄素和 0.5 毫克 / 千克胡萝卜素，有益于蛋黄和皮肤着色。

【提示】如果生长季节和贮藏的条件不适当，霉菌和霉菌毒素可能成为问题（图 5-3）。经过运输的玉米，不论运输时间多短，霉菌生长都可能是严重问题。玉米运输中如果湿度 ≥ 16%、温度 ≥ 25℃，则经常发生霉菌生长。一个解决办法是在装运时往玉米中加有机酸。但必须记住的是，有机酸可以杀死霉菌并预防重新感染，但对已产生的霉菌毒素是没有作用的。

玉米镰刀霉菌

玉米青霉菌

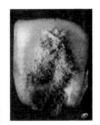
玉米黄曲霉

玉米支孢霉

玉米黑斑

图 5-3　玉米霉菌感染

玉米是鹅的主要能量饲料，在配制日粮时可根据需要不加限制，一般用量在 50% ～ 70% 之间。0 ～ 4 周龄用量为 60%，4 ～ 18 周龄 70%，成年鹅最高用量 70%。

【注意】玉米品质受水分、杂质含量影响较大，易发霉、虫蛀，需检测黄曲霉毒素 B_1（AFB_1）含量，且含抗烟酸因子。使用时补充赖氨酸、色氨酸等必需氨基酸。饲料要现配现用，可使用防霉剂。选用高蛋白质、高赖氨酸等的饲用玉米，营养价值更高，饲喂效果更好。

（2）小麦 小麦能量含量与玉米相近，粗蛋白质含量为 13%，且氨基酸比其他谷实类完全，氨基酸组成中较为突出的问题是赖氨酸和苏氨酸不足；B 族维生素丰富，不含胡萝卜素。用量过大，会引起消化障碍，因为小麦内含有较多的非淀粉多糖。钙磷比例不当，苏氨酸、赖氨酸缺乏，使用时必须与其他饲料配合。小麦还含有 α- 淀粉酶抑制因子，制粒时应用较高温度似乎可以破坏这些抑制因子。肉禽日粮中使用小麦可以改进颗粒的牢固性，在日粮中添加 25% 以上小麦可以起到黏结剂的作用。小麦可以整粒饲喂 10 ～ 14 日龄以后的肉用家禽。一般在配合饲料中用量可占 10% ～ 20%。在添加 β- 葡聚糖酶和木聚糖酶的情况下，可占 30% ～ 40%。但小麦价格高。

【提示】在小麦日粮中添加酶制剂时，要选用针对性较强的专一酶制剂才可以发挥酶的最大潜力，使小麦型日粮的利用高效而经济。当大量利用小麦日粮时如果不注意添加外源性的生物素，则会导致禽类脂肪肝综合征的大量发生。所以在实际生产过程中，当小麦占能量饲料的一半时，应考虑添加生物素的问题。

用小麦生产配合饲料时，应根据不同饲喂对象采取相应的加工处理方法或破碎或干压或湿碾或制粒或膨化，不管如何加工都应以提高适口性和消化率为主要目的。

【注意】在生产实践中发现，不论对于哪种动物来说，小麦粉碎过细都是不明智的，因为过细的小麦 (粒、粉)，不仅会产生糊口现象还可能在消化道粘连成团而影响其消化。

（3）高粱 高粱主要成分是淀粉，代谢能含量低于玉米；粗蛋白质含量与玉米相近，但质量较差；脂肪含量比玉米低；钙少磷多，多为植酸磷；胡萝卜素及维生素 D 的含量较少，B 族维生素含量与玉米相似，烟酸含量高。高粱的营养价值约为玉米的95%，所以在高粱价格低于玉米5%时就可使用高粱。

高粱的种皮部分含有单宁，具有苦涩味，适口性差。单宁的含量因品种而异（0.2%～2%），颜色浅的单宁含量少，颜色深的含量高。高粱中含有较多的单宁，可使含铁制剂变性，注意增加铁的用量。在日粮中使用高粱过多时易引起便秘，一般在鹅配合饲料中用量不超过15%，低单宁高粱的用量可适当提高。

【注意】作为能量的供给源，高粱可代替部分玉米。若使用高单宁酸高粱时，可添加甲硫氨酸、赖氨酸及胆碱等，以缓和单宁酸的不良影响。鹅饲料中高粱用量多时应注意维生素 A 的补充及氨基酸、热能的平衡，并考虑色素来源及必需脂肪酸是否足够。

（4）大麦　我国大麦的产量占世界首位。我国冬大麦主要产区分布在长江流域各省和河南省，春大麦主要分布在东北、内蒙古、青藏高原和山西及新疆北部。我国的大麦除作人类粮食外，目前，有相当一部分用来酿啤酒，其余部分用作饲料。

大麦的粗蛋白质平均含量为11%，国产裸大麦的粗蛋白质含量可高达20.0%，蛋白质中的赖氨酸、色氨酸和异亮氨酸等含量高于玉米，有的品种赖氨酸高达0.6%，比玉米高一倍多；粗脂肪含量为2%左右，低于玉米，其脂肪酸中一半以上是亚油酸；在裸大麦中粗纤维含量小于2%，与玉米相当，皮大麦的粗纤维含量高达5.9%，二者的无氮浸出物含量均在67%以上，且主要成分为淀粉及其他糖类；在能量方面裸大麦的有效能值高于皮大麦，仅次于玉米，B 族维生素含量丰富。但由于大麦籽实种皮的粗纤维含量较高（整粒大麦为5.6%），所以一定程度上影响了大麦的营养价值。大麦一般不宜整粒饲喂动物，因为整粒饲喂会导致动物的消化率下降。通常将大麦发芽后，作为种畜或幼畜的维生素补充饲料。

裸大麦和皮大麦在能量饲料中都是蛋白质含量高而品质较好的谷实类，并且从蛋白质的质量来看，作为配合饲料原料具有独特的饲喂效果；并且大麦中所含有的矿物质及微量元素在该类饲料中也属含量较高的品种。喂量以20%～30%为宜。

【注意】抗营养因子方面主要是单宁和 β- 葡聚糖，单宁可影响大麦的适口性和蛋白质的消化利用率；β- 葡聚糖是影响大麦营养价值的

主要因素，特别是对家禽的影响较大，因其皮壳粗硬，需破碎或发芽后少量搭配饲喂。雏鹅要限量。

（5）小米与碎米　能量含量与玉米相近，粗蛋白质含量高于玉米（10%左右），核黄素（维生素 B_2）含量为1.8毫克/千克，且适口性好。

碎米用于鹅料需添加色素。一般在配合饲料中用量占15%～20%为宜。

（6）稻谷和糙大米　稻谷是谷实类中产量最高的一种，主产于我国南方。稻谷的化学组成与燕麦相似，种子外壳粗硬，粗纤维含量高，约10%。代谢能值与燕麦相似，粗蛋白质含量低于燕麦，为8.3%左右。稻谷的适口性较差，饲用价值不高，仅为玉米的80%～85%，在蛋鹅日粮中不宜用量太大，一般应控制在20%以内。同时要注意优质蛋白饲料的配合，补充蛋白质的不足。

稻谷去壳后为糙大米，其营养价值比稻谷高，与玉米相似。代谢能为14.13兆焦/千克，粗蛋白质含量为8.8%，氨基酸的组成也与玉米相仿，但色氨酸含量高于玉米（25%），亮氨酸含量低于玉米（40%）。糙大米在鹅日粮中可以完全替代玉米，但由于目前的价格问题，糙大米应用于饲料较少。

（7）燕麦　燕麦在我国西北地区种植较多，在鹅饲料中应用很少，是反刍家畜牛、羊的上等饲料。燕麦和大麦一样，也有一个坚硬的外壳，外壳占整个籽实的1/5～1/3，所以燕麦的粗纤维含量大约为10%，可消化总养分比其他麦类低。燕麦的代谢能值比玉米低26%，粗蛋白质含量和大麦相似，约为12%，氨基酸组成不理想，但优于玉米。饲用燕麦的主要成分为淀粉，粗脂肪含量6.6%左右。燕麦与其他谷物一样，钙少磷多，但镁丰富，有助于防治胫骨短粗症。维生素中含胡萝卜素、维生素D很少，尤其缺乏烟酸，但富含胆碱和B族维生素。在鹅日粮中燕麦可占10%～20%，一般用量不宜过高。

【注意】不宜在雏鹅和种鹅日粮中过多使用。

（8）麦麸　包括小麦麸和大麦麸，是良好的能量饲料原料。麦麸的粗纤维含量高，为8%～9%，所以能量价值较低；B族维生素含量高，但维生素A、维生素D缺乏等。维生素以硫胺素、烟酸和胆碱的含量丰富；麸皮磷含量多，约为1.09%。

一般雏鹅和产蛋期占日粮的 5% ～ 15%，育成期 10% ～ 25%。

【注意】小麦麸容积大，镁盐含量较多，有致泻作用。脂肪含量达 4%，易酸败、生虫。粗纤维含量高，用量不宜过多。

（9）次粉　面粉与麸皮间的部分，又称黑面、黄粉、下面或三等粉等，是以小麦籽实为原料磨制各种面粉后获得的副产品之一。粗纤维含量对次粉能值影响较大，需检测粗纤维含量。

（10）米糠　米糠也称为米皮糠、细米糠，它是精制糙米时由稻谷的皮糠层及部分胚芽构成的副产品。糠是由果皮、种皮、外胚乳和糊粉层等部分组成的，这四部分也是糙米的糠层，其中果皮和种皮称为外糠层；外胚乳和糊粉层称为内糠层。在碾米时，大多数情况下，糙米皮层及胚的部分被分离成为米糠。在初加工糙米时的副产品稻壳常称为砻糠，其产品主要成分为粗纤维，饲用价值不高，常作为动物养殖过程中的垫料。在实际生产中，常将稻壳与米糠混合，其混合物即大家常说的统糠。统糠营养价值随米糠的含量不同，其变异较大。

米糠经过脱脂后成为脱脂米糠，其中经压榨法脱脂产物称为米糠饼；而经有机溶剂脱脂产物称为米糠粕（图 5-4）。

图 5-4　米糠、米糠饼和米糠粕

米糠含有较高的蛋白质和赖氨酸、粗纤维、脂肪等，特别是脂肪的含量较高，以不饱和脂肪酸为主，其中亚油酸和油酸含量占 79.2% 左右。米糠的有效能值较高，与玉米相当。钙含量低，磷以有机磷为主，利用率低，钙磷不平衡。微量元素以铁、锰含量较为丰富，而铜含量较低。米糠中富含 B 族维生素和维生素 E，但是缺少维生素 B、维生素 C 和维生素 D。在米糠中含有胰蛋白酶抑制剂、植酸、稻壳、神经性贝毒（NSP）等抗营养因子，可引起蛋白质消化障碍，影响矿物质和其他养分的利用。

米糠不但是一种有效能值较高的饲料，而且其适口性也较好，大多数动物都比较喜欢采食。但是米糠的用量不可过大，如果在禽类饲料中添加量过大，可引起禽类采食量下降，体重下降，骨质质量不佳。如果发生在蛋禽，则易引起禽类的产蛋量、蛋壳厚度和蛋黄色泽等品质下降。但是由于米糠中含有较高的亚油酸，它可使禽蛋的蛋重显著提高。

总的来说，米糠是比较好的饲料原料，但是由于米糠中不仅含有较高的不饱和脂肪酸，还含有较高的脂肪水解酶类，所以容易发生脂肪的氧化酸败和水解酸败，导致米糠的霉变，而引起动物严重的腹泻，甚至引起死亡。所以米糠一定要保存在阴凉干燥处，必要时可制成米糠饼、粕，再进行保存。

肉鹅料中也不宜使用。一般雏鹅占日粮的 5%～10%，育成期 10%～20%，成年鹅料中米糠用量不超过 30%。喂米糠过多还会引起腹泻。

（11）高粱糠　粗蛋白质含量略高于玉米，B 族维生素含量丰富，但粗纤维含量高、能量低，且含有较多的单宁，适口性差。一般在配合饲料中不宜超过 5%。

（12）块根块茎类　鹅的块根块茎类饲料主要有马铃薯、甘薯、木薯、胡萝卜、南瓜（图 5-5）。种类不同，营养成分差异很大，其共同的饲用价值为：新鲜水分含量高，多为 75%～90%；干物质相对较低，能值低；粗蛋白质含量仅 1%～2%，且一半为非蛋白质含氮物，蛋白质品质较差。干物质中粗纤维含量低（2%～4%），粗蛋白质 7%～15%，粗脂肪低于 9%，无氮浸出物高达 67.5%～88.15%，且主要是易消化的淀粉和戊聚糖。经晾晒和烘干后能值高（代谢能 9.2～11.29 兆焦 / 千克），近似于谷物类籽实饲料。有机物消化率高达 85%～90%。钙、磷含量少，钾、氯含量丰富。

图 5-5　块根块茎类

【注意】块根块茎类由于水分含量高，能值低，饲喂时要配合其他饲料。

（13）油脂饲料　油脂饲料是指油脂（如豆油、玉米油、菜籽油、棕榈油等）和脂肪（如膨化大豆、大豆磷脂等）含量高的原料（图5-6）。油脂饲料能量是玉米的2.25倍。

油脂饼

膨化大豆

液体油脂

图5-6　油脂饲料

【提示】油脂饲料可作为脂溶性维生素的载体，还能提高日粮能量浓度，减少料末飞扬和饲料浪费。添加大豆磷脂能保护肝脏，提高肝脏解毒功能，保护黏膜的完整性，提高鹅体免疫系统活力和抵抗力。

日粮中添加3%～5%的脂肪，可以提高雏鹅的日增重，保证蛋鹅夏季能量的摄入量和减少体增热，降低饲料消耗。但添加脂肪同时要相应提高其他营养素的水平。缺点是脂肪易氧化、酸败和变质。

2. 蛋白质饲料

饲料供给了鹅生长发育和繁殖以及维持生命都需要的大量蛋白质。蛋白质饲料是指饲料干物质中粗蛋白质含量在20％以上（含20％），粗纤维含量在18％以下（不含18％）的饲料。可分为植物性蛋白质饲料、动物性蛋白质饲料和单细胞蛋白质饲料三大类。一般在日粮中占20%～40%。

（1）豆科籽实　绝大多数豆科籽实（大豆、黑豆、豌豆、蚕豆）主要用作人类的食物，少量用作饲料。它们的共同营养特点是蛋白质含量（20%～40%）丰富，而无氮浸出物含量较谷实类低。

由于豆科籽实有机物中蛋白质含量较谷实类高，特别是大豆还含有很多油分，所以其能量值甚至超过谷实中能量最高的玉米。赖氨酸含量较高，甲硫氨酸的含量相对较少。

【注意】豆科籽实中的矿物质和维生素含量与谷实类大致相似，不过核黄素与硫胺素的含量较某些种类低。钙含量略高一些，但钙、磷比例仍不平衡，通常磷多于钙。

豆类饲料在生的状态下常含有一些抗营养因子和影响畜禽健康的不良成分，如抗胰蛋白酶、产生甲状腺肿大的物质、皂苷与血凝素等，均可对豆类饲料的适口性、消化率与动物的一些生理过程产生不良影响。这些不良因子在高温下可被破坏，如经110℃、3分钟的热处理后便失去作用。

目前，发达国家已广泛应用膨化全脂大豆粉作禽类饲料。因大豆粉中除蛋白质含量高达38％外，还油脂含量多，能量高，可代替豆饼（粕）和油脂两种饲料原料。膨化全脂大豆粉应用于鹅饲料，可免去为提高日粮能量浓度而添加油脂的生产环节，使生产成本降低，并能克服日粮添加油脂后的不稳定性。

（2）大豆粕（饼）　大豆粕（饼）（图5-7）粗蛋白质含量40％～45%，赖氨酸含量高，适口性好。大豆粕（饼）的蛋白质和氨基酸的利用率受到加工温度和加工工艺的影响，加热不足或加热过度都会影响利用率。生的大豆中含有抗胰蛋白酶、皂苷、尿素酶等有害物质，榨油过程中，加热不良的粕（饼）中会含有这些物质，影响蛋白质利用率。

(a)　　　　　　　　(b)

图5-7　大豆粕（a）和大豆饼（b）

经加工的优质大豆饼、粕是动物的优质饲料，适口性好，营养价值高，优于其他各种饼、粕类饲料。而加热温度不足的饼、粕或生大豆粕都可降低禽类的生产性能，导致雏禽脾脏肿大，即使添加甲硫氨酸也不能得到改善；而经过158℃严重加热的大豆粕可使禽的增重和饲料转化率下降，如果此时补充以赖氨酸为主的添加剂，禽类的体重和饲料转化率均可得到改善，可以达到甚至超过正常大豆粕生长水平。经加热处理的大豆粕（饼）是鹅最好的植物性蛋白质饲料，一般在配合饲料中用量可占 15% ～ 25%。

【注意】由于大豆粕（饼）甲硫氨酸含量低，故与其他饼、粕类或鱼粉等配合使用效果更好。

（3）花生粕（饼） 花生粕（饼）粗蛋白质含量略高于大豆粕（饼），为 42% ～ 48%，精氨酸和组氨酸含量高，赖氨酸含量低，适口性好于大豆粕（饼）。花生饼脂肪含量高，不耐贮藏，易染上黄曲霉而产生黄曲霉毒素。一般在配合饲料中用量可占 15% ～ 20%（图 5-8）。

图 5-8　花生粕和花生饼

【注意】由于精氨酸含量较高，赖氨酸含量较低，所以与大豆饼配合使用效果更好。赖氨酸、甲硫氨酸含量及利用率低，可配合菜籽粕及鱼粉使用。生长黄曲霉的花生饼不能使用。

（4）棉籽粕（饼） 带壳榨油的称棉籽粕（饼），脱壳榨油的称棉仁粕（饼），前者含粗蛋白质 17% ～ 28%，后者含粗蛋白质 39% ～ 40%。在棉籽内，含有棉酚和环丙稀类脂肪酸，对家禽有害（图 5-9）。

图 5-9　棉籽粕、棉籽饼和棉籽仁粕

普通的棉籽仁中含有色素腺体，色素腺体内含有对动物有害的棉酚；在棉籽粕（饼）残留的油分中含有 1%～2% 环丙烯类脂肪酸，这种物质可以加重棉酚所引起的禽类蛋黄变稀、变硬，同时可以引起蛋白呈现出粉红色。喂前应采用脱毒措施。棉籽粕（饼）喂量，雏鹅不超过 8%，其他鹅为 10%～15%。

（5）菜籽粕（饼）　粗蛋白质含量 35%～40%，赖氨酸比大豆粕低 50%，含硫氨基酸高于大豆粕 14%，粗纤维含量为 12%，有机质消化率为 70%，可代替部分大豆饼喂鹅。含高戊聚糖，使幼禽能值利用率低于成年禽。由于普通菜籽粕（饼）中含有致甲状腺肿素，因而应限量投喂。未经脱毒处理的菜籽饼用量控制在 5%～8%，与棉籽粕搭配使用效果较好（图 5-10）。

图 5-10　菜籽粕和菜籽饼

（6）芝麻饼　芝麻饼粗蛋白质含量 40% 左右，甲硫氨酸含量高，适当与大豆饼搭配喂鹅，能提高蛋白质的利用率。甲硫氨酸、色氨酸、维生素 B_2、烟酸含量高，能值高于棉粕和菜粕，具有特殊香味。赖氨酸含量低，因含草酸、植酸抗营养因子，影响钙、磷吸收，会造成禽类脚软症，日粮中需添加植酸酶。优质芝麻饼与大豆饼有氨基酸互补作用，可在肉鹅日粮中提供蛋白质 25% 以下，种鹅日粮中提供粗蛋白质 20% 以下。配合饲料中用量为 5%～10%（图 5-11）。

图 5-11　芝麻（黑色芝麻和白色芝麻）（a）和芝麻粕（b）

【注意】幼雏不用。芝麻饼含脂肪多而不宜久贮，最好现粉碎现喂。

（7）亚麻饼（胡麻饼）　亚麻饼蛋白质含量为 32%～37%。粗纤维含量 7%～11%。脂肪含量亚麻饼为 3%～7%，亚麻粕为 0.5%～1.5%。蛋白质品质不如大豆粕和棉粕，赖氨酸和甲硫氨酸含量少，色氨酸含量高达 0.45%（图 5-12）。

图 5-12　胡麻粕和胡麻饼

含抗吡哆醇因子和能产生氢氰酸的苷，家禽适口性差，具倾泻性，能值、维生素 K、赖氨酸、甲硫氨酸较低，赖氨酸与精氨酸比例失调。6 周龄前日粮中不使用亚麻饼，育成鹅和母鹅日粮中可用 5%，同时将维生素 B_6 的用量加倍。

（8）葵花饼　优质的脱壳葵花饼粗蛋白质含量 40% 以上、粗脂肪含量 5% 以下、粗纤维含量 10% 以下，B 族维生素含量比大豆饼高。成分的变化与含壳的高低相关，加热过度严重影响氨基酸品质，尤以赖氨酸影响最大。含壳少的葵花粕成分和价值与棉粕相似，含硫氨基酸高，B 族维生素，特别是烟酸含量丰富。一般在配合饲料中用量可占 10%～20%。带壳的葵花饼限制用量。

（9）玉米蛋白粉　玉米蛋白粉与玉米麸皮不同，它是玉米脱胚芽、粉碎及水选制取淀粉后的脱水副产品，是有效能值较高的蛋白质类饲料原料，其氨基酸利用率可达到大豆饼的水平。

蛋白质含量高达 50%～60%。高能、高蛋白，甲硫氨酸、胱氨酸、亮氨酸含量丰富，叶黄素含量高，有利于禽蛋及皮肤着色。赖氨酸、色氨酸含量低，氨基酸欠平衡，黄曲霉毒素含量高，蛋白质含量越高，叶黄素含量也越高。

（10）玉米胚芽粕　以玉米胚芽为原料，经压榨或浸提取油后的副产品，又称玉米脐子粕。一般在生产玉米淀粉之前先将玉米浸泡、破碎、分离胚芽，然后取油。取油后即得玉米胚芽粕，玉米胚芽粕中含粗蛋白质 18%～20%、粗脂肪 1%～2%、粗纤维 11%～12%。其氨基酸组成与玉米蛋白饲料（或称玉米麸质饲料）相似。氨基酸较平衡，赖氨酸、色氨酸、维生素含量较高。

能值随着油量高低而变化，品质变异较大，黄曲霉毒素含量高。由于含有较多的纤维素，所以家禽的饲用量应受到限制，鹅饲料中添加量为 5%。

（11）DDGS（酒糟蛋白饲料）　含有可溶固形物的干酒糟。在以玉米为原料发酵制取乙醇过程中，其中的淀粉被转化成乙醇和二氧化碳，其他营养成分如蛋白质、脂肪、纤维素等均留在酒糟中。同时由于微生物的作用，酒糟中蛋白质、B 族维生素及氨基酸含量均比玉米有所增加，并含有发酵中生成的未知促生长因子。市场上的玉米酒糟蛋白饲料产品有两种：一种为 DDG（Distillers Dried Grains），是将玉米酒糟进行简单过滤，滤渣留下，滤清液排放掉，只对滤渣单独干燥而获得的饲料；另一种为 DDGS（Distillers Dried Grains with Solubles），是将滤清液干燥浓缩后再与滤渣混合干燥而获得的饲料。后者的能量和营养物质总量均明显高于前者。

【注意】DDGS 是必需脂肪酸、亚油酸的优秀来源，与其他饲料配合，成为种鹅和产蛋鹅的饲料。因含有未知生长因子，故有利于蛋鹅和种鹅的产蛋和孵化，亦可减少脂肪肝的发生，用量不宜超过 10%。

【提示】DDGS 水分含量高，谷物已破损，霉菌容易生长，因此霉菌毒素含量很高，可能存在多种霉菌毒素，会引起家畜的霉菌毒素中毒症，导致免疫低下易发病，生产性能下降，所以必须用防霉剂和广谱霉菌毒素吸附剂。不饱和脂肪酸的比例高，容易发生氧化，对动物健康不利，能值下降，影响生产性能和产品质量如胴体品质、牛奶质量，所以要使用抗氧化剂；DDGS 米糠中的纤维素含量高，单胃动物不能利用它，所以使用酶制剂提高动物对纤维素的利用率。另外有些产品可能有植物凝集素、棉酚等，加工后活性会大幅度降低。

（12）啤酒糟（麦芽根）　啤酒糟是啤酒工业的主要副产品，是以大麦为原料，经发酵提取籽实中可溶性碳水化合物后的残渣。啤酒糟的干物质中含粗蛋白质 25.13%、粗脂肪 7.13%、粗纤维 13.81%、灰分 3.64%、钙 0.4%、磷 0.57%；在氨基酸组成上，赖氨酸占 0.95%、甲硫氨酸 0.51%、胱氨酸 0.30%、精氨酸 1.52%、异亮氨酸 1.40%、亮氨酸 1.67%、苯丙氨酸 1.31%、酪氨酸 1.15%；还含有丰富的锰、铁、铜等微量元素。啤酒糟蛋白质含量中等，亚油酸含量高。麦芽根含多种消化酶，少量使用有助于消化。

【提示】啤酒糟以戊聚糖为主，对幼畜营养价值低。虽具芳香味，但含生物碱，适口性差。

（13）啤酒酵母　啤酒酵母为高级蛋白来源，富含 B 族维生素、氨基酸、矿物质、未知生长因子。但来源少、价格贵，不宜大量使用。

（14）酵母饲料　酵母饲料包括所有用单细胞微生物生产的单细胞蛋白。呈浅黄色或褐色的粉末或颗粒，蛋白质的含量高，维生素丰富。菌体蛋白含量 4% ～ 6%，B 族维生素含量丰富，具有酵母香味，赖氨酸含量高。酵母的组成与菌种、培养条件有关。一般含蛋白质 40% ～ 65%，脂肪 1% ～ 8%，糖类 25% ～ 40%，灰分 6% ～ 9%，其中大约有 20 种氨基酸。在谷物中含量较少的赖氨酸、色氨酸，在酵母中比较丰富；特别是在添加甲硫氨酸时，可利用氮比大豆高 30%。酵母的发热量相当于牛肉，又由于含有丰富的 B 族维生素，通常作为蛋白质和维生素的饲料添加剂。

酵母品质以反应底物不同而变异，可通过显微镜检测酵母细胞总数判断酵母质量。因酵母饲料缺乏甲硫氨酸，饲喂鹅时需要与鱼粉搭配，由于价格较高，所以无法普遍使用。

（15）鱼粉　是最理想的动物性蛋白质饲料，其蛋白质含量高达 45% ～ 60%，而且在氨基酸组成方面，赖氨酸、甲硫氨酸、胱氨酸和色氨酸含量高。鱼粉中含有丰富的维生素 A 和 B 族维生素，特别是维生素 B_{12}。另外，鱼粉中还含有钙、磷、铁等。用它来补充植物性饲料中限制性氨基酸的不足，效果很好。

【注意】易感染沙门菌，脂肪含量过高会造成氧化及自燃，加工、贮存不当会使鱼粉中的组胺与赖氨酸结合产生肌胃糜烂素。防止掺假，可通过化学测定和显微镜镜检鱼粉。一般在配合饲料中用量不超过 5%，多与植物性饲料配合使用。

【小技巧】鱼粉的真假鉴别见图 5-13。

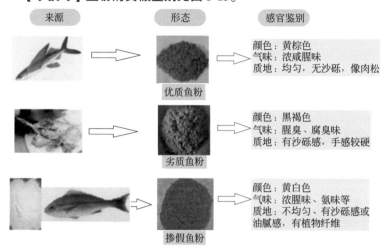

图 5-13　鱼粉的真假鉴别

（16）饲料用血制品　饲料用血制品主要有全血粉（血粉）、血浆粉（血浆蛋白粉）与血细胞粉（血细胞蛋白粉）3 种。

① 血粉（全血粉）。血粉是往屠宰动物的血中通入蒸汽使其凝结成块，排出水后，用蒸汽加热干燥，粉碎形成。根据工艺可分为喷雾干燥血粉、滚筒干燥血粉、蒸煮干燥血粉、发酵血粉和膨化血粉 5 种。

喷雾干燥血粉主要工序：屠宰猪收集血液 + 血液储藏罐 + 贮存斗搅拌除去纤维蛋白送至喷雾系统 + 喷雾干燥 + 包装 + 低温储存。滚筒干燥血粉主要工序：收集畜禽血液于热交换容器中，通入 60 ～ 65.5℃水蒸汽使血液凝固，通过压辊粉碎包装。蒸煮干燥血粉主要工序：把新鲜血液倒入锅中，加入相当于血量 1% ～ 1.5% 的生石灰，煮熟使之形成松脆的团块。捞出团块，摊放在水泥地上晒干至呈棕褐色，再用粉碎机粉碎成粉末状。发酵血粉主要工序：家畜屠宰血加入糠麸及菌种混合发酵后低温干燥粉碎。膨化血粉主要工序：收集畜禽血液于热交换容器中，通入 60 ～ 65.5℃水蒸汽使血液凝固，膨化机膨化后通过压辊粉碎包装。

血粉蛋白质含量高，赖氨酸、亮氨酸含量高，缬氨酸、组氨酸、苯丙氨酸、色氨酸含量丰富，喷雾干燥血粉是良好的蛋白源。血粉氨基酸组成不平衡，甲硫氨酸、胱氨酸含量低，异亮氨酸严重缺乏，利用率低，适口性差。日粮用量过多，易引起腹泻，一般占日粮 1%～3%。

② 血浆粉（血浆蛋白粉）。血浆蛋白粉是将健康动物新鲜血液的温度在 2 小时内降至 4℃，并保持在 4～6℃，经抗凝处理，从中分离出的血浆经喷雾干燥后得到的粉末，故又称为喷雾干燥血浆蛋白粉。血浆蛋白粉的种类按血液的来源主要有猪血浆蛋白粉、低灰分猪血浆蛋白粉、母猪血浆蛋白粉和牛血浆蛋白粉等。一般情况下，喷雾干燥血浆蛋白粉主要是指猪血浆蛋白粉。

③ 血细胞粉（血细胞蛋白粉）。血细胞蛋白粉是指动物屠宰后血液在低温处理条件下，经过一定工艺分离出血浆经喷雾干燥后得到的粉末。血细胞蛋白粉又称为喷雾干燥血细胞粉。

（17）肉骨粉　赖氨酸、脯氨酸、甘氨酸含量高，维生素 B_{12}、烟酸、胆碱含量丰富，钙磷含量高且比例合适（2:1），是良好的钙磷供源。粗蛋白质含量达 40% 以上，蛋白质消化率高达 80%；水分含量 5%～10%，粗脂肪含量 3%～10%。B 族维生素含量丰富。

氨基酸欠平衡，甲硫氨酸、色氨酸含量低，品质差异较大，蛋白质主要是胶原蛋白，利用率较差。要防止沙门菌和大肠杆菌污染。一般在配合饲料中用量 5% 左右。

（18）蚕蛹粉　蚕蛹中含有一半以上的粗蛋白质和 0.25% 的粗脂肪，且粗脂肪中含有较高的不饱和脂肪酸，特别是亚油酸和亚麻酸，蚕蛹中还含有一定量的几丁质，它是构成虫体外壳的成分。矿物质中钙、磷比例为（1:4）～（1:5），是较好的钙、磷源饲料。同时蚕蛹中富含各种必需氨基酸，如赖氨酸、含硫氨基酸及色氨酸含量都较高。全脂蚕蛹含有的能量较高，是一种高能、高蛋白质类饲料，脱脂后的蚕蛹粉含蛋白质较高，易保存。配合饲料中用量为 5% 左右（图 5-14）。

(a)　　　　　　　　　(b)

图 5-14　蚕蛹（a）及蚕蛹粉（b）

【注意】蚕蛹粉有异臭味，使用时要注意添加量，以免影响饲料的适口性。

（19）水解羽毛粉 水解羽毛粉蛋白质含量高，粗蛋白质近80%，胱氨酸含量丰富，适量添加可补充胱氨酸不足。但甲硫氨酸、赖氨酸、色氨酸和组氨酸含量低、利用率低，使用时要注意氨基酸平衡问题，应该与其他动物性饲料配合使用。在禽饲料中添加羽毛粉可以预防和减少啄癖。

【注意】羽毛粉为角蛋白，氨基酸组成极不平衡。一般在配合饲料中用量为 2% ~ 3%。

（20）皮革蛋白粉 皮革蛋白粉是由在鞣制皮革过程中形成的各种动物的皮革副产品制成的粉状饲料。其产品形式有两种，一种是水解鞣皮屑粉，它是"灰碱法"生产皮革时的副产品经过过滤、沉淀、蒸发及干燥后制得的皮革粉；另一种是皮革在鞣制过程中形成的下脚粉。皮革粉中粗蛋白质含量约为80%，除赖氨酸外其他氨基酸含量较少，利用率也较低。

3. 青绿多汁饲料

（1）天然牧草 我国天然草地上生长的牧草种类繁多，主要有禾本科、豆科、菊科和莎草科 4 大类（图 5-15）。这 4 类牧草干物质中无氮浸出物含量均在 40% ~ 50% 之间；粗蛋白质含量稍有差异，豆科牧草的蛋白质含量偏高，在 15% ~ 20% 之间，莎草科为 13% ~ 20%，菊科与禾本科多在 10% ~ 15% 之间，少数可达 20%；粗纤维含量以禾本科牧草较高，约为 30%，其他 3 类牧草约为 25%，个别低于20%；粗脂肪含量以菊科最高，平均达 5%，其他在 2% ~ 4% 之间；矿物质中一般都是钙高于磷，比例恰当。

禾本科狼尾草　　　豆科山野豌豆　　　菊科蒲公英　　　莎草科野荸荠

图 5-15　天然牧草

【提示】虽然禾本科牧草的粗纤维含量较高，对其营养价值有一定影响，但由于其适口性较好，特别是在生长早期，幼嫩可口，动物采食量高，因而也不失为优良的牧草。并且，禾本科牧草的匍匐茎或地下茎再生力很强，比较耐牧，对其他牧草能起到保护作用。

（2）栽培牧草　是指人工播种栽培的各种牧草。其种类很多，但以产量高、营养好的豆科（如紫花苜蓿、草木樨、紫云英、苕子等，见图5-16）和禾本科牧草（如黑麦草、无芒雀麦、羊草、苏丹草、鸭茅、象草等，见图5-17）占主要地位。

图 5-16　豆科牧草紫花苜蓿、草木樨、紫云英、苕子

图 5-17　禾本科牧草黑麦草、无芒雀麦、羊草、苏丹草、鸭茅、象草

【提示】栽培牧草是解决青绿饲料来源的重要途径，可为鹅常年提供丰富而均衡的青绿饲料。

（3）高产青饲作物　青饲作物是指农田栽培的农作物或饲料作物，在结实前或结实期收割作为青绿饲料用。常见的青饲作物有青刈玉米、青刈大麦、青刈燕麦、大豆苗、豌豆苗、蚕豆苗等（图5-18）。

图 5-18　青刈玉米、甜高粱、青刈大麦、大豆苗、蚕豆苗

【提示】高产青饲作物突破每亩土地常规牧草生产的生物总收获量，单位能量和蛋白质产量大幅度增加。一般青刈作物用于直接饲喂，也可以调制成青干草或作青贮，这是解决青绿饲料供应的一个重要途径。目前以饲用玉米、甜高粱、籽粒苋等最有价值。

（4）叶菜类　叶菜类包括树叶类（常作为饲料的树叶见图 5-19）和青菜（如白菜、胡萝卜等），含有丰富的蛋白质和胡萝卜素，含粗纤维较低，营养价值较高。胡萝卜产量高、耐贮存、营养丰富。胡萝卜大部分营养物质是淀粉和其他糖类，因含有蔗糖和果糖，多汁味甜，每千克胡萝卜含胡萝卜素 36 毫克以上及 0.09% 的磷，高于一般多汁饲料。铁含量较高，颜色越深，胡萝卜素和铁含量越高。

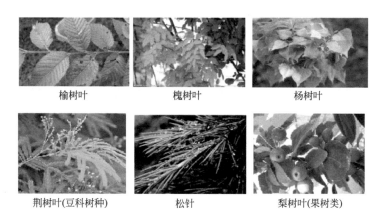

榆树叶　　槐树叶　　杨树叶

荆树叶(豆科树种)　　松针　　梨树叶(果树类)

图 5-19　常作为饲料的树叶

（5）藤蔓类　主要包括南瓜藤、丝瓜藤、甘薯藤、马铃薯藤以及各种豆秧、花生秧等（图 5-20）。

图 5-20　南瓜藤、丝瓜藤、甘薯藤、花生秧等藤蔓类

（6）非淀粉质根茎瓜类饲料　非淀粉质根茎瓜类饲料包括胡萝卜、芜菁甘蓝、甜菜及南瓜等。这类饲料天然水分含量很高，可达 70% ～ 90%，粗纤维较低，而无氮浸出物较高，且多为易消化的淀粉或糖分，是肉鹅冬季的主要青绿多汁饲料。

【说明】马铃薯、甘薯、木薯等块根块茎类，因其富含淀粉，生产上多被干制成粉后作为能量饲料利用。

（7）水生饲料　水生饲料大部分原为野生植物，经过长期驯化选育后变为青绿饲料和绿肥作物（图 5-21）。这类饲料具有生长快、产量高、不占耕地和利用时间长等优点。

图 5-21　常见的水生饲料（水浮莲、水葫芦、水花生、水芹菜和水竹叶）

【提示】在南方水资源丰富地区，因地制宜发展水生饲料，并加以合理利用，是扩大青绿饲料来源的一个重要途径。

【注意】一是青绿饲料要现采现喂（包括打浆），不可堆积或喂剩余的青草浆，以防产生亚硝酸盐中毒。有毒的和刚喷过农药的菜地、草地或牧草要严禁采集和放牧，以防中毒。二是清洗处理。无论是人工牧草或是野生杂草，采集后均要清洗，做到不带泥水、无毒、不带刺、不受污染。采集后要摊开，不可堆捂，以免变质、发黄、发热和亚硝酸盐中毒。带雨水或露水的青草应晾干再喂。牧草一般要切碎饲喂。多汁饲料，如胡萝卜等，应先洗净切成块或刨成丝后喂用。三是含草酸多的青绿饲料，如菠菜、甜菜叶等不可多喂，以防引起雏鹅佝偻病或瘫痪，母鹅产薄壳蛋和软壳蛋；某些含皂苷多的牧草喂量不宜过多，过多的皂苷会抑制雏鹅的生长。如有些苜蓿草品种皂苷含量高达 2%，所以，不宜单纯放牧苜蓿草或以青苜蓿作为唯一的青绿饲料喂鹅，应与禾本科的青草合理搭配进行饲喂。

4. 青贮饲料

用新鲜的天然植物性饲料调制成的青贮饲料在鹅的饲料中使用不普遍，但在缺少青绿饲料的冬天可以使用青贮饲料。鹅青贮饲料的原料有三叶草、苜蓿、青玉米秸秆、禾本科杂草及胡萝卜茎叶。青贮时，pH 为 4～4.2，粗纤维不超过 3%，长度不超过 5 厘米。一般鹅每天可喂 150～200 克。

5. 粗饲料

粗饲料是指粗纤维在 18% 以上的饲料，主要包括干草类、稿秆类、糠壳类、树叶类等。粗饲料来源广泛，成本低廉，但粗纤维含量高，不容易消化，营养价值低。粗饲料容积大，适口性差。经加工处理，养鹅还可利用一部分。尤其是其中的优质干草被粉碎以后，如豆科干草粉，仍是较好的饲料，是鹅冬季粗蛋白质、维生素以及钙的重要来源。由于粗纤维不易消化，因此其含量要适当控制，一般不宜超过 10%。干草粉在鹅日粮中的比例控制在 20% 以内。粗饲料宜粉碎后饲喂，并注意与其他饲料搭配。粗饲料也要防止腐烂发霉、混入杂质。

（1）草粉　草粉和树叶粉饲料多是由豆科牧草和豆科树叶制成。它们都含有丰富的粗蛋白质和纤维素，可用作鹅饲料。

苜蓿草粉是在紫花盛花期前，将其收割下来，经晒干或其他方法干燥、粉碎而制成的，其营养成分随生长时期的不同而不同（表5-5）。苜蓿草粉，除含有丰富的 B 族维生素、维生素 E、维生素 C、维生素 K 外，每千克草粉还含有高达 50～80 毫克的胡萝卜素。用来饲喂家禽可增加皮肤和蛋黄的颜色。

表 5-5　苜蓿干物质中成分变化

成分	现蕾前	现蕾期	盛花期
粗纤维 /%	22.1	26.5	29.4
粗蛋白质 /%	25.3	21.5	18.2
灰分 /%	12.1	9.5	9.8
可消化蛋白质 /%	21.3	17	14.5

（2）叶粉

① 刺槐叶粉（洋槐叶粉）。刺槐叶粉是采集 5 ～ 6 月份的刺槐叶，经干燥、粉碎制成。刺槐叶的营养成分随产地、季节、调制方式不同而不同。一般是鲜嫩叶营养价值最高，其次为青干叶粉，青落叶和枯黄叶的营养价值最差。鲜嫩刺槐叶及叶粉的营养成分见表 5-6。

表 5-6　刺槐叶的营养成分

类别	干物质/%	粗蛋白质/%	粗脂肪/%	粗纤维/%	灰分/%	钙/%	磷/%
鲜叶	23.7	5.3	0.6	4.1	1.8	0.23	0.04
叶粉	86.8	19.6	2.4	15.2	6.9	0.85	0.17

② 松针粉。松针粉是将青绿色松树针叶收集起来，经干燥、粉碎而制成的粉状物。松针粉，除含有丰富的胡萝卜素、维生素 C、维生素 E、维生素 D、维生素 K 和维生素 B_{12} 外，尚含有铁、钴、锰等多种微量元素。松针粉作为饲料时间尚短，有关营养成分的含量，动物营养学界还没有一个统一说法。

6. 矿物质饲料

矿物质饲料是为了补充植物性和动物性饲料中某种矿物元素的不足而利用的一类饲料。大部分饲料中都含有一定量的矿物质，在散养和低产的情况下，看不出明显的矿物质缺乏症，但在舍饲、笼养、高产的情况下矿物质需要量增多，必须在饲料中补加。常见的矿物质饲料见图 5-22 和表 5-7。

图 5-22　骨粉、磷酸氢钙、贝壳粉、石粉、蛋壳粉和食盐

表 5-7　主要的矿物质饲料及其特性

来源	名称	特点	质量标准 纯度/%	水分/%	灰分/%	钙/%	磷/%	镁/%	铅/%	砷/%	汞/%	备注
钙源	石粉	呈浅灰至灰白色,来源广、价廉、利用率高	>98.0	<1.0	<98.0	>38.0	—	<0.5	<0.001	<0.001	<0.0002	镁超标会引起腹泻,40目全通
	贝壳粉	呈灰白至灰色,为产蛋鹅的良好钙源	>96.5	<1.0	<98.0	>33.0	—	—	—	—	—	清洗不净,会造成细菌污染 蛋鹅选用贝壳粒
	蛋壳粉	蛋壳干燥粉碎产品,含蛋白质12%	>98.0	<3.0	<98.0	24~37	—	—	—	—	—	需高温消毒,防止细菌污染
	硫酸钙	由天然石膏粉碎而成,呈灰白至灰色结晶,可防止啄羽	>98.0	<6.5	<82.0	20~30	—	—	—	—	—	磷酸工业副产品的石膏因氟、铝、砷未去除,不能使用
磷源	磷酸氢钙	呈白色或灰白色,钙、磷利用率高	—	<6.5	<82.0	21~25	>16	<0.6	<0.002	<0.003	氟<0.18%	含氟量不能超标,不得掺入其他磷酸盐
磷源	骨粉	呈浅灰色,钙磷平衡,含蛋白质大约20%	—	<9.0	<90	>22	>11	—	—	—	氟<0.10%	呈灰泥色、具异臭味的骨粉含大量致病菌,不得使用
钠源	食盐	主要成分是氯化钠,保证生理平衡,增进食欲,提高适口性	水分<0.5%、钙0.03%、钠39%、镁0.13%、细度100%全通30目、氯60%、硫0.20%、纯度95%									防止潮解

来源	名称	特点	质量标准									备注
			纯度/%	水分/%	灰分/%	钙/%	磷/%	镁/%	铅/%	砷/%	汞/%	
钠源	碳酸氢钠	俗称小苏打,呈白色结晶,可平衡电解质、减少热应激	纯度>99%、氯化物<0.04%、钠27%~27.4%、重金属<0.001%、砷<0.00028%									防止潮解
	硫酸钠	俗称芒硝,呈白色,可补充钠、硫,并对禽尚有健胃及替代部分甲硫氨酸的作用	纯度>99%、重金属<0.001%、钠>32%、砷<0.0002%、硫>22%									如果带有黄色或绿色,表示杂质含量高,应测定铬含量
其他矿物质	沸石	一种含水的硅酸盐矿物,在自然界中达40多种	沸石中含有磷、铁、铜、钠、钾、镁、钙、银、钡等20多种矿物元素,是一种质优价廉的矿物质饲料。可以降低饲料中用畜禽舍内有害气体含量、保持舍内干燥。苏联称之为"卫生石"									可占1%~3%

【注意】使用蛋壳粉严防传播疾病。

7. 维生素饲料

在鹅的日粮中主要提供各种维生素的饲料叫维生素饲料,包括青菜类、块茎类、青绿多汁饲料和草粉等。常用的有白菜、胡萝卜、野菜类和干草粉（苜蓿草粉、槐叶粉和松针粉等）。在规模化饲养条件下,使用维生素饲料不方便,多利用人工合成的维生素添加剂来代替。

8. 饲料添加剂

饲料添加剂是指为强化基础日粮的营养价值,促进动物生长、保证动物健康、提高动物生产性能而加入饲料的微量添加物质。它可分为非营养性添加剂和营养性添加剂两大类。

（1）营养性添加剂　营养性添加剂包括微量元素添加剂、维生素添加剂、工业合成的各种氨基酸添加剂等。

① 微量元素添加剂。微量元素添加剂有三大类，见图5-23。

微量元素添加剂
- 无机微量元素添加剂：硫酸盐类、碳酸盐类、氧化物和氯化物等
- 有机微量元素添加剂：金属氨基酸络合物、金属氨基酸螯合物、金属多糖络合物和金属蛋白盐
- 生物微量元素添加剂：酵母铁、酵母锌、酵母铜、酵母硒、酵母铬和酵母锰等

图5-23　微量元素添加剂的分类

【提示】我国经常使用的微量元素添加剂主要是无机微量元素添加剂。最好使用硫酸盐类，因为硫酸盐可使甲硫氨酸增效10%左右（甲硫氨酸价钱贵）。微量元素添加剂的载体应选择不与矿物元素起化学作用，并且性质较稳定、不易变质的物质，如石粉（或碳酸钙）、白陶土等。

② 氨基酸添加剂。众所周知，蛋白质营养的核心是氨基酸，而氨基酸营养的核心是氨基酸的平衡。植物性蛋白质的氨基酸，几乎都不太平衡，即使是由不同配比天然饲料构成的全价日粮（依据氨基酸平衡的原则设计配合），它们的各种氨基酸含量、合格氨基酸之间的比例也仍然是变化多端、各式各样的。因而，需要氨基酸添加剂（图5-24）来平衡或补充饲料中某些氨基酸的不足，使其他氨基酸得到充分吸收利用。生产中最常用的是甲硫氨酸和赖氨酸。

图5-24　人工合成的甲硫氨酸、赖氨酸、色氨酸、苏氨酸和甘氨酸

【提示】由于氨基酸添加剂在饲料中添加量较大，一般在日粮中以百分含量计。同时，氨基酸的添加量是以整个日粮内氨基酸平衡为基础的，而饲料原料中的氨基酸含量和利用率相差甚大，所以氨基酸一般不加入添加剂预混料中，而是直接加入配合饲料或浓缩蛋白饲

料中。

③ 维生素添加剂。维生素是维持动物生命活动，促进新陈代谢、生长发育和生产性能所必不可少的营养要素之一。在集约化饲养条件下若不注意，极易造成动物维生素的不足或缺乏。生产中，因严重缺乏某种维生素而引起特征性缺乏症是很少见的，经常遇到的则是因维生素不足引起的非特异性症候群，例如，皮肤粗糙、生长缓慢、生产水平下降、抗病力减弱等。因此，在现代化畜牧业中，维生素不再用来治疗某种维生素缺乏症，而是作为饲料添加剂成分，来补充饲料中其含量不足，来满足动物生长发育和生产性能的需要，增强抗病和抗各种应激的能力，提高产品质量和增加产品数量。现在已经发现的维生素有 23 种，其中有 16 种为家禽所需要（图 5-25）。

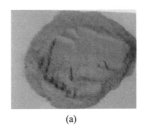
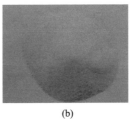

(a)　　　　　　　(b)

图 5-25　复合多种维生素（a）和维生素 E（b）

（2）非营养性添加剂　非营养性添加剂包括生长促进剂（如抗生素和合成抗菌药物、酶制剂等）、驱虫保健剂（如抗球虫药等）、饲料保存剂（如抗氧化剂）等。虽不是饲料中的固有营养成分，本身也没有营养价值，但具有抑菌、抗病、维持机体健康，提高适口性，促进生长，避免饲料变质和提高饲料报酬的作用。

① 抗生素饲料添加剂。凡能抑制微生物生长或杀灭微生物的物质，包括微生物代谢产物、动植物体内的代谢产物或用化学合成法、半合成法制造的相同的或类似的物质，以及这些来源的驱虫物质都可称为抗生素。使用抗生素添加剂可以预防鹅的某些细菌性疾病，或可以消除逆境、环境卫生条件差等不良影响，促进生长和生产，提高饲料转化率。目前已不提倡使用。

【特别提示】最好选用动物专用的，能较好吸收和残留少的不产生抗药性的品种；严格控制使用剂量，保证使用效果，防止不良副作用；抗生素的作用期限要做具体规定；严格执行休药期。大多数抗生素消失时间需 3 ～ 5 天，故一般规定在屠宰前 7 天停止添加。

② 中草药饲料添加剂。中草药作为饲料添加剂，毒副作用小，不易在产品中残留，且具有多种营养成分和生物活性物质，兼具有营养和防病的双重作用。其天然、多能、营养的特点，可起到增强免疫作用、激素样作用、维生素样作用、抗应激作用、抗微生物作用等的目的，具有广阔的使用前景。

③ 抗球虫保健添加剂。主要有两类，一类是驱虫性抗生素，另一类是抗球虫剂。这类添加剂一般毒性较大，只能在疾病暴发时短期内使用，使用时还要认真选择品种、用量和使用期限。常用的抗球虫保健添加剂有莫能菌素、盐霉素、拉沙洛西钠、地克珠利、二硝托胺、氯苯胍、常山酮、磺胺喹沙啉、磺胺二甲嘧啶等（图5-26）。

图 5-26 抗球虫保健添加剂

④ 饲料酶添加剂。酶是由动物、植物机体合成，具有特殊功能的蛋白质。酶是促进蛋白质、脂肪、碳水化合物消化的催化剂，并参与体内各种代谢过程的生化反应。饲料酶添加剂的优越性在于可最大限度地提高饲料原料的转化率，促进营养素的消化吸收，减少动物体内矿物质的排泄量，从而减轻对环境的污染。常用的饲料酶添加剂有单一酶制剂和复合酶制剂（图 5-27）。单一酶制剂，如 α-淀粉酶、β- 葡聚糖酶、脂肪酶、纤维素酶、蛋白酶、纤维素酶和植酸酶等。复合酶制剂是以一种或几种单一酶制剂为主体，加上其他

单一酶制剂混合而成，或者经一种或几种微生物发酵获得。复合酶制剂可以同时降解饲料中多种需要降解的底物（多种抗营养因子和多种养分），可最大限度地提高饲料的营养价值。国内外饲料酶制剂产品主要是复合酶制剂。如以蛋白酶、淀粉酶为主的饲用复合酶。

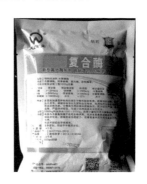

图 5-27　单一酶制剂和复合酶制剂

【提示】现代化养殖业、饲料工业最缺乏的常量矿物元素是磷，植物中的磷却有 **70%** 为植酸磷而不能被鹅利用，这不仅造成资源的浪费，还污染环境，而且植酸在动物消化道内以抗营养因子存在而影响钙、镁、钾、铁等阳离子和蛋白质、淀粉、脂肪、维生素的吸收。植酸酶则能将植酸水解，释放出可被吸收的有效磷，这不但消除了抗营养因子，增加了有效磷，而且还提高了被拮抗的其他营养素的吸收利用率。

⑤ 微生态制剂。微生态制剂也称有益菌制剂或益生素。其是将动物体内的有益微生物经过人工筛选培育，再经过现代生物工程工厂化生产，变成专门用于动物营养保健的活菌制剂。它除了作饲料添加剂和饮水剂饲用外，还可以用来发酵秸秆，既提高粗饲料的消化吸收率，又变废为宝，减少污染。微生态制剂的分类及作用见图 5-28。

微生态制剂
- 益生菌：狭义的微生态制剂，含有一种或几种有益菌
- 益生元：不被宿主消化吸收，却能选择性地促进体内有益菌代谢和增殖的化学物质
- 合生元：也称合生剂，含益生菌和益生元两部分物质

作用：①建立并恢复其内的优势菌群和微生态平衡，产生消化菌、类抗生素物质和生物活性物质，提高饲料的消化吸收率；②抑制大肠杆菌等有害菌感染，增强机体的抗病力和免疫力，可少用或不用抗菌类药物；③明显改善饲养环境，使畜禽舍内的氨、硫化氢等有害气体大幅降低。

图 5-28　微生态制剂的分类及作用

⑥ 酸制（化）剂。用以增加胃酸，激活消化酶，促进营养物质吸收，降低肠道 pH，抑制有害菌感染。目前，国内外应用的酸化剂包括有机酸化剂（柠檬酸、延胡索酸、乳酸、丙酸、苹果酸、戊酮酸、山梨酸、甲酸、乙酸）、无机酸化剂（盐酸、硫酸、磷酸）和复合酸化剂（利用几种特定的有机酸和无机酸复合而成）。

⑦ 寡聚糖（低聚糖）。是由 2～10 个单糖通过糖苷键连接成直链或支链的小聚合物的总称。种类很多，如异麦芽糖低聚糖、异麦芽酮糖、大豆低聚糖、低聚半乳糖、低聚果糖等。它们不仅具有低热、稳定、安全、无毒等良好的理化特性，而且由于其分子结构的特殊性，饲喂后不能被人和单胃动物消化道的酶消化利用，也不会被病原菌利用，而直接进入肠道被乳酸菌、双歧杆菌等有益菌分解成单糖，再按糖酵解的途径被利用，促进有益菌增殖和消化道的微生态平衡，对大肠杆菌、沙门菌等病原菌产生抑制作用。因此，亦被称为化学微生态制剂。但它与微生态制剂不同点在于，它主要是促进并维持动物体内已建立的正常微生态平衡；而微生态制剂则是外源性的有益菌群，在消化道可重建、恢复有益菌群并维持其微生态平衡。

⑧ 糖萜素。糖萜素是从油茶饼（粕）和菜籽饼（粕）中提取的，由 30% 的糖类、30% 的萜皂苷和有机酸组成的天然生物活性物质。它可促进畜禽生长，提高日增重和饲料转化率，增强鹅体的抗病力和免疫力，并有抗氧化、抗应激作用，降低畜产品中锡、铅、汞、砷等有害元素的含量，改善并提高畜产品色泽和品质。

⑨ 抗氧化剂。饲料中的某些成分，如鱼粉和肉粉中的脂肪及添加的脂溶性维生素 A、维生素 D、维生素 E 等，可因与空气中的氧、饲料中的过氧化物及不饱和脂肪酸等接触而发生氧化变质或酸败。为了防止这种氧化作用，可加入一定量的抗氧化剂。饲料中常用的抗氧化剂见表 5-8。

表 5-8　饲料中常用的抗氧化剂

名称	特性	用量用法	注意
乙氧基喹啉（又称乙氧喹，商品名为山道喹）	是一种黏滞的黄褐色或褐色，稍有异味的液体。极易溶于丙酮、氯仿等有机溶剂，不溶于水。一旦接触空气或受光线照射便慢慢氧化而着色，是目前饲料中应用最广泛、效果好而又经济的抗氧化剂	饲用油脂，夏天500～700克/吨，冬天250～500克/吨；动物副产品，夏天750克/吨，冬季500克/吨；鱼粉750～1000克/吨；苜蓿及其他干草150～200克/吨；各种动物配合饲料62～125克/吨；维生素预混料0.25%～5.5%。乙氧基喹啉在最终配合日粮中的总量不得超过150克/吨	由于液体乙氧基喹啉黏滞性高，低浓度添加于粉料中很难混匀，一般将其以蛭石、氢化黑云母粉等作为吸附剂制成含量为10%～70%的乙氧基喹啉干粉料，可均匀地混入干粉料中，且使用方便
二丁基羟基甲苯（简称BHT）	为白色结晶或结晶性粉末，无味或稍有特殊气味。不溶于水和甘油，易溶于酒精、丙酮和动植物油。对热稳定，与金属离子作用不会着色，是常用的油脂抗氧化剂。可用于长期保存的油脂和含油脂较高的食品及饲料中以及维生素添加剂中	油脂为100～200克/吨，不得超过200克/吨；各种动物配合饲料为150克/吨	与丁基羟基茴香醚并用有相乘作用，二者总量不得超过油脂的200克/吨
丁基羟基茴香醚（简称BHA）	为白色或微黄褐色结晶或结晶性粉末，有特异的酚类刺激性气味。不溶于水，易溶于丙二醇、丙酮、乙醇、猪油、植物油等，对热稳定，是目前广泛使用的油脂抗氧化剂。除抗氧化外，还有较强抗菌力。250毫克/千克BHA可以完全抑制黄曲霉素的产生，200毫克/千克BHA可完全抑制饲料中青霉、黑曲霉等孢子生长	BHA可用作食用油脂、饲用油脂、黄油、人造黄油和维生素等的抗氧化剂。与BHA、柠檬酸、维生素C等合用有相乘作用。其添加量，油脂为100～200克/吨，不得超过200克/吨；饲料添加剂为250～500克/吨	—

注：由于各种抗氧化剂之间存在"增效作用"，当前的趋势是常将多种抗氧化剂混合使用，同时还要辅助地加入一些表面活性物质等，以提高其效果。

⑩ 防霉剂。饲料中常含有大量微生物，在高温、高湿条件下，微生物易于繁殖而使饲料发生霉变。不但影响适口性，而且还可产生毒素（如黄曲霉毒素等）引起动物中毒。因此，在多雨季节，应向日粮中添加防霉剂。饲料中常用的防霉剂有丙酸钠、丙酸钙、山梨酸钾

和苯甲酸等，见表 5-9。

表 5-9　饲料中常用的防霉剂

名称	特性	用量用法
丙酸及其盐类	主要包括丙酸钠、丙酸钙。丙酸为具有强刺激性气味的无色透明液体，对皮肤有刺激性，对容器加工设备有腐蚀性。丙酸主要作为青贮饲料的防腐剂，因其有强烈的臭味，影响饲料的适口性，所以，一般不用作配合饲料的防霉剂。丙酸钙、丙酸钠均为白色结晶或颗粒状或粉末，无臭或稍有特异气味，溶于水，流动性好，使用方便，对普通钢材没有腐蚀作用，对皮肤也无刺激性，因此逐渐代替丙酸而用于饲料	在饲料中的添加量以丙酸计，一般为 0.3% 左右。实际添加量往往视具体情况而定。①直接喷洒或混入饲料中；②液体的丙酸可以蛭石等为载体制成吸附型粉剂，再混入饲料中去，这种制剂因丙酸的蒸发作用可由吸附剂缓慢释放，作用时间长，效果较前者好；③与其他防霉剂混合使用可扩大抗菌谱，增强作用效果
富马酸和富马酸二甲酯（DMF）	富马酸又称延胡索酸，无色结晶或粉末，水果酸香味。在饲料工业中，主要用作酸化剂，对仔畜有很好的促生长作用，同时对饲料也有防霉防腐作用。富马酸二甲酯白色结晶或粉末，对微生物有广泛、高效的抑菌和杀菌作用，其特点是抗菌作用不受 pH 的影响，并兼有杀虫活性。DMF 的 pH 适用范围为 3 ～ 8	在饲料中的添加量一般为 0.025% ～ 0.08%。可先溶于有机溶剂，如异丙醇、乙醇，再加入少量水及乳化剂使其完全溶解，然后用水稀释，加热除去溶剂，恢复到原来的体积，混于饲料中或喷洒于饲料表面。也可用载体制成预混剂
"万保香"（霉敌粉剂）	为一种含有天然香味的饲料及谷物防霉剂。其主要成分有：丙酸、丙酸铵及其他丙酸盐（丙酸总量不少于 25.2%），其中还含有乙酸、苯甲酸、山梨酸、富马酸。因有香味，除防霉外，还可增加饲料香味，增进食欲	其添加量为 100 ～ 500 克/吨，特殊情况下可添加 1000 ～ 2000 克/吨

【注意】使用饲料添加剂：一要正确选择。目前饲料添加剂的种类很多，每种添加剂都有自己的用途和特点。因此，使用前应充分了解它们的性能，然后结合饲养目的、饲养条件、鹅的品种及健康状况等选择使用。二要用量适当。用量少，达不到目的，用量过多会引起中毒，增加饲养成本。用量多少应严格遵照生产厂家在包装上所注的说明或根据实际情况确定。三要搅拌均匀。搅拌均匀程度与饲喂效果直接相关。具体做法是先确定用量，将所需添加剂加入少量的饲料中，拌和均匀，即为第一层次预混料；然后再把第一层次预混料掺到一定量（饲料总量的 1/5 ～ 1/3）饲料上，再充分搅拌均匀，即为第二层次预混料；最后再次把第二层次预混料掺到剩余的饲料上，拌均即可。这种方法称为饲料三层次分级拌合法。由于添加剂的用量很少，只有

多层分级搅拌才能混均。如果搅拌不均匀，即使是按规定的量饲用，也往往起不到作用，甚至会出现中毒现象。四要贮存时间不宜过长。大部分添加剂不宜久放，特别是营养添加剂、特效添加剂，久放后易受潮发霉变质或氧化还原而失去作用，如维生素添加剂、抗生素添加剂等。饲料添加剂一般不能混于加水的饲料和发酵的饲料中，更不能与饲料一起加工或煮沸使用。五要考虑配伍禁忌。多种维生素最好不要直接接触微量元素和氯化胆碱，以免减小药效。在同时饲用两种以上的添加剂时，应考虑有无拮抗、抑制作用，是否会产生化学反应等。

第三节
鹅的饲养标准和日粮配合

一、鹅的饲养标准

根据鹅维持生命活动和从事各种生产，如产蛋、产肉、产绒等对能量和各种营养物质需要量的测定，并结合各国饲料条件及当地环境因素，计算出鹅对能量、蛋白质、必需氨基酸、维生素和微量元素等的需要量，称为鹅的饲养标准，并以表格形式以每日每只具体需要量或占日粮含量的百分数来表示。

我国尚未颁布鹅的饲养标准，美国、法国、前苏联等有他们的标准。广大科研工作者结合我国养鹅实际，参照国内外的饲养标准，经过实验研究和实际验证，提出了一些具有指导性作用的饲养标准（营养需要参考量）（表 5-10 ～表 5-16）。

表 5-10 辽宁昌图鹅的饲养标准

营养成分	1～30 日龄	31～90 日龄	91～180 日龄	成年鹅	种鹅
代谢能/（兆焦/千克）	11.72	11.72	10.88	11.30	—
粗蛋白质/%	20.0	18.0	14.0	16.0	—
粗纤维/%	7.0	7.0	10.0	10.0	—

营养成分	1~30日龄	31~90日龄	91~180日龄	成年鹅	种鹅
钙 /%	1.6	1.6	2.2	2.2	—
有效磷 /%	0.8	0.8	1.2	1.2	—
盐 /%	0.35	0.35	0.35	0.40	—
赖氨酸 /%	1.0	0.9	0.7	0.63	0.63
甲硫氨酸 /%	0.5	0.45	0.35	0.35	0.35
色氨酸 /%	0.2	0.2	0.16	0.16	0.16
维生素					
维生素 A/（国际单位 / 千克）	10000	5000	5000	10000	10000
维生素 D/（国际单位 / 千克）	1590	1000	1000	1000	1000
维生素 E/（国际单位 / 千克）	5	—	—	—	5
维生素 K_3/（国际单位 / 千克）	2	1	1	1	2
维生素 B_2/（毫克 / 千克）	2	2	2	2	2
泛酸/（毫克 / 千克）	10	10	10	10	10
维生素 B_6/（毫克 / 千克）	30	30	30	20	20
维生素 B_{12}/（毫克 / 千克）	25	25	25	25	25
胆碱/（毫克 / 千克）	1000	1000	1000	1000	1000
微量元素					
锰/（毫克 / 千克）	50	50	50	50	50
锌/（毫克 / 千克）	50	50	50	50	50
铁/（毫克 / 千克）	25	25	25	25	25
铜/（毫克 / 千克）	2.5	2.5	2.5	2.5	2.5

表 5-11　不同鹅的营养需要

品种		代谢能/（兆焦/千克）	粗蛋白质/%	粗纤维/%	钙/%	磷/%	盐/%	赖氨酸/%	甲硫氨酸/%	甲硫氨酸+胱氨酸/%
莱茵鹅	0～3周龄	12.13～13.34	19.5～22.0	4	1.0～1.2	0.45～0.5	0.3	1.0	0.5	—
	4～10周龄	11.71～11.92	17.0～19.0	4.5	0.9～1.0	0.45～0.5	0.3	0.8	0.45	—
	11～27周龄	10.87～11.08	15.5～17.0	6	1.3～1.5	0.45～0.5	0.3	0.65	0.33	—

品种		代谢能/（兆焦/千克）	粗蛋白质/%	粗纤维/%	钙/%	磷/%	盐/%	赖氨酸/%	甲硫氨酸/%	甲硫氨酸+胱氨酸/%
莱茵鹅	28～47周龄	11.51～11.71	16.5～18.0	4	3.0～3.2	0.45～0.5	0.3	0.75	0.35	—
	47周龄以上	11.92～12.13	12.0～12.5	4	1.4～1.6	0.45～0.5	0.3	0.40	0.25	—
朗德鹅	0～3周龄	12.1	20	5.8	0.65	0.4	0.3	1.0	—	0.6
	4～10周龄	12.6	16	7.3	0.6	0.4	0.3	0.85	—	0.5
	种鹅	11.7	15.5	6.2	2.25	1.0	0.3	0.6	—	0.5
豁眼鹅	0～30日龄	11.95	19.8	4.5	0.95	0.7	0.3	1.2	—	0.86
	31～60日龄	11.3	18.1	5	1.6	0.9	0.4	1	—	0.77
	61～90日龄	10.88	15.6	7	1.8	0.9	0.4	0.9	—	0.7
	91～180日龄	10.65	14.5	9	2.0	1.0	0.5	0.7	—	0.53
	180日龄以后	11.30	16～17	6～7	3.5	1.5	0.5	0.9	—	0.77
黑龙江白鹅	0～4周龄	11.72	18	5～6	1.0	0.7	0.35	1.0	0.35	—
	5～10周龄	11.5	14～15	8	1.2	0.7	0.35	1.0	0.30	—

表5-12　狮头鹅的营养需要

营养成分	雏鹅	小鹅	中鹅	后备种鹅（或休产）	在产种鹅（或预备期）
代谢能/（兆焦/千克）	11.83～11.87	11.75～11.79	12.54～12.62	11.50～11.62	11.29～11.50
粗蛋白质/%	16～17	13.5～14.5	12.5～13.5	14～15	15.5～16.5
粗纤维/%	3.60～3.85	3.69～3.95	3.03～3.05	3.87～3.93	3.80～3.85
钙/%	0.8～0.84	0.79～0.83	0.57～0.61	1.53～1.58	2.88～3.0
有效磷/%	0.36～0.38	0.34～0.36	0.26～0.31	0.44～0.46	0.58～0.60

营养成分	雏鹅	小鹅	中鹅	后备种鹅（或休产）	在产种鹅（或预备期）
精氨酸 /%	0.86～0.94	0.86～0.94	0.81～0.87	0.92～0.99	1.03～1.09
赖氨酸 /%	0.66～0.70	0.66～0.70	0.60～0.64	1.12～1.17	1.22～1.28
甲硫氨酸 /%	0.26～0.30	0.26～0.30	0.29～0.33	0.85～0.90	0.93～0.97
甲硫氨酸 + 胱氨酸 /%	0.71～0.76	0.71～0.76	0.74～0.78	0.46～0.50	0.49～0.53
色氨酸 /%	0.17～0.21	0.17～0.21	0.15～0.19	0.18～0.22	0.20～0.24
组氨酸 /%	0.30～0.34	0.30～0.34	0.28～0.32	0.31～0.35	0.34～0.38
亮氨酸 /%	1.23～1.27	1.23～1.27	1.25～1.29	1.26～1.30	1.34～1.38
异亮氨酸 /%	0.6～0.64	0.6～0.64	0.57～0.61	0.63～0.67	0.71～0.76
苯丙氨酸 /%	0.61～0.65	0.61～0.65	0.60～0.64	0.64～0.68	0.70～0.74
苯丙氨酸 + 酪氨酸 /%	1.0～1.3	1.0～1.3	1.0～1.3	1.17～1.21	1.27～1.31
苏氨酸 /%	0.51～0.55	0.51～0.55	0.51～0.55	0.54～0.58	0.59～0.63
缬氨酸 /%	0.70～0.74	0.70～0.74	0.67～0.71	0.72～0.76	0.78～0.82
甘氨酸 /%	0.69～0.73	0.69～0.73	0.62～0.66	0.73～0.77	0.79～0.83
维生素					
维生素 A/（国际单位 / 千克）	8800～9200	8800～9200	8800～9200	6700～6800	8800～9200
维生素 D/（国际单位 / 千克）	1850～2150	1850～2150	1850～2150	1400～1600	1900～2100
维生素 E/（国际单位 / 千克）	25.2～25.6	23.4～24.0	24.2～25.0	36.5～37.5	42.2～43.0
维生素 K_3/（国际单位 / 千克）	3.8～4.2	3.8～4.2	3.8～4.2	2.8～3.2	3.8～4.2
维生素 B_1/（毫克 / 千克）	7.6～7.7	7.0～7.5	6.5～7.0	6.5～7.0	7.0～8.0
维生素 B_2/（毫克 / 千克）	7.8～8.1	7.85～8.15	7.3～7.8	6.3～6.7	7.6～7.8
泛酸 /（毫克 / 千克）	21.4～22.0	22～23	19.1～19.8	18.5～20	21～22.5
维生素 B_7/（毫克 / 千克）	0.20～0.24	0.20～0.24	0.16～0.20	0.19～0.23	0.20～0.21
烟酸 /（毫克 / 千克）	88～90	95～97	78～80	82～86	58～62

营养成分	雏鹅	小鹅	中鹅	后备种鹅（或休产）	在产种鹅（或预备期）
维生素 B_6 /（毫克 / 千克）	11.2～11.8	11.0～11.5	11.0～11.5	10.0～10.4	11.0～11.4
维生素 B_9 /（毫克 / 千克）	2.26～2.34	1.96～2.08	1.9～2.0	1.86～1.92	2.30～2.34
维生素 B_{12} /（毫克 / 千克）	0.02～0.022	0.02～0.022	0.02～0.022	0.012～0.020	0.02～0.023
胆碱 /（毫克 / 千克）	1240～1300	1120～1200	1000～1050	1150～1250	1460～1600
矿物元素					
氯化物 /（毫克 / 千克）	780～820	780～820	780～820	780～820	780～820
锰 /（毫克 / 千克）	87.5～89.0	90.5～91.5	78.5～80.0	90.1～90.7	87～90
锌 /（毫克 / 千克）	85～87	90～92	75～77	89～91	90～92
铁 /（毫克 / 千克）	49～51	49～51	49～51	49～51	49～51
铜 /（毫克 / 千克）	11.3～11.8	10.8～11.3	9.5～10.1	11.0～11.4	11.2～11.8
钴 /（毫克 / 千克）	0.18～0.22	0.18～0.22	0.18～0.22	0.18～0.22	0.18～0.22
硒 /（毫克 / 千克）	0.30～0.36	0.33～0.4	0.25～0.29	0.33～0.37	0.31～0.35
碘 /（毫克 / 千克）	0.35～0.39	0.36～0.40	0.36～0.40	0.36～0.40	0.36～0.40

表 5-13　种鹅的日粮营养含量

营养成分	育雏（0～3周龄）	生长鹅（4～6周龄）	保持鹅（7～25周龄）	种鹅（成年）
代谢能 /（千卡[①] / 千克）	2850	3950	2600	2750
粗蛋白质 /%	21.00	17.0	14.0	15.0
钙 /%	0.85	0.75	0.75	2.8
有效磷 /%	0.40	0.38	0.35	0.38
钠 /%	0.17	0.17	0.16	0.16
甲硫氨酸 /%	0.48	0.40	0.25	0.38
甲硫氨酸 + 胱氨酸 /%	0.85	0.66	0.48	0.64
赖氨酸 /%	1.05	0.90	0.60	0.66
苏氨酸 /%	0.72	0.62	0.48	0.52
色氨酸 /%	0.21	0.18	0.14	0.16

注：育雏（0～3周龄）和生长鹅（4～6周龄）日粮规格也适用于肉用鹅。

① 1 卡 =4.1868 焦。

表 5-14　种鹅日粮维生素和微量元素

维生素和微量元素		维生素和微量元素	
维生素 A/（国际单位 / 千克）	7000	硫胺素 /（毫克 / 千克）	1.0
维生素 D$_3$/（国际单位 / 千克）	2500	叶酸 /（毫克 / 千克）	1.0
维生素 E/（国际单位 / 千克）	40.0	胆碱 /（毫克 / 千克）	200
维生素 K$_3$/（国际单位 / 千克）	2.0	铜 /（毫克 / 千克）	8.0
烟酸 /（毫克 / 千克）	40.0	碘 /（毫克 / 千克）	0.4
泛酸 /（毫克 / 千克）	5.0	铁 /（毫克 / 千克）	40
吡哆醇 /（毫克 / 千克）	3.0	锰 /（毫克 / 千克）	50
核黄素 /（毫克 / 千克）	6.0	锌 /（毫克 / 千克）	60
维生素 B$_{12}$/（微克 / 千克）	10.0	硒 /（毫克 / 千克）	0.3
生物素 /（毫克 / 千克）	100	—	—

表 5-15　肉用鹅的饲养标准（侯水生、何大乾）

营养成分	0～3 周龄	4～8 周龄	8 周龄～上市	维持饲养期	产蛋鹅
代谢能 /（兆焦 / 千克）	11.53	11.08	11.91	10.38	11.53
粗蛋白质 /%	20.0	16.5	14.0	13.0	17.5
粗纤维 /%	4	5	6	7	5
钙 /%	1.0	0.9	0.9	1.2	3.2
有效磷 /%	0.45	0.40	0.40	0.45	0.50
赖氨酸 /%	1.0	0.85	0.70	0.50	0.60
甲硫氨酸 /%	0.43	0.40	0.31	0.24	0.28
甲硫氨酸 + 胱氨酸 /%	0.70	0.80	0.60	0.45	0.50
色氨酸 /%	0.21	0.17	0.15	0.12	0.13
精氨酸 /%	1.15	0.98	0.84	0.57	0.66
亮氨酸 /%	1.49	1.16	1.09	0.69	0.80
异亮氨酸 /%	0.80	0.62	0.58	0.48	0.55
苯丙氨酸 /%	0.75	0.60	0.55	0.36	0.41
苏氨酸 /%	0.73	0.65	0.53	0.48	0.55
缬氨酸 /%	0.89	0.70	0.65	0.53	0.62
甘氨酸 /%	1.00	0.90	0.77	0.70	0.77
维生素					
维生素 A/（国际单位 / 千克）	1500	1500	1500	1500	1500

营养成分	0~3周龄	4~8周龄	8周龄~上市	维持饲养期	产蛋鹅
维生素 D/（国际单位/千克）	3000	3000	3000	3000	3000
胆碱/（毫克/千克）	1400	1400	1400	1400	1400
核黄素/（毫克/千克）	5.0	4.0	4.0	4.0	5.5
泛酸/（毫克/千克）	11.0	10.0	10.0	10.0	12.0
维生素 B_{12}/（毫克/千克）	12.0	10.0	10.0	10.0	12.0
叶酸/（毫克/千克）	0.5	0.4	0.4	0.4	0.5
生物素/（毫克/千克）	0.2	0.1	0.1	0.15	0.2
烟酸/（毫克/千克）	70.0	60.0	60.0	50.0	75.0
维生素 K_3/（国际单位/千克）	1.5	1.5	1.5	1.5	1.5
维生素 E/（国际单位/千克）	20	20	20	20	20
维生素 B_1/（毫克/千克）	2.2	2.2	2.2	2.2	2.2
吡哆醇/（毫克/千克）	3.0	3.0	3.0	3.0	3.0
矿物元素					
锰/（毫克/千克）	100				
铁/（毫克/千克）	96				
铜/（毫克/千克）	5				
锌/（毫克/千克）	80				
硒/（毫克/千克）	0.3				
钴/（毫克/千克）	1.0				
钠/（毫克/千克）	1.8				
钾/（毫克/千克）	2.4				
碘/（毫克/千克）	0.42				
镁/（毫克/千克）	600				
氯/（毫克/千克）	2.4				

表 5-16　肉仔鹅营养推荐标准

营养成分	0~3周龄	4~8周龄	9周龄~上市
代谢能/（兆焦/千克）	11.5	11.8	12.0
粗蛋白质/%	20.0	18.0	16.0

续表

营养成分	0～3周龄	4～8周龄	9周龄～上市
粗纤维 /%	5.0	7.0	8.0
钙 /%	1.0	1.0	0.8
磷 /%	0.7	0.7	0.65
盐 /%	0.4	0.4	0.4
赖氨酸 /%	1.0	0.86	0.8
甲硫氨酸＋胱氨酸 /%	0.6	0.6	0.5
维生素 A/（国际单位 / 千克）	1500	1500	1500
维生素 D/（国际单位 / 千克）	200	200	200
胆碱 /（毫克 / 千克）	1500	1000	1000
烟酸 /（毫克 / 千克）	65.0	40.0	40.0
锰 /（毫克 / 千克）	50	50	50
锌 /（毫克 / 千克）	50	50	50

二、鹅的日粮配合

1. 鹅日粮配合的原则

鹅日粮配合的原则见图 5-29。

鹅日粮配合的原则

- 营养原则 → 配合日粮时，应以鹅的饲养标准为依据。但鹅的营养需要是个极其复杂的问题，饲料品种、产地、保存好坏，鹅的品种、类型，饲养管理条件以及温度、湿度、有害气体、应激因素、饲料加工调制方法等也会影响营养需要和消化吸收。因此，原则上按饲养标准配合日粮，但也要根据实际情况做适当的调整
- 生理原则 → 配合日粮时，应根据各类鹅不同的生理特点，选择适宜的饲料进行搭配。如雏鹅，需要选用优质的粗饲料，比例不能过高；成年鹅对粗纤维的消化能力增强，可提高粗饲料用量，扩大粗饲料范围。要注意日粮适口性、容重和稳定性
- 经济原则 → 养鹅生产中，饲料费用占鹅成本的70%～80%。因此，配合日粮时，充分利用饲料的替代性，就地取材，选用营养丰富、价格低廉的饲料原料来配合日粮，以降低生产成本，提高经济效益
- 安全原则 → 饲料安全关系到鹅群健康和食品安全。所以，配制的饲料要符合国家饲料卫生质量标准，饲料中含有的物质、品种和数量必须控制在安全允许的范围内，有毒物质、药物添加剂、细菌总数、霉菌总数、重金属等不能超标

图 5-29　鹅日粮配合的原则

2. 鹅的日粮配方设计方法

配合日粮要先设计日粮配方，然后按照配方配制。鹅的日粮配方设计方法很多，如四角形法、线性规划法、试差法、计算机法等。目前多采用试差法、对角线法和计算机法。

（1）试差法　试差法是畜牧生产中常用的一种日粮配合方法。此法是根据饲养标准及饲料供应情况，选用数种饲料，先初步规定用量进行试配，然后将其所含养分与饲养标准对照比较，通过调整饲料用量使之符合饲养标准的规定。应用试差法一般经过反复的调整计算和对照比较，现举例说明。

【例】选择玉米、大豆粕、菜籽饼、国产鱼粉、小麦麸、骨粉、石粉、食盐和0.5%的预混剂，设计0～3周龄的肉雏鹅日粮配方。

第一步：列出雏鹅的各种营养物质需要量，见表5-17。

表 5-17　雏鹅的饲养标准

代谢能/(兆焦/千克)	粗蛋白质/%	钙/%	磷/%	赖氨酸/%	甲硫氨酸/%	食盐/%
11.53	20	1.0	0.7	1.0	0.43	0.3

第二步：查中国饲料成分及营养价值表（2020年第31版），列出所用饲料的养分含量，见表5-18。

表 5-18　饲料原料的营养成分

饲料名称	代谢能/(兆焦/千克)	粗蛋白质/%	钙/%	磷/%	赖氨酸/%	甲硫氨酸/%
玉米	13.6	8.5	0.16	0.25	0.36	0.15
小麦麸	5.65	14.3	0.10	0.93	0.56	0.22
大豆粕	10	44.2	0.33	0.62	2.68	0.59
菜籽粕	7.41	38.6	0.65	1.02	1.30	0.63
鱼粉	11.8	60.2	4.04	2.9	4.72	1.64
石粉	—	—	36			
骨粉	—	—	36.4	16.4	—	—

第三步：初步确定所用原料的比例并计算代谢能和蛋白质的含量，见表5-19。

表 5-19　拟定的饲料配方与计算结果

饲料组成	占比 /%	代谢能 /（兆焦 / 千克）	粗蛋白质 /%
玉米	60	13.6×0.6=8.16	8.5×0.6=5.1
小麦麸	10	5.65×0.1=0.565	14.3×0.1=1.43
大豆粕	20	10×0.2=2	44.2×0.2=8.84
菜籽粕	5	7.41×0.05=0.371	38.6×0.05=1.93
鱼粉	4	11.8×0.04=0.472	60.2×0.04=2.41
合计		11.568	19.71
标准		11.53	20
相差		+0.038	−0.29

由表中看出，代谢能比标准多 0.038 兆焦 / 千克，蛋白质少 0.29%。用大豆粕代替玉米，降低 0.038 兆焦 / 千克代谢能，需要减少玉米 1.06%［0.038 兆焦 / 千克 ÷（13.6−10）兆焦 / 千克 ×100%］；增加大豆粕 1.06%，则蛋白质提高 0.378%［1.06%×（44.2−8.5）%÷100%］。则配方中代谢能为 11.53 兆焦 / 千克，蛋白质为 20.09%，基本满足要求。

第四步：计算其余的营养成分含量并配合平衡，见表 5-20。

表 5-20　钙、磷、赖氨酸和甲硫氨酸的含量

饲料组成	占比 /%	钙 /%	磷 /%	赖氨酸 /%	甲硫氨酸 /%
玉米	58.94	0.16×0.5894=0.094	0.25×0.5894=0.147	0.36×0.5894=0.212	0.15×0.5894=0.088
小麦麸	10	0.1×0.1=0.01	0.93×0.1=0.093	0.56×0.1=0.056	0.22×0.1=0.022
大豆粕	21.06	0.33×0.2106=0.069	0.62×0.2106=0.131	2.68×0.2106=0.564	0.59×0.2106=0.124
菜籽粕	5	0.65×0.05=0.033	1.02×0.05=0.051	1.30×0.05=0.065	0.63×0.05=0.032
鱼粉	4	4.04×0.04=0.162	2.9×0.04=0.116	4.72×0.04=0.189	1.64×0.04=0.066
合计		0.368	0.538	1.086	0.332
标准		1.0	0.7	1.0	0.43
相差		−0.632	−0.162	+0.086	−0.098

由表 5-20 可知钙磷都少于标准，先用骨粉补充。缺 0.162% 的磷需要骨粉 0.99%（0.162%÷16.4%×100%），此外可以增加 0.36% 钙（0.99%×36.4%），还缺钙 0.272%，用石粉补充，需要石粉 0.76%（0.272%÷36%×100%）；赖氨酸超标准，可满足需要；甲硫氨酸比

标准少，补充甲硫氨酸 0.1%；另外添加 0.3% 食盐和 0.5% 的预混料添加剂。配方总量为 101.65%，多出 1.65%，小麦麸减去 1.65%。

饲料配方为：玉米 58.94%、大豆粕 21.06%、菜籽粕 5%、国产鱼粉 4%、小麦麸 8.35%、骨粉 0.99%、石粉 0.76%、食盐 0.3%、甲硫氨酸 0.1% 和预混添加剂 0.5%。

（2）对角线法（四角法）　对角线法简单易学，适用于饲料品种少，指标单一的配方设计，还适合使用浓缩料加上能量饲料配制成全价饲料。

（3）计算机法　应用计算机设计饲料配方可以考虑多种原料和多个营养指标，且速度快，能调出最低成本的饲料配方。现在应用的计算机软件，多是应用线性规划，就是在所给饲料种类满足所求配方的各项营养指标的条件下，能使设计的配方成本最低。但计算机也只能是辅助设计，需要有经验的营养专家进行修订、原料限制，以及最终的检查确定。

 第四节　鹅的饲料配方举例

一、种鹅的饲料配方

种鹅的饲料配方见表 5-21 ～表 5-27。

表 5-21　种鹅日粮配方　　　　　　单位：%

组成	0~10日龄		11~30日龄		31日龄以上		种鹅	
	配方1	配方2	配方1	配方2	配方1	配方2	配方1	配方2
玉米、高粱、大麦、小麦	61.7	61	41.7	41	30	11	47.7	11
豆粕类	15	15	15	15	15	15	15	15
糠麸类	9.5	9.5	24.5	24.5	28.2	39.5	14.5	39.5
草籽、草粉类	5	5	5	5	15	20	10	25
动物性饲料	5	5	10	10	8	10	8	5.0

组成	0~10日龄		11~30日龄		31日龄以上		种鹅	
	配方1	配方2	配方1	配方2	配方1	配方2	配方1	配方2
骨粉	1	—	1	—	1	—	1	—
贝壳粉或石粉	1	2	1	2	1	2	2	2
食盐	0.3	1	0.3	1	0.3	1	0.3	1
沙砾	1	1	1	1	1	1	1	1
预混料	0.5	0.5	0.5	0.5	0.5	0.5	0.5	0.5
合计	100.0	100.0	100.0	100.0	100.0	100.0	100.0	100.0

表 5-22　种鹅的饲料配方（一）　　　　单位：%

组成	育雏（0~3周龄）	生长鹅（4~7周龄）	保持鹅	种鹅
玉米	50.4	61.3	—	51.4
大麦	—	—	45.0	—
次粉	15.0	15.0	50.0	26.7
肉粉	—	1.5		
豆粕	31.5	19.8	2.5	13.7
DL-甲硫氨酸	0.17	0.10	0.06	0.18
L-赖氨酸	—	—	0.05	—
食盐	0.33	0.31	0.29	0.29
石粉	1.64	1.27	1.50	6.70
磷酸二钙	0.86	0.62	0.50	0.93
维生素-微量元素预混料	0.1	0.1	0.1	0.1
合计	100	100	100	100

表 5-23　种鹅的饲料配方（二）　　　　单位：%

组成	0~3周龄或4周龄		4~8周龄		后备鹅		种鹅及产蛋鹅	
	配方1	配方2	配方1	配方2	配方1	配方2	配方1	配方2
玉米	57	47.0	37.0	48.4	45.2	40.8	42.5	48.0

组成	0~3周龄或4周龄		4~8周龄		后备鹅		种鹅及产蛋鹅	
	配方1	配方2	配方1	配方2	配方1	配方2	配方1	配方2
高粱	—	—	20.0	—	—	—	—	10.0
稻谷	—	6.2	—	—	—	11.0	—	—
麦麸	—	—	5.0	—	22.2	23.1	—	—
小麦	—	—	—	9.5	15.0	—	23.0	—
次粉	4.59	5.0	—	5.0	—	—	—	12.0
草粉	—	—	—	5.0	8.0	—	4.0	—
米糠	5.0	7.0	—	—	—	12.0	—	—
豆粕	30.4	29.30	27.49	25.0	6.0	9.0	21.0	—
花生粕	—	—	—	—	—	—	—	10.0
菜籽粕	—	2.0	—	2.0	—	—	—	7.0
糖蜜	—	—	3.0	—	—	—	—	—
鱼粉	—	—	2.0	2.0	—	—	—	4.0
肉骨粉	—	—	3.0	—	—	—	—	—
油脂	—	—	0.3	—	—	—	—	—
磷酸氢钙	0.47	1.2	0.2	1.0	1.3	1.5	1.7	1.3
石粉	1.12	1.0	0.71	0.8	1.0	1.4	6.5	6.5
食盐	0.36	0.3	0.3	0.3	0.3	0.2	0.3	0.2
盐酸赖氨酸	0.06							
预混剂	1.0	1.0	1.0	1.0	1.0	1.0	1.0	1.0
合计	100	100	100	100	100	100	100	100

表5-24 种鹅的饲料配方（三）   单位：%

组成	雏鹅	生长鹅		种鹅	
	0~4周龄	6~8周龄	8周龄~上市	维持	产蛋
玉米	39.96	37.96	43.46	60.0	38.79
高粱	15.0	25.0	25.0	—	25.0
大豆粕	29.50	25.0	16.5	9.0	11.0
鱼粉	2.50	—	—	—	3.10
肉骨粉	3.0	—	1.00	—	—

组成	雏鹅	生长鹅		种鹅	
	0~4周龄	6~8周龄	8周龄~上市	维持	产蛋
糖蜜	3.00	1.00	3.00	3.00	3.00
麸皮	5.00	5.00	5.40	20.00	10.00
米糠	—	—	—	4.58	—
玉米麸质粉	—	2.50	2.50	—	2.40
油脂	0.30	—	—	—	—
食盐	0.30	0.30	0.30	0.30	0.30
磷酸氢钙	0.10	1.50	1.40	1.50	1.00
石灰石粉	0.74	1.20	0.90	1.10	4.90
甲硫氨酸	0.10	0.04	0.04	0.02	0.01
预混料	0.50	0.50	0.50	0.50	0.50
合计	100.0	100.0	100.0	100.0	100.0

表 5-25　豆粕为主的种鹅及产蛋鹅日粮配方　单位：%

组成	配方1	配方2	配方3	配方4	配方5
玉米	55.2	—	29.3	56.4	65.0
小麦	—	60.7	28.7	—	—
大麦	10.0	10.0	10.0	10.0	—
小麦细麸	5.0	5.0	5.0	5.0	4.0
粗面粉	5.0	5.0	5.0	5.0	3.6
菜籽粕	—	—	—	—	6.0
脱水青绿饲料	2.0	2.0	2.0	2.0	—
肉粉	—	—	—	2.0	—
鱼粉	—	—	—	2.0	2.0
豆粕	15.8	10.3	13.0	11.3	12.0
石粉	4.4	4.4	4.4	4.2	4.0
磷酸钙	1.1	1.1	1.1	0.6	2.0

组成	配方1	配方2	配方3	配方4	配方5
食盐	0.5	0.5	0.5	0.5	0.4
复合预混料	1.0	1.0	1.0	1.0	1.0
总计	100	100	100	100	100

表 5-26　豁眼鹅日粮配方

组成	1～30日龄	31～90日龄	91～180日龄	成年鹅
玉米 /%	47	47	27	33
麸皮 /%	10	15	33	25
豆粕 /%	20	15	5	11
谷糠 /%	12	13	30	25
鱼粉 /%	8	7	2	3
骨粉 /%	1	1	1	1
贝壳粉 /%	2	2	2	2
营养水平				
粗蛋白质 /%	20.29	18.38	14.39	16.30
代谢能 /(兆焦 / 千克)	12.08	12.00	11.10	13.80
钙 /%	1.55	1.50	1.96	2.35
磷 /%	0.74	0.76	1.05	1.06

二、肉鹅的饲料配方

肉鹅的饲料配方见表 5-27 ～表 5-31。

表 5-27　商品肉鹅饲料配方（一）　　　　单位：%

组成	0～3周龄或4周龄				5周龄～上市			
	配方1	配方2	配方3	配方4	配方1	配方2	配方3	配方4
玉米	48.8	47.3	51.5	45	55.5	47.7	52.0	40.8
高粱	—	—	—	15.7	—	—	—	—
小麦	10.0	7.0	10.0	—	—	—	—	23.0

组成	0~3周龄或4周龄				5周龄~上市			
	配方1	配方2	配方3	配方4	配方1	配方2	配方3	配方4
稻谷	2.8	7.0	—	—	—	11.0	15.0	—
米糠	—	—	—	—	11.0	7.0	3.0	8.0
次粉	5.0	5.0	—	—	—	—	—	—
麦麸	—	—	9.0	6.6	14.2	13.7	13.4	11.7
豆粕	25.0	29.0	20.0	29.5	15.0	14.0	11.0	—
花生粕	—	—	—	—	—	3.0	—	12.5
菜籽粕	2.0	2.0	3.0	—	1.5	—	2.5	—
鱼粉	3.6	—	4.0	—	—	—	—	1.0
磷酸氢钙	1.2	1.2	0.8	1.4	—	—	—	1.2
石粉	0.8	1.0	0.9	1.0	—	0.6	0.5	—
骨粉	—	—	—	—	2.0	2.2	1.8	1.1
食盐	0.3	—	0.3	0.3	0.3	0.3	0.3	0.2
0.5%预混料	0.5	0.5	0.5	0.5	0.5	0.5	0.5	0.5
合计	100	100	100	100	100	100	100	100

表 5-28　商品肉鹅饲料配方（二）　　　　单位：%

组成	0~3周龄或4周龄				5周龄~上市			
	配方1	配方2	配方3	配方4	配方1	配方2	配方3	配方4
玉米	56	54.5	68	56.0	55.8	58.7	52	40.3
米糠	—	4.0	—	—	—	—	12.1	9.6
草粉	—	—	—	—	—	—	—	20.0
麦麸	15.0	15.0	3.0	16.0	21.0	7.0	8.0	8.0
豆粕	21.5	20.0	24.0	21.0	12.5	—	14.0	20
菜籽粕	5.0	—	3.0	5.0	8.0	14.5	6.0	—
棉籽粕	—	—	—	—	—	15.3	—	—
鱼粉	—	—	—	—	—	—	5.0	—
肉骨粉	—	5.0	—	—	—	—	—	—
磷酸氢钙	0.80	—	—	—	0.9	3.0	—	—
石粉	0.9	—	—	—	1.0	0.6	—	0.4
骨粉	—	0.7	1.2	1.2	—	—	2.0	0.8
食盐	0.3	0.3	0.3	0.3	0.3	0.4	0.4	0.4

组成	0~3周龄或4周龄				5周龄~上市			
	配方1	配方2	配方3	配方4	配方1	配方2	配方3	配方4
预混剂	0.5	0.5	0.5	0.5	0.5	0.5	0.5	0.5
合计	100	100	100	100	100	100	100	100

表 5-29　商品肉鹅饲料配方（三）　　　　单位：%

组成	0~3周龄或4周龄				5周龄~上市			
	配方1	配方2	配方3	配方4	配方1	配方2	配方3	配方4
玉米	53.0	58.0	43.5	57.6	40	50.0	41.7	45.0
稻谷	—	—	19.0	—	15.0	—	—	15.0
小麦	7.0	—	—	6.9	—	—	—	—
次粉	5.0	5.0	5.0	—	—	—	—	—
米糠	5.5	5.5	9.5	—	10.0	23.7	12.5	9.9
草粉	7.4	7.0	—	—	—	—	5.0	—
麦麸	—	—	—	3.8	20.0	15.0	15.0	14.0
豆粕	15.0	17.5	15.0	19.3	—	5.0	15.0	10.
花生粕	—	—	—	2.5	—	—	—	—
菜籽粕	4.0	4.0	5.0	2.5	10.0	—	—	5.0
鱼粉	—	—	—	4.3	—	3.2	7.0	—
肉骨粉	—	—	—	—	3.0	—	—	—
磷酸氢钙	0.7	0.6	0.5	1.0	—	—	—	—
石粉	1.0	1.0	1.2	0.8	—	0.3	2.0	—
骨粉	0.4	0.4	0.3	0.3	1.0	2.0	1.0	0.3
食盐	0.5	0.5	0.5	0.5	0.5	0.3	0.3	0.3
预混剂	0.5	0.5	0.5	0.5	0.5	0.5	0.5	0.5
合计	100	100	100	100	100	100	100	100

表 5-30　商品肉鹅饲料配方（四）　　　　单位：%

组成	0~3周龄或4周龄				5周龄~上市			
	配方1	配方2	配方3	配方4	配方1	配方2	配方3	配方4
玉米	28	65.0	50	32.8	62	57	40.0	32.0
小麦	25	—	24.0	28.4	—	—	—	30.8
大麦	19.0	—	10.0	—	—	—	—	—

组成	0～3周龄或4周龄				5周龄～上市			
	配方1	配方2	配方3	配方4	配方1	配方2	配方3	配方4
啤酒糟	—	15.2	—	—	8.0	13.0	—	—
草粉	—	—	—	5.0	—	—	18.0	5.0
麦麸	5.0	—	—	—	—	—	15.0	4.5
豆粕	5.0	8.5	12.5	3.0	6.6	9.5	—	—
花生粕	3.0	—	—	3.0	—	—	—	10.0
菜籽粕	2.0	7.5	—	8.0	7.2	7.0	10.0	—
酵母蛋白	5.0	—	—	10.0	5.0	—	—	10.0
蚕蛹	—	—	—	—	—	3.3	15.5	—
鱼粉	3.0	—	—	3.0	—	—	—	3.0
肉粉	1.0	—	—	2.5	8.0	7.0	—	1.0
磷酸氢钙	—	2.9	1.0	—	—	—	—	—
石粉	2.0	—	1.5	2.5	—	—	—	2.5
骨粉	1.1	—	—	1.0	2.4	2.4	0.7	0.5
食盐	0.4	0.4	0.5	0.3	0.3	0.3	0.3	0.2
预混剂	0.5	0.5	0.5	0.5	0.5	0.5	0.5	0.5
合计	100	100	100	100	100	100	100	100

表5-31 商品肉鹅饲料配方（五）　　　　　单位：%

组成	0～3周龄或4周龄				5周龄～上市			
	配方1	配方2	配方3	配方4	配方1	配方2	配方3	配方4
玉米	30	59	37.0	38.0	55.8	48.7	41.7	40.0
米粉	24.0	12.0	15.0	17.0	—	—	—	—
次粉	9.0	8.5	8.0	10.0	—	—	—	—
草粉	—	—	—	—	—	—	5.0	20.0
麦麸	21.5	2.0	13.5	15.5	21.0	13.0	15.0	8.0
豆粕	5.0	9.0	17.0	9.0	12.5	13.5	15.0	20.0
花生粕	—	—	—	—	—	4.0	—	—
菜籽粕	—	—	—	—	8.0	—	—	—
红薯藤	—	—	—	—	13.0	—	—	—

组成	0~3周龄或4周龄				5周龄~上市			
	配方1	配方2	配方3	配方4	配方1	配方2	配方3	配方4
玉米秸秆粉	—	—	—	—	—	5.0	—	—
稻糠	—	—	—	—	—	—	12.8	9.5
鱼粉	8.0	7.5	8.0	8.0	—	—	7.0	—
糖蜜	—	—	—	—	—	2.0	—	—
磷酸氢钙	—	—	—	—	0.9	—	—	—
贝壳粉	2.0	1.5	1.0	2.0	1.0	—	2.0	0.8
骨粉	—	—	—	—	—	—	1.0	0.8
食盐	—	—	—	—	0.3	0.3	—	0.4
0.5%预混剂	0.5	0.5	0.5	0.5	0.5	0.5	0.5	0.5
合计	100	100	100	100	100	100	100	100

第五节
鹅饲料的调制加工和质量要求

1. 青绿饲料和牧草的调制加工

饲料调制加工的目的，是改善其可食性、适口性，提高消化率、吸收率，减少饲料的损耗，便于贮藏与运输。青绿饲料与牧草调制加工的方法主要有以下几种。

（1）切碎　将鲜草、块根、块茎、瓜菜等青绿、多汁饲料洗净切碎后直接喂鹅。切碎的要求是：青料应切成丝条状，多汁饲料可切成块状或丝条。一般应随切随喂，否则很容易变质腐烂。

（2）打浆　可将采集的青绿多汁饲料洗净、切碎后放入打浆机内打成青草浆，然后与其他饲料（如麸皮、玉米等）拌在一起饲喂，这样有利于鹅的采食、消化和吸收。最好是随打浆随饲喂。

（3）青贮　在夏、秋季青绿饲料生长旺盛时期，适时收割青贮，可供冬季和早春利用。

紫苜蓿、红三叶、紫云英、白三叶、无芒雀麦、鸭茅、苏丹草、燕麦、青玉米、青大麦、青绿豆、青豌豆、青大豆、青甘薯藤，以及胡萝卜、甘蓝、各种野草、水浮莲、水葫芦、水花生等均可作为青贮饲料。但要注意豆科植物不宜单独贮存，要与禾本科植物混合贮存。青贮时要遵循以下要求。

① 适时收割原料，并保持新鲜、青绿，随收随贮。适时收割的青贮原料，不仅利于乳酸发酵，易于制成优良青贮料，而且可获得单位面积最高的干物质、营养物质和利用率。黑麦草宜在花蕾期至盛花期收割；全株玉米宜在蜡熟期收割，如有霜害也可在乳熟期收割。常用的青贮饲料适宜收割期见表 5-32。

表 5-32　常用青贮原料的适宜收割期

青贮原料种类	适宜的收割期
全株玉米（带果穗）	蜡熟期至黄熟期，如遇霜害也可在乳熟期收割
收果穗后的玉米秸	玉米果穗成熟，有一半以上的叶为绿色时，立即收割玉米秸青贮；或玉米成熟时，削尖青贮，削尖青贮时果穗上都应保留一片叶
高粱	蜡熟期收割
豆科牧草及野草	开花初期
禾本科牧草及野草	抽穗初期
甘薯藤	霜前或收薯前 1～2 日
水生饲料	霜前捞收，凋萎两日，以减少水分含量

② 调节原料水分和糖分含量。青贮原料的水分和糖分含量是决定青贮成败最重要的因素之一，一般青贮原料的适宜含水量为 60%～75%，含糖量为 1.5%～2%。对于水分含量较高的黑麦草等青贮原料，可适当加入干草、秸秆、糠麸、饼（粕）等或稍加晾晒以使水分含量符合青贮要求。对于含水量较低的青贮原料，可加水或与刚收割的新鲜高水分原料混合青贮，以调节水分含量至符合青贮要求。禾本科饲草糖分多，易青贮；豆科糖分少，不易青贮，应添加一定比例的糖多的饲料，如玉米粉、番薯丝、糖蜜等，或与糖含量较高的禾本科牧草进行混合青贮。

【技巧】抓一把切碎的青贮原料紧握手中，用力挤 30 秒钟，然后手自然松开，若仍保持球状，手有湿印，其水分含量在 68% ~ 75%；若草球慢慢膨胀，手上无湿印，其水分在 60% ~ 67%，适于豆科牧草的青贮；若手松开后，草球立即膨胀，其水分在 60% 以下，只适于幼嫩牧草低水分青贮。

③ 切短原料。原料切短有利于装填、压紧和汁液的渗出，而汁液的渗出有利于乳酸菌的繁殖、发酵。青贮原料切得越短，青贮料品质越好。一般青贮原料切成 2 ~ 5 厘米长，质地粗硬的原料应切得更短，细软原料可稍长些（图 5-30）。

图 5-30　原料切短

④ 及时装填与压实。青贮原料在窖外放置过久易发热霉烂，最好一边切碎一边装填。装填最重要的一项是要层层压实，青贮原料装填越紧实，空气排出越彻底，青贮料质量就越好。装填前，窖底可填一层 20 厘米左右厚的切短秸秆或其他干料，以便吸取青贮料流出的汁液。容器四周可铺填塑料薄膜，加强密封，防止漏水透气。装填青贮原料时应逐层填入，每层装 20 厘米左右厚，踩实后继续装填，直至原料高出窖的边沿 1 米左右。装填时应特别注意压实四角与靠墙壁处的原料（图 5-31）。

图 5-31　装填与压实

⑤ 严密封埋。青贮原料装填完后，应立即严密封埋。先用塑料薄膜或铺上 20 厘米厚的稻草覆盖封严窖口和四周，再用 30 厘米以上的潮土覆盖、拍实。顶部做成馒头型或屋脊型，并把表面拍光滑，以利排水（图 5-32）。修好周边的排水沟，以防雨水渗入。封窖后 3 ～ 5 天应注意检查，发现青贮料下沉或覆土出现裂缝时，应立即用湿土压实封严，以防雨水、空气进入窖内。青绿饲料贮存在缺氧条件下，有益于乳酸菌大量繁殖，从而酸度逐渐增加，抑制腐败菌及有害菌生长，这个过程约需 20 天。

图 5-32　严密封埋

【注意事项】

① 加入适量添加物。有条件的在青贮时加入适量蚁酸、甲醛（福尔马林）、尿素等。每吨青绿饲料加 85% 蚁酸 2.85 千克，或加 90% 蚁酸 4.53 千克。加蚁酸后，制作的青贮料颜色鲜绿，气味香浓。但含糖量高的如玉米等，应按青贮原料重量的 0.1% ～ 0.6% 加入浓度 5% 甲醛。每吨青贮玉米若添加 5 千克尿素，可使其总蛋白质含量达到 12.5%。

② 避免二次发酵。青绿饲料贮存后，30 ～ 40 天即可随取随喂。取后加盖，以防止与空气接触而霉烂变质。

③ 逐渐增加喂量。由于青贮饲料具有酸甜味，初喂时，鹅群因不适应可能不喜采食，故刚开始饲喂时可以空腹饲喂，或逐渐加大青贮料在饲粮中的比例，使鹅慢慢地适应。

（4）干制　青草、青绿树叶等干制后，适口性好，能保存其营养成分，在冬、春季可用来代替青绿饲料。干制后的饲料是舍饲或半舍饲养鹅饲料中蛋白质、维生素和矿物质等营养物质的重要来源，对改善鹅营养状况具有非常重要的意义。调制干草时要注意适时的收割：禾本科牧草进入抽穗阶段，豆科牧草出现花蕾时，各种养分的含量较丰富且平衡，枝繁叶茂，产草量和营养物质总量都较高，是适宜的收割期。一般以当天早晨收割最好，因为夜间植物的气孔关闭，不蒸发，牧草含水量较多，所以夜里收割牧草，对调制青干草不利。中午收割牧草，虽然牧草的含水量少，但干燥时间变短，因而也不理想。夏季或夏末秋初高温季节要避开雨季收割。调制干草的方法有自然干燥法和人工干燥法。

① 自然干燥法。即将鲜草放在阳光下自然晒制，使其中水分的含量降低到 17% 以下。自然干燥法可采用平铺和小堆结合法（图 5-33）以及草架晾晒法（图 5-34）。

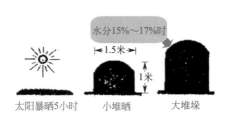

图 5-33　平铺和小堆结合晒草法

（暴晒 4 ～ 5 小时使草的水分由 85% 左右减至 40%，细胞呼吸作用迅速停止，减少营养损失，然后把青草集成约 1 米的小堆，每天翻动 1 次，使其逐渐风干，再堆大垛）

【注意】通常在早晨收割牧草，在上午 11 时左右翻晒效果最好，如果需要再翻晒一次的话，可在 13 ～ 14 时进行，没有必要进行多余的翻晒。注意防雨淋。

图 5-34　草架晾晒法

（将草搭在草架上自然干燥，比地面自然干燥营养物质损失减少 17%，消化率提高 2%，色绿、味香，适口性好。需要建设草架）

【注意】草架晾晒法适用于湿润地区或多雨季节的晒草。牧草堆得要蓬松，厚度 70 ～ 80 厘米，离地面应有 20 ～ 30 厘米；堆中应留通道，以利空气流通；外层要平整并保持一定倾斜度，以便排水；在架上干燥时间一般为 1 ~ 3 周。也有些地区，有利用墙头、木杆、铁丝架晒制甘薯藤、花生藤的习惯，其效果与草架晾晒法相类似。

②人工干燥法。在自然条件下晒制干草，营养物质的损失相当大，一般干物质的损失占青草的 10% ~ 30%，可消化干物质的损失达 35% ~ 45%。如遇阴雨，营养物质的损失更大，可占青草总营养价值的 40% ~ 50%。而采用人工快速干燥法，营养物质的损失只占鲜草总量的 5% ~ 10%。人工干燥法主要分为常温通风干燥、低湿烘干法和高温快速干燥法。

常温通风干燥法。此法是利用高速风力，将半干青草所含水分迅速风干，它可以看成是晒制干草的一个补充过程。通风干燥的青草，事先须在田间将草茎压碎并堆成垄行或小堆风干，使水分下降到 35% ~ 40%，然后在草库内完成干燥过程。通风干燥的干草比田间晒制的干草，含叶较多，颜色绿，胡萝卜素要高出 3 ~ 4 倍。

低温烘干法。此法采用加热的空气，将青草水分烘干，干燥温度为 50 ~ 79℃，需 5 ~ 6 小时；干燥温度为 120 ~ 150℃，经 5 ~ 30 分钟则完成干燥。未经切短的青草置于传送带上，送入干燥室干燥。

高温快速干燥法。利用火力或电力产生的高温气流，可将切碎成 2 ~ 3 厘米长的青草在数分钟甚至数秒钟内，使水分含量降到 10% ~ 12%。高温快速干燥法属于工厂化生产，生产成本较高。其产品可再粉碎成干草粉，或加工成颗粒饲料。采用高温快速干燥法，青草中的养分可以保存 90% ~ 95%，产品质量也最好。

2. 精饲料的调制加工

精料种类较多，不同精料采用不同的调制加工方法。

（1）粉碎　小麦、大麦、稻谷、燕麦等整粒喂鹅，不仅消化率低，还不易与其他饲料均匀混合，也不便配制全价日粮。豆类、饼（粕）类颗粒较大，也不易搅拌均匀。所以，一般要粉碎后再喂。粉碎粒度不宜太细。

（2）去毒　棉籽饼、菜籽饼富含蛋白质，前者含蛋白质 30%

以上，后者含蛋白质高达 30％～40％，都可作为蛋白质补充料，但它们都含有毒素，在使用之前必须进行去毒处理，而且要限制喂量。

① 棉籽饼去毒。棉籽饼中含有游离棉酚，未去毒或使用不当将使鹅中毒，使用前一定要对棉籽饼进行去毒处理。经去毒后的棉籽饼仍有少量残余棉酚存在，因此应限量饲喂。棉籽饼去毒方法有：用水煮沸棉籽饼粉，保持沸腾半小时，冷却晒干粉碎饲喂。或向棉籽饼粉中加入硫酸亚铁，根据棉籽饼中游离棉酚含量，加入等量的铁，即游离棉酚与铁的比为 1∶1，拌匀后直接与其他饲料混合饲喂。

② 菜籽饼去毒。菜籽饼中含有硫代葡萄糖苷，长期饲喂可引起鹅中毒。去毒后的菜籽饼喂量不宜超过日粮的 10％。其去毒方法有：一土埋法。选择向阳、干燥、地温较高地方，挖一个长方形的坑，宽 0.8 米，深 0.7～1 米，长度根据菜籽饼数量而定。将菜籽饼用一定比例的水（1∶1 加水量的效果最好）浸透泡软后埋入坑内，底部和顶部各加一层草，顶部覆土 20 厘米以上，埋 2 个月后，可脱毒 90％以上，但蛋白质要损失 3％～8％。二氨处理法。以 7％的氨水 22 份，均匀喷洒 100 份菜籽饼，闷盖 3～5 小时，再放进蒸笼蒸 40～50 分钟，晒干或炒干后喂鹅。

3. 配合饲料的制作

（1）原料选择

① 精饲料。鹅常用的饲料有玉米、大麦、高粱、麸皮、豆饼、葵花饼、花生饼、小麻饼、鱼粉等。要求精料的含水量不超过安全贮藏水分，无霉变，杂质不超过 2％。发霉变质及掺假的原料坚决不用。

②粗饲料。鹅常用的粗饲料有玉米秸秆、豆秸、谷草、花生秧、栽培干牧草、树叶等。晒制良好的粗饲料水分含量 14％～17％。玉米秸秆容重小，加工时不易颗粒化或加工出的成品硬度小，故宜与谷草、豆秸等饲料搭配使用。

（2）原料粉碎 一般粉碎机的筛板孔径以 1～1.5 毫米为宜。对于储备的粗饲料，一般选择在晴天的中午加工。

（3）称量混合 加工颗粒饲料，先将粉碎的精料按照配方比例称量混匀，再按精、粗料比例与粗料混合。为了混合均匀，注意：一是将微量元素添加剂或预防用药物制成预混料。二是控制搅拌时间。一般卧式带状螺旋混合机每批宜混合 2～6 分钟，立式混合机则需混合 15～20 分钟。三是适宜的装料量。每次混合料以装至混合机容量的 60%～80％为宜。四是合理的加料顺序。配比量大的组分先加，量少的后加；比重小的先加，比重大的后加。

第六章

鹅的饲养管理技术

第一节　雏鹅的饲养管理

　　雏鹅是指孵化出壳后到 4 周龄或 1 个月内的小鹅。雏鹅饲养管理的好坏不仅直接影响雏鹅成活率和生长发育，还影响育肥效果和成年鹅的种用价值。只有依据雏鹅的特点加强饲养管理，才能提高鹅群成活率，保证鹅群均匀整齐、体质健壮、发育良好，为种鹅繁殖和肉鹅生产打下良好基础。

一、雏鹅特点

1. 体温调节能力差

　　雏鹅出壳后，全身仅被覆稀薄的绒毛，保温性能差，消化吸收能力又弱，加之体温调节能力差，因此对外界温度的变化适应力弱，特别是对冷的适应性较差（图 6-1）。随着日龄的增加，这种自我调节能力虽有所提高，但仍较薄弱，必须采用人工保温。在培育工作中，为雏鹅创造适宜的温度环境，是保证雏鹅生长发育和成活的基础。否则，会出现生长发育不良、成活率低，甚至造成大批死亡。特别是20 日龄以内的雏鹅，当温度稍低时就易发生打堆（相互挤压在一起）

现象，常出现受捂压伤，甚至大批死亡。受捂小鹅即使不死，生长发育也慢，易成"小老鹅"，故民间养鹅户常说"小鹅要睡单，就怕睡成山（打堆）；小鹅受了捂，活像小老鼠（小老鹅）"。为防止打堆及对雏鹅的危害，在育雏时应控制好育雏的温度，还要保持适当的饲养密度，避免拥挤。

图 6-1　雏鹅体温调节能力差

2. 生长发育快，新陈代谢旺盛，但消化道容积小

雏鹅生长发育快，长到 20 日龄时，小型鹅体重比出壳时增长 6～7 倍，中型鹅增长 9～10 倍，大型鹅可增长 11～12 倍。雏鹅体温高，呼吸快，体内新陈代谢旺盛，需水较多。但雏鹅消化道容积小，消化能力差，而且食物通过消化道的速度快（雏鹅平均保留 1.3 小时，雏鸡为 4 小时）。因此，为保证雏鹅快速生长发育的营养需要，在饲养管理中要及时饮水，保证充足供水；饲料的营养浓度要高，各种营养素要全面平衡，适当添加优质、易消化的青绿饲料；在给饲时要少喂多餐，以利于雏鹅的生长发育。

3. 公雏鹅和母雏鹅的生长速度不同

公雏鹅和母雏鹅的生长速度不同，同样饲养管理条件下，公雏鹅比母雏鹅增重快 5%～25%，单位增重耗料也少。公母雏鹅分开饲养，60 日龄时的成活率要比公母雏鹅混养高 1.8%，每千克增重少耗料 0.26 千克，每只鹅活重多 0.251 千克。所以，在条件许可的情况下，育雏时应尽可能做到公母雏鹅分群饲养，以便获得更高的经济效益。

4. 抵抗力差

雏鹅个体小，抵抗力和抗病力较差，加上密集饲养，容易感染各种疾病。一旦发病就会损失严重，因此要加强管理，严格卫生防疫制度，减少疾病危害。

二、育雏条件

根据雏鹅生长发育特点，为其提供适宜的环境条件，可以保证雏鹅正常生活和生长。

1. 温度

雏鹅体温调节机能不健全，防寒能力差，所以育雏期需要人工给予适宜的环境温度。温度不仅影响雏鹅的体温调节、运动、采食、饮水及饲料营养消化吸收和休息等生理环节，还影响机体的代谢、抗体产生、体质状况等。温度关系到育雏成败，温度适宜有利于提高雏鹅的成活率，促进雏鹅的生长发育。育雏温度随着日龄增加逐渐降低，直至脱温。适宜的育雏温度见图6-2。

1～5日龄28～30℃　　6～15日龄25～28℃　　16日龄后可控制在18～20℃

图6-2　适宜的育雏温度

温度计的位置直接影响到育雏温度的准确性和育雏效果。保姆伞育雏，温度计悬挂在距伞边缘15厘米高处，高度与鹅背相平（距地面8～10厘米处）；暖房式加温，温度计挂在距地面、网面或笼底面8～10厘米高处；室内温度测定，温度计挂在育雏室内两窗之间距地面1.5～2米高处（图6-3）。

图6-3　悬挂温度计

【提示】育雏过程中，应根据幼雏的体质、时间、群体任务给予调整，使温度适宜均衡、变化小。调整原则是：出壳后温度稍高，以后逐渐降低，直至20天以后根据外界气温情况逐渐脱温。白天雏鹅活动时，温度可稍低；夜晚雏鹅休息时，温度可稍高。周龄初期相比周龄末期温度可稍高；健雏稍低，病弱雏稍高；大群稍低，小群稍高；晴朗天稍低，阴雨天稍高。

可以根据雏鹅的行为表现适当调整育雏温度，即"看雏施温"。不同育雏方式不同温度条件下雏鹅的分布模式见图6-4，不同温度下雏鹅的行为表现见图6-5。

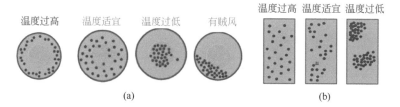

图6-4　育雏伞下育雏（a）和暖房式育雏的雏鹅（b）分布模式

图6-5　不同温度下雏鹅的行为表现

温度适宜时，雏鹅分布均匀，食欲良好，饮水适度，采食量每日增加。精神活泼，行动自如，叫声轻快。粪便正常。饱食后休息时均匀地分布在热源周围的地面或网面上，头颈伸直，睡姿安详［图6-5(a)］。温度低时雏鹅集中成堆，挤在一起，缩成一团，靠近热源，不时发出尖锐的叫声［图6-5(b)］。温度高时雏鹅远离热源，向四周散开，张口喘气，表现不安，频繁饮水，采食量减少［图6-5(c)］。

2. 湿度

鹅虽是水禽，但怕圈舍潮湿，30日龄以内的雏鹅更怕潮湿。潮湿对雏鹅健康和生长影响很大。若湿度高温度低，体热散发而感寒冷，易引起感冒和腹泻。若湿度高温度也高，则体热散发受抑制，体热积累造成物质代谢与食欲下降，抵抗力减弱，发病率增加。因此，育雏室应建在地势较高、排水良好的区域，土壤以沙质土壤为佳。育雏室的门窗不宜密封，要注意通风透光。相对湿度的要求是 $0 \sim 10$ 日龄，$55\% \sim 60\%$；$11 \sim 21$ 日龄，$60\% \sim 65\%$。常用的湿度计见图6-6。

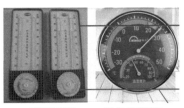

(a) 干湿温度计   (b) 数显湿度计

图6-6 常用的湿度计

【注意】育雏室内不宜放置湿物，喂水时切勿外溢，要注意保持地面干燥。笼育时，每次喂料后要增添一点湿料。自温育雏要解决好保温与防湿之间的矛盾，如加覆盖物保温时不能密闭，应留一个通气孔。

3. 空气

由于雏鹅生长发育较快，新陈代谢非常旺盛，能排出大量的二氧化碳和水蒸气；粪便中大量的有机物发酵分解产生的氨气和硫化氢等有害气体以及人工供温使用的燃料不完全燃烧产生的一氧化碳，这都会使舍内空气污浊，影响雏鹅生长发育。为此，育雏室必须进行适宜的通风换气，驱除污浊气体，减少舍内的水汽、尘埃和微生物。

育雏舍既要保温，又要注意通风换气，保温与通气是矛盾的，应在保温的前提下，进行适量通风换气。育雏前期，注意保温，适量通风；育雏后期，舍内空气容易污浊，应增加通风量。通风换气时，不能让进入室内的风吹到雏鹅身上，防止受凉而引起感冒。同时，自温育雏的覆盖物要留通气孔，不能盖严。

4. 饲养密度

饲养密度过大，鹅群拥挤，生长发育缓慢，发育不均匀，并出现相互啄羽、啄趾、啄肛等现象，死亡淘汰率高；饲养密度过小，造成浪费，所以要保持适宜的饲养密度。不同饲养方式的饲养密度见表6-1。

表6-1　不同饲养方式的饲养密度

周龄	地面平养/（只/米²）	网上平养/（只/米²）	立体笼养/［只/米²（笼底面积）］
1	20 ～ 25	25 ～ 30	40 ～ 50
2	15 ～ 20	18 ～ 25	30 ～ 40
3	12 ～ 15	14 ～ 18	20 ～ 30
4	8 ～ 12	10 ～ 14	15 ～ 20

5. 光照

光照影响雏鹅的生长发育和性成熟时间，应制订严格的光照程序（表6-2）。

表6-2　雏鹅的光照程序

周龄	光照时间/小时	光照强度（灯泡高度离地面2米）/（瓦/米²）
1	24	5
2	18	3
3	16	2
4	自然光照	0.3

【注意】育雏1 ～ 3天，每天23 ～ 24小时光照，光照强度30 ～ 40勒克斯，使雏鹅尽快适应和熟悉环境，尽早学会饮水采食。

6. 卫生

雏鹅体小质弱，对环境的适应力和抗病力都很差，容易发病，特别是传染病。所以要加强入舍前的育雏舍消毒，加强环境和出入人员、用具设备消毒，经常带鹅消毒，并封闭育雏，做好隔离。

7. 营养

雏鹅生长迅速，代谢旺盛，要保证其正常的生长发育，必须供给充足的营养。雏鹅消化道容积小，消化系统发育差，所以饲料要易于消化吸收，要选用优质的饲料原料（如玉米、豆粕）和优质的青绿饲料（洁净的青菜、鲜嫩的青草）等。

三、育雏方式

1. 地面平育

在鹅舍的地面上铺 5 ～ 10 厘米厚垫料，雏鹅在上面自由活动，育雏前期可在垫料上铺黄纸，有利于饲喂和雏鹅活动（图 6-7）。垫料要经常松动和更换，把潮湿污浊的垫料拿到室外晒干后再用，但发生传染病后的垫料要焚烧处理。对垫料的要求是：重量轻、吸湿性好、易干燥、柔软有弹性、廉价适于作肥料。常用的垫料见图 6-8。

(a)   (b)

图 6-7　地面育雏（a）和发酵床生态养鹅（b）

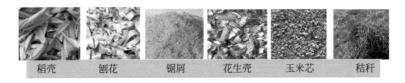

稻壳　　　刨花　　　锯屑　　　花生壳　　　玉米芯　　　秸秆

图 6-8　常用垫料

2. 网上育雏

网上育雏即将雏鹅养在离地面 80 ～ 100 厘米高的网上。网面的构成材料种类较多，有钢制的（钢板网、钢编网）、木制的和竹制的，现在常用的是竹制的。将多个竹片串起来，制成竹片间距为 1.5 ～ 2

厘米竹排，将多个竹排组合形成育雏网面，育雏前期还要在上面铺上塑料网。可用电热保温伞或煤炉作为热源为育雏室保温。网上育雏的优点是粪便直接落入网下，雏鹅不与粪便接触，减少了病原感染的机会，饲养密度高，减少投资（图6-9）。

图6-9　网上育雏

3. 立体育雏

立体育雏也是笼育，就是把雏鹅养在多层笼内。笼育的特点是可增加饲养密度，节约建筑面积，便于机械化饲养，管理定额高；易于观察鹅的行为表现和粪便情况。育雏笼由笼架、笼体、料槽、水槽和托粪盘构成，根据笼的摆放形式分为重叠式和阶梯式。如重叠式，笼架长100厘米，宽60～80厘米，高150厘米。从离地30厘米起，每40厘米为一层，可设三层或四层，笼底与托粪盘相距10厘米（图6-10）。

图6-10　立体育雏及育雏用笼具

【注意】笼育需要较多的料桶和饮水器，管理不善笼格容易卡死雏鹅。

4. 自温育雏

在华东或华南一带气候较暖，多采用自温育雏（图 6-11），即利用鹅自身散发的热量，采取保温措施，以获得较好的温度条件来育雏。一般是将鹅放在铺有干燥、清洁垫草的箩筐、木桶、纸箱、草围内，加盖保温物品，通过增减覆盖物、垫草厚度或调整雏鹅密度等措施来调节温度。保温用具最好是圆形，因为有棱角的地方容易挤死雏鹅。这种育雏方法，设备简单、经济，但管理麻烦，卫生条件差，适于小群育雏和气候较暖和的地方。

图 6-11　自温育雏

四、育雏准备

1. 育雏室准备

雏鹅养殖需要准备一个适宜的场所，育雏室要保持温暖、湿润、清洁、通风良好、光线充足，在育雏前需要将育雏室进行彻底的清洁消毒。新建的育雏舍，用清水进行冲洗，尤其要注意角落位置，干燥

图 6-12　清洁消毒后的备用育雏舍

后使用 20% 的百毒杀或者是 2% 的烧碱进行喷洒消毒；已使用过的育雏舍，喷洒 2% 的热碱水后进行彻底的清理、清扫，然后用高压水冲洗，将冲洗干净的设备用具移入舍内，封闭育雏舍进行熏蒸消毒（福尔马林 25 毫升 / 米 ^{3}、高锰酸钾 12.5 克 / 米 ^{3}，混合）24 小时，充分通风换气，排出甲醛气体待用（图 6-12）。在雏鹅入舍前 5 ～ 7 天再使用氯制剂或百毒杀进行喷洒消毒。

2. 设备用具准备

准备好育雏用的料槽、水槽、消毒防疫用具等，料槽、水槽使用清水冲洗干净，晾干后再消毒。消毒防疫用具也要消毒。

3.饲料药品准备

雏鹅入舍前1天，准备好可饲喂5～7天的饲料及适量的青绿饲料；药品包括疫苗、抗菌药物（土霉素、庆大霉素、恩诺沙星等）、抗球虫药物（球痢灵、球虫粉等）、消毒药物及抗应激剂（糖、奶粉、电解多维等营养剂和维生素C、速溶多维等）。

4.试温

雏鹅对于温度的要求较高，尤其是刚出壳的雏鹅，因其体温调节能力较差，对外界环境的适应能力也较差，如果育雏室的温度过低，则会造成雏鹅患病。因此，在进雏鹅前4小时左右，要对育雏室进行预热，使温度达到33℃左右。

五、饲养管理

1.选择优质健康的雏鹅

优质健康雏鹅的选择标准见图6-13。

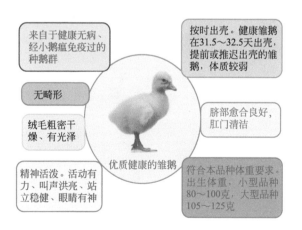

来自于健康无病、经小鹅瘟免疫过的种鹅群

无畸形

绒毛粗密干燥、有光泽

精神活泼。活动有力、叫声洪亮、站立稳健、眼睛有神

优质健康的雏鹅

按时出壳。健康雏鹅在31.5～32.5天出壳，提前或推迟出壳的雏鹅，体质较弱

脐部愈合良好，肛门清洁

符合本品种体重要求。出生体重，小型品种80～100克，大型品种105～125克

图6-13 优质健康雏鹅的选择标准

2.雏鹅的饲养

（1）饮水 雏鹅入舍稍作休息，应开水（开料之前的初次饮水

叫"潮口")。由于出壳时雏鹅腹内带有的卵黄可为出壳后的雏鹅提供营养(维持90多个小时),但在吸收卵黄的过程中,需消耗较多的水分,所以,进入育雏室后应先饮水。如果不能及时饮水,容易引起雏鹅体内缺水和脱水。有的虽然喂给雏鹅一些浸湿的碎米和青绿饲料,但这些水分远远不能满足需要。缺水一方面会严重影响雏鹅的生长发育,甚至引起死亡;另一方面若突然供水或放到水池里,会立即引起"呛水"暴饮,造成生理上酸碱平衡失调,即所谓的"水中毒"。

雏鹅入舍后3～4天,饮5%～10%的葡萄糖和0.05%速溶多维水,有利于缓解应激和疲劳,以后饮用普通清洁饮水。"潮口"时诱导雏鹅饮水,即将雏鹅(逐只或一部分)的嘴在饮水器里轻轻按1～2次,使之与水接触(图6-14)。仅训练一部分小鹅先学会饮水,然后通过模仿行为其他的鹅也会陆续来饮水。

【注意】传统育雏采用的方法是把小鹅放在竹筐里,再把竹筐放在水盆里或者河水里,让小鹅隔筐站在水中(3～4厘米深)喝水。但这种方法易弄湿绒毛而导致雏鹅受凉,必须谨慎从事。

(a)   (b)

图6-14　人工诱导饮水(a)和雏鹅的饮水(b)

育雏舍内饮水器要摆放均匀,靠近料盘或料槽,位置要求固定,切忌随便移动(图6-15)。饮水器中要经常有洁净的水,保证雏鹅随时都可喝到水,避免长时间断水而引起暴饮。如果雏鹅较长时间缺水,为防止因骤然供水引起暴饮造成的损失,宜在饮水中按0.9%的比例加入食盐,调制成生理浓度,这样的饮水即使暴饮也不会影响血液中正负离子的浓度,而无需担心暴饮造成的"水中毒"。天气寒冷时饮水要用温水。每次换水时要清洗消毒饮水器。

(a)　　　　　　　　　　(b)　　　　　　　　　　(c)

图6-15　饮水器的摆放位置

（a）育雏前期饮水器和开食盘摆放的位置；（b）饮水器和料槽的位置；
（c）自动饮水器的安装位置

（2）饲喂

① 适时开食。雏鹅开食（雏鹅的第一次饲喂叫"开食"）过晚，不利于其生长发育。开食必须在第一次饮水后，当雏鹅开始"起身"（站起来活动）并表现有啄食行为时进行，一般是在出壳后24～36小时内进行。

开食的精料可用细小的谷实类或全价饲料。碎米和小米，经清水浸泡2小时左右（或煮成八成熟，即有硬心），沥干水后让雏鹅采食。开食的青料要求新鲜、易消化，以幼嫩、多汁的为好，要剔除黄叶、烂叶和泥土，去除粗硬的叶脉茎秆，并切成1～2毫米宽的细丝状（图6-16）。精料和青料的投喂次序是先青后精、先精后青、青精混合（每100只雏鹅需将开食料2.5千克、玉米面0.25千克和新鲜青菜0.5千克混合拌成不干不粘的程度）。有的鹅场育雏时，前3天饲喂精饲料，3天以后再添加青绿饲料。

(a)　　　　　　　　　　(b)　　　　　　　　　　(c)

图6-16　浸泡的小米（a）、饲喂前把水沥干（b）、细丝状的青绿饲料（c）

开食的方法是在最初给料时以少量勤添的方式投喂，目的是让雏鹅学会吃料，并且让雏鹅形成一个条件反射，即听到呼唤声就来吃料。把育雏料均匀地撒在塑料布或开食盘上，让雏鹅自由啄食。饲喂时把加工好的青料放在手上晃动，并均匀地撒在草席或塑料布上，引诱鹅采食。个别反应迟钝、不会采食的鹅，可将青料送到其嘴边，或将其头轻轻拉入饲料盘中。每2～3小时添加饲料一次，经过几次以后鹅就会自动吃食了。2～3天后逐步改用饲槽或料桶。青料在切细时不可挤压。切碎的青料不可存放过久。雏鹅对脂肪的利用能力很差，饲料中忌油，不要用带油腻的刀切青料，更不要加喂含脂肪较多的动物性饲料。

② 雏鹅的饲喂。雏鹅学会采食后，可使用营养全面的配合饲料与青绿饲料拌喂。饲喂方法是"先饮后喂、定时定量、少给勤添、防止暴食"。10日龄以内，白天喂6～7次，每次间隔3小时左右，夜间加喂2～3次，每次饲喂时间25～30分钟。随日龄增加，饲喂次数可递减。育雏期饲喂全价饲料时，全天供料，自由采食。育雏前期精料和青料比例约为1:2，以后逐渐增加青料的比重，10天后比例为1:4。在喂料时，如果发现体质较差、精神不佳的雏鹅要及时挑出，进行单独饲养（图6-17）。

(a)   (b)   (c)

图6-17 雏鹅的饲喂

（a）将精饲料放入料桶内饲喂；（b）在料槽内饲喂；
（c）先喂精饲料再喂青绿饲料，或精饲料与青绿饲料拌喂

③ 饲喂沙砾。鹅没有牙齿，主要完成机械消化的器官是肌胃，除胃壁可磨碎食物外，还必须有沙砾协助，以提高消化率，防止消化不良症。雏鹅饲喂3天后料中可掺些沙砾（图6-18），每周喂量4～5克。也可设沙砾槽，雏鹅可根据自己的需要觅食。放牧鹅可不喂沙砾。

10日龄以内沙砾直径
为1～1.5毫米，10日
龄以后为2.5～3毫米。
砂砾不溶于盐酸

图 6-18　沙砾及粒径要求

3. 雏鹅的一般管理

除了做好温度、湿度、通风、光照、密度、卫生等方面的管理工作外，还要注意如下方面的管理。

（1）适时分群　由于种蛋受孵化技术等多种因素的影响，同期出壳的雏鹅个体差异较大，育雏过程中的多种因素也会加剧个体差异。育雏中要定期进行强弱分群、大小分群，及时挑出病弱雏鹅，隔离饲养，加强饲养管理。否则，健康强壮的鹅欺负弱鹅，引起挤死、压死、饿死弱雏鹅的事故，鹅群的生长发育和均匀程度将越来越差。群体不易过大，每群以 100～150 只为宜。保持合理的密度，既有利于雏鹅的生长发育，又能提高育雏室的利用效率，还可以防止"打堆"时压伤压死雏鹅。

（2）适时脱温　一般雏鹅的保温期为 20～30 日龄，适时脱温有利于增强鹅的体质。过早脱温，雏鹅容易受凉而影响发育；保温太长，则雏鹅体弱，抗病力差，容易得病。雏鹅在 4～5 日龄时，体温调节能力逐渐增强。因此，当外界气温高时，雏鹅在 3～7 日龄可以结合放牧与放水的活动，逐步外出放牧，开始逐步脱温。但在夜间，尤其在凌晨 2～3 时，气温较低，应注意适时加温，以免受凉。寒冷天气在 10～20 日龄，可外出放牧活动。一般到 20 日龄左右时可以完全脱温，如果冬季育雏，可推迟到 30 日龄脱温。脱温时，要根据气温的变化逐渐进行，若外界气温突然下降，可适当加温，待气温回升后再完全脱温。

（3）注意观察　在整个育雏过程中，注意观察环境条件变化和雏鹅的各种行为表现、精神状态、采食饮水以及排泄情况是否正常，以便及时发现问题及早解决。

① 注意观察环境条件。注意观察环境温度、湿度、光照、通风、

密度和卫生等情况，特别是育雏温度的变化。不论采取何种育雏方式，都要防止鹅群"打堆"。雏鹅怕冷，休息时常相互挤在一起，严重时可堆积3～4层之多，导致压在下面的鹅窒息死亡。自开食以后，每4小时让雏鹅"起身"（"起身"即是用手轻拨，拨散挤在一起的雏鹅，使之活动，以调节温度，蒸发水汽）1次，夜间和气温较低时，尤其要注意经常检查。随着日龄的增长，起身间隔延长，次数减少，同时通过合理分群、控制饲养密度和温度来避免打堆及伤害。

② 注意观察雏鹅的状态。注意观察雏鹅的采食、排泄、呼吸等行为表现。如采食行为，凡健康、食欲旺盛的雏鹅，动作敏捷，抢吃，不挑食，摆脖子下咽，食管迅速膨大增粗，并往下移，嘴角不停地往下点，俗称"压食"。相反，东张西望，含料不愿下咽，动作迟钝的雏鹅疑似有病，须捉出隔离饲养。

③ 注意观察雏鹅的生长发育。注意观察雏鹅的生长发育好坏，如雏鹅的死亡淘汰、雏鹅的体重、雏鹅群的均匀整齐度以及羽毛更换情况等，以便及时调整饲料和管理方法。

（4）防止应激　5日龄以内的雏鹅，每次喂料后，除了给予10～15分钟在室内活动外，其余时间都应让其休息睡眠。所以，育雏室内环境应安静，严禁粗暴操作、大声喧哗引起惊群，光线不宜亮，灯泡功率不要超过40瓦而且悬高，只要能让雏鹅看到饮水吃料就行，夜晚点灯以驱避老鼠、黄鼠狼等；电灯泡以有颜色的特别是蓝色比较好，它可减少雏鹅彼此间啄羽的发生，而且对雏鹅眼睛刺激较为温和。30日龄后逐渐减少照明时间，直到停止照明使用自然光照为止。如果采用红外线灯泡作保温源，悬挂高度离垫料应不少于30厘米，否则易引起火灾；在放牧过程中，不要让犬及其他兽类突然接近鹅群，注意避开火车、汽车发出的响叫声；饲料更换要有3～5天的过渡期，避免骤然更换。

（5）卫生防疫　雏鹅的抵抗力比较弱，一定要做好清洁卫生工作。饲料要新鲜卫生，饮水要清洁；勤打扫场地，保持清洁干燥；饲槽和饮水器每天清洗；育雏室内的卫生用具要固定，工作人员的衣服和鞋子要专用，无关人员不要进入育雏室。从"外地"购入雏鹅时，必须事先进行调查了解，从无疫情的单位购入，购入后须经20天以上隔离观察，确认健康后，方可合群。在饲料中可添加抗生素类药物防病，对病弱雏鹅及时剔出隔离治疗，加强饲养管理，同时要防止鼠、蛇等动物的伤害。

购进雏鹅时一定要确认种鹅是否进行过小鹅瘟疫苗免疫，若没有应尽快进行小鹅瘟疫苗接种，以免造成重大经济损失。雏鹅的抵抗力较低，要做好清洁卫生工作。青绿饲料要新鲜卫生，饮水要清洁，场地要勤扫，垫料要勤换勤晒，用具要经常清洗消毒。饲料中添加药物防病，一般用土霉素片，每片（50万单位）拌料500克，每日2次，可防治一般细菌性疾病；添加钙片可防止软骨症。发现少数雏鹅腹泻，可使用硫酸庆大霉素片剂或针剂，口服或注射，每只1万～2万单位，每天2次。患流行性感冒时应及时治疗，用青霉素3万～5万单位肌内注射，每天2次，连用2～3天。磺胺嘧啶片，首次口服1/2片（0.25克），以后1/4片，连用2～4天。总之，要以防为主，发现疾病立即隔离治疗，保证雏鹅健康生长。

4. 弱雏鹅的康复

鹅蛋孵化后会出现弱雏，接雏时虽然把明显的弱雏鹅挑出，但在饲养过程中仍会有弱雏出现。对于患病没有治疗价值的要淘汰；对营养不良、体质较差的弱雏，通过加强饲养管理，大部分可以赶上或达到健康雏鹅生长水平。

（1）弱雏鹅产生的原因

① 雏鹅质量问题。种蛋质量差，孵化条件不适宜，孵化的雏鹅质量差；出壳后在出雏器、孵化场停留或运输时间过长，导致雏鹅推迟饮水开食时间，使机体缺水、脱水，影响雏鹅的生命力。

② 饲养管理问题。饲料配合不合理，开食饮水不好，育雏舍温度不均，饲养密度过大，通风不良，潮湿，卫生条件差等产生弱雏。

③ 病原菌感染。病原菌（如沙门菌、大肠杆菌、葡萄球菌等）在母体内进入种蛋，出壳后雏鹅较弱，有的鹅胚在孵化过程中，由于母源抗体的存在而暂时不发生感染，出壳后在病菌继续存在时很快受到威胁而降低雏鹅的抵抗力成为弱雏。

④ 季节因素。育雏季节不同，初生雏的生命力有差别。在同样条件下，一般春天出的雏，强壮雏鹅多；而夏秋季湿度大、温度高，出的雏鹅差，弱雏多。

（2）弱雏鹅的康复方法

① 及时挑出弱雏。将挑出的弱雏鹅放在具有保温性能的箱、筐内，单独饲养，头3天育雏舍内温度30℃，湿度70%左右，防止脱水，促进卵黄吸收。脱水严重的可饮用口服补液盐，不能自饮者，可用滴管向口内滴2～3毫升。

② 尽快开水与开食。出壳后24小时内开始初饮，在饮水中加0.02%的环丙沙星，并用5%葡萄糖（白糖）温开水饮用，连饮7天，3天后每天早晨加饮一次酸牛奶，以促进雏鹅的消化吸收。饮水后2小时左右，即可开食。喂给八成熟的小米或碎米，每10只雏鹅加喂煮熟的鸡蛋黄1个和酵母片5片，研碎后均匀地拌在饲料里，每天喂1次，连续喂3～5天。

③ 预防肠道和呼吸道疾病。在饲料中添加0.03%的强力霉素，每天1次，连用3天。同时，在饮水中添加电解多维和维生素C。

④ 饲喂青绿饲料。开食的第二天就可喂给经洗净切成细丝的青绿饲料，如小白菜、苦荬菜、嫩草等，饲喂量逐渐增加。为了调节胃肠功能，迅速增加体重，可在饲料中添加微生态制剂（如益生素、益康肽、复合酶等），连用1周以上。以增加雏鹅胃肠的有益菌群，抑制有害菌，促进食欲，增强抵抗力，使弱雏鹅康复。

5. 雏鹅的放牧与放水

春季育雏，5日龄起就可开始放牧锻炼，选择晴朗无风的日子，待饲喂后放到育雏室附近平坦避风的嫩草地上活动（也就是放牧），让其自由采食青草、饮水戏水、运动与休息。通过放牧，可以促进雏鹅新陈代谢、增强体质、提高适应性和抵抗力。雏鹅身上仅长有绒毛，对外界环境的适应性不强，从舍饲转为放牧，是生活条件的一个重大改变，必须掌握好，循序渐进。初次放牧的时间，可根据气候而定，最好是在外界与育雏温度接近、风和日丽时进行，通常热天是在出壳后3～7天，冷天是在出壳后15～20天进行。初次放牧时间要短，约1小时就够了，以后慢慢延长。放牧前饲喂少量饲料后，将雏鹅缓慢赶到附近的草地上活动。初次放牧以后，只要天气好，就要坚持每天放牧，并随日龄的增加而逐渐延长放牧时间，加大放牧距离，相应减少青绿饲料饲喂次数。阴雨或烈日天不放牧。放牧时，赶鹅要走得慢些；1周龄后，在气温适宜时可以结合放牧把小鹅赶到浅水处让其自由下水、游泳，但切不可强迫赶入水中，以防风寒感冒。放牧时间和距离随日龄的增长而增加以锻炼小鹅体质、培养觅食能力，逐渐过渡到以放牧为主，减少精料的补饲，节约成本。为了争取放牧良好，要掌握牧鹅技术，主要是：

（1）加强训练　从雏鹅开始就进行训练，让鹅群熟悉指挥信号和"语言信号"，选择好"头鹅"（带头的鹅）。如用小红旗或彩棒作指挥信号，在雏鹅出壳时就应让其看到，并在以后的日常饲养管理中都用小红旗或彩棒来指挥，如喂食、放牧、收牧、下水行为等逐步形成固定的条件反射。头鹅身上要涂上红色标志，以便于寻找。放牧只要综合运用指挥信号和"语言信号"，充分发挥头鹅的作用，就能做到招之即来，挥之即去。

（2）选好场地　对雏鹅放牧场地的要求是"近"（离雏鹅舍距离近）、"平"（道路平坦）、"嫩"（青草鲜嫩）（图6-19）、"水"（有水源，可以喝水、洗澡）、"净"（水草洁净，没有疫情和农药、废水、废渣、废气或其他有害物质污染）。远离公路两旁和噪声较大的地方，以免鹅群受惊吓。

图6-19　选择青绿的草地放牧

（3）合理组织　同一放牧鹅群的年龄应相同，否则大的跑得快，小的走得慢，难于合群。放牧的鹅群以300～500只为宜，不超过600只。鹅群太大不好控制，在小块破牧地上放牧常造成走在前面的鹅吃得饱，落在后面的鹅吃不饱，影响鹅群的均匀度。

（4）妥善安排放牧时间　雏鹅的放牧应该"迟放早收"。上午开始放鹅的时间要晚一些，待草上的露水干了以后放牧为好，下午收鹅的时间要早一些。如果露水未干就放牧，雏鹅的绒毛会被露水沾湿，尤其是腿部和腹下部的绒毛湿后不易干燥；早晨气温又偏低，易使鹅受凉，引起腹泻或感冒。初期放牧每天上、下午各一次，每次约30分钟，以后逐渐增加次数，延长时间；到20日龄后，雏鹅已开始长大毛的毛管，即可全天放牧，只需夜晚补饲一次。

（5）严格管理　放牧员要固定，不宜随便更换。放牧前要仔细观察鹅群，把病弱的和精神不振的雏鹅留下，出牧时点清鹅数。放牧雏鹅要缓赶慢行，禁止大声呵喝和紧追猛赶，防止惊鹅和跑场。阴雨天气应停止放牧。雨后要等泥地干到不粘脚时才能出牧。平时要注意天气变化，避免鹅群受烈日暴晒和风吹雨淋。放牧时要观察鹅群动态，待大部分鹅吃饱后，让鹅下水活动，活动一段时间后赶上岸蹲地休息，休息到大部分雏鹅因饥饿而躁动时，再继续放牧，如此重复。所谓吃饱，是指鹅采食青草后，食管膨大部逐渐增大、突出，当发粗发胀部位达到喉头下方时，即为一个饱。随着日龄的增长，先要让鹅初步达到放牧能吃饱，再往后争取达到一天多吃几个饱。雏鹅蹲地休息时，要定时驱动鹅群，以免睡着受凉。收牧时要让鹅群洗好澡，并点清鹅数，再返回育雏室。对没有吃饱的雏鹅，要及时给予补饲。

第二节　仔鹅的饲养管理

　　仔鹅（生长鹅、中鹅、青年鹅或育成鹅）是指从 4 周龄以上至 8 周龄左右选入种用或转入育肥前的鹅。留作种用的称为后备种鹅，不能作种用的转入育肥群，经短期育肥后供食用。仔鹅生长发育的好坏，与上市肉用仔鹅的体重、未来种鹅的质量有密切的关系。

一、仔鹅特点

　　仔鹅的特点见图 6-20。

● 消化道容积增大，消化力增强，能大量利用青绿饲料。饲养过程中以青绿饲料为主，可进行放牧饲养或舍饲多喂青绿饲料。
● 羽毛长出，体温调节机能增强，可以适应外界气候条件。
● 骨骼、肌肉和羽毛生长最快。为了保证鹅的骨骼发育良好，培育出优质种用鹅，要提供充足的活动空间和良好空间环境。

仔鹅(4～8周龄的鹅)

图 6-20　仔鹅及特点

二、饲养管理

仔鹅的饲养方式有放牧饲养和舍内饲养。根据不同饲养方式的特点进行饲养管理。

1. 放牧饲养

放牧饲养时，鹅群在草地和水面上活动。由于经常处在新鲜空气环境中，不仅能采食到含维生素和蛋白质营养丰富的青绿饲料，而且阳光充足，活动空间大，还能促进鹅机体新陈代谢，增强对外界环境的适应性和抵抗力，为选留种鹅或转入育肥鹅打下良好基础。

（1）放牧场地和牧草选择　优良放牧场地应具备四个条件：一要有鹅喜食的优良牧草；二要有清洁的水源；三要有树荫或其他荫蔽物，可供鹅群遮阳或避雨；四是道路比较平坦。放牧场应划分若干小区，有计划地轮牧，以保证每天都有牧草采食。此外，农作物收割后的茬地也是极好的放牧场地（图6-21、图6-22）。

(a)

(b)

图6-21　果园放牧养鹅（a）和林下放牧养鹅（b）

(a)

(b)

图6-22　草地放牧养鹅（a）和玉米地放牧养鹅（b）

（2）放牧时间　在放牧初期要适当控制放牧时间，一般上下午各 1 次，中午赶鹅回舍休息两小时。天热时上午要早出早归，下午要晚出晚归，中午在凉棚或树荫下休息；天冷时则上午晚出晚归，下午早出早归。随着日龄的增长，慢慢延长放牧时间，中间不回鹅棚，就地在阴凉处休息、饮水。鹅的采食高峰在早晨和傍晚，因此放牧要尽量做到早出晚归，即所谓"早上踏露水，晚上顶星星"，同时把青草茂盛的地方安排在早晚采食高峰时放牧，使鹅群能尽量多采食青草。

（3）放牧群的大小　放牧群的大小要根据放牧地情况及放牧人员的经验丰富程度而定，一般以 250 ～ 300 只为一个放牧群为宜，由两人负责放牧。如果放牧地开阔平坦，对整个鹅群可以一目了然，则每群可以增加到 500 只，甚至可高达 1000 只，放牧人员则适当增加 1 ～ 2 人。如果鹅群过大，不易管理，特别是在林下或青草茂密的地方，可能小群体走散，少则十来只，多则上百只；同时鹅群过大，个体小、体质弱的鹅吃不饱或吃不到好草，导致大小不一、强弱不匀。

（4）放牧养鹅时注意事项

① 防中暑雨淋。热天放牧应早晚多放，中午在树荫下休息，或者赶回鹅棚，不可在烈日暴晒下长久放牧，同时要多放水，防止中暑。雷雨、大雨时不能放鹅（毛毛细雨时可放牧）。牧地离鹅舍要近，在雨下大时可以及时赶回。

② 防止惊群。鹅对环境比较敏感，放牧时将竹竿举起或者雨天打伞（可以穿雨衣），都易使鹅群不敢接近，甚至骚动逃离。不要让狗及其他兽类突然接近鹅群，以防惊吓。鹅群经过公路时，要注意防止汽车高音喇叭的干扰而引起惊群。

③ 防跑伤。放牧需要逐步锻炼，距离由近渐远，慢慢增加。将鹅群赶往放牧地时，速度要慢，切不可强驱蛮赶，以致聚集成堆，前后践踏受伤，特别是吃饱时更要赶得慢些。每天放牧的距离大致相等，以免累伤鹅群。尽量选平坦的路线赶。上、下水时，在坡度大、雨道窄或有乱石树桩的地方，如赶得过快，鹅群争先恐后，飞跃冲撞，很易受伤。切记注意收牧时要点清鹅数，并注意观察鹅的采食和健康状况。如果发现体弱或有病的鹅掉队，捉回后应立即隔离饲喂或治疗。

④ 防中毒。对于施过农药的地方，管理人员应详细了解，不能作为放牧地，以免造成不必要的损失。施过农药后至少要经过一次大

雨淋透，并经过一定时间后才能安全放牧。对于放牧不慎而造成的农药中毒，要及时间清农药名称，采取相应的解毒措施。

（5）合理补饲　当牧地草数量少、质量差时，需要补饲精料。对于刚进入仔鹅期的鹅群（对长时间放牧和完全依靠青饲料还很不适应），晚上牧归后也应适当补饲，补饲的次数和数量可以逐步减少；放牧场地条件好，有丰富的牧草或落地谷实可吃，可以少补饲或不补饲。补饲时将精饲料（补饲料配方：玉米粉 46%、小麦次粉 19%、鱼粉 2%、豆粕粉 9%、统糠 10%、草粉 11.5%、骨粉 0.5%、石粉 1%、微量元素和生长素 1%）与青绿饲料以 1 : 4 的比例配成半干湿状喂给，补饲的数量根据鹅的膘情和牧地草情而定。

（6）卫生防疫　放牧前应注射小鹅瘟免疫血清、禽霍乱疫苗。在放牧中，如果发现邻区或上游放牧的鹅群或分散养鹅户发生传染病，应立即转移鹅群到安全地点放牧，以防传染疫病。不要到工业排放污水的渠放水，对喷洒过农药、施过化肥的草地、果园、农田，应经过 10 ～ 15 天后再放牧，以防中毒。每天要清洗饲料槽、饮水盆，定期更换垫草，搞好舍内外、场区的清洁卫生。另外，仔鹅缺乏自卫能力，鹅棚舍要搞好防鼠、防兽害的设施。

（7）及时转群　根据仔鹅的日龄，结合有利的饲养季节充分利用草地，在较少补饲的条件下，中鹅可以较好地生长发育，一般长至 70 ～ 80 日龄时，就可以达到选留种鹅的体重要求。选留的合格中鹅可转入后备种鹅群，继续进行培育。不合格的中鹅及时转入育肥群，进行肉用鹅育肥。

2. 舍内饲养

如果没有放牧条件，或在种草养鹅时为避免鹅群践踏牧草而影响饲草生长，或进行集约化肉鹅生产以及在养"冬鹅"时怕天气冷，可采取舍内饲养。舍内饲养可分为地面饲养和网上饲养（图 6-23）。

图 6-23　地面饲养和网上饲养

（1）科学饲喂　仔鹅阶段正是体格生长发育的关键时期，所以必须保证营养充足，供给全价饲料和优质牧草等，特别要注意维生素和矿物质的供给。每天饲喂 5 ~ 6 次，每次间隔时间要均等。

（2）充足饮水　鹅的生长速度快、运动量大、代谢旺盛，必须保证充足的饮水。同时注意水质良好和饮水卫生，定期洗刷和消毒饮水用具。

（3）适量运动　中鹅阶段是鹅的骨骼发育最快的阶段，需要适量的活动，否则影响骨骼发育。所以在设计鹅舍时要有面积足够大的运动场。

（4）舍内清洁卫生　舍内饲养的鹅群，饲养密度较高，采食充分，排泄量大，舍内容易污浊。每天清洁舍内和运动场上的粪便和污染物，保持清洁卫生。每周消毒 1 ~ 2 次。

（5）减少应激　保持基本固定的饲养管理制度，饲养人员，饲料和牧草，喂料、清洁消毒时间等要基本固定，使鹅群建立良好的条件反射；避免意外的噪声、光照、陌生的动物和人等干扰和粗暴的饲养管理，减少对鹅群的不良刺激和应激反应的发生。

第三节　育肥仔鹅的饲养管理

仔鹅饲养到 8 周龄左右，转入育肥期。中鹅架子大，但胸部肌肉不丰满，膘度不够，出肉率低，稍带有青草味。经过短期育肥后（育肥的时间以 15 ~ 30 天为宜），鹅摄取的过量碳水化合物和部分蛋白质，进入体内经消化吸收后，产生大量的能量，过多的能量便大量转化为脂肪，在体内贮存起来，使鹅肥胖。充裕的蛋白质可使肌纤维（肌肉细胞）尽量分裂繁殖，使鹅体内各部位的肌肉，特别是胸肌充盈丰满起来，整个鹅变得肥大而结实。仔鹅膘肥肉嫩，胸肌丰厚，味道鲜美，屠宰率高，可食部分比重增大。因此，经过育肥后的鹅更受消费者的欢迎，产品畅销，同时可增加饲养户的经济收益。由于育肥仔鹅饲养管理的状况，直接影响上市肉用仔鹅的体重、膘度、屠宰率、饲料报酬以及养鹅的生产效率和经济效益。所以，必须加强育肥仔鹅的饲养管理。

一、育肥鹅选择

中鹅饲养期过后，首先从鹅群中选留种鹅，送至种鹅场或定为种鹅群，剩下的鹅为育肥鹅群。要选精神活泼，羽毛光亮，两眼有神，叫声洪亮，机警敏捷，善于觅食，挣扎有力，肛门清洁，健壮无病的 8 周龄以上的中鹅作育肥鹅。新从市场买回的肉鹅还需在清洁水源中放养 2 ~ 3 天，每千克水中加入 500 毫克的高锰酸钾进行脚部消毒，确认其健康无病后再予育肥。

二、育肥准备

1. 分群饲养

为了使育肥鹅群生长整齐、同步增膘，需将大群分为若干小群。根据体型大小、采食能力，分成强群、中群和弱群三等。在饲养管理中根据各部实际情况，采取相应的技术措施，缩小群体之间的差异，使全群达到较高生产性能，一次性出栏。

2. 驱虫

鹅体内的寄生虫较多，如蛔虫、缘虫、泄殖吸虫等。育肥前进行彻底驱虫，对提高饲料报酬和育肥效果极有好处。驱虫药应选择广谱、高效、低毒的药物。

三、育肥方法

育肥的鹅群确定后，移至新的鹅舍，这是一种新环境应激，鹅会感到不习惯，有不安表现，采食减少。育肥前一般有 1 周左右育肥过渡期，使鹅逐渐适应即将开始的育肥饲养。

1. 放牧加补饲育肥法

放牧加补饲是较经济的育肥方法。根据育肥季节的不同，白天利用人工栽培草地放牧或在麦茬地、稻田地以及沟旁路边，采食收割后遗留在田里的粒穗或野草草籽等，边放牧边休息，定时饮水，晚上和夜间补饲全价饲料或压制成颗粒料（可减少饲料浪费），能吃多少喂多少，吃饱的鹅颈右侧可出现一假颈（味囊膨起），有压食动作，摆脖子下咽，嘴、头不停地往下点。补饲的鹅必须饮足水，尤其是夜间不能缺水。

2. 舍饲自由采食育肥法

舍饲育肥法是将鹅群用围栏圈起来，每平方米 5～6 只，要求栏舍干燥、通风良好、光线暗、环境安静，每天进食 3～5 次，从早 5 时到晚 10 时。由于限制鹅的运动，并喂给含有丰富碳水化合物的谷实或块根饲料，每天喂 3～4 次，可使体内脂肪迅速沉积；同时供给充足的饮水，增进食欲，帮助消化，经过半个月左右即可宰杀。

（1）饲养方式　饲养方式有网上育肥、地面育肥和笼养 3 种方式。

① 网上育肥。距地面 60～70 厘米高处搭起网架，栅条间距 3～4 厘米，鹅粪可通过栅条间隙漏到地面上，在栅面上可保持干燥、清洁的环境，有利于鹅的育肥。育肥结束后一次性清理（图 6-24）。

图 6-24　商品鹅网上养殖

商品鹅网上养殖，每天喷淋 3 次，每次持续喷淋 10 分钟，可以改善育肥鹅的屠宰性能，显著提升绒羽的品质；单栋饲养规模可以达到 3000 只。

② 地面育肥。在地面上铺上垫料，用木条围成栅栏，鹅在栏内活动，可伸头至栏外采食和饮水；或直接在地面上放置饲槽和饮水器。每天都要清理垫料或加新垫料，劳动强度相对大，卫生较差，但

投资少，育肥效果也很好（图 6-25）。

图 6-25　地面育肥（a）和大棚地面养鹅（b）

③ 笼养。笼养是将鹅养在金属笼内，通常分为 2 层，饲养密度比垫草平养法高 75%。鹅粪通过笼底的网眼落到地上，机械清粪、喂料和给水。这种方式的优点是饲养密度高、清洁卫生、劳动生产率高，但是生产工艺复杂，成本偏高。仔鹅可长期笼养，未发现骨骼、腿和翼脆弱以及胸骨上有囊肿的情况。注意饲养密度不能过大（图6-26）。

图 6-26　鹅的笼养育肥

（2）饲喂方法　采用自由采食育肥，饲喂方法如下。

① 草浆饲料养鹅。将收割的青绿饲料或采集到的水葫芦、水浮莲、槐叶、杂草等青绿饲料打浆，再用配合粉料搅拌成牛粪状，每天饲喂 6 餐，最后 1 餐在晚上 10 时。选用的青绿饲料要避免有毒植物

如高粱苗、夹竹桃叶、苦楝叶等。

② 青绿饲料拌粉料养鹅。将收割的青绿饲料剁碎，拌上配合粉料，1天饲喂6餐，晚上还要喂1餐。

③ 青绿饲料颗粒饲料养鹅。颗粒饲料置于料桶上，任由肉鹅采食。将青绿饲料（种植的青绿饲料如黑麦草、象草等，蔬菜产区的大量老叶以及大量农副产品如萝卜缨、甘薯藤）置于木架、板台、盆子或水面上，让鹅自由采食。一般每只每天只饲喂2～4千克。

④ 草粉全价颗粒饲料养鹅。将草粉(豆科牧草和禾本科牧草、松针、刺槐叶、花生藤等晒干或烘干，制成青绿色粉末)跟豆饼、玉米等配制成全价颗粒饲料。可用料盘1日分4餐饲喂，也可用自动料槽或料桶终日饲喂，另外保证有充足的清洁饮水，这种方式有利于规模化、集约化养鹅。

（3）管理　加强对鹅群的观察和日常管理，搞好卫生和消毒，保持鹅舍洁净；饲料更换有一定过渡期；特别注意防治消化系统疾患。可大量应用促菌生、益生素、EM菌、酵母菌、乳酸菌等饲料添加剂调节鹅肠道的微生态环境，保持菌群平衡，减少腹泻、肠炎的发生。另外，有意识地应用一些既是饲料又是中草药的植物和杂交酸模、马齿苋、大蒜、香桃叶、山姜等。

3. 舍饲填饲育肥法

采用填鸭式育肥技术，俗称"填鹅"，即在短期内强制性地让鹅采食大量的富含碳水化合物的饲料，促进育肥。如可按玉米、碎米、甘薯面60%，米糠、新皮30%，豆饼（粕）粉8%，生长素1%，食盐1%配制全价混合饲料，加水拌成糊状，用特制的填饲机填饲。具体操作方法是：由两人完成，一人抓鹅，一人握鹅头，左手撑开鹅嘴，右手将胶皮管插入鹅食管内，脚踏填饲机开关，一次性注满食管。一只一只慢慢进行。如果没有填饲机，可将混合料制成1～1.5厘米粗、长6厘米左右的食条，待阴干后，人工一次性填入食管中，效果也很好，但费人工，适于小批量育肥。其操作方法是，填饲人员坐在凳子上，用膝关节和大腿夹住鹅身，背朝人，左手把嘴撑开，右手拿食条，先蘸一下水，用食指将食条填入食管内，每填一次用手顺着食管轻轻地向下推压，协助食条下移，每次填3～4条，以后增加直至填饱为限。开始3天内，不宜填得太饱，每天填饲3～4次。以后要填饱，每天填5次，从早6时到晚10时，平均每4小时填一次。填后供足饮水。每天傍晚应放水一次，时间约30分钟，将鹅群赶到水塘内，可促进新陈代谢、有利消化、清洁羽毛、防止生虱和其他皮肤病。

每天清理圈舍一次，如果使用褥草垫栏，则每天要用干草兑换，湿垫料晒干、去污后仍可使用。若用土垫，每天须添加新干土，1周要彻底清除一次，堆积起来发酵，不但可防止环境污染，还可提高育肥效果。

四、选择最佳出栏期

选择最佳的出栏期能够提高肉鹅的养殖效益。选择最佳出栏期，主要应考虑饲料利用效果和市场价格。

肉鹅4～8周龄出现增重的高峰期，9周龄后增重减慢，饲料转化率降低，这时可将鹅群由放牧转为舍饲育肥，待达到出栏体重时，即可上市。一般认为，在正常的饲养管理条件下，中小型鹅70～90日龄，活重3.0～4.0千克；大型鹅80日龄，活重达4.0～5.0千克，就应出栏。利用优良品种配套杂交生产的商品鹅，60日龄可达3.5～4.5千克，90日龄出栏时平均体重可达5.0千克。其生长速度快，且羽绒含量高（30%左右），缩短了饲养周期，提高了效益。

养鹅的效益受市场因素制约较大，应根据市场变化，结合鹅自身的生长状况，选择最佳时机出售。一般农户多在5月中旬至7月份进雏，出栏时间大多在9～10月份，由于出栏时间集中，农户之间相互竞争，造成价格低，经济效益差。如果饲养优良商品雏鹅就可分期上市，避免了集中上市的诸多弊端。如4～5月份进雏，6～7月份出栏；或6月份进雏，8月份出栏，也可延时上市，中间进行活体拔毛，增加收入，提高养鹅生产的整体效益。

此外，选择最佳出栏期，还要受饲养管理等多种相关因素的影响。在生产过程中，一定要根据自己的实际情况，适时出栏，以达到最大的经济效益。

第四节　后备种鹅的饲养管理

　　仔鹅养到 70 日龄左右，对混群鹅要进行选择。按照各品种体貌要求，选出体躯匀称，体重相似的整齐鹅群，作为产蛋鹅的后备群，称后备种鹅，也就是 70 日龄或 10 周龄以后到产蛋或配种之前准备作种用的仔鹅。后备种鹅饲养管理的目的是提高种用价值，为产蛋或配种做好准备。

一、后备种鹅的饲养阶段划分

　　依据后备种鹅生长发育的特点，将后备种鹅饲养期分为前期、中期和后期三个阶段，分别采取不同的饲养管理措施。

二、不同阶段的饲养管理要点

1. 前期调教合群

　　70 ～ 90（或 100）日龄为前期，晚熟品种还要长一些。后备种鹅是从中鹅群中挑选出来的优良个体，往往不是来自同一鹅群，把它们合并成后备种鹅的新群后，由于彼此不熟悉，常常不合群，甚至有"欺生"现象，所以必须先通过调教让它们合群。这是管理上的一个重点。

　　此时期的中雏鹅处于生长发育时期，而且还要经过第二次换羽，需要较多的营养物质，不宜过早进行粗放饲养，应根据放牧场地草质的好坏，逐渐减少补饲的次数，并逐步降低补饲日粮的营养水平，使青年鹅机体得到充分发育，以便顺利地进入限制饲养阶段。

　　如果是舍内（关棚）饲养，则要求饲料足，定时、定量，每天喂 3 次。生长阶段要求日粮中的粗蛋白质为 12% ～ 14%，每千克含代谢能 2400～2600 千卡。日粮中各类饲料所占比例分别为谷物饲料 40%～50%，糠麸类饲料 10%～20%，蛋白质饲料 10%～15%，填充料（统糠等粗料）5%～10%，青绿饲料 15%～20%。

2. 中期限制饲养

中期一般从 100～120 日龄开始至开产前 50～60 天结束。后备种鹅经第二次换羽后，如果供给足够的饲料，经 50～60 天便可开始产蛋。但此时由于种鹅的生长发育尚不完全，个体间生长发育不整齐，开产时间参差不齐，导致饲养管理十分不方便。过早开产，母鹅产的蛋小，种蛋的受精率低，达不到蛋的种用标准。因此，这一阶段应对种鹅采取限制饲养，适时开产，使其比较整齐一致地进入产蛋期。

控料阶段分前后两期。前期约 30 天，在此期内应逐渐降低饲料营养，每日由给食 3 次改为 2 次。尽量增加青绿饲料喂量和鹅的运动，或增加放牧时间，逐步减少每次给食的饲料量。控料阶段母鹅的日平均饲料用量一般比生长阶段减少 50%～60%。饲料中可加入较多的填充粗料（如统糠），目的是锻炼消化能力，扩大食管容量。粗蛋白质水平可下降至 8% 左右，饲料配合可用谷物类 50%～60%、糠麸类 20%～30%、填充料 10%～20%。经前期 30 天的控料饲养，后备种鹅的体重比控料前下降约 15%，羽毛光泽逐渐减退，但外表体态应无明显变化，青绿饲料消耗明显增加。此时，如果后备母鹅健康状况正常，可转入控料阶段后期。后备母鹅经控料阶段前期饲养的锻炼，采食青草的能力增强，可完全采食青绿饲料（每天每只鹅可采食 1～2 千克青草），不喂或少喂精料。在南方，限制饲养阶段如遇盛夏，为使鹅在中午能安静休息避暑，可在中午喂 1 次精料（饲料配比为谷物类 40%～50%，糠麸类 20%～30%，填充料 20%～30%）。控料阶段后期为 30～40 天。经限制饲养（包括前后期）的后备母鹅体重允许下降 20%～25%，羽毛失去光泽，体质略为虚弱，但无病态，食欲和消化能力正常。限制饲养阶段，放牧饲养时，无论给食次数多少，补料应在放牧前 2 小时左右（以防止鹅因放牧前饱食而不采食青草）或在放牧后 2 小时进行，以免养成收牧后有精料采食，便急于回巢而不大量采食青草的坏习惯。

后备公鹅在限制饲养阶段中应与母鹅分群饲养，为了保持公鹅一定的体重和健康的体质，饲料配比应全期保持在母鹅控料阶段前期的水平，每天补饲两次以上。但必须防止因饲料营养水平过高而提早换羽。限制饲养阶段要注意如下方面：

（1）注意观察鹅群动态　在限制饲养阶段，随时观察鹅群的精神状态、采食情况等，发现弱鹅（表现出行动呆滞，两翅下垂，食草没劲，两脚无力，体重轻）、伤残鹅等要及时剔除或进行单独的饲喂和护理。可喂以质量较好且容易消化的饲料，到完全恢复后再放牧。

（2）放牧场地选择　应选择水草丰富的草滩、湖畔、河滩、丘陵以及收割后的稻田、麦地等。放牧前，先调查牧地附近是否喷洒过有毒药物，否则，必须经 1 周以后，或下大雨后才能放牧。

（3）注意防暑　育成期种鹅往往处于 5 ～ 8 月份，气温高。放牧时应早出晚归，避开中午酷暑。早上天微亮就应出牧，上午 10 时左右将鹅群赶回圈舍，或赶到阴凉的树林下让鹅休息，到下午 3 时左右再继续放牧，待日落后收牧。休息的场地最好有水源，以便于饮水、戏水、洗浴。放牧时应防止雷阵雨的袭击，如走避不及可将鹅赶入水中。晚上可让鹅在运动场过夜，将鹅舍和运动场的门敞开，既有利通风降温，又便于鹅自由进出。运动场上应点灯防止兽害。

（4）搞好鹅舍的清洁卫生　每天清洗食槽、水槽以及更换垫料，保持垫草和舍内干燥。

3. 后期加料促产

经限制饲养的种鹅，应在开产前 50 ～ 60 天进入恢复饲养阶段。此时种鹅的体质较弱，应逐步提高补饲日粮的营养水平，并增加喂料量和饲喂次数。如在 9 月开产的母鹅应从 7 月份起逐步改变饲料和管理方法，逐步提高饲料质量；营养水平由原来的粗蛋白质8% 左右提高到 10% ～ 12%，每天早晚各给食 1 次，让鹅在傍晚时仍能采食多量的牧草。饲料配比可按：谷物类 50% ～ 60%，糠麸类20% ～ 30%，蛋白质饲料 5% ～ 10%，填充料 10% ～ 15% 进行。用这种饲料经 20 天左右饲养，后备母鹅的体质便可恢复到控料阶段前期的水平。此时再用同一饲料每天早、中、晚给食 3 次，逐渐增加喂量。做到饲料多样化、不定量，青绿饲料充足，增喂矿物质饲料促进母鹅进入"小变"，即体态逐步丰满。然后增加精料用量，让其自由采食，争取及早进入"大变"，即母鹅进入临产状态。初产母鹅全身羽毛紧贴，光洁鲜明，尤其颈羽显得光滑紧凑，尾羽与背羽平伸，后腹下垂，耻骨开张达3指以上，肛门平整呈菊花状，行动迟缓，食欲大增，喜食矿物质饲料，有求偶表现，想窝恋巢。后备公鹅的精料补充应提前进行，促进其提早换羽，以便在母鹅开产前已有充沛的体力、旺盛的食欲。后备种鹅后期的用料要精。在舍饲的条件下，最好给后备种鹅喂配合饲料。

后备公鹅应比母鹅提前两周进入恢复期，由于公鹅在控料阶段的饲料营养水平较高，进入恢复期可用增加料量来调控，每天给食由2次增至3次，使公鹅较早恢复。

进入恢复期的种鹅，有的开始陆续换羽，为了换羽整齐、节省饲料，应进行人工拔羽。拔羽时间应在种鹅体质恢复后，而羽毛未开始掉落前。人工拔羽应在晴天进行，拔羽时把主副翼羽及尾羽全部拔光。拔羽后应加强饲养管理，提高饲料质量，饲料中含粗蛋白质12%～14%。公鹅的拔羽期比母鹅早2周左右进行，以使后备种鹅能整齐一致地进入产蛋期。

【注意】后备鹅在管理上的重要工作之一是进行防疫接种，注射小鹅瘟疫苗。种疫苗适用于种鹅，一般都在产蛋前注射，如果在产蛋时注射，势必因对疫苗有反应而影响产蛋。母鹅在注射疫苗15天后所产的蛋都可留着孵化，其含有母源抗体，孵出的雏鹅已获得了被动免疫力。

第五节　种鹅的饲养管理

所谓种鹅一般是指母鹅开始产蛋、公鹅开始配种，用以繁殖后代的鹅。饲养种鹅的目的，在于获取较多的种蛋，为肉鹅业提供生产性能高、体质健壮的雏鹅。由于饲养措施不同，种鹅生产成绩常有较大的差异。因此，如何制订合理的饲养管理模式，充分发挥种鹅的生产潜力，是养鹅生产的关键环节之一。

种鹅的特点是，生长发育已经大体完成，对各种饲料的消化能力很强，第二次换羽也已完成，生殖器官发育成熟并进行繁殖。这一阶段，能量和养分的消耗主要用在繁殖上，因此饲养管理必须与产蛋或留种相适应。

一、种鹅的饲养方式

种鹅饲养以舍饲为主、放牧为辅，既可降低饲料成本，又利于提高母鹅的产蛋率。南方饲养的鹅种，一般每只母鹅产蛋 30 ～ 40 个，高产者达 50 ～ 80 个；而北方饲养的鹅种，一般每只母鹅产蛋 70 ～ 80 个，高产者达 100 个以上。为发挥母鹅的产蛋潜力，必须实行科学饲养，满足产蛋母鹅的营养需要。集约化舍内饲养，饲养方式有地面平养、网上平养和笼养。

1. 地面平养

种鹅饲养在地面上，舍外设置运动场和洗浴池，目前生产中较为常用（图 6-27）。

(a)   (b)

图 6-27　适宜于炎热地区棚舍（a）和适宜于温暖地区的半开放舍（b）

2. 网上平养

种鹅网上平养时，网板占鹅舍面积 20% ～ 25%，网上放饮水器和食槽，鹅舍前有洗浴沟和硬地面的日光浴场。洗浴沟加水 20 ～ 30 厘米，每周换水和清沟 1 ～ 2 次。为防止水中出现浮游生物，可按每 100 升水加 1 克硫酸铜进行处理。种鹅舍内网上平养，可以机械清粪，舍外设置小水池，用水量可以节约 3/4 以上。种鹅栅上平养时，板条地面是用上宽 2 厘米，底宽 1.5 厘米，高 2.5 厘米的梯形木条组成，木条之间的距离为 1.5 厘米（图 6-28、图 6-29）。

图 6-28　种鹅网上平养

图 6-29　种鹅舍的种鹅栏和漏缝地板

3. 笼养

将鹅养在金属笼内，通常分为两层，饲养密度比垫料平养高 75%。鹅粪通过笼底的网眼落到地上，可以机械清粪、自动喂料和饮水。但是生产工艺复杂，成本偏高。笼养种鹅笼（图 6-30），宽 100 厘米，深 70 厘米，高 90 厘米（母鹅）或 100 厘米（公鹅）。每笼放种鹅 2～3 只，笼底用直径 5 毫米的钢丝做成。母鹅笼底的坡度为 12°，以便于鹅蛋自动滚到集蛋槽上。槽式饮水器深 6 厘米，上沿宽 8 厘米。食槽位于饮水器同侧，槽深 10 厘米，宽 18 厘米，上沿有宽 1.2 厘米槽檐，防止鹅抛撒饲料。

图 6-30　种鹅的笼养

二、种母鹅的饲养管理

1. 产蛋期的饲养管理

母鹅经过产蛋准备期的饲养，换羽完毕，体重逐渐恢复，陆续转入产蛋期。临产前母鹅表现为羽毛紧凑有光泽，尾羽平直，肛门平整，周围有一个呈菊花状的羽毛圈，腹部饱满，松软而有弹性，耻骨间距离增宽，采食量增加，喜食无机盐饲料，有经常点头寻求配种的姿态，母鹅之间互相爬踏。开产母鹅有衔草做窝现象，说明即将开始产蛋。

（1）饲养管理

① 饲料。营养是决定母鹅产蛋率高低的重要因素。种鹅在产蛋配种前 20 天左右开始喂给产蛋饲料。对于产蛋鹅的日粮，要充分考虑母鹅产蛋所需的营养，尽可能按饲养标准配制。以舍饲为主的条件下，建议产蛋母鹅日粮营养水平为代谢能 10.88 ～ 12.3 兆焦 / 千克，粗蛋白质 14% ～ 16%，粗纤维 5% ～ 8%（不高于 10%），赖氨酸 0.8%，甲硫氨酸 0.35%，胱氨酸 0.27%，钙 2.25%，有效磷 0.3%，食盐 0.5%。维生素对鹅的繁殖有着非常重要的作用，维生素 E、维生素 A、维生素 D_3、维生素 B_1、维生素 B_2、维生素 B_6 必须满足需要。使用分装维生素时，考虑到效价等问题，须按说明书供给量的 3 ～ 4 倍进行添加。另外，在产蛋高峰期，饲料中添加 0.1% 的甲硫氨酸，可提高种鹅产蛋率。种鹅精料以配合饲料效果较好。据试验，采用按玉米 40%、豆饼 12%、米糠 25%、菜籽饼 5%、骨粉 1%、贝壳粉 7% 的比例制成的配合饲料饲喂种鹅，平均产蛋量、受精蛋、种蛋受精率分别比饲喂单一稻谷提高 3.1 个、3.5 个和 2%。由于配合饲料营养较全，含有较高的蛋白质、钙、磷及微量元素，能够满足种鹅产蛋对营养的需要，所以产蛋多、种蛋受精率高。

精饲料的喂量要逐渐增加，开始饲喂量小型鹅 90 克每天，大型鹅 125 克每天，以后每周增加 25 克，用 4 周时间逐渐过渡到自由采食，但喂料量不能超过 200 克。喂料时先粗后精，定时定量，每天 2 ～ 3 次。如果白天放牧，晚上还应补饲 1 次，任其自由采食。种鹅喂青绿多汁饲料可大大提高产蛋率、种蛋受精率和孵化率。有条件的地方应于繁殖期多喂些青绿饲料。每只种鹅每天能采食 2.5 千克的青绿饲料。精料喂量是否适合，可以观察鹅的粪便确定，如果鹅粪便粗大、松散，轻拨能分成几段，则表明精粗适宜；如果鹅粪便细小硬实，则是精料多、青料少，补饲量过多，消化吸收不正常，应增加青绿饲料；如果粪便色浅而不成形，排出即散开，说明补料量过少，营养物质跟不上，应增加精饲料补给。

开产前 10 天，应提高日粮中钙含量，还应在运动场或牧地放置补饲粗颗粒贝壳粉或石粉以及沙子的饲槽或料盘，任鹅自由采食。开产后的鹅要适当控制精料喂量，每只 125 克。如果喂料过多而引起母鹅过肥会影响产蛋。但也不能过瘦，过瘦要加料促蛋。进入产蛋旺期，增加精饲料（饲料中可以添加 1% 的甲硫氨酸），吃到七成饱，结合放牧或饲喂青绿饲料；产蛋后期，精饲料要喂到八成饱，以料促蛋，不使产蛋下降。当产蛋下降幅度大时，应让鹅自由采食精饲料，吃饱吃好，夜间还要加喂 1 次，以控制产蛋率的下降。

② 饮水。鹅蛋含有大量水分，鹅的新陈代谢也需水，所以供给产蛋鹅充足的饮水是非常必要的。鹅舍内要经常有清洁的饮水。产蛋鹅夜间饮水与白天一样多，所以夜间也要给足饮水，满足鹅体对水的需求。我国北方早春气候寒冷，饮水容易结冰，产蛋母鹅饮用冰水对产蛋有影响，应给予 12℃ 的温水，并在夜间换一次温水，防止饮水结冰。

（2）环境管理　为鹅群创造一个良好的生活环境，并精心管理，是保证鹅群高产、稳产的基本条件。

① 产蛋鹅的适宜温度。鹅的生理特点是：羽绒丰满，绒羽含量较多；皮下有脂肪而无皮脂腺，只有发达的尾脂腺，散热困难，所以耐寒而不耐热，对高温反应敏感。夏季气温高，鹅停产，公鹅精子无活力；春节过后气温比较寒冷，但鹅只陆续开产，公鹅精子活力较强，受精率也较高。母鹅产蛋的适宜温度是 8 ～ 25℃，公鹅产壮精的适宜温度是 10 ～ 25℃。在管理产蛋鹅的过程中，应注意环境温度。

② 产蛋鹅的适宜光照时间。鹅对光照反应敏感，一定的光照时间对产蛋有影响。种鹅的饲养大多采用开放式鹅舍、自然光照制度，未采用人工补充光照，对产蛋有一定的影响。如 10 月份开始产蛋的种鹅，按自然光照每日只有 10 个多小时，必须在晚上开电灯补充光

照，使每天实际光照达到 13 小时左右，此后每隔 1 周增加半小时，逐渐延长，直至达到每昼夜光照 15 小时为止，并将这一光照时间保持到产蛋期结束。由于采用人工补充光照，弥补了自然光照的不足，促使母鹅在冬季增加产蛋量。但对于鹅的光照，目前还有不同的看法，有人提出不同品种对光照的要求也不同，认为南方的鹅种属短光照品种，缩短光照（每昼夜 10 小时左右）可增加产蛋量，这些问题尚待进一步深入研究。

③鹅舍的通风换气。鹅舍如果封闭严密，鹅群长期生活在舍内，会使舍内空气污染，氧气减少，既影响鹅体健康，又使产蛋下降。为保持鹅舍内空气新鲜，除保持适宜的饲养密度（舍饲 1.3 ～ 1.6 只 / 米^2，放牧条件下 2 只 / 米^2）、及时清除粪便和垫草外，还要注意经常打开门窗换气。冬季为了保温取暖，可以利用换气孔进行换气，以保持舍内空气的新鲜。

（3）配种管理　为了提高种蛋的受精率，除考虑种鹅的营养需要外，还必须注意公鹅的健康状况和公母比例。鹅的自然交配多在水上进行，掌握鹅的下水规律，使鹅能得到交配的机会，这是提高受精率的关键。要求种鹅每天有规律地下水 3 ～ 4 次。第一次下水交配在早上，从栏舍内放出后即将鹅赶入水中，早上公母鹅的性欲旺盛，要求交配者较多，应注意观察鹅群的交配情况，防止公鹅因争配打架影响受精率。第二次下水时间在放牧后 2 ～ 3 小时，可把鹅群赶至水边让其自由下水交配。第三次在下午放牧前，方法如第一次。第四次可在入圈前让鹅自由下水。如舍饲，主要抓好早晚两次配种。配种环境的好坏，对受精率有一定影响，在设计水面运动场时面积不宜过大，过大因鹅群分散，配种机会少；过小，鹅群又过于集中，致使公鹅相互争配而影响受精率。人工辅助配种可以提高受精率，但比较麻烦，公鹅需经一段时间的调教，只适合在农家散养及小群饲养情况下进行。

在自然支配条件下，合理的性比例和繁殖小群能提高鹅的受精率。一般大型鹅种公母配比为（1:3）～（1:4），中型（1:4）～（1:6），小型（1:6）～（1:7）。繁殖配种群不宜过大，一般以 50 ～ 150 只为宜。鹅属水禽，喜欢在水中嬉戏配种，有条件的应该每天给予一定的放水时间，以多创造配种机会，提高种蛋受精率。

在大、小型品种间杂交时，公母鹅体格相差悬殊，自然配种困难，受精率低，可采用人工辅助配种方法，此也属于自然配种。方法是先把公母鹅放在一起，使之相互熟悉，经过反复的配种训练后建立条件反射，当把母鹅按在地上、尾部朝向公鹅时，公鹅即可跑过来配种。

人工授精是提高鹅受精率最有效的方法，还可大大缩小公母比例，提高优良公鹅利用率，减少经性途径传播的疾病的发生。采用人工授精，1只公鹅的精液可供12只以上母鹅输精。一般情况下，公鹅1～3天采精一次，母鹅5～6天输精一次。

（4）产蛋管理　鹅的繁殖有明显的季节性，鹅一年只有一个繁殖季节，南方为10月份至翌年的5月份，北方一般在3～7月份。

母鹅的产蛋时间大多数在下半夜至上午10时以前。因此，产蛋母鹅上午不要外出放牧，可在舍前运动场上自由活动，待产蛋结束后再外出放牧。产蛋鹅的放牧地点应选择在鹅舍附近，便于母鹅产蛋时及时回舍，以免在野外产蛋。鹅产蛋时有择窝的习性，形成习惯后不易改变。为便于管理，提高种蛋质量，必须训练母鹅在种鹅舍内的固定地方产蛋，不可放任自流，以免养成随处产蛋的坏习惯，致使漏捡种蛋及种蛋被污染等情况发生，造成不必要的经济损失。初产母鹅还不会回窝产蛋，如果发现其在牧地产蛋，就应将母鹅和蛋一起带回产蛋间，放在产蛋巢内，用竹箩盖住，逐步教会它回巢产蛋。在放牧时如果发现母鹅神态不安、急于找窝，如匆忙向草丛或较为掩蔽的场所走去时，应注意检查，如果腹中有蛋，就把该母鹅抱回产蛋间产蛋。早上放牧前要检查鹅群，如果发现有鸣叫不安、腹部饱满、尾羽平伸、泄殖腔膨大、行动迟缓、觅窝产蛋表现的母鹅，应捉住检查，如果触摸有蛋，应送回产蛋间，让其产蛋，而不要随大群放牧。

地面饲养时，大约有60%母鹅习惯于在窝外地面产蛋，有少数母鹅产蛋后有用草遮蛋的习惯，导致蛋往往被踩坏，造成损失。因此，在母鹅临产前15天左右应在鹅舍内墙周围安放产蛋箱。产蛋箱的规格：宽40厘米、长60厘米、高50厘米，门槛高8厘米，箱底铺垫柔软的垫草或设置简单的产蛋窝。每2～3只母鹅设一个产蛋箱。母鹅一般是定窝产蛋，第一次在哪个窝里产蛋，以后就一直在哪个窝产蛋。母鹅在产蛋前一般不爱活动，东张西望、不断鸣叫，这都是要产蛋的行为。发现这样的母鹅，要捉入产蛋箱内产蛋，以后鹅便会主动找窝产蛋。

母鹅产蛋以前要做好产蛋箱。产蛋箱内垫草要经常更换，保持清洁卫生，种蛋要随下随捡，一定要避免种蛋被污染。被污染蛋表面致病菌数量要比正常种蛋高出几十倍，孵化率、雏鹅成活率都非常低。每天应捡蛋4～6次，可从凌晨2时以后，每隔1小时用蓝色灯光（因鹅的眼睛看不清蓝光）照明收集种蛋一次。这样既可防止种蛋被弄脏，而且在冬季还可防止种蛋受冻而降低孵化率。收集种蛋后，先进行熏蒸消毒，然后放入蛋库保存（图6-31）。

(a)　　　　　　　　　　(b)

图6-31　鹅的产蛋窝（a）和捡蛋（b）

人工孵化方法已经普及，需做好就巢鹅的处理工作。发现就巢母鹅，应立即隔离，把母鹅迁离鹅舍，放在无垫草而较冷的围栏内，停止喂料，给足饮水。在晴朗天气可把就巢鹅放在露天的围栏内，经2～3天后，每天可给食粗糠、甘薯等粗料，使母鹅的体质不过于下降，醒巢后能迅速恢复产蛋。此外，也可采用药物醒抱。

（5）注意观察　每天详细观察种鹅的采食、产蛋、粪便和各种行为表现，及时发现问题，把隐患消灭在萌芽状态，可以减少损失。

（6）减少应激　生活环境中存在着无数种应激因素，如恐惧、惊吓、斗殴、临危、兴奋、拥挤、驱赶、气候变化、设备变换、停电、照明和饲料改变、大声呵喝、粗暴操作、随意捕捉等。所有这些应激都会影响鹅的生长发育和产蛋量。有经验的养鹅生产者很忌讳养鹅环境的突然变化。饲料中添加维生素C和维生素E有缓解应激的作用。

（7）卫生管理　经常注意舍内外卫生，防止病害；舍内垫草须勤换，饮水器和垫草要隔开，以保持垫草良好的卫生状况。垫草一定要洁净，以防发生曲霉菌病。污染的垫草和粪便要经常清除。舍内要定期消毒，特别是春、秋两季结合预防注射，对饲槽、饮水器和运动场围栏、墙壁等鹅经常接触的场内环境进行一次大消毒，以防疾病的发生。

（8）放牧管理　产蛋期的母鹅应以舍饲为主，放牧为辅。由于产蛋母鹅腹部饱满，行动迟缓，要选择路近而平坦的牧地，放牧时应慢慢驱赶，上下坡时不可使鹅争先拥挤，防止践踏或跌伤，以免引起蛋破裂、内出血和腹膜炎等难于治愈的病症（图6-32）。

图 6-32　母鹅的放牧

（9）疾病控制　制订定期消毒制度。种鹅场要实行封闭式饲养管理，专人负责。在鹅场进出道路口建好消毒池，人员进出要进行消毒。定期对鹅舍、食槽和其他用具进行消毒。病死鹅要进行深埋做无害化处理，不要随意乱丢乱抛。种蛋销售后，要对蛋框、人员鞋帽、衣服和运输工具等进行彻底消毒，防止病原进入种鹅场。常用的消毒药物有：氯毒杀、消特灵、消毒威、烧碱、漂白粉等，浓度要控制好，按照说明书正确使用。

2. 停产期的饲养管理

母鹅每年的产蛋期，除品种之外，因各地区气候不同而异。我国南方多集中于冬、春两季，北方多在2～6月初。种鹅的利用年限一般为3～5年，一般情况下，当种鹅在经过1个冬春繁殖期后，必将进入夏季高温休产期。为了做到既降低休产期的饲养成本，又保证下1个繁殖周期的生产性能，必须根据成年种鹅耐粗饲、抗病力强等特点进行饲养管理。

（1）休产前期的饲养管理　这一时期的工作要点是逐渐减少精料用量、人工拔羽、种群选择淘汰与新鹅补充。停产鹅的日粮由精改为粗，即转入以放牧为主的粗饲期，目的是消耗母鹅体内的脂肪，促使羽毛干枯，容易脱落。此期喂料次数逐渐减少到每天 1 次或隔天 1 次，然后改为 3～4 天喂 1 次。在停喂精料期，要保证鹅群有充足的饮水。经过 12～13 天，鹅体消瘦，体重减轻，主翼羽和主尾羽出现干枯现象时，则可恢复喂料。待体重逐渐回升，约放牧饲养 1 个月之后，就可进行人工拔羽。人工拔羽就是人工拔掉主翼羽、副主翼羽和主尾羽。处于休产期的母鹅比较容易拔下，如果拔羽困难或拔出的羽根带血，可停喂几天饲料（青绿饲料也不喂），只喂水，直至鹅体消瘦，容易拔下主翼羽为止。拔羽后必须加强饲养管理；拔羽需选择在温暖的晴天，切忌在寒冷的雨天进行；拔后的两天内应将鹅圈养在运动场内喂料、喂水、休息，不能让鹅下水，以防毛孔感染引起炎症。3 天后就可放牧与放水，但要避免烈日曝晒和雨淋。目前由于活鹅拔羽技术的推广，可在种鹅休产期进行 2～3 次人工拔羽，第一次在 6 月上旬进行，约 40 天后进行第二次拔羽，如果计划安排得好，可拔羽 3 次。每只种鹅在休产期可增加经济收入 8～10 元。种群选择与淘汰，主要是根据上次繁殖周期的生产记录和观察，对繁殖性能低，如产蛋量少、种蛋受精率低、公鹅配种能力差、后代生活力弱的种鹅个体进行淘汰。为保持种群数量的稳定和生产计划的连续性，还要及时培育、补充后备优良种鹅，一般种鹅每年更新淘汰率在 25%～30%。

（2）休产中期的饲养管理　这一时期主要做好防暑降温、放牧管理和保障鹅群健康安全。要充分利用野生牧草、水草等，以减少饲料成本投入。夏季野生牧草丰富，但天气变化剧烈。因此，在饲养上，要充分利用种鹅耐粗饲的特点，全天放牧，让其采食野生牧草。农作物收获后的青绿茎叶也可以用作鹅的青绿饲料。只要青粗料充足，全天可以不补充精料。管理上，放牧时应避开中午高温和暴风雨恶劣天气。放牧过程中要适时放水洗浴、饮水，尤其要时刻关注放牧场地及周围农药施用情况，尽量减少不必要的鹅群损害。这一时期结束前，还要对一些残次鹅进行 1 次选择淘汰。

（3）休产后期的饲养管理　这一时期的主要任务是种鹅的驱虫防疫、提膘复壮，为下一个产蛋繁殖期做好准备。为保障鹅群及下一代的健康安全，前 10 天要选用安全、高效、广谱驱虫药进行 1 次鹅体驱虫，驱虫 1 周内的鹅舍粪便、垫料要每天清扫，堆积发酵后再作农田肥料，以防寄生虫的重复感染。驱虫 7 ～ 10 天后，根据当地周边地区的疫情动态，及时做好小鹅瘟、禽流感等一些重大疫病的免疫预防接种工作。夏季过后，进入秋冬枯草期，种鹅的饲养管理上要抓好青绿饲料的供应和逐步增加精料补充量。青绿饲料上，可以人工种植牧草，如适宜秋季播种的多花黑麦草等，或将夏季过剩青绿饲料经过青贮保存后留作冬季供应。精料尽量使用配合料，并逐渐增加喂料量，以便尽快恢复种鹅体膘，适时进入下一个繁殖生产期。管理上，还要做好种鹅舍的修缮、产蛋窝棚的准备等。必要时晚间增加 2 ～ 3 小时的普通灯泡光照，促进产蛋繁殖期的早日到来。

三、种公鹅的饲养管理

种公鹅饲养管理好坏直接关系到种蛋的受精率和孵化率。在种鹅群的饲养过程中，始终应注意种公鹅的日粮营养水平和种公鹅的体重、健康等状况。在鹅群的繁殖期，公鹅由于多次与母鹅交配，排出大量精液，体力消耗很大，体重有时明显下降，从而影响种蛋的受精率和孵化率。为了使种公鹅保持良好的配种体况，种公鹅，除了和母鹅群一起采食外，从组群开始后，还应补饲配合饲料。配合饲料中应含有动物性蛋白质饲料，以利于提高公鹅的精液品质。补喂一般是在一个固定时间，将母鹅赶到运动场，把公鹅留在舍内，补喂饲料，任其自由采食。这样，经过一定时间（12 天左右），公鹅就习惯于自行留在舍内，等候补喂饲料。开始补喂饲料时，为便于管理和分辨公、母鹅，对公鹅可作标记。公鹅的补饲可持续到母鹅配种结束。

如果是人工授精，在种用期开始前 1.5 个月左右，可供给全价配合饲料，特别是蛋白质饲料更要保证。日粮中要求含粗蛋白质 16% ～ 18%，每千克含代谢能 2700 千卡。在饲料配制时，可添加 3% ～ 5% 的动物性饲料（鱼粉、蚕蛹等），另加一定量的维生素（每 100 千克精料中加入维生素 E 400 毫克），可有效地提高精液的品质。为提高种蛋受精率，公、母鹅在秋、冬、春季节繁殖期内，每只每天喂谷物发芽饲料 100 克，胡萝卜、甜菜 250 ～ 300 克，优质青干草

35 ~ 50 克或供给足够的青绿饲料。

种公鹅要多放少关，加强运动，防止过肥，以保持公鹅体质强健。公鹅群体不宜过大，以小群饲养为佳，一般每群 15 ~ 20只。如果公鹅群体太大，会引起互相爬跨、斗殴，影响公鹅的性欲。

 第六节　鹅反季节繁殖

鹅的产蛋集中在特定的月份和季节，因此表现为产蛋和繁殖的季节性差异。不同品种的繁殖季节性显示品种差异。鹅繁殖季节性的差异受外界光照周期变化的影响，光照影响垂体促性腺激素和催乳素的分泌水平从而调节年度繁殖产蛋季节。通过遗传选育和其他畜牧生产管理技术如雏鹅的留种季节和营养供应水平等，能部分影响鹅的繁殖季节性。而通过人工控制程序，则可以完全克服鹅的繁殖季节性问题，再配之环境控制和营养调控技术，调控种鹅在春夏季的非繁殖季节正常产蛋繁殖，从而克服雏鹅生产的季节性，来进行肉鹅的全年均衡生产。

一、家鹅的季节性繁殖

1. 完全长日照繁殖型

繁殖季节开始于白昼变长的春天，结束于日照很长的夏季。如起源于灰雁的欧洲鹅种如埃姆登鹅、莱茵鹅、朗德鹅和匈牙利鹅种等，以及中国高纬度地区的伊犁鹅、由鸿雁驯化而来的豁眼鹅等，都属于完全长日照繁殖型。伊犁鹅的繁殖性能最接近野生灰雁，如春季3 ~ 5 月产蛋，在第一个产蛋年仅产 7 ~ 8 个蛋，在第三个产蛋年产15 ~ 16 个蛋；东北的籽鹅经过劳动人民对产蛋性能的长期选择和人工提供良好的饲养条件，拥有一个从 1 月到 6 月或 7 月较长的产蛋季，单个产蛋期内产蛋总数达到或高于 50 ~ 60 个蛋。

2. 部分长日照繁殖型

繁殖季节始于白昼缩短的秋末，但繁殖活动只有在冬至日照开始延长之后才达到高峰，并在白昼很长的春季或者初夏结束。如中国的扬州鹅，能够充分利用环境较为适宜的冬季条件，在每年的秋季开始产蛋，但是产蛋高峰发生在来年的2月和3月，而在夏季（6月）结束产蛋。扬州鹅也有一个较长的繁殖季节，并在一个繁殖季内产50~60个蛋。四川白鹅和兴国灰鹅每年9月进入繁殖产蛋期，至次年的5月进入休产期，休产期为每年的5~8月。

3. 短日照繁殖型

繁殖季节从夏季日照缩短时开始，到来年春季结束。短日照繁殖型包括地处亚热带的广东马冈鹅、乌鬃鹅、阳江鹅和狮头鹅，每年7~8月进入繁殖产蛋期，至次年3~4月进入休产期，全年产蛋高峰发生于12月至次年1月。短日照繁殖型鹅的非繁殖季节出现在夏季，在秋季和冬季都能孵化生产雏鹅。

二、鹅反季节繁殖的作用

我国大部分的鹅种冬春季节为繁殖季节，夏秋季节为休产期，造成鹅苗和肉鹅供应呈现明显的季节性变化。鹅繁殖季节的调控，就是通过人为的技术措施，调整种鹅繁殖产蛋时期，使种鹅在非繁殖季节繁殖产蛋，其作用表现：一是可实现鹅苗和商品肉鹅全年均衡生产，满足消费市场的需求；二是能避开繁殖高峰期鹅苗供大于求而导致价格下跌的问题；三是冬季气温较低易造成育雏存活率低，而夏季气温高有利于提高育雏成活率；四是在一般休产期的5~8月水草旺盛时繁殖能充分利用青粗饲料，降低饲养成本；五是在一般非繁殖季节由于鹅苗和商品肉鹅供应量较少，市场价格较高，经济效益好于正常繁殖季节，能提高养鹅的经济效益。

三、鹅反季节繁殖的生产方式

鹅反季节繁殖使种鹅在非繁殖季节产蛋繁殖，生产方式有利用常规种鹅进行反季节繁殖和选择适宜时间留种进行反季节繁殖。

1. 利用常规种鹅进行反季节繁殖

将常规种鹅转变为反季节种鹅。如四川白鹅、扬州鹅等一般在 1 月份、2 月份留种，9 月份至来年 4 月份为繁殖产蛋期，5～8 月份为休产期。如果要转变为反季节种鹅，可在种鹅开产 4 个月后（于次年 1 月份）进行整群和调控（如延长光照时间、停料使其停产、强制换羽、缩短光照），经过 80～90 天处理，种鹅 4 月份重新开产至 12 月底停产，结束第一个产蛋期，接下来又可强制换羽，次年 4 月又进入产蛋期。

2. 选择适宜时间留种进行反季节繁殖

选择适宜时间留种，经过培育、调控（如延长光照时间、强制换羽、缩短光照等）使种鹅在休产期刚好达到开产日龄进行产蛋繁殖。如四川白鹅（开产日龄一般为 200～210 日龄）可在 9～10 月选留种鹅雏苗进行培育，选留的鹅苗在次年 4～5 月开产，6～8 月进入产蛋高峰，12 月份停产，连续使用 2～3 年。

为获得较好的生产效益，留种时间至关重要。种鹅的开产日龄与鹅品种密切相关，不同的品种其开产日龄有所不同，留用种鹅的时间要根据鹅各自开产日龄而定。如开产日龄为 200～210 天的鹅，选留 9 月左右的鹅苗作种鹅，其开产时间刚好在第 2 年的 4～5 月，因其开产时适逢环境温度升高，光照时间和强度增强，按照自然传统养鹅法，鹅开产后很快就换羽停产。选留 9 月份的鹅苗留种，可通过实施强制换羽、人工控制光照和调整饲料营养等综合技术措施来进行反季节繁殖。四川白鹅开产日龄 200～210 天，常规为每年的 1～2 月留种，9 月至次年的 4 月为繁殖产蛋期，5～8 月为休产期，而反季节繁殖选留 9 月份的鹅苗，通过调控，使种鹅在 4 月开产，在非繁殖季节保持较高的产蛋率。注意用于反季节繁殖的鹅群应年轻化，最好控制在 2～3 岁阶段内，因此时的生产水平高。现在许多种鹅场为了保证种蛋的受精率、孵化率以及鹅苗质量，一般在种鹅达到性成熟又达到体成熟时，将其所产种蛋孵化的鹅苗用于留种。所以，选留种鹅的时间要根据各地的气候生态条件和种鹅场的具体情况来决定，以达到反季节繁殖的目的。不同品种种鹅的开产日龄与反季节繁殖留种时间见表 6-3。

表 6-3　不同品种种鹅的开产日龄与反季节繁殖留种时间

品种	开产时间/日龄	留种时间/月份
浙东白鹅	170	10～11
皖西白鹅	180	10
溆浦鹅	210～280	6～8
四川白鹅	200～210	9
太湖鹅	160	11
豁眼鹅	210～240	8～9
马冈鹅	140～150	12
狮头鹅	180～210	9～10
清远鹅（乌鬃鹅）	140	12
扬州鹅	185～210	9～10
朗德鹅	240	8
黑龙江籽鹅	180	10
农安籽鹅	160～180	10～11
武冈鹅	180	10
鄱县白鹅	160～200	10
麻阳白鹅	180～210	9～10
天府肉鹅	200～210	9
莱茵鹅	210～240	8～9
雁鹅	240～270	7～8
阳江鹅	160～180	10～11
永康灰鹅	150	12
长乐鹅	210	9
伊犁鹅	270～300	6～7

注：同一鹅种在不同地区的开产日龄和留种时间存在差异。

四、鹅反季节繁殖的基本措施

1. 控制光照

　　鹅之所以春夏休产和秋冬产蛋，主要是由春夏日照的延长和秋冬日照的缩短所调控。因此，在应用光照调控鹅四季均衡繁殖技术时，应根据当时的自然光照强度和时间，制订科学的光照程序，确定人工补光或避光的时间和强度。

（1）短日照繁殖型鹅种的光照控制　南方广东省鹅种属于短日照繁殖动物，其反季节繁殖所需要光照程序较为简单。对于2岁和2岁以上的老鹅，在12月至次年1月中旬左右于夜间给予鹅人工光照（强度为50～80勒克斯），加上在白天所接受的自然太阳光照，使一天内鹅经历的总光照时间达到每天18小时，鹅在接受这种长光照后30～40天后就自动停产并同时开始换羽。在接受长光照处理75天后，将光照缩短至每天11小时，鹅一般于1个月左右（即从长光照处理开始后的100天左右）开产，并在1个月内达到产蛋高峰。所产蛋的受精率也很快上升，一般从开产后的10～15天就可以达到90%。如果将短光照一直维持到12月，可保持较高的产蛋量，实现反季节繁殖。此时再把光照延长到每天18小时，又可以再次诱导种鹅进入"非繁殖季节"，实施下一轮的反季节繁殖操作。

对于处于第1个产蛋季的鹅在进行长光照的同时还应开始限料。通过这些措施诱导鹅休产后，于2月底或3月初开始缩短光照，每天下午4时将鹅驱赶入避光的鹅舍，次日早8时将鹅从鹅舍放出，每天对鹅进行8小时光照，持续5周。然后每周增加1～2小时的光照，诱导鹅开产，直至每天使鹅进行11.5～12.0小时的光照，此时鹅将会进入产蛋期。产蛋期将持续30周，到12月底、1月初再进行长光照诱导休产。这样就可以使鹅的产蛋季节处于5～11月，与鹅的正常产蛋季节相反。

（2）部分长日照繁殖型鹅种的光照控制　北方鹅种如扬州鹅属于部分长日照繁殖动物，一般也需要在冬春季将光照延长至每天20小时，持续5周使之停产。在鹅停产后，再给予5周的短光照（光照7小时，黑暗17小时），使鹅消除长光照的光钝化效应并恢复对长光照的敏感性。在完成短光照处理后，再将光照时间逐渐延长到每天11小时（11小时光照，13小时黑暗）。这种相关的光照能诱导鹅在4周左右时间产蛋。实施这种光调控能诱导鹅在两年内产生3个产蛋季节，实现增产三分之一，同时成功地改变繁殖季节性。

2. 强制换羽

强制换羽就是人为给鹅施加一些应激因素（光照、营养等）引起鹅生理机能变化，使鹅在短期内换羽，改变繁殖产蛋时期，达到反季节繁殖的目的。在自然条件下，鹅要经过休产期和完成换羽才能重新开始下一个产蛋季节，但自然换羽速度慢而且不整齐，造成种鹅开产日期先后距离拉大，也不能与鹅反季节繁殖同步。人工强制换羽能使种鹅同步进入繁殖产蛋期，并将产蛋高峰集中在比较理想的时期内，有利于调控繁殖时期，开展反季节繁殖。人工强制换羽是反季节繁殖前期处理的关键点，一般可分为三步。

（1）整群、停光、停料　强制换羽前 2 天可进行整群，整群的主要目的是淘汰伤残鹅和不符合种用标准的鹅。使用自然光照，根据鹅的体况情况停止给料 3 ～ 4 天，停料期间使体重降低 5% 左右，但要保证充足饮水。从第 4 ～ 5 天开始饲喂育成鹅饲料并每天供给青绿饲料，喂六七成饱，喂 5 天左右。

（2）拔羽　在停料和光照处理适当时，鹅群会有大量的小绒毛掉下，并且尾部和翅膀的主翼羽开始松动，此时开始试着拔羽。如果拔下来的羽不带血，就可逐只一根一根地拔掉，暂时不适合拔的鹅第 2 天再拔，通常 2 ～ 3 次可拔完。

（3）恢复　鹅拔羽后适应性较差，3 天内不能让鹅群下水，以防拔羽后的伤口感染。由于拔羽后鹅体无羽覆盖，放牧时要防止太阳暴晒，以免引起紫外线灼伤。拔完羽后饲喂育成鹅料加青草，饲喂方法与育成期限制饲养方法相同。拔羽 7 天后，鹅双翅主翼及尾羽已开始重新着生，背胸羽已大部分脱落，可换成初产蛋鹅料，用 2 ～ 3 周时间将喂料量增加至饱食量。当产蛋率达 30% 以上时，使用产蛋高峰期饲料。以上 3 个步骤的操作会因鹅的品种、生活环境、生长阶段、饲料营养和饲养管理等不同而有所差异。

3. 调节温度

虽说日照是重要的调控因子，但适宜的环境温度也十分重要。鹅反季节繁殖正值夏季高温季节，自然环境温度对繁殖不利，除人工调控光照外，可采取水帘降温、排风扇通风散热降温、适时对鹅舍和运动场遮阳等措施来降低环境温度。

4. 调整饲料营养

在鹅饲养过程中应根据鹅不同时期的营养需要适时调整饲料配方组成和饲喂量，这在反季节繁殖中尤为重要。为了满足产蛋种鹅营养需要，应增加精料饲喂量，除满足代谢能和蛋白质的营养需要外，还应注意添加矿物质、氨基酸和维生素。精料补充料日喂 3 次，每只日喂量 0.15～0.20 千克，晚上 9 时左右喂 1 次料效果更好。鹅是草食家禽，要经常供给 20%～25% 的优质青绿饲料。在舍内和运动场上设置料盆，并添加干净的贝壳粒让鹅自由采食，以满足种鹅对矿物质的需要。应注意换羽后新羽生长时要适当增加饲喂量，特别是应提高饲料中蛋白质的含量，并适量补充维生素，这有利于新羽的生长，并且为后面的开产做准备。在夏季产蛋料中还应注意加入抗热应激物质，以缓解热应激的不良影响。反季节繁殖在 12 月或 1 月开始，长光照后改用育成期饲料，降低饲料营养水平，尽量多使用青粗饲料，促进母鹅停产换羽。

5. 保持清洁水源

鹅喜欢在水中嬉戏、洗浴、游泳和配种，而且饮水和降温都需要水，水一定要保持卫生干净，最好是深井水（地下水）。这类水不仅清洁卫生，而且水温低，夏季降温效果好。要充分利用周边的水源落差保证水的流动性。反季节繁殖种鹅其他方面的饲养管理，与正常繁殖季节的种鹅相同。

五、鹅反季节繁殖的操作要点

1. 南方短日照繁殖鹅种的反季节繁殖

广东省的广东灰鹅、马冈鹅、乌鬃鹅、阳江鹅和狮头鹅，均为典型的短日照繁殖鹅种。每年 7～8 月种鹅进入繁殖产蛋期，至次年的 3～4 月休产，期间形成 4～5 个产蛋波，全年的产蛋高峰发生于 12 月至次年 1 月份。该繁殖特点表现为延长光照抑制其繁殖活动，缩短光照则促进繁殖活动。

在自然生产情况下，鹅于 3 月底 4 月初停产，再于 7 月份开产，其休产期大约为两个半月。因此，要使鹅群在 4 月上旬或 3 月份开产，一般按 2 个月的休产期计算，再加之鹅接受长光照处理 30 ～ 40 天左右才能停产，所以，反季节繁殖的处理开始时间最早应该在 12 月上中旬。

（1）长光照处理　于 12 月到 1 月上、中旬开始每天对鹅群补光，使鹅的光照时间达到 18 小时（将鹅下午赶进鹅舍，把灯打开一直照明到 12 时关灯，第二天早晨 6 时开灯，黑暗时间 6 小时，光照时间达到 18 小时）。鹅眼睛部位的光照强度达到 80 勒克斯以上（300 平方米的鹅舍内安装 50 ～ 60 只 40 瓦的日光灯，即 5 ～ 6 平方米 1 只40 瓦日光灯，光照强度可以达到 100 勒克斯以上）。

【提示】如果光源数量不够多，或晚上关灯过早或早上开灯过迟，或电压过低光线不明亮等导致光照时间或光照强度不足，会推迟停产时间，影响开产后产蛋率上升和推迟产蛋高峰，严重影响产蛋数量。

（2）拔羽（强制换羽）　在鹅接受长光照处理后约 30 天，鹅会开始脱掉小羽。光照处理 35 ～ 40 天，可以对公鹅拔去大羽，即主副翼羽和尾羽。光照处理 30 ～ 35 天，此时母鹅已开始停止产蛋。处理 50 天左右，母鹅又会出现大规模脱落小羽。处理 55 ～ 60 天（比公鹅晚 20 ～ 25 天），可拔掉母鹅的大羽。此时，母鹅的饲料供应控制每天 125 ～ 140 克稻谷（有青草可以减少稻谷喂量），以推迟大羽生长或使鹅群的羽毛生长更为一致，使母鹅与公鹅的生殖活动同步恢复，减少无精蛋。

（3）缩短光照

① 处理方法一。在长光照处理 55 ～ 60 天后，可以将公母鹅分开，把公鹅的光照时间缩短为每天 13 小时，即晚上 7 时关灯，早晨 6 时开灯或天亮后不用开灯。此时母鹅的光照仍然维持在 18 小时，再过 4 周或 30 天，把母鹅的光照时间也缩短为 13 小时，并将公母鹅混群饲养，每只增加饲料 10 克，预计再过 3 周左右母鹅即可开产。开产后鹅蛋的受精率一般在 30%，经过几天后可以达到 80% 以上。

② 处理方法二。公母鹅不分开饲养，母鹅拔羽比公鹅晚 25 天，使用长光照处理 75 ～ 80 天，开始缩短光照，可以每 3 天缩短 1 小时。预计再过 3 周左右母鹅即可开产。这样不需要公母分开饲养，但鹅蛋受精率会受一点影响。

【注意】从母鹅产蛋最高峰开始下降后 1 周，两种处理方法应该将光照再缩短到每天 11 小时（早晨 8 时放出来，晚上 7 时关进去，这时不需要再开灯），以使母鹅继续进行第二批产蛋（不然鹅产完第一批蛋后将停产很长时间才会重新开产）。以后一直维持每天 11 小时直到年底重新进行延长光照处理。

2. 北方部分长日照繁殖鹅种的反季节繁殖

（1）扬州鹅的反季节繁殖　扬州鹅属于部分长日照繁殖鹅种，每年 9 月份进入产蛋繁殖期，次年 2 ～ 3 月份达到产蛋高峰，随后 5 月份停产，自然情况下 6 ～ 10 月份是其非繁殖期。反季节繁殖要求种鹅在 5 月份开产，并在整个夏秋季一直维持正常良好的产蛋率和种蛋受精率。留雏时间需要相应提前 7 个月至头年 9、10 月份。由于自然繁殖的扬州鹅在此时尚未产蛋无雏鹅供选留，因此其反季节繁殖生产需要经过两个过程方能实现。

① 第一个过程。通过光照调控，使扬州鹅种鹅在 2 月份休产，经过 2 ～ 3 个月的休产恢复，在 5 月份重启繁殖活动。其具体的光照程序为：在 1 月份开始将光照缩短到 8 小时，诱导扬州鹅种鹅休产；然后在经过 2 个月之后，再将光照延长到 11 ～ 12 小时促进种鹅在 5 月份开产。

② 第二个过程。在 8、9 月份，利用反季节繁殖生产的种蛋，经过孵育在 9、10 月份留雏。按照常规方法育雏和饲养后备种鹅，在冬季 1、2 月份达到 4、5 月龄时，接受人工光照程序处理：从 1 月下旬将光照延长至每天 18 小时，经过 4 周或 1 个月后，将光照缩短至每天 8 小时，解除种鹅光钝化效应；随后在 4 月下旬将光照再延长至 11 ～ 12 小时，以启动繁殖活动并使种鹅开产和维持夏秋季反季节繁殖。

（2）四川白鹅的反季节繁殖

① 将常规饲养的种鹅转变为反季节种鹅。四川白鹅开产时间在 200 ～ 210 日龄。常规饲养的四川白鹅种鹅，一般为每年的 1、2 月份留种，经培育后，9 月份至次年的 4 月份为繁殖产蛋期，5 ～ 8 月为休产期。采取强制换羽来实现反季节产蛋。其方法为：种鹅开产 4 个月后（于次年 1 月份）进行整群，停料（停止精料供给）使其停产，进行强制换羽。经 60 ～ 90 天的恢复后，种鹅 4 月份重新开产至 12 月底停产，结束第一个产蛋年。接下来又可进行强制换羽，次年的 4 月

又进入产蛋期。这一过程的关键在于掌握好强制换羽的时间和方法。通过延长光照使种鹅停产，然后缩短光照使其重新开产来调整种鹅的繁殖季节，也许是因为品种和地理位置差异，未收到预期效果，后采用强制换羽措施使其停产。

② 培育专门的反季节种鹅。改变传统的1、2月份留种的习惯，采取选留9月份左右的鹅苗，通过强制换羽、人工控制光照和温度等综合措施，使其在4月份开产，让种鹅在正常的非繁殖季节保持较高的产蛋率和受精率，达到反季节繁殖的目的。其方法是：在8月中旬至9月上旬时段内，选择强健符合种用要求的鹅苗（来自反季节种鹅的后代）留作种用，按后备种鹅管理要求进行培育，其中在5月龄时（1、2月份）实施一次强制换羽（促进鹅群整齐开产和开产后高产稳产），到次年4月开产，12月停产，结束第一个产蛋年。接下来按反季种鹅饲养，次年的4月又进入产蛋期。可连续利用2～3年。9月份左右的雏鹅留种，其开产时（4月份）适逢环境温度升高、光照时间和强度增强，传统饲养方法鹅开产后很快就换羽停产，产蛋量、受精率都很低。因此，此法关键在于掌握好强制换羽、光照和温度等控制措施。

【注意】饲料控制满足不同时期的营养需要。控料包括种鹅育成期、强制换羽期和产蛋期的饲料控制。种鹅（常规和反季种鹅）育成期，饲料控制以青粗饲料为主，精饲料为辅，达到扩大胃肠容积、锻炼消化机能、性成熟与体成熟同步的目的。强制换羽拔毛前控料，以尽快停产、促进换羽为前提，以停供和缓增为主。其中从完全停料（4～5天后）到拔毛时的六七成饱阶段，饲喂量的增加需逐步进行。拔毛后至产蛋前控料，以尽快恢复和蓄积产蛋所需营养物质为前提，以增量为主。产蛋期控料，以满足产蛋需要，提高受精率和出孵率为前提，以质优、均衡、营养全面、自由采食为主。种鹅育成和恢复期饲料营养要求粗蛋白质14%～15%、代谢能11.0～11.5兆焦/千克、钙0.9%、磷0.7%、食盐0.25%；产蛋期饲料营养要求粗蛋白质16%～17%、代谢能11.5～12.0兆焦/千克、钙2.0%～2.5%、磷0.7%、食盐0.3%。

【特别提示】我国地域辽阔，不同地区的日照时间、环境温度等自然生态环境条件存在明显的差异。不同地区在实施鹅反季节繁殖生产调控时，要根据不同地区的具体情况，因地制宜探索出切实可行和有效的种鹅反季节繁殖生产技术和方法，实现全年均衡生产，提高养鹅的经济效益，促进农民增收，实现养鹅业的可持续发展。

六、鹅反季节繁殖的相关配套措施

1. 种鹅舍的建设

鹅反季节繁殖种鹅舍要求较高，一要有很好的遮光效果，二要足够宽敞，三要有良好的隔热效果，四要有良好的通风和降温效果，这样才能保证反季节繁殖需要的光照、温度等条件（图6-33）。

(a) 反季节鹅舍的外景　　(b) 反季节鹅舍的内景　　(c) 反季节鹅舍外的戏水池

图6-33　种鹅舍的建设

2. 搞好免疫和驱虫

搞好免疫和驱虫，增强鹅体抵抗力，减少传染病和寄生虫病的发生。根据本地区疫病流行情况制订科学的免疫程序，进行确切的疫苗接种，并不定期检测抗体水平，了解鹅群的安全状况。休产期种鹅，待公母合群后进行一次免疫，主要接种禽流感、小鹅瘟、鸭瘟疫苗等；产蛋前对鹅群进行1～2次驱虫，特别是饲喂大量水浮莲等水生植物的鹅群，驱虫更为重要。

3. 及时发现就巢鹅，采用人工醒抱措施

鹅的就巢性也是影响鹅繁殖性能的重要因素。为了尽可能地增加繁殖期鹅产蛋时间，需要及早发现并且及时强制终止就巢。强制终止就巢的方法一般是将确认已经就巢的鹅隔离开，并限制饲喂7～10天，待醒抱后重新放归鹅群。但在就巢鹅被隔离和限饲的时期内，其

接受的光照程序必须始终与原鹅群保持一致。

4. 保持适宜的公母鹅比例

目前鹅配种以自由交配为主，应保持适宜的公母比例。在实际生产中以（1:4）～（1:5）的公母比例为宜。在反季节生产中，因生理应激和高温影响，种蛋受精率通常都比自然条件下低，增加公鹅数量没有明显的效果，应从降低应激方面采取措施。

5. 加强日常管理

（1）提供清洁饮水，防止鹅饮用池塘水　池塘水质容易被污染，细菌微生物会大量滋生，产生内毒素释放于水中，被鹅饮入体内，在体内沉积；产蛋期还会沉积在蛋中，造成孵化时鹅胚的大量死亡，降低孵化率。

（2）及时清理鹅粪，保持舍内外清洁卫生　饲养人员每天早上用扫把和铁锹将鹅舍和运动场内的粪便清理干净，禁用水冲，既可收集到干鹅粪，又可降低舍内湿度，降低鹅腿病的发生率。

（3）池塘定期换水，防止水体污染　鹅将大量粪便排泄在池塘水中，造成大量有害细菌滋生，一方面感染公母鹅的生殖器，另一方面细菌产生的内毒素被鹅摄入后，会使鹅处于亚中毒状态，影响鹅群健康，产蛋期还会影响产蛋性能和降低种蛋受精率。

（4）保持通风　保持舍内通风良好，特别是加光期间。鹅舍及运动场搭设遮阳网，避免鹅受到日光直射。

（5）强化日常鹅群的保健工作　每周对鹅舍和运动场进行一次消毒，每周带鹅消毒一次，每3天将食槽、饮水器及其他用具等消毒一次，每月对鹅场进行全方位的喷雾消毒一次。饲料中定期投放一些广谱抗菌药物和保健中药。应该特别注意的是不喂发霉饲料。长日照期间对鹅应激较大，饲料中应适当添加一些多维。

第七节　鹅活体拔羽技术

鹅活体拔羽指利用人工技术拔取成年活体鹅的羽绒。鹅活体拔羽利用休产期的种鹅、后备种鹅和肉用仔鹅，活拔 3 ～ 4 次鹅羽绒，在不影响鹅健康和不增加鹅饲养量的情况下，能增产优质的鹅羽绒 0.3 ～ 0.4 千克。活体鹅拔的羽绒弹性足、蓬松度好、柔软干净、色泽一致、含绒率高（22％以上），其余的羽片也都可利用，而且活拔鹅羽绒制品的使用时间较长。所以鹅活体拔羽能提高养鹅的综合经济效益，值得推广。

一、羽绒的类型

按羽毛形状和结构，将羽绒分为正羽和绒羽等，见图 6-34。

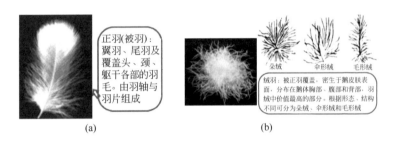

图 6-34　正羽（a）和绒羽（b）

二、活体拔羽的时机

活体拔羽并不是所有的鹅都适用，不是什么时候都可以进行，也不是任何部位的羽绒都有必要拔，否则影响到鹅的健康和生产。所以要掌握好活体拔羽的时机。

夏秋两季青草旺盛是活体拔羽的最佳时期。特别注意，种鹅在产蛋繁殖季节和严重缺乏青绿饲料时期以及肉用仔鹅和后备种鹅的羽绒还没有长齐的时候，不能随意进行活体拔羽。活体鹅拔羽绒一定要和当地的气候、养鹅的季节、鹅的类型相结合，尽可能做到不影响产蛋、配种、健康，尽可能不影响或者少影响鹅的生长发育，这是必要的前提。不同类型鹅活体拔羽时机见图 6-35。

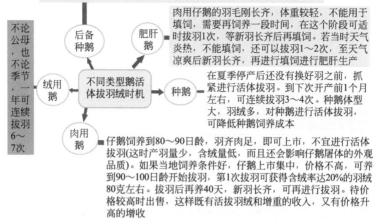

图 6-35　不同类型鹅活体拔羽时机

三、活体拔羽的操作

1. 拔羽前的准备

（1）人员准备　活拔鹅羽对鹅是一种较大应激，为了减弱应激，操作人员要熟练掌握活体拔羽的操作要领。

（2）鹅的准备　初次拔羽的鹅在拔毛前几天，要进行抽样检查。用手将鹅胸部的羽毛翻起来，看毛根是否已经干枯，看有无未成熟的血管毛。如果羽毛根部已干枯，皮肤中的一些血管毛刚刚显露，说明此鹅羽毛成熟，并将开始换羽，正是拔羽的适宜时候；如果大部分毛根已干枯，一部分血管毛已经长出皮肤，说明这只鹅正在换毛，此时虽可拔羽，但产羽量与含绒率将有所下降；如果大部分羽毛为血管毛，说明旧毛已大部分脱落，新毛尚未长齐与成熟，不能拔羽；发育不良、体弱消瘦的鹅不能拔羽。在拔羽前一天要停止喂食，只供给饮水。在拔羽的当天饮水也停止，以免在拔羽时鹅因受机械刺激，不时排出粪便，污染拔下的羽绒及操作者的劳服。对羽毛不洁的鹅，在拔羽的前一天要让其在水内洗澡，或人工刷洗羽毛，去掉泥沙及污物，以获得更为干净、漂亮、高质的羽绒。为了有利于拔羽，可在拔羽前10 分钟左右，给每只鹅灌服中度白酒 10 ～ 12 毫升，能使毛囊扩张、皮肤松弛。

（3）场地和设备　选择天气晴朗、温度适中的天气拔羽绒。拔羽绒场地要避风向阳，以免鹅绒随风飘失；地面打扫干净后，可铺上一层干净的塑料薄膜，以免羽绒污染。准备好围栏及放羽绒的容器，可以用硬的纸板箱或塑料桶。另外再准备好一些布口袋，把箱中拔下的羽绒集中到口袋中贮存。另外，还要配备一些凳子、秤，消毒用的红药水、药棉。拔羽环境内的器物总的要求是：光滑细腻、清洁卫生、不勾毛带毛、不污染羽绒。

2. 拔羽绒的部位

活拔的鹅羽绒主要用作羽绒服装或卧具的填充物，需要的是含"朵绒"量最高的羽绒和一部分长度在 6 厘米以下的"片绒"。所以拔羽绒的主要部位应集中在鹅胸部、腹部、体侧和尾根等。

3. 鹅体的保定

（1）双腿保定　拔羽操作者坐在凳子上，把鹅体翻转过来，将鹅腹部朝上，鹅头朝人平放在操作者的双腿上，用腿将鹅头和两翅夹住，不能夹得太紧。此法容易掌握，较为常用（图 6-36）。

（2）半站立式保定　操作者坐在凳子上，用手抓住鹅颈上部，使鹅呈站立姿势，用双脚踩在鹅两脚的趾和

图 6-36　双腿保定

蹼上面（也可踩鹅的两翅），使鹅体向操作者前倾，然后开始拔羽绒。此法比较省力、安全。

（3）卧地式保定　操作者坐在凳子上，右手抓鹅颈，左手抓住鹅的两腿，将鹅伏着横放在操作者前面的地面上，左脚踩在鹅颈肩交界处，然后拔羽绒。此法保定牢靠，但掌握不好易使鹅受伤。

（4）专人保定　1 人专做保定，1 人拔羽绒。此法操作最为方便，但需较多的人力。

4. 拔羽绒操作

（1）拔羽要点　拔羽速度宁快勿慢；拔羽角度宁斜勿直；拔羽根部宁少勿多；拔羽深度宁深勿浅。

（2）操作方法

① 毛绒齐拔法。见图6-37。拔时先从颈的下部、胸的上部开始拔起，从左到右，从脑至腹，一排排紧挨着用拇指、食指和中指捏住羽绒的根部往下拔。拔时不要贪多，特别是第一次拔羽绒的鹅，拔片羽时一次2～3根为宜，不可垂直往下拔或东拉西扯，以防撕裂皮肤。拔羽绒时，手指紧贴皮肤，捏住朵绒基部，以免拔断而成为飞丝，降低羽绒的质量。胸腹部的羽绒拔完后，再拔体侧、腿侧和尾根旁的羽绒。拔光后把鹅从人的两腿下拉到腿上面，左手抓住鹅颈下部，右手再拔颈下部的羽绒，接下来拔翅膀下的羽绒。拔下的羽绒要轻轻放入身旁的容器中，放满后再及时装入布袋中，装满装实后用细绳子将袋口扎紧贮存。

图6-37　毛绒齐拔

② 毛绒分技法。先用三指将鹅体表的毛片轻轻地由上而下全部拔光，装入专用容器。然后拇指和食指再平放紧贴鹅的皮肤，由上而下将留在皮肤上的朵绒轻轻拔下，放在另外一只专用容器中。

【注意】在操作过程中，拔羽方向顺拔和逆拔均可，但背部和颈部最好是顺毛拔。因为鹅的毛绝大部位是倾斜生长的，顺毛方向拔不会损伤毛囊组织，有利于毛的再生。第一次拔羽时，鹅的毛孔较紧，比较费劲，需要的时间就多些，但以后再拔毛孔就松弛了，拔起来也容易了。如果不慎将鹅的皮肤拔破，可用红药水（或紫药水、0.2%高锰酸钾溶液）涂抹消毒，并注意改进手法，尽量避免损伤鹅体。鹅的抗病能力和羽毛的再生能力都比较强，在皮肤有点破损时对其正常生长无不良影响。刚刚拔完的鹅，应立即轻轻放下，让其自行放牧、采食和饮水。鹅舍内尽量多铺干净的垫草，保持温暖干燥，以免鹅的腹部受潮受冻。另外，拔光羽绒的鹅不要急于放入未拔羽绒的鹅群中，以免"欺生"发生。

四、拔羽中出现的问题及处理方法

1. 毛片大且难拔

拔羽时，遇到有较大的毛片不好拔时，可以采用以下办法：一是对能避开的毛片，可避开不拔，只拔朵绒；当毛片不好避开时，可先将其剪断，然后再拔。剪毛片时一次只能剪去一根，用剪尖从毛片根部皮肤处剪断，注意不要剪破皮肤和剪断朵绒。

2. 毛绒根部带肉

健康的鹅拔羽时毛绒根部是不会带肉质的，如果遇到少许毛绒根部带肉质，拔取时动作可以稍慢一些，每次抓拔的根数要少些，耐心细致地拔。如果大部分毛绒都带肉质，表明这只鹅营养不良，此时，应该暂停拔羽，待喂养育肥后再拔。

3. 脱肛

由于拔羽绒操作的强烈刺激，有的鹅会出现脱肛，一般不需任何处理，过 1～2 天就能自然收缩恢复正常。也可用 0.2％的高锰酸钾液冲洗肛门，以防肛门溃烂。

4. 精神不振

拔羽后，鹅出现不食不饮、走路提腿、摇摇晃晃、喜站伏地等情况，均属正常，一般经 1～2 天自然消失。至于有个别鹅打蔫不喜食，是因拔羽时受刺激较重，体温升高，过 2～3 天就能恢复正常。

5. 破损和出血

在拔羽过程中，如果不小心把皮肤拔破，用紫药水涂抹一下即可。流点血不要紧，等拔完所有的毛绒后，在伤口上涂少许紫药水可照常饲养。如果皮肤破损严重，为防止感染，涂药水后先在室内饲养一段时间再放牧。由于鹅抗病能力和再生能力都比较强，一般破点皮对其正常生长没有不良影响。如果伤口大，则要缝合，做抗菌处理，并在室内养一段时间才可放牧。鹅体温较高，通常在 41～42℃，所以拔羽后体表一般不易被细菌感染。

五、药物脱羽方法

采用活体拔羽，有时鹅的皮肤被扯破，容易造成感染。采用药物脱羽，则可避免上述情况的发生，每只成年鹅每年至少可药物脱羽3次；肉用鹅平均饲养期6～10个月，在出生后3个月到屠宰前1个月，可以药物脱羽2～4次；种鹅可利用休产期进行药物脱羽。

（1）脱羽药品名称及用药剂量　活体药物脱毛所用的药品叫复方脱毛灵，又称复方环磷酰胺，每千克体重用药剂量为45～50毫克。

（2）投药方法　一人固定鹅并将鹅嘴掰开，另一个人将计算好的药物投入鹅舌部，再给予25～30毫升清水送下。服药后让鹅多次饮水。投药时，如果用胃管将药直接送到胃内则效果更好。鹅服药后1～2天食欲减退，个别鹅排绿色稀便，3天后即可恢复正常。

（3）脱羽原理　环磷酰胺是一种潜化型氮芥类药物，本身无活性，进入机体后经肝微粒体的氧化酶代谢后，生成活性代谢物，抑制细胞生长繁殖，经一定时间后毛极变细，易于脱落。据测定，服药1小时后血浆中药物浓度达到高峰，半衰期为5～6小时，48小时后药物排出99%以上，肉中无残留，只是在肝、肾、脾、膀胱中有微量残毒，对鹅无危害。

（4）拔羽方法　服药后13～15天拔羽。拔羽前，鹅要停食1天，并提前1天下水进行洗浴，使其身体干净，保证毛绒质量。拔羽前不必灌酒。拔羽方法是：操作者坐在小凳上，双腿夹住鹅体，用一只手抓住头将颈拉往后背，使鹅的胸腹部朝上；另一只手的拇指、食指和中指抓住毛片顺着往下拔，先拔毛片，后拔毛绒，分别存放。拔羽的顺序为：下部、胸、腹、两肋、腿、肩和背部。翎毛一般不拔，如果需要可用钳子钳住翎毛根用力一次拔出。不能损坏羽面。拔毛时不慎拔破皮肤要消毒，防止发炎。

【注意】鹅药物脱羽的关键是掌握好药物的剂量；药品保管时要避免受潮，勿氧化失效；鹅服药后，要注意观察，不要让鹅把药片吐出来；弱、病、老鹅（5岁以上的）以及将要出口创汇的鹅，不宜药物脱毛。

六、鹅活体拔羽后的饲养管理

活体拔羽对鹅来说是一个比较大的外界刺激，鹅的精神状态、适应力和抵抗力都会受到影响，为确保鹅群的健康，使其尽早恢复羽毛生长，必须加强饲养管理。

最初 1～2 次进行活拔羽绒时，大多数鹅都会出现不适应，表现出精神不佳、行走不稳、食欲不振、多站不睡、胆小怕人等，经 2～3 天就可恢复。拔羽绒后，机体新陈代谢加强，维持需要增加，在新羽生长过程中需要补充更多的蛋白质。因此，在拔羽后 1 周内的日粮中应多加入一些蛋白质饲料，以促进新羽的生长。

鹅在活拔羽绒后皮肤裸露，3 天以内，鹅不能放牧、下水，切忌曝晒和雨淋；1 周以后即可进行放牧。如果皮肤裂伤，应待伤口愈合后再下水。活拔羽绒后的成年公母鹅应分开饲养，以防交配时公鹅踩伤母鹅；皮肤有伤的鹅也应分群饲养。

圈舍地面的垫料应铺厚些，夏季要防止蚊虫叮咬，冬季要注意保暖防寒，以免拔羽后的鹅感冒。

第八节　鹅肥肝生产技术

鹅肥肝是指对体成熟基本完成的鹅，用人工强制育肥的方法饲以超额的高能量饲料，让其多余的养分转化为脂肪，并在短时间内积贮于肝脏中而形成比正常鹅的肝脏（50～100 克）大几倍至十几倍的特大脂肪肝（一般重 300～900 克，大者可达到 1000 克）(图 6-38)。

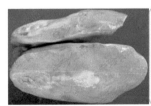

肥肝中不饱和脂肪酸的含量占整个脂肪酸含量的65%～68%，含有多种维生素，营养丰富，能滋补身体，加之肥肝质地细嫩，口味鲜美，使之成为高档新型营养食品，畅销于国际市场。销售产品主要有鲜肝、冻肝和肥肝酱

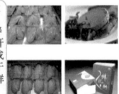

图 6-38　鹅肥肝及销售产品

一、填肥鹅的选择

品种对肥肝的大小影响很明显。一般体型越大，生产的肥肝也较大，应尽可能选择大型品种填饲（图6-39）。

图6-39 鹅肥肝专用品种

狮头鹅和朗德鹅体重大，体躯长，颈粗短，是肝用性能较好的品种，平均肥肝重可达700克左右，高的可以达到1350～1400克；皖西白鹅和图卢兹鹅也是较好品种，但图卢兹鹅的肝品质较差。

【提示】在生产中，为了提高肥肝的生产能力，通常采用肥肝生产性能好的大型品种作父本，用繁殖率高的品种作母本，进行杂交，利用杂种一代生产肥肝。如以狮头鹅为父本，与产蛋较多的太湖鹅、四川白鹅、五龙鹅等杂交，其后代的肥肝重显著提高。

鹅的年龄对生产肥肝有较大的影响。一般情况下，鹅在体成熟后才能用于生产肥肝。尚未充分生长的嫩鹅，经不起强制填饲，容易伤残；生长不良的鹅不能填饲。大、中型品种在4月龄，小型品种或杂交种在3月龄时开始填饲。肥肝鹅在育成期内，最好放牧饲养，多吃青绿饲料，以扩大食管容积。填喂前先进行1次体内外驱虫。

鹅是季节性产蛋的，多数鹅从当年的9～10月份开始产蛋到次年的4～5月份结束，也有全年分3～4期产蛋孵化的，这就决定了填鹅的季节性生产。仔鹅填饲的最适宜温度为10～15℃，20～25℃尚可进行填饲，但不能超过25℃，因为填饲的是高能量饲料，使仔鹅皮下积贮大量脂肪，不利于体内热量的散发。相反，填饲的仔鹅对低温的适应性较强，但如果室温低于0℃时，则要做好防冻工作。因此，在我国部分养鹅地区，除盛夏和严寒季节外，其余季节均可填饲，生产肥肝。公鹅的绝对肝重比母鹅大，用公鹅生产肥肝较有利。

二、填喂饲料的选择与调制方法

1. 饲料选择

生产肥肝的填喂饲料，效果以玉米最佳，大米次之，其他各种饲料效果极差。因为玉米所含能量高，容易转化为脂肪积贮。陈玉米（图6-40）每千克胆碱含量低，为441毫克，而燕麦为958毫克，大麦为991毫克，小麦为1205毫克。胆碱能促进脂肪的转移，保护肝脏不让脂肪大量积贮，但不利于肥肝的形成。陈玉米的水分少，含磷量也低，是最好的填饲饲料。目前，各地都采用玉米一种饲料作为主料，添加肉禽微量元素和维生素添加剂，再按饲料总量加 1%～1.5% 食盐和 1%～2% 油脂（食用的植物油和动物油均可）。

图6-40　陈玉米

2. 饲料调制方法

（1）水煮法　将玉米倒入开水锅内，使水面浸没玉米 5～10 厘米，煮沸 3～5 分钟，捞出沥干，趁热拌入 1%～2% 的油脂（气温高时用动物油，如猪油；气温低时用植物油），再加入 0.3%～1% 的食盐。为减少应激，每100千克饲料中加入10～20克多种维生素（不含胆碱）和适量的微量元素，与玉米充分拌匀后填饲。

（2）干炒法　将玉米倒入铁锅内，用文火不断翻炒，切忌炒焦，一般炒至八成熟，炒完后装袋待用。填饲前用温水将玉米粒浸泡 1～1.5 小时，以玉米粒表皮泡软为宜。沥干水分，加入 0.5%～1% 的食盐和其他辅料，充分拌匀后填饲。

（3）浸泡法　将玉米在水中浸泡 8～12 小时，沥干水分，加入 0.5%～1% 的食盐和 1%～2% 的动植物油后即可填喂。

三、填饲技术

1. 填喂方法

目前都普遍采用电动填肥器填饲。地面或网上饲养，一般两人为一组，其中一人抓鹅、保定，一人填喂［图6-41（a）］。填喂者坐在填肥器的坐凳上，右手抓住鹅的头部，用拇指和食指紧压鹅的喙角，打开口腔，左手用食指压住舌根并向外拉出，同时将口腔套进填肥器的填料管中然后徐徐向上拉，直至将填料管插入食管深处（膨大部），然后脚踩开关，电动机带动螺旋推进器，把饲料送入食管中。与此同时，左手在颈下部（填料管口的出料处）不断向下推抚，把饲料推向食管基部，随着饲料的填入，同时右手将鹅颈徐徐往下滑，这时，保定鹅的助手与之配合，相应地将鹅向下拉，待填到食管4/5处时（距咽喉处4～5厘米），即放松开关，电动机停止转动，同时将鹅颈从填料管中拉出，填饲结束，整个过程需20～30秒钟。如果是笼内饲养，一人即可操作，见图6-41（b）。

（a）　　　　　　　　　　　（b）

图6-41　填饲及饲养方法

2. 填喂次数和填喂量

填喂次数和填喂量要从少到多，逐步增加；开始时不可填饲过多过猛，适应后要尽量多填，这叫适应性填饲，但要根据不同个体状况，灵活掌握。一般开始前3天，每天填2次；待鹅习惯后，每天增加到3次；填10天后，再增加到4～6次，每次间隔的时间最好相等。为保证饲养员休息，夜间2次间隔时间的距离可以稍长些。如果人力允许，填两周以后，可以实行3班制，改成昼夜填饲，即每隔4小时（0时、4时、8时、12时、16时、20时）填1次。增加次数的目的是增加填料量，只要填得下，能消化，就应尽量多填，这是生产大肥肝的关键技术之一。填喂量，每次每只填50～100克，每天填200克左右，适应以后逐渐增加填料量，每天每只可填600～800克。

3. 填喂期

填饲期因品种和方法而稍有不同，大型品种稍长些，小型品种稍短些，但个体之间也有很大差异。过去每天填3次，填饲期长达4周多；现在增加次数和加大填量后，一般填3周，就可以生产出大肥肝。同样的品种同样的填法在个体之间也有很大的差异，早熟的个体，填16～18天就可出大肥肝，晚熟的个体要填30多天。当加大填料量后，体重迅速增加，皮下和腹腔内积满脂肪，腹部下垂，行动迟缓，步态蹒跚，精神萎靡，眼睛无神，常半开半闭，呼吸急促，羽毛潮湿而零乱，行走的姿势也出现变化，体躯与地面的角度从45°变成平行状态。食欲减退，出现积食或消化不良症状，这是肝已成熟的表现，应立即停填，及时屠宰。否则，由于进食少，消化不良，已经肥大的肝脏又会因营养消耗而变小。有的鹅体重增加不快，食欲尚好，精神亢奋，行动灵活，这说明还不到屠宰适期，应当继续填饲。

4. 填饲鹅的管理

（1）保持适宜环境　鹅舍要围成小栏，以每栏养鹅5～10只，每平方米养2～3只为宜。也可将鹅饲养在笼内。圈舍要求冬暖夏凉、通气良好、空气新鲜、地面平坦、地上无石块等硬物，地面适当铺垫草，以保持干燥；保持清洁卫生，每次填完后应及时清扫。

（2）保证充足饮水　供应充足的饮水，将水盆或水槽放在围栏外，让鹅伸出头饮水。

（3）减少填饲鹅的活动　为使鹅得到充分的休息，减少能量消耗，利于肥肝生长，鹅舍光线宜暗，保持环境安静，禁止鹅下水洗浴，减少对鹅的干扰。驱赶鹅应缓慢，防止挤压和碰撞，捕捉时应格外小心，轻提轻放。

（4）注意观察　平时仔细观察鹅群的精神状况，特别是填饲10天后，根据具体情况决定是否紧急屠宰，以减少损失。

5. 填饲鹅的运输

填饲结束后的鹅要送往食品加工厂集中屠宰取肝。屠宰前12小时应停止填饲。填饲成熟后的鹅，由于较长时间超额供给营养，新陈代谢不正常，肥肝压迫，影响呼吸系统的功能，体质很弱，生活力很差，装运时必须小心谨慎，以免在装运过程中使肥肝淤血或使鹅死亡。装运的笼子垫草应铺厚些，运输要平稳，防止颠簸。装卸时应双手捧住两翅，轻提轻放。

6. 填饲鹅群的疾病控制

填饲是一种违反鹅生理需要的强制性饲喂手段，不仅对鹅造成严重应激，而且可能造成机械性损伤。同时，随着脂肪的迅速沉积、鹅体重的不断增加和肥肝的形成，鹅的抗病力显著减弱，极易发病。填饲鹅常见的疾病及控制措施见表6-4。

表6-4　填饲鹅常见的疾病及控制措施

疾病和特征		控制措施
喙角溃疡	喙角有炎症、糜烂、结痂等，多见于小型肉鹅，夏季多发	小型肉鹅要用细的填饲管，填饲动作要轻，技术娴熟，防止擦破嘴角。填料中可加入维生素A、维生素C和维生素B族等。若出现发炎溃烂，可在肉鹅嘴角处涂抹红霉素软膏
咽喉炎	咽喉黏膜及其深层组织的炎症。特征是周围组织充血、肿胀和疼痛	避免机械损伤。轻度炎症可内服土霉素片，每只每次0.125克，1天2次。局部擦硫黄软膏。损失严重的要及时淘汰
食管炎	食管黏膜受摩擦造成局部损伤引起的炎症。若食管下端有炎症，则饲料通过膨大部时，有些阻力，鹅有痛苦感	避免机械损伤。可填饲土霉素，每只每次0.125克。1天2次，连喂数天。炎症初期适当减少填饲量和填饲次数
食管破裂	填饲鹅的食管破裂，使玉米在填饲时由食管破口进入颈部皮下	填饲管口要圆滑；填饲管插入时，必须把鹅颈拉直，插入时动作要轻；插入方向要顺着鹅的食管方向。出现食管破裂时要及时宰杀处理
积食	包括胃积食和食管积食。是由于消化功能紊乱引起的以腹泻和排出含大量整粒的、未消化玉米的粪便为特征的疾病	注意填饲料的加工调制和适宜的填饲量。填饲量由少到多，每次填饲前，触摸食管膨大部，对消化的鹅增加填饲量；食管积食的鹅，用手将积滞的玉米轻轻捏松，并往下捋，然后视情况少喂或停填1次。也可喂些助消化药物，如食母生2粒、多酶片2粒
跛行与骨折	填饲后期，鹅活重增加近一倍，其腿足往往支撑不住体重，出现歪脚、跛行，这是正常现象	因操作粗暴造成腿部受伤的跛行则应及时护理。捉鹅时要轻捉轻放，以免造成翅膀和腿部骨折。骨折后可用鱼肝油和钙片内服，鱼肝油每天2次，每次3～4滴。内服或肌注维生素D，内服每只1.5万单位，肌注每只4万单位。也可肌注维丁胶性钙，每只鹅1～2毫升

疾病和特征		控制措施
气管异物	异物从喉头落入气管所致，严重者会因窒息而死亡。填饲结束，鹅拼命摇头企图甩出气管中玉米，却未甩出，会引起呼吸急促以致窒息而死	填饲料时避免饲料由喉头落入气管。插入填饲管前，先将遗留在管中容易摔落的玉米去掉；不能填得过于接近咽喉。拔出填饲管时动作轻快，脚不能再碰启动开关，防止玉米粒落入气管。发现鹅气管有异物时，应立即倒提肉鹅，用手摸捏气管，如果玉米嵌在气管接近咽喉处，应马上用力挤出
禽霍乱	患病鹅闭目呆立，食欲丧失，体温高达 40～43℃，发病后 2～3 天死亡	一般在填饲前预防接种，同时加强卫生管理，适当补充多种维生素。发病后应及时用青霉素和链霉素合剂肌内注射 3～4 天，每天 2 次，同时在饲料中添加 0.02% 的复方新诺明，连用 5～7 天

第七章

种草养鹅技术

第一节　种草养鹅生产模式

为实现种草养鹅的高产和高效，根据养鹅方式的不同，应分别建立与养殖方式相适应和配套的优质高产牧草地。

一、放牧养鹅

种草放牧养鹅，牧草的供应主要是通过建立可放牧鹅群的优质高产人工草地来解决。为保证种草放牧养鹅的效果，必须注意如下方面。

1. 选好位置和种好牧草

草地宜选择在环境好、污染少，与鹅舍距离较近，鹅行走的道路和放牧草地坡度平缓、较平坦，靠近清洁水源的地方，要远离公路等嘈杂的地方。

建立牧鹅人工草地时，注意选择高低适宜鹅采食、适口性好、耐践踏的品种，如苜蓿、多年生黑麦草、白三叶、红三叶、鸭茅、猫尾草等永久生品种，也可选择冬牧 70 黑麦、苦荬菜、苏丹草、高羊

茅等季节性品种。一般放牧养鹅的人工草地，可以按照 1:1 或 6:4
或 7:3 的比例搭配混播种植豆科牧草与禾本科牧草品种。可用豆科
牧草如苜蓿、红三叶、白三叶等和禾本科牧草如多年生黑麦草、苏丹
草、高羊茅等混播，每亩种子的播种量，豆科牧草 0.5 ～ 1 千克，禾
本科牧草 0.3 ～ 0.5 千克。

2. 控制密度和适当补饲

根据牧草生长和生产的规律，牧草生长的季节、所处的环境、
产草量等确定单位面积放牧鹅的数量。一般放牧密度 10 ～ 20 只每亩
为宜；放牧的适宜规模 300 ～ 500 只。随着鹅的生长，放牧的密度要
逐步降低。

因草地上牧草品种搭配、不同品种牧草的营养物质含量存在很大
差异等，鹅的生长发育受阻，饲养期延长，这就需要补饲精料。尤其
在枯草期应多补充一些精料。精料补饲的数量和营养成分含量，可根
据鹅采食牧草的数量、营养成分含量及时调整。在精饲料的供应上，
应定时定量喂喂。小鹅可以每 4 小时喂料 1 次，日喂料 6 次；中等鹅
可以约 6 小时喂料 1 次，日喂 4 次；大鹅可以 8 小时喂 1 次，日喂 3 次。
在喂料前后半小时给予充足的饮用水。

3. 合理放牧和管好草地

为使草地牧草得到有效合理的利用，划区轮牧是一个重要的方
法。划区轮牧的设计，可以根据草地地形、牧草产量和鹅群的大小
等，确定划区的数量、每一个区的面积、轮牧周期长短等。划区轮牧
时，要根据牧草生长的情况，来确定划区的大小和轮牧的周期。当
光热充足、雨水丰沛，牧草生长速度较快和草地覆盖良好时，可以
2 ～ 3 周轮牧一次；当牧草生长较慢和草地覆盖较差时，应适当延长
轮牧的周期，可以 4 ～ 5 周轮牧一次。

应根据草地的土壤肥力状况、牧草生长的时期、牧草的种类和
品种来确定施肥的数量和种类，禾本科牧草占优势的草地一般多施氮
肥；豆科牧草为主的草地应多施磷肥和钾肥。灌溉技术的应用是牧草
稳产和高产的重要保障，应根据气候条件、降雨量的大小、牧草生长
阶段、牧草种类和品种等，选准灌溉的时机。牧草特别是多年生牧草
的需水量比粮食类作物要多 1 ～ 2 倍；禾本科牧草在分蘖到开花的时

间段、豆科牧草从现蕾期到盛花期的时间段，对土壤水分含量敏感，需水较多，也是实施灌溉促进牧草生长的重要时期。及时防除杂草可以改进草地牧草生长，保持草地高产优质。草地病虫害防治技术的应用，应以生物防治病虫害为主，避免强毒农药使用可能对放牧鹅群产生的直接毒害或鹅肉等产品中产生农药的残留。

4. 科学饲养和适时出栏

根据饲养季节、不同类型鹅的要求和草地情况合理确定放牧时间和补充饲养程度，进行科学饲养。如产蛋期对营养需要要求较高，特别是旺产期的种鹅，应适当缩短放牧的时间，供给充足的精饲料（自由采食精饲料），保证产蛋潜力的发挥；仔鹅、后备鹅和休产期鹅可以充分放牧，最大限度地降低饲料成本。

放牧养鹅宜实行全进全出的出栏方式，也就是在同一时间购进饲养同一批鹅，育成后在同一时间全部一次销售处理。每出栏一批鹅后要对鹅舍及放牧场地进行彻底的消毒灭菌，以杜绝传染病的循环发生，同时还可以提高单位草地上鹅的年饲养数量，增加经济效益。

二、舍饲养鹅

为了提高种草养鹅的规模化程度，或在放牧养鹅条件不具备的区域，农户可利用农田、屋前房后的空地、田间地头的空地或沟渠路沿等，开展牧草种植，利用收获的牧草进行舍内养鹅。种草舍内养鹅应该注意如下方面。

1. 选好牧草和适时种草

除可种植放牧养鹅的饲草品种外，还应重点选择青绿多汁的叶菜类牧草，如籽粒苋、鲁梅克斯、串叶松香草、菊苣、苦荬菜、墨西哥玉米等。人工种植牧草以一年生和多年生长短结合，提高单位面积的产草量。在滩涂、坡地、人工林间应推广种植冷季性牧草。冬闲田可以种植多花黑麦草。舍内养鹅，人为提供牧草，为保证牧草一年的均衡供应，应根据牧草特性和鹅的需要适时栽培牧草。种草养鹅一年不同时期可利用的牧草见表 7-1。

表 7-1　种草养鹅一年不同时期可利用的牧草

月份	利用牧草
1～3 月份	多花黑麦草、冬牧 70 黑麦、小青菜、饲用芜菁、胡萝卜以及青贮料
4～6 月份	各种寒地性牧草如多花黑麦草、冬牧 70 黑麦、早熟禾、金花菜、红三叶、白三叶、百脉根、紫云英、苕子；叶菜类如菊苣、鲁梅克斯、牛皮菜等，以及各种野青菜。这个季节供应青绿饲料的种类和数量都较多，应青贮保留部分，以供酷暑和寒冬青绿饲料短缺时利用
7～9 月份	各种暖地型牧草、饲料作物和多年生牧草为主，如籽粒苋、菊苣、鲁梅克斯、紫苜蓿、白三叶、杂交狼尾草、坚尼草、墨西哥玉米、各种野青菜，也可利用部分树叶、南瓜
10～12 月份	可以利用紫苜蓿、白三叶、冬牧 70 黑麦、菊苣、鲁梅克斯、青菜、饲用芜菁、胡萝卜、甘薯藤以及青贮料

2. 适宜规模和计划利用

如果种草少，养鹅多，草不够用，会增加饲料成本；种草多，养鹅少，饲草利用不完，会造成浪费。要根据饲草种植面积和产草量确定适宜的养殖规模。在舍饲养鹅时，饲草料的需要量，一般每只体重 4 千克左右的肉鹅，供给鲜草 40 千克和精饲料配合料 4～5 千克。通常牧草每亩鲜草产量，墨西哥玉米 15000 千克、紫花苜蓿 5000 千克、苦荬菜 7500 千克、串叶松香草 15000 千克、菊苣 10000 千克。如果合理栽培和利用，可以满足 250～300 只鹅的青绿饲料需要。农户种草 4～5 亩，年养鹅量 1000～1500 只；种草 9～10 亩，可以养鹅 3000 只左右。草的生产有一定季节性，不同季节产草量和草的质量都不同，所以，一方面要合理安排牧草生产，另一方面还需要根据牧草的生产情况合理安排鹅的引进时间和数量，进行有计划的生产，提高饲草的利用效率，生产最多的鹅产品。种草养鹅的利用计划见表 7-2。

表 7-2　种草养鹅的利用计划模式

种草模式	利用计划
欧花黑牧草或冬牧 70 黑麦。9 月下旬至 10 月上旬播种，供草期 11 月至翌年 6 月上旬。亩产量可达 8000 千克，分批刈割喂鹅，每亩可养鹅 300 只左右	可分 3～4 批套养，如 4 批套养：第一批 11 月份进雏 30 只 / 亩，1 月底上市；第二批 1 月底 2 月初进雏 50 只 / 亩，4 月上旬上市；第三批 3 月初进雏 120 只 / 亩，5 月中旬上市；第四批 4 月初进雏 120 只 / 亩，6 月上旬上市

种草模式	利用计划
菊苣或苦荬菜。菊苣是多年生植物，第一年产量低，第二年进入盛产期，亩产量8000千克，供草期4～11月份。苦荬菜属一年生牧草，蛋白质含量高，3月份播种，亩产4000千克，供草期4～11月份。菊苣有短暂的高温季节生长缓慢期，而苦荬菜7、8月份气温高生长最旺盛，两种牧草兼种，能收到互补效果。如果辅以野生杂草，每亩可养鹅300只左右	可分3～4批套养，如4批套养：第一批4月中旬进雏30只/亩，6月下旬上市；第二批5月份下旬进雏100只/亩，8月上旬上市；第三批6月中旬进雏100只/亩，8月下旬上市；第四批8月上旬进雏80只/亩，11月份上市

3. 科学处理和合理使用

舍饲养鹅的牧草在收获、运输和贮存的过程中都有可能受到外来物的污染，如夹杂泥土、塑料布等杂质和异物，青饲时，要清除掉这些杂质和异物。如果遇到牧草发霉、腐败变质或受到农药污染等应严禁饲喂，以防引起鹅的饲草料中毒。用牧草制作青贮料或青绿饲料直接喂鹅时，如果发现鹅腹泻，应停喂或减量饲喂；也可在饲料中添加2%石灰石粉，以中和酸度。当发现鹅出现肠炎等疾病时，除停喂外，还应在日粮中加入0.2%～0.4%的土霉素进行治疗，待鹅恢复常态后再搭配饲喂。

种植的牧草或青绿饲料作物经打浆或粉碎处理后，单独饲喂或拌入饲料中饲喂，更利于鹅的采食，利用率也相应提高。在牧草或青绿饲料作物的生长和产量高峰季节，青贮不能直接利用完的牧草，以在冬春乏青的季节或青绿饲料供给不足的季节利用。每只鹅平均每天的青贮饲料采食量约为0.75千克，以种植墨西哥玉米为例，每亩可产鲜草15000千克，经青贮后可供200只鹅吃90天。

调整好牧草的喂量。鲜嫩牧草或青绿饲料作物最好与粗饲料、精饲料搭配饲喂，雏鹅日粮中牧草的搭配比例为20%～30%，成年鹅为40%～60%；一些质量高的牧草特别是禾本科牧草的搭配比例可以提高到成年鹅日粮的70%～80%。种植收获的牧草或青绿饲料作物晒制加工成干草粉利用，草粉在鹅日粮中的添加比例以35%～40%为宜；牧草青贮料与其他饲料搭配喂鹅，青贮牧草比例可占鹅日粮的65%～75%。不同时期的鹅青绿饲料添加比例见表7-3。

表 7-3　鹅的不同时期青绿饲料添加比例

日龄	青绿饲料添加比例
3～10 日龄	用淘洗干净、泡透的碎米和洗净切碎的菜叶、嫩草、水草、浮萍等青绿饲料混在一起饲喂，精饲料和青绿饲料的比例为（8：1）～（10：1）
11～20 日龄	以青绿饲料为主，精饲料与青绿饲料的比例为（1：4）～（1：8）。随着日龄的增长，雏鹅可放牧吃草
21～30 日龄	增加青绿饲料比例，精饲料与青绿饲料的比例为（1：9）～（1：2）。放牧饲养的，可逐渐延长放牧时间
4 周～2 月龄	能大量利用青绿饲料，以青绿饲料饲喂或进行放牧饲养最适合，也最经济
2 月龄以上	育肥鹅应增加精饲料催肥。育肥前期，精饲料与青绿饲料的比例为 1：1；育肥后期，精饲料与青绿饲料比例 1：4。每天喂 4 次，最后 1 次在晚上 9～10 点，并供给足够的饮水。活鹅重达 3～3.5 千克时即可上市；后备鹅可以大量使用青绿饲料，可饲喂 1～2 千克青绿饲料
产蛋鹅	产蛋前期鹅可以采食 2～2.5 千克青绿饲料，根据鹅粪情况确定精饲料和青绿饲料的比例；产蛋期自由采食精饲料，然后饲喂青绿饲料

4. 精心饲养和搞好防疫

育雏是养好鹅的关键。育雏期提供适宜温度、湿度、通风、光照、密度、卫生等的环境条件，做好开水、开食、补料等工作，注意观察雏鹅状态，进行精心管理，提高雏鹅的成活率。青年鹅在利用牧草的同时，要加强运动，增强体质。育肥鹅后期要注意矿物质饲料的补充，饲喂骨粉、贝壳粉、磷酸氢钙等，保持钙磷比例在 1.3：1 左右。产蛋鹅要注意补充光照，科学饲养，延长产蛋时间（从 8 月份开始到次年 6 月底结束）；种草舍内养鹅，病原感染机会增多，疾病容易发生，必须做好防疫工作，注重鹅舍和环境的消毒，控制疾病的发生。

第二节　牧草的种植模式

合理安排牧草种植模式，不仅可以保证牧草一年四季的均衡供应，而且能够提高土地的利用效率，提高牧草和青绿饲料供应量，促进养鹅业发展。要做到牧草的长年均衡供应，一是在草种选择上，一年生牧草与多年生牧草相搭配，热带型和温带型牧草相搭配，并选用高产的草种；二是在种植方式上，单种与混播相结合，间种与复套种相结合，以发挥土地的最大利用率；三是从青绿饲料来源上，栽培牧草与天然野生牧草、树叶、水生饲料和农副产物相结合；四是从利用上，青饲与加工调制（青贮、干制等）、放牧相结合。

一、专门种植养鹅牧草的生产模式

一般每亩草地年产鲜草 5000 千克左右，可饲养肉鹅 250 只。在土地资源丰富或闲置的土地资源较多的地方，可以长期利用土地种植牧草，建立牧草地来养鹅。在单种牧草养鹅的生产模式下，一般应选择叶片比例大、质量优和产量高的牧草品种来养鹅。专门种草养鹅根据种植牧草的类型分为单一类别牧草种植模式和多种类别牧草混播种植模式；根据栽培方式可以分为混播、间作套种、轮作等。

1. 根据种植牧草的类型

（1）单一类别牧草种植模式

① 种植禾本科牧草养鹅模式。这种模式主要选择种植墨西哥玉米、高丹草、苏丹草和甜高粱等高秆禾本科牧草，这些牧草刈割直接作为青绿饲料用来喂鹅。如墨西哥玉米，一般生长高度在 40～50 厘米时第一次刈割利用，留茬 5 厘米，以后每隔 15～20 天割一次，留茬比原来高 1～1.5 厘米，注意不能割掉生长点；当收获晒制干草时，草的刈割高度可以达到 120～150 厘米。

② 种植豆科牧草养鹅模式。这种模式主要选择种植苜蓿、红豆草、红三叶等豆科牧草。如紫花苜蓿一年可以收割 2～3 次，亩产量可以达到 6000～8800 千克。在第一孕花出现至十分之一的花开放、根茎上又长出大量新芽时刈割鲜草饲喂；或者在初花期至盛花期收获，晒制干草，以备冬春季青绿饲料短缺时使用；也可将干草加工成草粉，在配合饲料中添加，一般草粉的添加量占日粮的 30%～50%。

③ 种植叶菜类牧草养鹅模式。这种模式主要选择种植的牧草有菊苣、串叶松香草、苦荬菜和籽粒苋等，这类牧草一般宜作为青绿饲料利用，日饲喂量可达日粮比例的 50%～60%。饲养 200 只鹅需要

种植 1～1.5 亩的叶菜类牧草。

（2）多种类别牧草混播种植模式

① 豆科牧草 + 禾本科牧草混播种植养鹅模式。这种模式由于牧草的合理搭配，可提高饲草的利用率。一般种植的牧草品种，豆科牧草有苜蓿、白三叶、红三叶和红豆草等，禾本科牧草主要是多年生黑麦草、羊茅和鸭茅等，豆科牧草与禾本科牧草混合种植的比例为（1∶2）～（1∶3）。混种时用收获的牧草青绿饲料喂鹅可占日粮比例 70%～80%。

② 叶菜类牧草 + 高秆禾本科牧草混合种植养鹅模式。这种模式种植的牧草品种，叶菜类牧草有菊苣、串叶松香草、苦荬菜和籽粒苋等，禾本科牧草有墨西哥玉米、高丹草、苏丹草和甜高粱等。这两类牧草可以同一地块上间作种植，也可以单独种植收获后混合养鹅，叶菜类和禾本科牧草搭配比例为 2∶3，这种混合牧草在鹅日粮中的比例可达 70%～75%。

2. 根据栽培方式

为了使鹅一年四季基本都能吃到青鲜饲草，必须合理安排种植茬口。

（1）间作套种　在一块地上按照一定的行、株距和占地的宽窄比例种植几种庄稼，叫间作套种。一般几种作物同时期播种的叫间作，不同时期播种的叫套种。生产中可以将多年生牧草如菊苣、鲁梅克斯 K-1 杂交酸模等与一年生牧草套作。

① 菊苣、鲁梅克斯 K-1 杂交酸模与多花黑麦草或冬牧 70 黑麦套种。菊苣、鲁梅克斯 K-1 杂交酸模为多年生牧草，一次种植，可连续生长 8～10 年。全年鲜草利用期为 4～11 月。一般在 3 月育苗移栽，株行距为 30 厘米 ×50 厘米。10 月中下旬，利用这两种牧草刈割后行间裸露的机会，套种一年生的牧草多花黑麦草或冬牧 70 黑麦。多花黑麦草和冬牧 70 黑麦鲜草利用期为 12 月至翌年 4 月。4 月中旬将多花黑麦草或冬牧 70 黑麦连根铲除，让菊苣或鲁梅克斯 K-1 杂交酸模单独生长。

② 鲁梅克斯 K-1 与苏丹草套作。在鲁梅克斯 K-1 田块的行中每年 6 月中旬套种苏丹草，利用至 9 月中旬将苏丹草连根拔除。

鲁梅克斯 K-1 是近几年推广面积较大的牧草品种，具有抗寒性强、返青草、鲜草产量高、粗蛋白质含量高、寿命长、种植省事的优点，但也存在着耐热性差、抗病虫能力差、鲜草含水量大、加工利用困难等缺陷。本模式利用苏丹草容易种植、苗期短、生长快、周期短、高温时生长迅速的特点，在鲁梅克斯 K-1 夏季生长不良时与其套种，一方面为鲁梅克斯遮阴，促进鲁梅克斯 K-1 的生长发育，另一方面又提高了单位面积牧草产量，保证了牧草的均衡供应。

鲁梅克期 K-1 和苏丹草均为喜水喜肥性牧草，栽培时应保证充足的水、肥供应。为了更好地发挥苏丹草的遮阴作用，两种牧草均需东西方向种植。为了减轻苏丹草对鲁梅克斯 K-1 的不利影响，鲁梅克斯 K-1 的行距应在 60 厘米以上，苏丹草利用结束时要将其根系全部清除，但要注意尽量减少对鲁梅克斯 K-1 根系的伤害。

鲁梅克斯 K-1 是一种高蛋白牧草，干草中粗蛋白质含量高达 25% 以上，亩产鲜草 8000 ~ 10000 千克，加上 2000 ~ 3000 千克苏丹草，总鲜草量可达 1 万 ~ 1.3 万千克，用来养猪、牛、羊、兔、鹅、鱼，均可获得较好的效果，亩均效益可达 1500 元以上。

③ 紫花苜蓿与饲用玉米（或苏丹草）套种。10 月上旬播种紫花苜蓿，次年 6 月中旬套种饲用玉米（或苏丹草）。紫花苜蓿是多年生豆科牧草，因其粗蛋白质含量可达 20% ~ 22%，所以具有很好的改土肥田效果，生态效益较高；加上易于晒制干草和深加工，有"牧草之王"的美称，全世界播种面积高达 5 亿亩，我国约有 2500 万亩的种植面积。但紫花苜蓿喜温暖半干燥气候，在温度较高、阴湿多雨的季节表现较差，漫水 28 ~ 48 小时可被淹死，因此仅适合淮河以北地区种植。由于紫花苜蓿春季产量占全年产量的 60% ~ 70%，7 ~ 9 月生长势较弱，而饲用玉米生长期较短，宜于在夏季生长，所以紫花苜蓿与饲用玉米套种，既可保持紫花苜蓿的根系，又可提高土地的利用率，提高单位面积土地的产出率。

【提示】对紫花苜蓿的品种选择，黄淮流域应以休眠 4 ~ 5 级为主，淮河以南地区应种植休眠 6 级以上的品种。播种时应进行根瘤菌接种，首播时间必须在秋季进行。饲用玉米或苏丹草可采用育苗方式，在 6 月中旬紫花苜蓿刈割后进行移栽，并在 9 月中旬前后利用完毕，连根拔除，保证紫花苜蓿的再生和越冬。

此种模式高产田块每亩可收获紫花苜蓿 4000 ~ 5000 千克，饲用玉米或苏丹草 4000 ~ 5000 千克，总产量可达 8000 ~ 10000 千克。紫花苜蓿的干物质约 20%，可生产干草 800 ~ 1000 千克。

④ 冬牧 70 黑麦与聚合草、苏丹草间作。10 月上旬播种冬牧 70 黑麦，行距为 20 厘米，每两行预留一行，4 月上旬在预留行内栽植聚合草。5 月中旬冬牧 70 黑麦利用完毕，腾茬后播种苏丹草，9 月下旬利用完毕，然后播种冬牧 70 黑麦。

聚合草属于多年生叶菜类牧草，生长的最适宜温度在 15℃ 以上、25℃ 以下，11 月中旬下霜后叶子枯萎，夏季高温季节则表现为生长不良，高温多雨时易发腐根病。利用其不耐低温的特点套种冬牧 70 黑麦，可在冬季草缺时提供青草。利用其不耐高温的特点套种苏丹草，一方面作为聚合草的遮蔽物，减少阳光的直射，提高聚合草的越夏率，降低腐根病的发病率；另一方面在不影响聚合草产量的同时，增收苏丹草鲜草 3000 ~ 4000 千克。

以上三种牧草均是需水肥较多的牧草品种，必须保证相应的水肥条件才能获得高产。在种植冬牧 70 黑麦时，要对土壤进行适度中耕，对苏丹草根系进行比较彻底的清除，促进聚合草产生新根，增加产量。种植苏丹草时可板茬播种，也可育苗移栽。

此种模式可收获冬牧 70 黑麦 3000 ~ 4000 千克，聚合草 6000 ~ 8000 千克，苏丹草 3000 ~ 4000 千克，总产量高达 12000 ~ 16000 千克，可用于饲养牛、猪、兔、鹅、鱼等草食畜禽。

（2）轮作 在同一块田地上，有顺序地在季节间或年间轮换种植不同的作物或复种组合的一种种植方式。为确保全年均衡供草，可实行轮作。生产中可以将一年生牧草与一年生牧草轮作或一年生牧草与块茎类作物轮作。

① 冬牧 70 黑麦与美洲狼尾草轮作。9 月下旬至 10 月上旬播种冬牧 70 黑麦，利用至 5 月上旬，腾茬后播种美洲狼尾草，9 月下旬至 10 月上旬利用完毕，然后腾茬播种冬牧 70 黑麦（此种模式适合于黄淮海区域）。模式中的美洲狼尾草也可由杂交狼尾草、墨西哥饲料玉米、中原单 32、苏丹草、籽粒苋、苦荬菜等一年生喜温性牧草

取代。

冬牧 70 黑麦为喜温耐寒性作物，适应性强，温带和寒温带生长良好。种子发芽的最低温度为 0.5～2.5℃，停止生长的临界温度为 0.4℃。利用冬牧 70 黑麦耐寒性较强的特点，9 月下旬播种，10 月下旬和 12 月初可分别利用一次，然后进入越冬期。2 月下旬开始生长，3～4 月为生长繁茂期，4 月中旬以前为营养生长阶段，以后进入生殖生长阶段，4 月中旬以后进入拔节期，刈割后生长势减弱。美洲狼尾草、杂交狼尾草、墨西哥饲料玉米、中原单 32 饲用玉米、苏丹草、籽粒苋、苦荬菜等牧草均属喜温性牧草，耐高温酷暑，是夏季的高产牧草。冬牧 70 黑麦与上述喜温性牧草轮作，一方面可以保证牧草的高产，另一方面可以保证牧草的均衡供应。

冬牧 70 黑麦是喜水喜肥性植物，播种时要施足底肥，以后刈割后要及时追肥、灌水，并灌好越冬水和返青水。为促进喜温性牧草早发、延长生长季节、提高生物学产量，可对美洲狼尾草、杂交狼尾草、墨西哥饲料玉米、中原单 32 饲用玉米、苏丹草等在 4 月上、中旬进行提前育苗，5 月上旬待冬牧 70 黑麦生长势衰退时再腾茬移植。苏丹草苗期比狼尾草、玉米类提前 15 天左右，育苗时间也应相应推迟 15 天左右。为保证牧草的均衡供应，可将冬牧 70 黑麦和喜温性一年生牧草分批分期腾茬，分批分期播种（移栽）。

冬牧 70 黑麦可刈割 4～5 次，刈割时间分别为 10 月末、12 月初、3 月中旬、4 月上旬、5 月中旬，每次的亩产鲜草产量约为 700 千克、450 千克、1000 千克、1700 千克和 600 千克，总产量约为 4450 千克。美洲狼尾草可刈割 4～5 次，总产量为 8000～10000 千克，两类牧草累计总产可达 12000～15000 千克。

② 多花黑麦草与杂交狼尾草轮作。10 月上旬播种多花黑麦草，6 月上旬利用完毕，腾茬后播种（或栽植种根）杂交狼尾草，10 月上旬利用完毕，腾茬后播种多花黑麦草。多花黑麦草与冬牧 70 黑麦相比耐寒性稍差。冬牧 70 黑麦在北京以南地区可以越冬，多花黑麦草更适合在淮河以南的地区种植。黄淮流域 10 月份以前种植可利用一次，10 月份以后种植则不能利用。冬季叶片多数被冻干，其基部仍可保持青绿。如遇冬季寒冷的年份，刈割后根部可大部分被冻死。但多花黑麦草比冬牧 70 黑麦更耐热，后期发育大大优于冬牧 70 黑麦，

所以利用期可比冬牧 70 黑麦推迟 1 个月。从牧草品质来看，多花黑麦草秸秆柔软，后期适口性优于冬牧 70 黑麦，更宜于晒制干草。杂交狼尾草是象草和美洲狼尾草的杂交种，是亚热带和热带的高产牧草品种，产量高于美洲狼尾草，品质优于象草，不结种子，在南方为多年生牧草，在长江以北地区则难以保种，只能作为一年生牧草利用。因此，此模式适宜于长江以南地区。长江以北地区种植时宜引进由象草与美洲狼尾草杂交制作的种子进行播种，但种子价格比美洲狼尾草要高出数倍。

黄淮海流域在种植杂交狼尾草时，由于种子价格较高，可采取育前移栽的方法，借以降低种子成本。杂交狼尾草是一种需水、需肥较多的品种，只有土壤肥沃、水肥条件较好的地区尚可种植，刈割后应及时追肥浇水。长江以南地区种植，多花黑麦草和杂交狼尾草的总产量可超过 15000 千克，是鹅、牛、羊、兔、草鱼的好饲草，每亩牧草可育肥 300 只鹅，或 300 只兔。黄淮海流域用冬牧 70 黑麦代替多花黑麦草，亦可取得较好的效果。不同地区可以气候特点选择适宜的牧草品种种植，如此反复进行。

③ 多花黑麦草与苦荬菜或籽粒苋轮作。4～5 月份收割完多花黑麦草后，立即种植苦荬菜或籽粒苋。9 月份收割后，再种多花黑麦草。草地要保持良好的墒情，多施基肥，适时追肥。苦荬菜可育苗移栽，以延长黑麦草的生长期，提高产量。

④ 高丹草（或墨西哥玉米）与四倍体多花黑麦草轮作。在长江以南地区，高丹草（或墨西哥玉米）在 3～4 月份播种，4～5 月份开始进入收获利用期，一直到 10 月下旬至 11 月初；而黑麦草在 8 月下旬至 9 月份播种，10 月下旬至 11 月初即可开始收获利用，一直可收获到来年的 5 月份，此时高丹草（或墨西哥玉米）又可以收获利用了。如此反复种植，就保证了高产优质青绿牧草一年 365 天供应不间断了。

⑤ 一年生牧草与块茎类作物轮作。可用大根菜或胡萝卜代替多花黑麦草或冬牧 70 黑麦。也可用甘薯代替多花黑麦草与苦荬菜轮作中的苦荬菜或多花黑麦草与杂交狼尾草轮作中的杂交狼尾草。但甘薯栽培时间应为 6 月上旬，清茬期应为 10 月下旬，多花黑麦草或冬牧 70 黑麦播种期延至 10 月下旬，清茬期延至翌年 6 月上旬。

⑥ 叶菜类与牧草轮作。可以在 2 月至 3 月上旬播种苦荬菜，5 月至 8 月上旬利用；8 月下旬播种多花黑麦草，在 10 月至 12 月上旬和翌年 3 月至 5 月利用。养鹅时，9 月份播种多花黑麦草，翌年 3 月至 5 月下旬利用；接茬在 5 月份播种杂交狼尾草，7 月至 10 月利用。具体的种植模式，因地制宜选用。还可以进行牧草混播，如三叶草与黑麦草混播，以提高牧草产量，均衡营养。

（3）混播　同时播种两种或两种以上牧草，则称为混播。生产中以豆科牧草和禾本科牧草的混播最为经济有效。冬牧 70 黑麦与毛苕子混播；多花黑麦草与草木樨混播；多花黑麦草与毛苕子或箭舌豌豆混播；紫花苜蓿与苇状羊茅混播；多花黑麦草与白三叶或红三叶混播；冬牧 70 黑麦与多花黑麦草混播。

混播牧草，地上的叶、地下的根交错分布，能够更充分地利用地上的光热和地下的水肥，生产出更多的生物量。不同生物学特点的牧草混播，可优势互补，既提高产量、品质，又可延长利用时限。比如冬牧 70 黑麦与多花黑麦草混播，冬牧 70 黑麦前期占主导地位，多花黑麦草后期占主导地位，利用时间可延长 1 个月以上。禾本科和豆科牧草混播，可利用豆科牧草固定氮素，增加禾本科牧草粗蛋白质含量。饲喂过程中，可使豆科牧草的高蛋白和禾本科的高碳水化合物相互补充，提高饲喂效果。

混播牧草的播种总量要适宜，同科牧草混播，可用其单播量的35% ～ 40%；不同科牧草混播，可按其单播量的 70% ～ 80%。

多种牧草混播可达到提高产量、提高牧草品质、提高饲喂效果的目的，其经济效益可比单播提高 10% ～ 20%。

二、牧草与粮食作物复合种植生产牧草的模式

牧草与粮食作物复合种植生产牧草养鹅的模式可分为轮作和套种。

1. 轮作

（1）小麦 - 牧草轮作　小麦在 5 月底至 6 月初收获后，在麦田中播种墨西哥玉米、籽粒苋和苏丹草等牧草，这些牧草按照栽培技术进

行种植并做好田间管理，在适宜的高度收获养鹅，在利用到 9 月下旬至 10 月上旬时，全部刈割完毕，播种小麦，完成一个轮作周期。

（2）玉米 - 牧草或水稻 - 牧草轮作　玉米、水稻等秋作物适时收获后，精心整地，种植牧草。牧草播种期为 9 月底至 10 月上旬，种植牧草主要品种有冬牧 70 黑麦、多花黑麦草。在翌年 5 月底牧草大面积收获后，进行深翻土地，种植玉米和移栽水稻。冬牧 70 黑麦可刈割后作为青绿饲料喂鹅。

2. 套种

在小麦收获前，一般在 5 月中下旬，在小麦田的预留行中种植牧草，栽培的牧草主要是墨西哥玉米、高丹草和苏丹草等牧草，在小麦收获后就可以直接刈割利用，作为青绿饲料来饲喂鹅。这些牧草播种方式，一般采取点播。

三、牧草与林果复合种植生产牧草的模式

牧草与林果复合种植生产牧草养鹅的模式，主要是桑园、果园和生态林树下种草养鹅。这种方式可以利用桑园、果园和生态林树下的生态、饲料等条件，实现既经济又保持生态平衡的双重效益。当树苗较小，株与株之间空隙大，树冠覆盖度较低时，在树行间，种植苜蓿、红豆草、白三叶、红三叶、黑麦草、鸭茅和菊苣等牧草，然后收获牧草用来养鹅。另外，在树木修剪过程中，所得到的树枝、梗、茎、叶等以往都当废物焚烧掉，这既浪费，又污染环境；修剪下来的树枝和树叶均含有较丰富的营养，将其收集起来喂鹅，是变废为宝、一举多得的好办法。在桑园、果园和生态林内种草养鹅，不仅草料来源方便，而且成本低、见效快。同时，在桑园、果园和生态林种草养鹅，能够以鹅促树，降低肥料投入成本。将鹅粪收集堆贮发酵，然后施入树旁就能为树木提供优质肥料；代替部分化肥，增加土壤有机质，防止土壤结板，促进树木生长。

1. 果园种草养鹅

于每年 10 月上、中旬在苹果、梨、桃、杏、葡萄等果园套种冬牧 70 黑麦，次年 4 月中旬利用完毕。苹果、梨、桃、杏、葡萄等均

在 10 ～ 11 月份落叶，次年 4 月生叶，果园内长达 5 个月的时间均处于闲置状态。冬牧 70 黑麦属于冷季型牧草，0.4℃以上可缓慢生长，10 ～ 15℃则处于最佳生长温度。在果园内套种冬牧 70 黑麦，可充分利用闲置的光、热、水、气、肥资源，一方面涵养土壤间的水分，减少风沙侵袭，提高果树的抗冻能力；另一方面收获 3000 ～ 4000 千克鲜草用于饲养鹅。当黑麦草季节过后，林间杂草又可作为鹅的饲料（图 7-1）。

冬牧 70 黑麦是需氮肥量较多的牧草品种，播种时要施足底肥，刈割后及时追肥。为了保证果草双收，要在果树枝叶繁茂前将冬牧 70 黑麦及时清除，并深翻土地，施足基肥，保证果树的正常生长。冬、春草缺乏是发展草食畜禽最大的制约因素，青草缺乏更是冬、春季节突出的问题。利用果园内的冬闲田，实现冬季的"绿色革命"，最大限度地增加适繁母畜的存栏量，为全年草食畜禽的发展奠定良好的基础。

图 7-1　果园种草养鹅

2. 林间种草养鹅

随着我国退耕还林政策的实施，林地的种植面积越来越多，利用林地种草养鹅大有前途。幼林中养鹅，利用树木小、林间空地阳光充足的特点，种植牧草如黑麦草、菊苣、红三叶、白三叶等；树木粗大后的常绿林，养鹅主要以野生杂草为主，可适当播种一些耐阴牧草如白三叶等，以补充野杂草的不足，一般采用放牧的方式；树木粗大后的落叶林，可在每年的秋季树叶稀疏时，在林间空地播种黑麦草，至来年 3 月份开始养鹅，实行轮牧制，当黑麦草季节过后，林间杂草又可作为鹅的饲料，鹅粪可提高土壤肥力。如此循环，四季皆可养鹅（图 7-2）。

图 7-2　林间种草养鹅

四、种植粮食作物生产牧草的模式

我国小麦的种植面积较大，具有很大的开发利用空间。鹅在麦田适当采食麦叶、杂草，对小麦的生长无不良影响，同时为鹅提供充足的饲料，达到粮禽共增、共同发展的目的。每亩麦田养鹅 40 ～ 60 只。

1. 选择适宜品种

麦种选用适合本地气候和土壤结构的小麦种子；鹅种选用耐粗饲、生长快的优良品种，如四季鹅、隆昌鹅、扬州鹅等。

2. 适期播种

麦田养鹅的小麦种，播种期宜提早 7 ～ 10 天，为了提供充足的麦叶，每亩的播种量应比常规量多 1.5 ～ 2.0 千克。

3. 增施肥料

一般在 12 月 20 日前后和 1 月 20 日前后每亩增施 8 千克尿素，促使小麦冬前早发壮苗，放牧期间应补施促苗肥。2 月下旬以后，小麦拔节时应停止放牧，重施拔节肥、孕穗肥，每亩增施 10 千克尿素。并做好后期麦苗恢复管理工作，真正达到双增目的。

4. 放牧管理

苗鹅一般在 12 月中上旬按每亩麦田 50 只左右购进，室内饲养 20 天以后，逐步放牧于麦田，直到 2 月底出售。放牧期间应由专人管理，把麦田划分为若干小区域，进行轮牧，放牧时应使鹅呈"一"字形横向排开，鹅粪使土壤得到改良。需要注意的是麦田放牧与牧草地放牧不同，要对鹅进行调教，以免四处乱跑，最好利用"头鹅"领牧，效果较好。如果全天放牧，夜间要给鹅加喂一次配合饲料，一般以糠麸和谷物为主，还应补给 1.5% 骨粉、2% 贝壳粉和 0.3% 食盐，以促使骨骼正常生长，防止软骨病和发育不良。

第八章
鹅病的诊断技术

第一节　鹅病的诊断

　　及时而正确的诊断是鹅场防治疾病的重要环节，它关系到能否尽快采取有效的措施预防和控制疾病。疾病诊断的步骤和方法包括现场资料调查分析、临床检查诊断、病理剖检诊断、实验室诊断等。

一、现场资料调查分析

　　为及时准确地诊断疾病，需要有针对性地进行一些调查了解。了解鹅群的发病时间、发病年龄和传播速度，由此推断该病是急性病还是慢性病。如突然大批死亡，可提示中毒性疾病或环境应激性疾病。短期内鹅群迅速传播，可提示小鹅瘟、鹅副黏病毒病等急性传染病，小鹅瘟日龄较小的发病率和死亡率高，2月龄以上的鹅很少发生，即使发生死亡率亦不高；而鹅副黏病毒病感染发生于不同年龄的鹅，发病率和死亡率都较高。营养代谢病一般呈慢性经过，了解临床表现，可以初步确定疾病的范围。既要了解病鹅的一般共有的临床表现，如精神沉郁、食欲减退、羽毛蓬松等，也要掌握某些鹅病特有的临床症状；了解周围疫情，可以分析本次发病与过去疫情的关系；了解发病后病情变化，由此分析疾病的发展趋势，如营养代谢病，开始症状轻，若缺乏的营养不能补充或补充不当，就日益加重；了解鹅场防疫情况、卫生状况、环境条件和发病前用药情况，可为诊断提供有价值的参考。

二、临床检查诊断

通过临床检查诊断，就是通过掌握鹅的主要临床症状及表现的基本特征来诊断疾病，以此缩小疾病可能存在的范围，为诊断疾病提供线索和依据。常见鹅体表的异常变化见表8-1。

表 8-1 常见的鹅体表异常变化诊断表

检查项目	异常变化	可能相关的主要疾病（或原因）
羽毛	羽毛蓬松、污秽、无光泽	常见于慢性传染病、寄生虫病和营养代谢病，如禽副伤寒、大肠杆菌病、鸭瘟、慢性禽霍乱、鹅绦虫病、鹅吸虫病、维生素 A 和维生素 B 族缺乏症等
	羽毛稀少	常见于烟酸、叶酸缺乏症，也可见于维生素 D 和泛酸缺乏症
	羽毛松乱或脱落	常见于 B 族维生素缺乏症和含硫氨基酸不平衡；也可见于 70～80 日龄鹅的正常换羽引起的掉毛（羽毛脱落）
	头颈部羽毛脱落	常见于泛酸缺乏症
	羽毛断裂或脱落	常见于鹅外寄生虫病，如羽毛虱和羽螨
营养状况	整群生长发育偏慢	常见于饲料营养配合不全面、饲养管理不善
	大小不均匀	鹅群可能有慢性疾病
精神状态	体温高，精神委顿，缩颈垂翅，离群独居，闭目呆立，尾羽下垂，食欲废绝	常见于临床症状明显期的某些急性、热性传染病，如小鹅瘟、鸭瘟、鹅副黏病毒病、急性型禽霍乱
	体温正常或偏高，精神差，食欲不振	常见于某些慢性传染病和寄生虫病以及某些营养代谢病，如慢性鸭瘟、慢性禽副伤寒、鹅绦虫病、鹅吸虫病、硒或维生素 E 缺乏症等
	精神委顿，体温下降，缩颈闭目，蹲地伏卧，不愿站立	常见于濒死期的病鹅

检查项目	异常变化	可能相关的主要疾病（或原因）
运动	行走摇晃，步态不稳	常见于临床症状明显期的急性传染病和寄生虫病等，如鹅副黏病毒病、小鹅瘟、鹅球虫病以及严重的鹅绦虫病、鹅吸虫病等
	两肢行走无力，并有痛感，行走间常呈蹲伏姿势	见于鹅佝偻病或软骨症以及葡萄球菌性关节炎等
	两肢不能站立、仰头蹲伏呈观星姿势	临床上见于雏鹅维生素 B_1 缺乏症
	两股交叉行走或运动失调，跗关节着地	常见于雏鹅维生素 E 和维生素 D 缺乏症
	两肢麻痹、瘫痪、不能站立	常见于雏鹅锰缺乏症
	企鹅样立起或行走	常见于母鹅严重的卵黄性腹膜炎（蛋子瘟）
呼吸	气喘、咳嗽、呼吸困难	常见于鹅曲霉菌病、禽李氏杆菌病、禽链球菌病、鹅流行性感冒、禽支原体病、禽大肠杆菌病等传染病；也可见于某些寄生虫病，如鹅支气管杯口线虫病
神经症状	扭颈，出现神经症状	常见于某些传染病，如鹅副黏病毒病、小鹅瘟、雏鹅霉菌性脑炎、禽李氏杆菌病、鹅螺旋体病等；亦可见于某些中毒病和某些营养代谢病，如维生素 A 缺乏症、维生素 B 族缺乏症等
声音	叫声嘶哑	常见于慢性鸭瘟、鹅流行性感冒、鹅结核病、禽流感以及鹅副黏病毒病等疾病晚期；也见于某些寄生虫病，如寄生在鹅气管内的舟形嗜气管吸虫病以及寄生在鹅气管和支气管内的支气管杯口线虫病
腹围	腹围增大	常见于育肥仔鹅的腹水综合征，产蛋鹅的卵黄性腹膜炎；有时亦见于产蛋鹅的腹壁疝
	腹围缩小	见于慢性传染病和寄生虫病，如慢性禽副伤寒、慢性鸭瘟、鹅裂口线虫病、鹅绦虫病等
喙	喙色泽淡	常见于慢性寄生虫病和营养代谢病，如鹅绦虫病、鹅吸虫病、鹅裂口线虫病、幼鹅硒或维生素 E 缺乏症
	喙色泽发紫	常见于小鹅瘟、禽霍乱、鹅卵黄性腹膜炎、维生素 E 缺乏症等疾病
	喙变软、易扭曲	常见于幼鹅钙磷代谢障碍、维生素 D 缺乏症以及氟中毒
脚、蹼	脚、蹼干燥或有炎症	常见于 B 族维生素缺乏症，也可见于内脏型痛风病，以及各种疾病引起的慢性腹泻

检查项目	异常变化	可能相关的主要疾病（或原因）
脚、蹼	脚、蹼发紫	常见于卵黄性腹膜炎、维生素 E 缺乏症，亦可见于小鹅瘟等
	跖骨软、易折	临床上见于佝偻病、软骨症以及氟中毒引起的骨质疏松
	脚、蹼、趾、爪卷曲或麻痹	见于雏鹅维生素 B_2 缺乏症，也可见于成年鹅维生素 A 缺乏症
关节	关节肿胀、有热痛感，关节囊内有炎性渗出物	常见于葡萄球菌和大肠杆菌感染，也可见于慢性禽霍乱、禽链球菌病等
	跖关节和趾关节肿大（非炎性）	常见于营养代谢病，如钙磷代谢障碍和维生素 D 缺乏症等
头部	头部皮下胶冻样水肿	常见于鸭瘟，亦可见于慢性禽霍乱
	头颈部肿大	有时见于因注射灭活苗位置不当引起的肿胀，也偶尔见于外伤感染引起的炎性肿胀
眼睛	眼球下陷	常见某些传染病、寄生虫病等引起机体脱水所致，如鹅副黏病毒病、禽副伤寒、大肠杆菌病、鹅绦虫病、鹅棘口吸虫病以及某些中毒病等
	眼睛有黏液性分泌物流出，使眼睑变成粒状	见于雏鹅生物素及泛酸缺乏症等
	眼结膜充血、潮红，流泪，眼睑水肿	常见于禽霍乱、鹅嗜眼吸虫病、禽眼线虫病以及维生素 A 缺乏症
	眼睛有黏性或脓性分泌物	见于鸭瘟、禽副伤寒、大肠杆菌眼炎以及其他细菌或霉菌引起的眼结膜炎
	眼结膜有出血斑点	常见于禽霍乱、鸭瘟等
	眼结膜苍白	常见于鹅剑带绦虫病、鹅膜壳绦虫病、鹅棘口吸虫病、鹅住白细胞虫病及慢性鸭瘟等
	角膜混浊、流泪	常见于维生素 A 缺乏症
	角膜混浊，严重者形成溃疡	见于慢性鸭瘟，也见于嗜眼吸虫病
	瞬膜下形成黄色干酪样小球、角膜中央溃疡	常见于曲霉菌性角膜炎
鼻腔	鼻孔及其窦腔内有黏液性或浆液性分泌物	常见于鹅流行性感冒、鹅曲霉菌感染、大肠杆菌病、禽支原体病，也见于棉籽饼中毒等
	鼻腔内有牛奶样或豆腐渣样物质	常见于维生素 A 缺乏症
口腔	流出水样混浊液体	常见于鹅裂口线虫病、鹅副黏病毒病、鸭瘟等

检查项目	异常变化	可能相关的主要疾病（或原因）
口腔	口腔流涎	常见于鹅误食喷洒农药的蔬菜或谷物引起的中毒，也偶见于鹅误食万年青引起的中毒
	口腔流血	常见于某些中毒病，如鹅敌鼠钠盐中毒
	口腔内有大蒜或刺鼻的气味	常见于有机磷（大蒜气味）及其他农药中毒
	口腔黏膜有炎症或有白色针尖大的结节	常见于雏鹅维生素 A 缺乏症和烟酸缺乏症，也见于鹅采食被蚜虫或蝶类幼虫寄生的蔬菜或青草引起的口腔炎症
	口腔黏膜形成黄白色、干酪样假膜或溃疡，甚至蔓延至口腔外部，嘴角亦形成黄白色假膜	常见于鹅霉菌性口炎，即鹅口疮
肛门和泄殖腔	肛门周围有炎症、坏死和结痂病灶	常见于泛酸缺乏症
	肛门周围有稀便	常见于禽副伤寒、大肠杆菌病、鹅副黏病毒病、鸭瘟等
	泄殖腔黏膜充血或有出血点	常见于各种原因引起的泄殖腔炎症，如前殖吸虫病、鹅副黏病毒等，有时也见于禽霍乱
	泄殖腔黏膜出血、有假膜结痂或形成溃疡	常见于典型的鸭瘟
	泄殖腔黏膜肿胀、充血、发红或发紫以及肛门周围组织发生溃烂脱落	常见于禽隐孢子虫病、鹅前殖吸虫病、鹅淋球菌病和慢性泄殖腔炎（严重的泄殖腔炎可引起肛门外翻、泄殖腔脱垂）
粪便	排稀便	临床上见于细菌、霉菌、病毒和寄生虫等病原引起的鹅腹泻，如禽副伤寒、小鹅瘟、鹅绦虫病、鹅吸虫病等，也见于某些营养代谢病和中毒病，如维生素 E 缺乏症、有机磷农药中毒、误食万年青中毒，以及采食寄生在蔬菜、青草的蚜虫、蝶类幼虫引起的中毒等
	排稀便，带有黏液并混有小气泡	常见于雏鹅维生素 B_2 缺乏症、小鹅瘟等，或采食过量的蛋白质饲料引起消化不良
	排稀便，带有黏稠、半透明的蛋清或蛋黄样物质	常见于卵黄性腹膜炎、输卵管炎、产蛋鹅的前殖吸虫病等
	排稀便，呈青绿色	常见于鹅副黏病毒病、慢性禽霍乱等
	排稀便，呈灰白色并混有白色米粒样物质（绦虫节片）	常见于鹅绦虫病
	排稀便，并混有暗红或深紫色血液	常见于鹅球虫病、鹅裂口线虫病，有时亦见于禽霍乱

检查项目	异常变化	可能相关的主要疾病（或原因）
粪便	大便呈石灰样	常见于鹅痛风病，也可见于维生素 A 缺乏症和磺胺药中毒等
	大便呈血水样	常见于鹅球虫病，有时也偶见于磺胺药中毒以及敌鼠钠盐中毒
鹅蛋	蛋壳薄	常见于禽副伤寒、大肠杆菌病、鹅副黏病毒病、鸭瘟以及维生素 D 和钙磷缺乏症等疾病，也见于夏季热应激引起的蛋壳变薄
	无蛋黄	常见于异物（如寄生虫、脱落的黏膜组织、小的血块等）落入输卵管内，刺激输卵管的蛋白分泌部位，使其分泌出蛋白包住异物，然后再包上壳膜和蛋壳而形成的无蛋黄蛋；也见于输卵管太狭窄，产出很小的无蛋黄的畸形蛋
	双黄蛋	偶见于刚开产的鹅和食欲旺盛的产蛋鹅，两个蛋黄同时或间隔很短时间从卵巢落入输卵管后同时被蛋白、壳膜和蛋壳包上而形成体积特别大的双黄蛋
	双壳蛋	即具有两层蛋壳的蛋，见于鹅产蛋时受惊后输卵管发生逆蠕动，蛋又退回壳分泌部，刺激蛋壳腺再次分泌出一层蛋壳，而使蛋具有两层蛋壳

三、病理剖检诊断

鹅病虽种类繁多，但许多鹅病在剖检病变方面具有一定的特征，因此，利用尸体剖检观察病变可以验证临床诊断和治疗的正确性，是诊断疾病的一个重要手段。

1. 鹅体剖检技术

（1）鹅体剖检要求

① 正确掌握和运用鹅体剖检方法。若方法不熟练，操作不规范，不按顺序、乱剪乱割，影响观察，易造成误诊，贻误防治时机。

② 防止疾病散播。剖检时如果剖检地点不合适、消毒不严格、尸体处理不当等，不仅引起病原在本场传播，还污染环境。所以，剖检地点应远离鹅舍，必须注意严格消毒和病死鹅的无害化处理。

选择合适的剖检地点。鹅场最好建立尸体剖检室，剖检室设置在生产区和生活区的下风方向和地势较低的地方，并与生产区和生活区保持一定距离，自成单元。若养鹅场无剖检室，剖检尸体应选择在比较偏僻的地方进行，要远离生产区、生活区、公路、水源等，以免剖检后，尸体的粪便、血污、内脏、杂物等污染水源、河流，或由于车来人往等传播病原，造成疫病扩散。

严格消毒。剖检前对尸体进行喷洒消毒，避免病原随着羽毛、皮屑一起被风吹起引起传播。剖检后将死鹅放在密封的塑料袋内，对剖检场所和用具进行彻底全面的消毒。剖检室的污水和废弃物必须经过消毒处理后方可排放。

尸体无害化处理。有条件的鹅场应建造焚尸炉或发酵池，以便处理剖检后的尸体，其地址的选择既要使用方便，又要防止病原污染环境。无条件的鹅场对剖检后的尸体要进行焚烧或深埋。

③ 准备好剖检器具。剖检鹅体，准备剪刀、镊子即可。根据需要还可准备手术刀、标本皿、广口瓶、福尔马林等。此外，还要准备工作服、胶鞋、橡胶手套、肥皂、毛巾、水桶、脸盆、消毒剂等。

（2）鹅体剖检方法　剖检病鹅最好在死后或濒死期进行。对于已经死亡的鹅只，越早剖检越好，因时间长了尸体易腐败，尤其夏季，使病理变化模糊不清，失去剖检意义。暂时不剖检的，可暂存放在4℃冰箱内。解剖前先进行体表检查，然后进行剖检。

先用消毒药水将羽毛擦湿，防止羽毛及尘埃飞扬。解剖活鹅应先放血致死，方法有两种：一种可在口腔内耳根旁的颈静脉处用剪刀横切断静脉，血沿口腔流出，此法外表无伤口；另一种为颈部放血，用刀切断颈动脉或颈静脉放血。

将被检鹅仰放在搪瓷盘上，此时应注意腹部皮下是否有腐败而引起的尸绿。用力掰开两腿，直至髋关节脱位，将两翅和两腿摊开，或将头、两翅固定在解剖板上。沿颈、胸、腹中线剪开皮肤，再从腹下部横向剪开腹部，并延至两腿皮肤。由剪处向两侧分离皮肤。剥开皮肤后，可看到颈部的气管、食管、食管膨大部、胸腺、迷走神经以及胸肌、腹肌、腿部肌肉等。根据剖检需要，可剥离部分皮肤。此时可检查皮下是否有出血，胸部肌肉的黏稠度、颜色以及是否有出血点或灰白色坏死点等。

皮下检查完后，在泄殖腔腹侧将腹壁横向剪开，再沿肋软骨交接处向前剪，然后一只手压住鹅腿，另一只手握龙骨后缘向上拉，使整个胸骨向前翻转露出胸腔和腹腔，注意胸腔和腹腔器官的位置、大小、色泽是否正常，有无内容物（腹水、渗出物、血液等），器官表面是否有冻胶状或干酪样渗出物，胸腔内的液体是否增多等。

然后观察气囊，气囊膜正常为一透明的薄层，注意有无混浊、增厚或被覆渗出物等。如果要取病料进行细菌培养，可用灭菌消毒过的剪刀、镊子、注射器、针头及存放材料的器皿采取所需要的组织器官。取完材料后可进行各个脏器检查。剪开心包囊，注意心包囊是否混浊或有纤维素性渗出物黏附，心包液是否增多，心包囊与心外膜是否粘连等，然后顺次取出各脏器。

首先把肝脏与其他器官连接的韧带剪断，再将脾脏、胆囊随同肝脏一块摘出。接着，把食管与腺胃交界处剪断，将脾胃、肌胃和肠管一同取出体腔（直肠可以不剪断）；剪开卵巢系膜，将输卵管与泄殖腔连接处剪断，把卵巢和输卵管取出。雄鹅剪断睾丸系膜，取出睾丸；用器械柄钝性剥离肾脏，从脊椎骨深凹中取出；剪断心脏的动脉、静脉，取出心脏；用刀柄钝性剥离肺脏，将肺脏从肋骨间摘出。

剪开喙角，打开口腔，把喉头与气管一同摘出；再将食管、食管膨大部一同摘出。

剪开鼻腔。从两鼻孔上方横向剪断上喙部，断面露出鼻腔和鼻甲骨。轻压鼻部，可检查鼻腔有无内容物。

剪开眶下窦。剪开眼下和嘴角上的皮肤，看到的空腔就是眶下窦。

脑的取出。将头部皮肤剥去，用骨剪剪开顶骨缘、颞骨上缘、枕骨后缘，揭开头盖骨，露出大脑和小脑。切断脑底部神经，大脑便可取出。

外部神经的暴露。迷走神经在颈椎的两侧，沿食管两旁可以找到。坐骨神经位于大腿两侧，剪去内收肌即可露出。腰荐神经丛，将脊柱两侧的肾脏摘除，便能显露出来。臂神经，将鹅背朝上，剪开肩胛和脊柱之间的皮肤，剥离肌肉，即可看到。

（3）解剖检查注意事项

① 剖检时间越早越好，尤其在夏季，尸体极易腐败，不利于病变观察，影响正确诊断。若尸体已经腐败，一般不再进行剖检。剖检时，光线应充足。

② 剖检前要了解病死鹅的来源、病史、症状、治疗经过及防疫

情况。

③ 剖检时必须按剖检顺序观察，做到全面细致、综合分析，不可主观片面、马马虎虎。

④ 做好剖检用具和场所的隔离消毒。做好剖检尸体、血水、粪便、羽毛和污染的表土等的无害化处理（放入深坑内，撒布消毒药和新鲜生石灰盖土压实）。同时要做好自身防护（穿戴好工作服，带上手套）。

⑤ 剖检时，要做好记录，检查完后找出其主要的特征性病理变化和一般非特征性病理变化，做出分析和比较。

2. 鹅的病理剖检变化

鹅的病理变化诊断见表 8-2。

表 8-2　鹅的病理变化诊断表

检查项目	解剖变化	可能相关的主要疾病
皮肤	皮肤苍白	见于各种因素引起的内出血，如脂肪肝综合征和禽副伤寒引起的肝破裂
	皮肤暗紫	见于各种败血性传染病，如禽霍乱、鹅副黏病毒病等
	皮下水肿	见于禽李氏杆菌病
	皮下出血	见于某些传染病，如禽霍乱、鹅流行性感冒等
	胸腹部皮肤呈暗紫或淡绿色，皮下呈胶冻样水肿	见于育肥仔鹅维生素 E 及硒缺乏症
	胸部皮下化脓或坏死	见于鹅外伤引起皮肤感染葡萄球菌、链球菌或其他细菌
肌肉	肌肉苍白	常见于各种原因引起的内出血，如脂肪肝综合征等；也见于鹅住白细胞虫病
	肌肉出血	常见于硒及维生素 E 缺乏症和维生素 K 缺乏症
	肌肉坏死	常见于维生素 E 缺乏症
	肌肉中夹有白色芝麻大小的梭状物	见于葡萄球菌、链球菌等细菌感染引起的肉芽肿
	肌肉表面有尿酸盐结晶	见于内脏型痛风

检查项目	解剖变化	可能相关的主要疾病
胸腺	胸腺肿大、出血	常见于某些急性传染病，如鸭瘟、禽霍乱；也见于某些寄生虫病，如鹅住白细胞虫病
	胸腺出现玉米大的肿胀	多见于成年鹅的结核病
	胸腺萎缩	见于营养缺乏症
呼吸系统	气管、支气管、喉头有黏液性渗出物	常见于鹅流行性感冒、鹅曲霉菌病、禽支原体病、鹅副黏病毒病、鸭瘟等
	气管和支气管内有寄生虫	见于鹅舟形嗜气管吸虫病和鹅支气管杯口线虫病
	肺及气囊淤血、水肿	常见于急性传染病，如禽霍乱、禽链球菌病、大肠杆菌败血症等；也见于棉籽饼中毒
	肺实质有淡黄色小结节，气囊有淡黄色纤维素渗出或结节	常见于雏鹅曲霉菌病
	肺及气囊有灰黑色或淡绿色霉斑	常见于青年鹅或成年鹅曲霉菌病
	肺有淡黄色或灰白色结节	见于成年鹅的结核病
	肺肉变或出现肉芽肿	常见于大肠杆菌病和沙门菌病
	胸、腹气囊浑浊、囊壁增厚或者有灰白色或淡黄色干酪样渗出物	常见于禽支原体病、鹅流行性感冒、禽大肠杆菌病、禽流感、禽副伤寒、禽链球菌病、衣原体病等
胸腔	胸腔积液	见于育肥仔鹅腹水症和敌鼠钠盐中毒
心脏	心包积液或含有纤维素性渗出物	常见于禽霍乱、鸭瘟、禽流感、禽大肠杆菌病、禽李氏杆菌病、鹅螺旋体病以及某些中毒病，如食盐中毒、氟乙酸胺中毒等
	心冠脂肪出血或心内外膜有出血斑点	常见于禽霍乱、鹅流行性感冒、鸭瘟、大肠杆菌败血症、食盐中毒、棉籽饼中毒、氟乙酸胺中毒等
	心包及心肌表面附有大量的白色尿酸盐结晶	常见于内脏型痛风
	心肌有灰白色坏死或有小结节或肉芽肿样病变	常见于禽李氏杆菌病、禽大肠杆菌病、禽副伤寒等
	心肌缩小、心肌脂肪消耗或心冠脂肪变成透明胶冻样	这是心肌严重营养不良的表现，常见于慢性传染病，如结核病、慢性禽副伤寒以及严重的寄生虫感染等
	心肌变性	常见于维生素 E 和硒缺乏症、鹅住白细胞虫病等

检查项目	解剖变化	可能相关的主要疾病
腹腔	腹腔内有淡黄色或暗红色腹水及纤维素渗出	常见于育肥仔鹅腹水综合症、大肠杆菌病、慢性禽副伤寒、住白细胞虫病等
	腹腔内有血液或凝血块	常为急性肝破裂的结果，如成年鹅副伤寒、鹅脂肪肝综合征等
	腹腔中有一种淡黄色黏稠的渗出物附着在内脏表面	常为卵黄破裂引起的卵黄性腹膜炎，病原多为大肠杆菌，有时也为沙门菌和巴氏杆菌
	腹腔器官表面有许多菜花样增生物或有很多大小不等的结节	常见于大肠杆菌肉芽肿、成年鹅的结核病等
	腹腔中，尤其在内脏器官表面有一种石灰样物质沉着	常见于鹅内脏型痛风特征性的病变
肝脏	肝脏肿大，表面有灰白色斑纹或有大小不等的肿瘤结节	常见于淋巴性白血病（有些病例肝脏的重量比正常的重量增加 2～3 倍）
	肝脏肿大，并出现肉芽肿	常见于大肠杆菌病
	肝脏肿大、瘀血，表面有散在的或密集的坏死点	常见于急性禽霍乱、禽副伤寒、禽大肠杆菌病、衣原体病、鹅螺旋体病、鹅流行性感冒、禽李氏杆菌病、禽链球菌病等，有时也见于鸭瘟、小鹅瘟、鹅副黏病毒病等
	肝脏肿大，有出血斑点	常见于鹅螺旋体病、禽霍乱、磺胺药中毒等，也见于鸭瘟早期的肝脏病变
	肝脏肿大，呈青铜色或古铜色或墨绿色（一般同时伴有坏死小点）	常见于禽大肠杆菌病、禽副伤寒、禽葡萄球菌病、禽链球菌病等
	肝脏肿大、硬化，表面粗糙不平或有白色针尖状病灶	常见于慢性黄曲霉毒素中毒
	肝脏肿大，有结节状增生病灶	常见于成年鹅的肝癌
	肝脏肿大，表面有纤维蛋白覆盖	常见于衣原体病、大肠杆菌病等
	肝脏肿大，呈淡黄色脂肪变性，切面有油腻感	常见于脂肪肝综合征，也见于维生素 E 缺乏症和鹅流行性感冒以及住白细胞虫病
	肝脏萎缩、硬化	常见于腹水症晚期的病例和成年鹅的黄曲霉毒素中毒
	肝脏呈深黄色或淡黄色	常见于一周龄以内健康的雏鹅，也见于一年以上健康的成年鹅

检查项目	解剖变化	可能相关的主要疾病
脾脏	脾脏肿大，表面有大小不等的肿瘤结节	常见于淋巴性白血病（有的脾脏大如鸽蛋）
	脾脏有灰白色或黄色结节	常见于成年鹅结核病
	脾脏肿大，有坏死灶或出血点	常见于禽霍乱、禽副伤寒、衣原体病以及鹅副黏病毒病和鹅流行性感冒等
	脾脏肿大，表面有灰白色斑驳	常见于禽李氏杆菌病、淋巴性白血病、大肠杆菌败血症、鹅螺旋体病、禽副伤寒等
胆囊、胆管	鹅胆管内有寄生虫	常见于后睾吸虫病
	胆囊充盈肿大	常见于急性传染病，如禽霍乱、禽副伤寒、小鹅瘟、鸭瘟等；也见于某些寄生虫病，如鹅的后睾吸虫病
	胆囊缩小	常见于慢性消耗性疾病，如鹅绦虫病、吸虫病等
	胆汁浓呈墨绿色	常见于急性传染病
	胆汁少、色淡或胆囊黏膜水肿	常见于慢性疾病，如严重的肠道寄生虫感染和营养代谢病
肾脏、输尿管	肾脏肿大、淤血	常见于禽副伤寒、禽链球菌病、鹅螺旋体病、鹅流行性感冒等，也见于食盐中毒
	肾脏显著肿大，有肿瘤样结节	常见于淋巴性白血病，也偶见于大肠杆菌引起的肉芽肿
	肾脏肿大，表面有白色尿酸盐沉着，输尿管和肾小管充满白色尿酸盐结晶	是内脏型痛风的一种常见病变，也见于禽副伤寒、鹅肾球虫病、维生素A缺乏症以及钙磷代谢障碍等疾病
	输尿管结石	多见于痛风以及钙磷比例失调
	肾脏苍白	常见于雏鹅的禽副伤寒、住白细胞虫病、严重的绦虫病、吸虫病、球虫病以及各种原因引起的内脏器官出血等
卵巢、输卵管	卵子形态不整、皱缩干燥、颜色改变及变形、变性	常见于禽副伤寒、大肠杆菌病，也偶见于慢性禽霍乱等
	卵子外膜充血、出血	见于产蛋鹅急性死亡的病例，如禽霍乱、禽副伤寒，以及农药、灭鼠药中毒
	卵巢形体显著增大呈熟肉样、菜花状肿瘤	见于卵巢腺癌
	输卵管内有寄生虫	常见于前殖吸虫病
	输卵管内有凝固性坏死物质（凝固或腐败的卵黄、蛋白）	常见于产蛋母鹅的卵黄性腹膜炎、禽副伤寒、禽流感等

检查项目	解剖变化	可能相关的主要疾病
卵巢、输卵管	输卵管脱垂于肛门外	常为产蛋鹅进入高峰期营养不足或是产双黄蛋、畸形蛋所致，也见于久泻不愈引起的脱垂
睾丸、阴茎	一侧或两侧睾丸肿大或萎缩，睾丸组织有多个小坏死灶	偶见于公鹅沙门菌感染
	睾丸萎缩变性	见于维生素 E 缺乏症
	阴茎脱垂、红肿、糜烂或有青绿豆大小的小结节或者坏死结痂	多见于禽大肠杆菌病，也见于淋球菌病，有时也见于阴茎外伤感染
食管	食管黏膜有许多白色小结节	见于维生素 A 缺乏症
	食管黏膜有白色假膜和溃疡（口腔、咽部均出现）	见于白色念珠菌感染引起的霉菌性口炎
	食管下段或膜有灰黄色假膜、结痂，剥去假膜可出现溃疡	常为鸭瘟特征性的病变
腺胃、肌胃	腺胃黏膜及乳头出血	见于鹅副黏病毒病，亦见于禽霍乱
	腺胃与肌胃交界处有出血点	见于鹅螺旋体病
	肌胃内较空虚，其角质膜变绿	常见于慢性疾病，多为胆汁返流所致
	肌胃角质溃疡（尤其在肌胃与幽门交界处）	常见于鹅裂口线虫病
	肌胃角质层易脱落，角质层下有出血斑点或溃疡	见于鹅副黏病毒病、鸭瘟、禽李氏杆菌病、鹅住白细胞虫病
	肌胃内有寄生虫	见于鹅裂口线虫病
肠管	小肠肠管增粗、黏膜粗糙，生成大量灰白色坏死小点和出血小点	见于鹅球虫病
	小肠黏膜呈急性卡他性或出血性炎症，黏膜深红色或有出血点，胸腔有多量黏液和脱落的黏膜	见于急性败血性传染病，如禽霍乱、禽副伤寒、禽链球菌病、禽大肠杆菌病等，以及早期的小鹅瘟病变；也见于某些中毒病如氟乙酸胺中毒等
	肠道黏膜出血，黏膜上有散在的淡黄色覆盖假膜结痂，并形成出血性溃疡	见于鹅副黏病毒病

检查项目	解剖变化	可能相关的主要疾病
肠管	肠壁生成大小不等的结节	临床上见于成年鹅的结核病
	肠道黏膜坏死	临床上见于慢性禽副伤寒、坏死性肠炎、大肠杆菌病，以及维生素 E 缺乏症等
	肠管某节段呈现出血发紫，且肠腔有出血黏液或暗红色血凝块	见于肠系膜疝或肠扭转
	肠管膨大，肠道黏膜脱落，肠壁光滑变薄，肠腔内形成一种淡黄色凝固性栓塞	见于典型的小鹅瘟病变
	盲肠内有凝固性栓塞	见于慢性禽副伤寒
	盲肠黏膜糜烂	见于雏鹅的纤细背孔吸虫病
	盲肠出血，肠腔有血便，黏膜光滑	见于磺胺药中毒
	十二指肠和空肠有寄生虫	主要有膜壳绦虫、蛔虫、棘口吸虫
	直肠有寄生虫	主要有前殖吸虫、纤细背孔吸虫
胰腺	胰腺肿大、出血或坏死，滤泡增大	临床上见于急性败血性传染病，如禽霍乱、禽副伤寒、大肠杆菌败血症等；也见于某些中毒病，如氟乙酸胺中毒、敌鼠钠盐中毒等
	胰腺出现肉芽肿	见于大肠杆菌、沙门菌引起的病变
	胰腺萎缩，腺细胞内空泡形成，并有透明小体	临床上见于维生素 E 和硒缺乏症
盲肠扁桃体	盲肠扁桃体肿大、出血	临床上见于某些急性传染病和某些寄生虫病，如禽霍乱、禽副伤寒、禽大肠杆菌病、鹅副黏病毒病、鸭瘟、鹅球虫病等
法氏囊	法氏囊内有寄生虫	多为前殖吸虫
	法氏囊肿大、黏膜出血	临床上见于某些传染病和寄生虫病，如鸭瘟、禽隐孢子虫病、鹅前殖吸虫病，有时也偶见鹅副黏病毒病、严重的绦虫病等
	法氏囊缩小	临床上见于营养缺乏症
脑	小脑软化、肿胀、有出血点或坏死	临床上见于雏鹅维生素 E 缺乏症
	脑及脑膜有淡黄色结节	常见于雏鹅曲霉菌感染
	大脑呈树枝状充血及有出血点并发生水肿或坏死	临床上见于雏鹅脑型大肠杆菌病和沙门菌病
甲状旁腺	甲状旁腺肿大	临床上见于缺磷、缺钙及缺乏维生素 D 引起的雏鹅佝偻病和成年鹅的软骨症

检查项目	解剖变化	可能相关的主要疾病
骨和关节	后脑颅骨软薄	临床上见于雏鹅佝偻病和雏鹅维生素 E 缺乏症
	胸骨呈 "S" 状弯曲, 肋骨与肋软骨连接部呈结节性串珠样	常见于缺钙、缺磷或缺乏维生素 D 引起的雏鹅佝偻病或者严重的绦虫病感染而导致的鹅软骨症
	胫骨软、易折	常见于佝偻病、软骨症, 也见于育肥仔鹅饲喂含磷酸氢钙的饲料造成的骨质疏松
	关节肿胀、关节囊内有炎性渗出物	常见于雏鹅葡萄球菌、大肠杆菌、链球菌感染, 也见于鹅慢性禽霍乱
	关节肿大、变形	临床上见于雏鹅佝偻病和生物素、胆碱缺乏症, 以及锰缺乏症等; 也见于关节痛风

 第二节　鹅群抗体检测技术

一、凝集反应

当颗粒性抗原与其相应抗血清混合时, 在有一定浓度的电解质环境中, 抗原凝集成大小不等的凝集块, 叫作凝集反应。凝集反应广泛地应用于疾病的诊断和各种抗原性质的分析中, 既可用已知免疫血清来检查未知抗原, 亦可用已知抗原检测特异性抗体。

1. 平板凝集试验

平板凝集试验是一种定性试验。将含有已知抗体的诊断血清（适当稀释）与待检悬液各滴一滴在玻板上混合, 数分钟后, 如果出现颗粒体或絮状凝集, 即为阳性反应。也可用已知的抗原悬液, 检测待检血清中是否存在相应的抗体。如鹅的伤寒全血（或血清）平板凝集试验。

（1）材料

① 平板凝集抗原。用鹅的沙门菌培养物加甲醛溶液杀菌制成（每毫升含菌 100 亿个）。抗原静置时呈乳白色或微带黄色, 瓶底有灰

白色沉淀物，振荡后成均匀浑浊的悬浮液（由兽医生物药品厂生产，应保存在 8～10℃冷暗干燥处）。

② 阴性、阳性血清。由兽医生物药品厂生产。阳性血清凝集效价应不低于 1：1600（＋＋）。

③ 生理盐水、玻板、毛细吸管。

（2）操作方法

① 全血平板凝集试验操作。先将抗原充分振荡均匀，用滴管吸取抗原 1 滴（约 0.05 毫升），垂直滴在玻板上，随即用针头刺破被检鸡的翅静脉或鸡冠，用铂耳环取血液 1 满环（约 0.02 毫升）放于抗原滴中，并用铂耳环搅拌均匀，静置判定结果。每次试验，均需做阴性、阳性血清对照（在 20℃以上的室温内进行）。

② 血清平板凝集试验操作。在玻板上，滴加被检血清（被检血清的制备：用三棱针刺破翅下静脉，用细饲料管引流血液至 6～8 厘米长，在火焰下将管一端烧熔封口，标明鹅号，置 37℃温箱中 2 小时。待血清析出后用 100 转/分，离心 3～5 分钟，剪断烧熔的一端，再将血清倒入塑料板孔中）和抗原各 1 滴（约 0.05 毫升），用牙签或塑料管头将抗原和被检血清充分混合（在 10℃以上的室温内进行）。

（3）结果判定

① 全血平板凝集结果判定。抗原与血液混合后，在 2 分钟内出现明显凝集或块状凝集的为阳性反应；呈现均匀一致的微颗粒或在边缘形成细絮状物等，均为阴性。如果结果不够清晰，可将玻板放于低倍显微镜下观察。

② 血清平板凝集结果判定。观察 30～60 秒。凝集者为阳性，否则为阴性。

2. 试管凝集试验

试管凝集试验为一种定量试验，是用已知抗原检查血清中有无特异性抗体，并测定其相对含量的试验。如禽支原体病的试管凝集试验检测抗体。

（1）材料

① 抗原。系用国际标准"S6"株败血性支原体，经牛心汤培养基制成的凝集试验平板染色抗原，应在 2～15℃冷暗处保存，防止

冻结。使用 pH 7.0 含 0.25% 石炭酸缓冲生理盐水稀释 20 倍。

② 被检血清。来自被检鸡的翅静脉血，分离血清，方法见血清平板凝集试验。

③ 生理盐水、小试管、吸管。

（2）操作方法　取抗原 1 毫升，被检血清 0.08 毫升加入第一管，混合均匀，然后，从第一管取 0.5 毫升加入第二管，再加生理盐水 0.5 毫升做倍比稀释，依次稀释到 1∶100。将稀释好的试管放入冰箱过夜，第二天取出观察结果（表 8-3）。

表 8-3　支原体试管凝集试验操作　　　　　　单位：毫升

试管号	1	2	3	4	5
抗原	1				
血清	0.08	0.5	0.5	0.5	弃去 0.5
生理盐水	—	0.5	0.5	0.5	—
稀释倍数	1∶12.5	1∶25	1∶50	1∶100	—

（3）结果判定　当凝集效价在 1∶25 或以上发生凝集时，可判为阳性，1∶25 以下者为阴性。通常以能产生明显凝集（＋＋）的血清大稀释倍数作为该血清的凝集效价。

3. 血凝试验和血凝抑制试验

某些病毒表面具有凝集动物红细胞的物质，称之为血凝集素。兽医临床上能凝集动物红细胞的病毒有鹅的副黏病毒、禽流感病毒等，对新分离的这些病毒材料，血凝试验（HA）和血凝抑制试验（HI）仍是一种快速准确的传统实验室手段。通过 HA-HI 试验，可用已知血清来鉴定未知病毒，也可用已知病毒来检查被检血清中的相应抗体和滴定抗体的含量。

（1）材料

① 抗原。鹅副黏病毒抗原从有关单位购买。

② 1% 红细胞悬液。采取非免疫的健康鸡血液，用生理盐水反复洗涤 3 ～ 5 次，每次以 3000 转 / 分，离心 5 ～ 10 分钟，将沉淀的红细胞用生理盐水稀释成 1% 的悬液。

③ 被检血清。采用被检鹅新鲜血液分离的血清。

④ 生理盐水。灭菌的生理盐水或 pH 7.0 ～ 7.2 的磷酸缓冲液。

（2）操作方法

① 血凝试验：小试管 9 只标好号码于试管架上，第 1 管加入 0.9 毫升生理盐水，其余各管各加入 0.5 毫升。第 1 管加入抗原 0.1 毫升，用吸管稀释均匀后，再吸取 0.5 毫升注入第 2 管，同样第 2 管的抗原与生理盐水混匀后吸取 0.5 毫升注入第 3 管。如此依次稀释直至第 8 管。自第 8 管吸出 0.5 毫升弃去。第 9 管不加抗原，只加生理盐水。这样抗原的稀释倍数分别是 1∶10，1∶20，1∶40，1∶80，…，1∶1280。然后再向各个不同稀释倍数的抗原管中，加入 1% 鸡红细胞 0.5 毫升，充分振荡后，置于 20 ～ 30℃温箱中，15 分钟后检查结果。

抗原的凝集效价为能使 1% 鸡红细胞完全凝集的最大稀释倍数。如果在第 5 管仍能凝集，则凝集效价为 1∶160；如果第 6 管凝集，则凝集效价为 1∶320。

② 血凝抑制试验：将被检血清按表 8-4 稀释成不同倍数，即第 1 管加生理盐水 0.4 毫升，以后各管加 0.25 毫升。第 1 管加被检血清 0.1 毫升，稀释混匀后吸出 0.25 毫升加入第 2 管，如此至第 8 管，混匀后吸出 0.25 毫升弃去。第 9 管不加被检血清，作为抗原对照，第 10 管不加抗原作为血清对照。然后向各管加入 4 单位的抗原 0.25 毫升充分振荡后，在室温静置 5 ～ 6 分钟，再加入 1% 红细胞 0.5 毫升，置于 20 ～ 30℃，15 分钟即可判定结果。

表 8-4　红细胞凝集抑制试验操作式式　单位：毫升

试管号	1	2	3	4	5	6	7	8	9	10
血清稀释倍数	1∶5	1∶10	1∶20	1∶40	1∶80	1∶160	1∶320	1∶640	抗原对照	血清对照
生理盐水	0.4	0.25	0.25	0.25	0.25	0.25	0.25	0.25	0.5	0.25
被检血清	0.1	0.25	0.25	0.25	0.25	0.25	0.25	0.25	弃去	0.25
抗原	0.25	0.25	0.25	0.25	0.25	0.25	0.25	0.25	0.25	—
1% 红细胞液	0.5	0.5	0.5	0.5	0.5	0.5	0.5	0.5	0.5	0.5
判定结果	－	－	－	－	＋	＋	＋	＋	＋	－

（3）结果判定　判定时首先检查对照各管是否正确，若正确则

证明操作无误。

① 红细胞凝集：红细胞分散在管底周围呈现颗粒状凝集者为阳性"+"；

② 无凝集或凝集抑制：红细胞集中于管底呈圆盘状为阴性"−"；

③ 凝集抑制效价：被检血清最大稀释倍数而抑制红细胞凝集者为该血清的凝集抑制效价（红细胞凝集抑制效价在1∶20以上者，判定为阳性反应）。

4. 微量血凝试验与微量血凝抑制试验

微量红细胞凝集和凝集抑制试验是鉴定病毒和诊断病毒性疾病的重要方法之一。许多病毒能够凝集某些动物（如鸡、鹅、豚鼠和人）的红细胞。正黏病毒和副黏病毒是最主要的红细胞凝集性病毒，其他病毒如被膜病毒、细小病毒、某些肠道病毒和腺病毒等也有凝集红细胞的作用。目前最常用于禽流感等诊断。

（1）材料

① 器材。V形96孔微量滴定板、微量混合器、塑料采血管、50微升移液管。

② 稀释液。pH 7.0～7.2磷酸缓冲盐水（PBS：氯化钠，170克；磷酸二氢钾，13.6克；氢氧化钠，3.0克；加蒸馏水至1000毫升高压灭菌，4℃保存，使用时做20倍稀释）。

③ 浓缩抗原。由指定单位提供，也可用弱毒苗作检测抗原。

④ 红细胞。采成年健康鸡血液，用20倍量洗涤3～4次，每次以2000转/分离心3～4分钟，最后一次5分钟，用PBS配成0.5%悬液。

⑤ 血清。标准阳性血清，由指定单位提供。

⑥ 被检血清。每群鹅随机采血20～30份血样，分离血清。先用三棱针刺破翅下静脉，随即用塑料管引流血液至6～8厘米长。将管一端烧熔封口，待凝固析出血清后以1000转/分离心5分钟，剪断塑料管，将血清倒入一块塑料板小孔中。若需较长时间保存，可在离心后将凝血一端剪去，滴融化石蜡封口，于4～8℃保存。

（2）操作方法

① 微量红细胞凝集试验操作。V形血凝板的每孔中滴加PBS 0.05

毫升，共滴4排。吸取1:5稀释抗原滴加于第1列孔，每孔0.05毫升，然后由左至右顺序倍比稀释至第11列孔，再从第11孔各吸0.05毫升弃之。最后一列不加抗原作对照。最后于每孔中加入0.5%红细胞悬液0.05毫升，置微型混合器上振荡1分钟，或手持血凝板绕圈混匀。放室温（18～20℃）下30～40分钟，根据血凝图像判定结果。以出现完全凝集的抗原最大稀释度为该抗原的血凝滴度，每次4排重复，以几何均值表示结果。

计算出含4个血凝单位的抗原浓度。计算公式为：

抗原应稀释倍数 = 血凝滴度/4

② 微量红细胞凝集抑制试验操作。在96孔V型板上进行，用50微升移液管加样和稀释。先取PBS 0.05毫升，加入第1孔，再取浓度为4个血凝单位的抗原依次加入3～12孔，每孔0.05毫升，第2孔加浓度为8个血凝单位的抗原0.05毫升。用稀释器吸被检血清0.05毫升于第1孔（血清对照）中，挤压混匀后吸0.05毫升于第2孔，依次倍比稀释至第12孔，最后弃去0.05毫升。

置室温（18～20℃）下作用20分钟。用稀释器滴加0.05毫升红细胞悬液于各孔中，振荡混匀后，室温下静置30～40分钟，判定结果。每次测定应设已知滴度的标准阳性血清对照。

（3）结果判定　在对照出现正确结果的情况下，以完全抑制红细胞凝集的最大稀释度为该血清的血凝抑制滴度。

二、琼脂扩散试验

琼脂免疫扩散试验又称为琼脂免疫扩散，或简称为琼脂扩散、琼扩，是抗原抗体在凝胶中所呈现的一种沉淀反应。抗体抗原在含有电解质的琼脂凝胶中相遇时，便出现可见的白色沉淀线。这种沉淀线是一组抗原抗体的特异性复合物。如果凝胶中有多种不同抗原抗体存在时，便依各自扩散速度的差异，在适当部位形成独立的沉淀线，因此广泛地用于抗原成分的分析。琼脂扩散试验分为单相扩散和双相扩散两个基本类型。将抗体或抗原一方混合于琼脂凝胶中，另一方（抗原或抗体）直接接触或扩散于其中者，称为单相扩散；使抗原和抗体双方同时在琼脂凝胶中扩散而相遇成线者，称为双相扩散。禽病诊断实践中，双相扩散更为常用，如鸡传染性法氏囊病、鸡马立克病、禽流感、鸡传染性脑脊髓炎等病的诊断。

琼扩的主要优点是简便、微量、快速、准确，根据出现沉淀带的数目、位置以及相邻两条沉淀带之间的融合、交叉、分支等现象，即可了解该复合抗原的组成。琼扩可以用于病原体的抗体监测和病原感染的流行病学调查。

1. 单向琼脂扩散试验

（1）材料　诊断血清、待测血清（如鹅血清）、参考血清和其他（生理盐水、琼脂粉、微量进样器、打孔器、玻璃板、湿盒等）。

（2）方法

① 将适当稀释（事先滴定）的诊断血清与已融化的2%琼脂在60℃水浴预热数分钟后等量混合均匀制成免疫琼脂板。

② 在免疫琼脂板上按一定距离（1.2～1.5厘米）打孔，见图8-1。

图 8-1　单向琼脂扩散试验抗原孔位置示意

（1～5孔加参考血清，6～9孔加待检血清）

③ 向孔内滴加1∶2、1∶4、1∶8、1∶16、1∶32稀释的参考血清及1∶10稀释的待检血清，每孔10微升，此时加入的抗原液面应与琼脂板齐平，不得外溢。

④ 已经加样的免疫琼脂板置湿盒中37℃温箱扩散24小时。

⑤ 测定各孔形成的沉淀环直径（毫米），用参考血清各稀释度测定值绘出标准曲线，再由标准曲线查出被检血清中抗体的含量。

2. 双向琼脂扩散试验

（1）材料　阳性血清（系冻干制品，可以购买，使用时用蒸馏水恢复到原分装量）、待测血清、琼脂抗原（系冻干制品，可以购买，使用时用蒸馏水恢复到原分装量)、生理盐水、琼脂粉、玻板、打孔器、微量进样器等。

（2）方法

① 取一清洁玻板，倾注 3.5 ～ 4.0 毫升加热融化的 1% 食盐琼脂制成琼脂板。

② 凝固后，用直径 3 毫米打孔器打孔，孔间距为 5 毫米。孔的排列方式如图 8-2 所示。

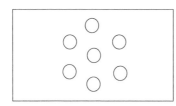 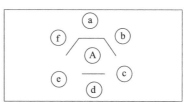

图 8-2 双相琼脂扩散试验孔的位置及结果示意

A—琼脂抗原；a、c、e—被检材料；b、d、f—阳性对照

③ 用微量进样器于中央孔加琼脂抗原，分别将各被检血清按顺序在周边孔中每隔一孔加一样品。向余下的孔内加入阳性血清。加样时勿使样品外溢或在边缘残存小气泡，以免影响扩散结果。

④ 加样后的琼脂板收入湿盒内置 37℃温箱中扩散 24 ～ 48 小时。

（3）结果观察　若凝胶中抗原抗体是特异性的，则形成抗原 - 抗体复合物，在两孔之间出现一清晰致密白色的沉淀线，为阳性反应。若在 72 小时仍未出现沉淀线则为阴性反应。试验时至少要做一阳性对照。出现阳性对照与被检样品的沉淀线发生融合，才能确定待检样品为真正阳性。

三、酶联免疫吸附试验

ELISA 是酶联免疫吸附测定的英文简称。它是继免疫荧光和放射免疫技术之后发展起来的一种免疫酶技术。ELISA 分析法是一种以酶标抗体作为指示剂的抗原 - 抗体反应系统。抗原或抗体与酶以化学方式结合后，仍保持各自的生物学活性，遇相应的抗体或抗原后，形

成酶标记的抗原 - 抗体免疫复合物。在一定底物参与下，产生可以观测的有色物质，色泽的深浅与所检测的抗原（或抗体）含量呈正比。因此，可以通过比色测定，计算出参与反应的抗原或抗体的含量。该法具有高敏、快速和可大批量检测的优点，现已广泛应用于禽病的临床诊断中。

1. 材料及试剂

（1）器材　40 孔或 96 孔聚丙乙烯平底反应板、微量加样器、酶标检测仪等。

（2）抗体　多克隆抗体或单克隆抗体，但单克隆抗体可大大降低非特异性反应。用于包被聚丙乙烯平底板的抗体应是提纯的 IgG，并应具有较高的免疫活性。酶标记的抗体（第二抗体）需要高效价的提纯品。

（3）抗原　包被聚丙乙烯板的抗原可用物理或化学方法从感染组织或细胞培养物中提取。抗原应具有较高的免疫活性，并能测出低浓度抗体，而且能够牢固地吸附在固相载体上不丧失免疫活性。

（4）酶和底物　用于抗体或抗原标记的酶应具有分子量小、特异性强、活性高、稳定性好等优点。目前应用最多的是辣根过氧化物酶，其次是碱性磷酸酶，另外还有 β- 半乳糖苷酶等。底物作为供氢体存在，应用较广的有邻苯二胺（OPD）、3,3- 二氨基联苯胺（DAB）等。

2. 操作要点

将已知抗原吸附（又称包被）于固相载体，孵育后洗去未吸附的抗原，随后加入含有特异性抗体的被检血清，反应后洗掉未起反应的物质，加入酶标记的同种球蛋白（如被检血清是鸡血清，就需用抗鸡球蛋白），作用后再洗涤，加入酶底物，底物被分解后出现颜色反应，用酶标仪测定其吸光值。

（1）固相载体的选择　聚苯乙烯微量反应板以及聚氯乙烯（PVC）塑料软板的吸附效果与塑料的类型、表面性质、生产加工工艺等有关，使用前应进行预试验，选出性能良好的固相载体。一般情况下，固相载体用标准阴性、阳性抗体或抗原孔测定的光密度差值要大，相差 10 倍以上才属合格。

（2）预试验　正式检测前，必须进行预试验以确定酶结合物、包被抗原或抗体的最适浓度、底物的最适反应时间等。

① 酶结合物的确定。以 pH 9.6 的碳酸盐缓冲液将 IgG 稀释至 100 微克 / 毫升，加入固相载体的每一孔中进行包被，洗涤后将酶结合物以 1∶200，1∶400，1∶800，…做系列稀释，依次加入各孔，每一稀释度加 2 孔。反应后加底物显色，读取吸光值结果，以能产生光吸收值为 1.0 的稀释度为结合物的最适浓度。

② 包被蛋白质浓度的确定。酶结合物浓度确定后，应测定包被抗体或抗原的蛋白质最适浓度。将欲包被的蛋白用 pH 9.6 的碳酸盐缓冲液作 1∶10，1∶20，1∶40，…系列稀释，以每一稀释度包被固相载体的 2 个孔，然后进行常规 ELISA 操作。最后以能产生光吸收值为 1.0 的稀释度为包被蛋白质的最适浓度。

③ 底物最适作用时间的确定。以最适稀释度抗原和酶结合物进行试验，加入底物后在不同时间终止反应，即可确定最适反应时间。

（3）包被　将抗原或抗体吸附于固相载体表面的过程称为包被。

① 包被液的 pH。通常用 pH 9.5 ～ 9.6 的 0.1 摩尔 / 升的碳酸盐缓冲液稀释抗原或抗体。如果 pH 较低，则吸附时间延长；pH 低于 6.0 时，非特异性吸附增加。

② 吸附时间与温度。一般为 4℃ 过夜，也可采用 37℃ 吸附 1 ～ 5 小时。

③ 蛋白质浓度。在 96 孔或 40 孔聚苯乙烯板孔中，每孔加入量一般为 0.1 ～ 100 微克 / 毫升。浓度过高或过低都会影响检测结果。

（4）洗涤　ELISA 试验中，每一步都必须洗涤。先将各孔液体甩干，再加洗涤液充满各孔，静置 3 ～ 5 分钟，如此重复 3 次，然后再甩干，立即加入下一步试剂。目前使用较多的是含有 0.1％吐温 20 的 0.01 摩尔 / 升 pH 7.4 的 PBS。

（5）封阻　又称封闭，抗原或抗体包被后，载体表面仍可能有未吸附蛋白质的空白位点，会造成下一步的非特异性吸附，有必要对包被后的载体进行处理，以封闭可能存在的空白位点。常用封阻液有 1％～ 3％牛血清白蛋白、10％牛或马血清等。加入封阻液后，37℃

吸附 2 小时后洗涤。

（6）结果判定　可采用目测法进行定性判断，采用酶标检测仪可定量测定，如 P/N 比法。即被检样品（P）的吸光值和阴性标准样品（N）平均吸光值之比，以大于某一比值（一般为 ≥ 2）为阳性。

第三节　常见中毒病的检验

一、食盐中毒的检验

1. 饲料中食盐含量测定方法

用普通天平称取被检饲料样品 5 克，将样品置于坩埚内，在电炉上充分炭化（即烧尽有机质，余下炭灰）。将炭灰移入容量瓶，加蒸馏水至 100 毫升，浸 2 小时以上，用滤纸过滤，再用移液管取滤液 10 毫升，置于三角瓶内，加重铬酸钾指示剂 1 滴，然后用 0.1 摩尔 / 升的硝酸银溶液滴定，至出现砖红色为止。计量硝酸银溶液的消耗量。

计算方法：以每毫升 0.1 摩尔 / 升的硝酸银溶液的消耗量相当于 5.845 克食盐计算食盐含量。计算公式为：

$$样品含食盐的百分率 = \frac{滴定消耗的体积 \times 5.845}{样品质量} \times 100\%$$

2. 食管膨大部、腺胃、肌胃内容物含氯量测定

取可疑食盐中毒病死鹅的食管膨大部或腺胃或肌胃中的内容物 25 克，放于烧杯中，加 200 毫升蒸馏水放置 4 ～ 5 小时，其间振荡数次，然后向该液内加蒸馏水 200 毫升，滤纸过滤。取滤液 25 毫升，加 0.1% 刚果红溶液 5 滴作指示剂，再用 0.1 摩尔 / 升的硝酸银溶液徐徐滴定，至开始出现沉淀且液体呈轻微透明为止。计算公式：

$$食盐含量的百分率 = 消耗的硝酸银溶液的体积 \times 0.234 \times 100\%$$

二、棉籽饼中毒的检验

棉籽饼是产棉地区的主要饲料之一。棉籽饼中含有有毒的物质棉酚，如果不进行去毒处理，不注意喂量和喂法，易引起鹅的中毒。一般棉籽饼中含棉酚量为 0.034%～0.287%。饲料中含棉酚量达 0.04%～0.05%时就可引起中毒。

1. 定性检验

将棉籽饼磨碎，取其细粉末少许，加硫酸数滴，若有棉酚存在即变为红色（应在显微镜下观察）。若将该粉末在 97℃下蒸煮 1～1.5 小时后，则反应呈阴性。将棉籽饼按上法蒸煮后，再用乙醚浸泡，然后回收乙醚，浓缩，用上法检查，出现同样结果。

2. 定量检验

通常用三氯化锑比色法。游离棉酚和三氯化锑在氯仿溶液中生成红色化合物，游离棉酚的含量与色泽强度呈正比，据此可进行比色定量。

（1）试剂

① 浓盐酸。饱和三氯化锑溶液：取 30 克研碎的三氯化锑，用少量氯仿洗涤一次，在洗后的结晶中加入氯仿 100 毫升，猛烈振摇后放置，密塞保存，用时取上清液。

② 氢氧化钠溶液。

③ 棉酚标准溶液。准确称取精制棉酚 5 毫克于 50 毫升容量瓶中，加氯仿溶解至刻度。1 毫升相当于 0.1 毫克棉酚（称 1 号液）。将 1 号液稀释成 10 倍后制成 2 号液，其浓度为 1 毫升相当于 0.01 毫克棉酚。

（2）操作方法

① 标准曲线制备。吸取 2 号标准液 0 毫升、0.5 毫升、1.0 毫升、2.0 毫升（相当于棉酚 0 微克、5 微克、10 微克、20 微克），1 号标准液 0.4 毫升、0.8 毫升、1.2 毫升、1.6 毫升、2.0 毫升（相当于棉酚 40 微克、80 微克、120 微克、160 微克、200 微克）分别置于 9 个 10 毫升具栓比色管中，各管分别加入醋酐数滴、饱和三氯化锑溶液 5 毫升，并加氯仿至刻度，混匀，密塞放置 20～30 分钟进行光电比色（波长 5～20 纳米），以棉酚含量为横坐标，光密度为纵坐标，绘成

标准曲线。

② 样品分析。精密称取棉籽油 0.1 克（或磨碎通过 60 目筛的油渣或棉籽粉）于 10 毫升具栓比色管中，加氯仿至刻度，再加浓盐酸 1 毫升，充分振摇，放置过夜，弃去酸液、氯仿液供检。取氯仿液 1 毫升于 10 毫升具栓比色管中（甲管即样品管）；同时另取 1 毫升于盛有 5 毫升氯仿的分液漏斗中，加 15% 氢氧化钠溶液 5 毫升，充分振荡放置分层，将氯仿层通过装有无水硫酸钠的漏斗滤入 10 毫升具栓比色管中（乙管即空白管）。甲、乙管分别加入醋酐、饱和三氯化锑溶液 5 毫升，再加氯仿至刻度，混匀，放置 20～30 分钟后，在 520 纳米波长下测定光密度值。

③ 计算方法。

棉酚含量（克 /100 克）=

$$\frac{标准曲线上查得样品棉酚的含量 \times 10}{样品质量 \times 1} \times \frac{100}{1000}$$

式中，标准曲线上查得样品棉酚含量，即根据样品比色时的光密度值，在曲线上查得的棉酚质量；10 指提取样品时加入氯仿的体积；1 指样品显色时，取样品提取液的体积；1000 指毫克换算成克时用 1000 除。

三、有机磷农药中毒的简易检验

将待检饲料或食管膨大部、腺胃、肌胃中的内容物用苯浸提，分出提取液，经过滤、吹干，残留物用适量乙醇溶解后作检液。

取检材的提取液经蒸发所得的残留物，加适量水溶解，放入小烧杯中，将预先准备好的昆虫放入 20～30 个，同时用清水作对照试验，观察昆虫是否死亡。如果有机磷农药存在，昆虫很快死亡。做试验用的小虫可就地取材。

四、敌鼠及其钠盐中毒的检验

敌鼠及其钠盐与三氯化铁在无水乙醇中反应呈红色是敌鼠及其

钠盐中毒检验的原理。

取饲料或腺胃、肌胃或食管膨大部内容物 50～100 克放于三角瓶中，加水调成粥状，加稀盐酸酸化，用乙醚提取 3 次，合并乙醚液。乙醚液再用 1%焦磷酸钠或磷酸氢二钠水溶液提取 3 次，合并水溶液提取液，经稀盐酸酸化后，再用氯仿提取 3 次，合并氯仿液经无水硫酸钠脱水后，氯仿挥发，残渣供检验用。取供检残渣，加无水乙醇 1.5 毫升溶解，加 1%三氯化铁溶液 1 滴，如果显红色，则为敌鼠或敌鼠钠盐阳性反应。

五、某些常用药物的中毒检验

药物中毒的检验一般靠临床诊断，根据用药量及中毒症状和剖检变化不难做出诊断，实验室诊断只是一个辅助指标。

1. 磺胺类药物中毒的检验

常用重氮化反应检测中毒禽的血液。其操作方法如下：取血液 1 毫升，加入 5%三氯醋酸试剂 10 毫升，振荡 5 分钟；滤过（或离心），吸取上清液 9 毫升，加入 0.5%亚硝酸钠试剂 1 毫升，充分混合后，再加 0.5%麝香草酚试液（用 20%氢氧化钠溶液作溶媒）2 毫升，如果含磺胺，振荡后即成橙黄色。

2. 土霉素中毒的检验

取药液、胃内容物或剩余饲料加蒸馏水振摇后，取水层分成 4 份备用。取水液 1 份，加过量硫酸，有土霉素则显深红色，加蒸馏水稀释后，转变为黄色。取水液数滴加稀盐酸（稀盐酸：取盐酸 23.5 毫升，加蒸馏水稀释至 100 毫升）2 滴、对二甲氨基苯甲醛（对二甲氨基苯甲醛试液配制：取对二甲氨基苯甲醛 2 克，溶于硫酸 4 毫升中，加蒸馏水 1 毫升）1 滴，如果为土霉素则生成蓝绿色沉淀。

第九章

鹅场的疾病防治

第一节　鹅场的生物安全措施

鹅场的生物安全措施主要包括隔离卫生、消毒、增强抵抗力、免疫接种和药物防治。

一、隔离卫生管理

1. 选好场址并合理规划布局

鹅场要远离市区、村庄和居民点，远离屠宰场、畜产品加工厂等污染源，周围要有林地、河流、山川等作为天然屏障，根据地势和主导风向分区规划。不同日龄的鹅养在不同区域，并相互隔离。各区之间可用绿化带或隔离墙隔离，避免各区人员互串，鹅舍之间要保持一定间距（图9-1）。

(a)　　　　　　　　　　　　(b)

图 9-1　鹅场位置（a）和鹅场分区规划（b）

2. 采用全进全出的饲养制度

全进全出饲养制度有利于鹅场净场和充分消毒，切断了疾病传播的途径，从而避免患病鹅只或病原携带者将病原传染给日龄较小的鹅群。

3. 到洁净的种鹅场订购雏鹅

种鹅场污染严重，引种时也会带来病原微生物。到环境条件好、管理严格、净化彻底、信誉度高、有种畜禽生产经营许可证的种鹅场订购雏鹅，避免引种带来污染。

4. 禁止闲杂人员进入鹅场

禁止其他养殖户、鹅蛋收购商和死鹅贩子进入鹅场，病死鹅经疾病诊断后应深埋或焚烧，并做好消毒工作，严禁销售和随处乱丢。

5. 保持鹅舍及周围环境卫生

及时清理鹅舍污物、污水和垃圾，定期打扫鹅舍顶棚和设备用具的灰尘，每天进行适量的通风，保持鹅舍清洁卫生；不在鹅舍周围和道路上堆放废弃物和垃圾。

6. 保持饲料和饮水卫生

饲料不霉变，不被病原污染，饲喂用具勤清洁消毒；饮用水符合卫生标准（人可以饮用的水鹅也可以饮用），水质良好，饮水用具要清洁，饮水系统要定期消毒。

7. 做好鹅场废弃物处理和灭鼠防虫工作

鹅场的病死鹅、粪便、垫料以及孵化过程中产生的死雏、绒毛、蛋壳等废弃物要进行无害化处理；定期进行灭鼠和防虫（见第四章内容)。

二、增强机体抵抗力

疾病的发生是致病力和抵抗力之间的较量,抵抗力强于致病力,就不会引起疾病发生(图9-2)。

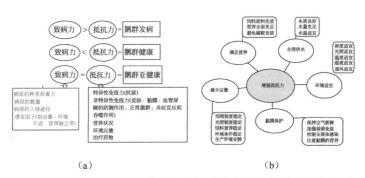

(a)   (b)

图9-2　致病力和抵抗力关系(a)和增强鹅体抵抗力的管理措施(b)

三、消毒

鹅场消毒就是将养殖环境、养殖器具、动物体表、进入的人员或物品、动物产品等中存在的微生物全部或部分杀灭或清除掉的方法。消毒的目的在于消灭被污染的场内环境、畜体表面及设备器具上的病原体,切断传播途径,防止疾病的发生或蔓延。

1. 消毒的方法

(1)机械性清除

①用清扫、铲刮、冲洗等机械方法清除降尘、污物及沾染的墙壁、地面以及设备上的粪尿、残余的饲料、废物、垃圾等,这样可清理掉70%的病原,并为药物消毒创造条件(图9-3)。

②适当通风,特别是在冬、春季,可在短时间内迅速降低舍内病原微生物的数量,加快舍内水分蒸发,保持干燥,可使除芽孢、虫卵以外的病原失活,起到消毒作用。

（2）物理消毒

① 紫外线。利用太阳中的紫外线或安装波长为240～280纳米的紫外线灯（图9-4）等可以杀灭病原微生物。一般病毒和非芽孢的菌体，在阳光直射下，只需要几分钟到一小时就能被杀死。即使是抵抗力很强的芽孢，在连续几天的强烈阳光下反复暴晒也可变弱或被杀死。利用阳光消毒运动场及移出舍外的、已清洗的设备与用具等，既经济又简便。

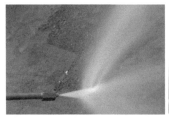
图9-3　高压水枪冲洗舍内地面

图9-4　紫外线灯

② 高温。高温消毒主要有火焰、煮沸与蒸汽等形式。可利用酒精喷灯的火焰（图9-5）杀灭地面、耐高温网面上的病原微生物，但不能对塑料、木制品和其他易燃物品进行消毒，消毒时应注意防火。另外对有些耐高温的芽孢（破伤风梭菌芽孢、炭疽杆菌芽孢），使用火焰喷射靠短暂高温来消毒，效果难以保证。蒸汽可进行灭菌，设备主要有手提式下排气式压力蒸汽灭菌锅和高压灭菌器（图9-6）。

图9-5　酒精喷灯的火焰

（3）化学药物消毒　利用化学药物杀灭病原微生物以达到预防感染和预防传染病传播和流行的目的。使用的化学药品称化学消毒剂，此法在养鹅生产中是最常用的方法。

（4）生物消毒　利用生物技术将病原微生物杀灭或清除。如粪便的堆积通过需氧或厌氧发酵产生一定的高温可以杀死粪便中的病原

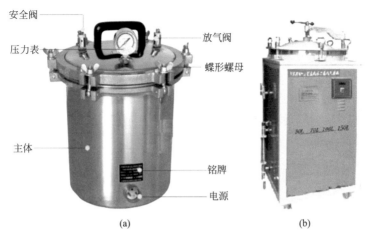

图 9-6　手提式下排气式压力蒸汽灭菌锅（a）和高压灭菌器（b）

微生物（图 9-7）。

图 9-7　粪便堆积发酵

2. 化学消毒剂的使用方法

化学消毒剂的使用方法见表 9-1。

表 9-1　化学消毒剂的使用方法

方法	用途
浸泡法	主要用于消毒器械、用具、衣物等。一般洗涤干净后再行浸泡，药液要浸过物体，浸泡时间以长些为好，水温以高些为好。在鹅舍进门处消毒槽内，可用浸泡药物的草垫或草袋对人员的鞋靴消毒
喷洒法	喷洒地面、墙壁、舍内固定设备等，可用细眼喷壶；对鹅舍内空间消毒，则用喷雾器。喷洒要全面，药液要喷到物体的各个部位

方法	用途
熏蒸法	适用于可以密闭的鹅舍。这种方法简便、省事，对房屋结构无损，消毒全面，鹅场常用。常用的药物有福尔马林（40%的甲醛水溶液）、过氧乙酸水溶液。为加速蒸发，常利用高锰酸钾的氧化作用
气雾法	气雾粒子是悬浮在空气中的气体与液体的微粒，直径小于200纳米，分子量极轻，能悬浮在空气中较长时间。气雾是消毒液倒进气雾发生器后喷射出的雾状微粒，是消灭空气中病原微生物的理想办法。全面消毒鹅舍空间，每立方米用5%的过氧乙酸溶液2.5毫升喷雾

3. 常用的化学消毒剂

常用的化学消毒剂见表9-2。

表9-2 常用的化学消毒剂特性表

类型	概述	机制	产品	效果
含氯消毒剂	含氯消毒剂是指在水中能产生具有杀菌作用的次氯酸的一类消毒剂，包括有机含氯消毒剂和无机含氯消毒剂	氧化作用（氧化微生物细胞使其丧失生物学活性）；氯化作用（与微生物蛋白质形成氮氯复合物而干扰细胞代谢）；新生态氧的杀菌作用（次氯酸分解出具有强氧化性的新生态氧杀灭微生物）	优氯净、强力消毒净、速效净、消洗液、消佳净、84消毒液、二氯异氰尿酸和三氯异氰尿酸复方制剂	杀灭肠杆菌、肠球菌、结核分枝杆菌、金黄色葡萄球菌及新城疫病病毒、传染性法氏囊病病毒
氧化剂类	氧化剂是一些含不稳定结合态氧的化合物	分解后产生的各种自由基，如巯基、活性氧衍生物等能破坏微生物的通透性屏障、蛋白质、氨基酸、酶和DNA等最终导致微生物死亡	过氧化氢（双氧水）、臭氧（三原子氧）、高锰酸钾	过氧化氢可快速灭活多种微生物。过氧乙酸可杀灭多种细菌；臭氧可杀灭细菌繁殖体、病毒、真菌和枯草杆菌黑色变种芽孢及原虫和虫卵
醛类消毒剂	醛类消毒剂是使用最早的一类化学消毒剂，包括甲醛和戊二醛	可与菌体蛋白中的氨基结合使其变性或使蛋白质分子烷基化，与细胞壁脂蛋白发生交联、与细胞壁磷壁酸中的酯联残基形成侧链，封闭细胞壁，阻碍微生物对营养物质的吸收和废物的排出	戊二醛、甲醛、丁二醛、乙二醛和复合制剂	杀灭细菌、芽孢、真菌和病毒

类型	概述	机制	产品	效果
碘伏消毒剂	包括碘及碘为主要成分制成的各种制剂	碘的正离子与酶系统中蛋白质的氨基酸起亲电取代反应，使蛋白质失活；碘的正离子具氧化性，能氧化膜结合酶中的硫氢基，成为二硫键，破坏酶活性	强力碘、威力碘、PVPI、喷雾灵等	杀死细菌、真菌、芽孢、病毒、结核分枝杆菌、阴道毛滴虫、梅毒螺旋体、沙眼衣原体、艾滋病病毒和藻类
表面活性剂	表面活性剂又称清洁剂或除污剂。生产中常用阳离子表面活性剂，其抗菌谱广，对细菌、真菌和病毒均具有杀灭作用	吸附到菌体表面，改变细胞渗透性，溶解损伤细胞使菌体破裂，胞内容物外流；表面活性物在菌体表面浓集，阻碍细菌代谢，使细胞结构紊乱，渗透到菌体内使蛋白质发生变性和沉淀；破坏细菌酶系统	新洁尔灭、度米芬、百毒杀、凯威1210、消毒净等	对各种细菌有效，对常见病毒如鸡马立克病毒、新城疫病毒、猪瘟病毒、法氏囊病毒、口蹄疫病毒均有良好的效果。对无囊膜病毒消毒效果不好
复合酚类	含酚41%～49%、醋酸22%～26%的复合酚制剂，是我国生产的一种新型、广谱、高效消毒剂	通过使微生物原浆蛋白质变性、沉淀或使氧化酶、脱氢酶、催化酶失去活性而产生杀菌或抑菌作用	菌毒敌、消毒灵、农乐、畜禽安、杀特灵等	对细菌、真菌和有囊膜病毒具有灭活作用。对多种寄生虫卵也有一定杀灭作用。对人畜有毒，且气味滞留，常用于空舍消毒
其他消毒剂	醇类消毒剂	使蛋白质变性沉淀；快速渗透细胞壁进入菌体内，溶解破坏细菌细胞；抑制细菌酶系统，阻碍细菌正常代谢	乙醇、异丙醇	可快速杀灭多种微生物，如细菌繁殖体、真菌和多种病毒，但不能杀灭细菌芽孢
	双胍类消毒剂	破坏细胞膜；抑制细菌酶系统；直接凝集细胞浆	洗必泰	广谱抑菌作用，对细菌繁殖体杀灭作用强，但不能杀灭芽孢、真菌和病毒
	强碱类消毒剂	由于氢氧根离子可以水解蛋白质和核酸，使微生物结构和酶系统受到损害，同时可分解菌体中的糖类而杀灭细菌和病毒	氢氧化钠、氢氧化钾、生石灰	可杀灭细菌、病毒和真菌，腐蚀性强
	重金属类消毒剂	重金属指汞、银、锌等，其盐类化合物能与细菌蛋白质结合，使蛋白质沉淀而发挥杀菌作用	硫柳汞	高浓度可杀菌，低浓度时仅有抑菌作用

continued

类型	概述	机制	产品	效果
其他消毒剂	高效复合消毒剂	首先分解或穿透覆盖病原微生物表面的异物，然后非特异性地诱导微生物运动、吸引和包裹病原，借助其通透能力溶解病原细胞的细胞膜、细胞壁或病毒囊膜或与病原细胞某分子结合	高迪（由多种季铵盐、络合盐、戊二醛、非离子表面活性剂、增效剂和稳定剂组成）	消毒杀菌作用广谱高效，对各种病原微生物有强大的杀灭作用；作用机制完善；超常稳定；使用安全，应用广泛

4. 鹅场的消毒程序

（1）进入车辆和人员消毒

① 进入场区的车辆要进行车轮消毒和车体喷雾消毒。消毒池内的消毒液可以使用消毒作用时间长的复合酚类和氢氧化钠（3%～5%溶液），最好再设置喷雾消毒装置对车体进行喷雾，喷雾消毒液可用1：1000 的氯制剂（图 9-8）。

图 9-8　车辆消毒

② 进入人员消毒。人员进入鹅场应严格按防疫要求进行消毒。消毒室要设置淋浴装置、熏蒸衣柜和配备场区工作服，进入人员必须淋浴，换上清洁消毒好的工作衣帽和靴后方可进入。工作服不准穿出生产区，应定期更换清洗消毒（图 9-9）。

(a)雾化中的人员通道　　(b)更衣室紫外线灯消毒

图 9-9　人员消毒

③ 进入场区的所有物品、用具都要消毒。

（2）场区环境消毒

① 生活管理区的消毒。建立外源性病原微生物的净化区域。生活区消毒的常规做法有：生活区的所有房间每天用消毒液喷洒消毒一次；每月对所有房间甲醛熏蒸消毒一次；对生活区的道路每周进行两次环境大消毒；外出归来人员所带的东西存放在外更衣柜内，必须带入者需经主管批准；所穿衣服，先熏蒸消毒，再在生活区清洗后存放在外更衣柜中；入场物品需经两种以上消毒液消毒；在生活区外面处理蔬菜，只把洁净的蔬菜带入生活区内处理，制订严格的伙房和餐厅消毒程序。仓库只有外面有门，每进物品都需用甲醛熏蒸消毒一次。生活区与生产区只能通过消毒间进入，其他入口全部封闭。

② 生产区的消毒。鹅场内消毒的目的是最大限度地消灭本场病原微生物的存在，制订场区内卫生防疫消毒制度，并严格按要求去执行。同时要在大风、大雾、大雨过后对鹅舍和周围环境进行一至两次严格消毒。生产区内所有人员不准走土地面，以杜绝泥土中病原体的传播。

每天对生产区主干道、厕所消毒一次，可用火碱加生石灰水喷洒消毒；每天对鹅舍门口、操作间清扫消毒一次；每周对整个生产区和道路进行两次消毒（图 9-10）。确保鹅舍周围 15 米内无杂物和过高的杂草；定期灭鼠，每月一次，育雏期间每月两次；确保生产区内没有污水集中之处，任何人不能私自进入污区；鹅场要严格划分净区与污区，这是鹅场管理的硬性措施。

图9-10　日常的场区消毒（上左、上右）和
发生疫情时场区的消毒（下左、下右）

③ 生产区土壤的消毒。病原微生物常随着病人及患病畜禽的排泄物、分泌物、尸体、污水、垃圾等污物进入畜禽运动场的土壤而使土壤污染。不同种类的病原微生物在土壤中生存的时间有很大的差别。一般无芽孢的病原微生物生存时间较短，几小时到几个月不等；而有芽孢的病原微生物生存时间较长，如炭疽杆菌芽孢在土壤中存活可达十几年。

土壤中的病原微生物除了来自外界污染以外，土壤中本身就存在着能够较长时间生活的病原微生物，如肉毒梭状芽孢杆菌等。土壤中的厌氧芽孢杆菌以芽孢形态存在于土壤中，在动物厌气性创伤感染中起着很大的作用。土壤中的病原微生物可通过水源、饲料等途径而感染畜禽。因此，土壤的消毒，特别是对被病原微生物污染的土壤进行消毒是十分必要的。

在消灭土壤中的病原微生物时，生物和物理因素起着重要的作用。疏松土壤，可增强土壤中微生物间的拮抗作用，使其充分接受阳光中紫外线的照射。另外，种植冬小麦、黑麦、三叶草、大黄等植物也可杀灭土壤中的病原微生物，使土壤净化。

在实际工作中，除利用上述自然净化作用外，也可运用化学消毒法进行土壤消毒，以迅速消灭土壤中的病原微生物。化学消毒时，常用的消毒剂有漂白粉或5％～10％漂白粉澄清液、4％甲醛溶液、2％～4％氢氧化钠热溶液等。土壤的消毒根据被污染的情况不同，处理方式也不同。平常的预防消毒经常清扫，保持场地清洁卫生，定期用一般性的消毒药喷洒即可。若发生了疫情，应首先对被污染的土壤表面进行机械清扫，将清扫的表土、粪便、垃圾等集中深埋或生物热发酵或焚烧，然后用消毒液进行喷洒，每平方米用消毒液 1000 毫升。如果是细菌芽孢污染的地面，在用 1%漂白粉溶液或其他对芽孢有效的消毒药喷洒后，可将地面深翻 30 厘米左右，撒上漂白粉，并与土混合，按每平方米面积 3 ～ 25 千克，然后加水湿润、原地压平。

（3）鹅舍消毒

① 空舍消毒。好的清洁工作可以清除场内 80% 的病原微生物，这将有助于消毒剂更好地杀灭余下的病原菌。应用合理的清理程序能有效地清洁畜禽舍及相关环境，提高消毒效果。

第一步：清洁。

清理。移走动物并清除地面和裂缝中的垫料后，将杀虫剂直接喷洒于舍内各处。彻底清理更衣室、卫生隔离栅栏和其他与禽舍相关场所；彻底清理饲料输送装置、料槽、饲料贮器和运输器以及称重设备。将废弃的垫料移至畜禽场外，如果需存放在场内，则应尽快严密地盖好以防被昆虫利用并转移至邻近畜禽舍。取出屋顶电扇以便更好地清理其插座和转轴。在墙上安装的风扇则可直接清理，但应能有效地清除污物；清理供热装置的内部，以免当鹅舍再次升温时，蒸干的污物碎片被吹入干净的房舍内（图 9-11）。

图 9-11　清理鹅舍的粪便、垃圾和污染物质

清洗和擦拭。将鹅舍内无法清洁的设备拆卸至临时场地进行清洗，并确保其清洗后的排放物远离禽舍。清洗工作服和靴子；对不能用水直接来清洁的设备，可以用浸湿的抹布擦拭。

清除。清除在清理过程及干燥后鹅舍中所残留的粪便和其他有机物。

冲洗。水泥地用清洁剂溶液浸泡 3 小时以上，再用高压水枪冲洗。应特别注意冲洗不同材料的连接点和墙与屋顶的接缝，使消毒液能有效地深入其内部。饲喂系统和饮水系统也同样用泡沫清洁剂浸泡 30 分钟后再冲洗。在应用高压水枪时，出水量应足以迅速冲掉这些泡沫及污物，但注意不要把污物溅到清洁过的表面上。泡沫清洁剂能更好地黏附在天花板、风扇转轴和墙壁的表面，浸泡约

图 9-12　用高压水枪冲洗设备

30 分钟后，用水冲下。由上往下，用可四周转动的喷头冲洗屋顶和转轴，用平直的喷头冲洗墙壁（图 9-12）。

检查。检查所有清洁过的房屋和设备，看是否有污物残留（是否有清洗和消毒漏下的设备）；重新安装好鹅舍内的清洗消毒设备后，关闭房舍，给需要处理的物体（如进气口）表面加盖可移动的防护层。

第二步：消毒。

消毒药喷洒。鹅舍冲洗干燥后，用 5%～8% 的火碱溶液喷洒地面、墙壁、屋顶、笼具等 2～3 次，用清水洗刷饲槽和饮水器。其他不易用水冲洗和火碱消毒的设备可以用其他消毒液涂擦（图 9-13）。

图 9-13　冲洗干燥后用 5%～8% 的火碱溶液喷洒

移出设备的消毒。将鹅舍内移出的设备用具放到指定地点，先清洗再消毒。如果能够放入消毒池内浸泡，最好放在 3%～5% 的火碱溶液或 3%～5% 的福尔马林溶液中浸泡 3～5 小时；不能放入池内的，可以使用 3%～5% 的火碱溶液彻底全面喷洒。消毒 2～3 小时后，用清水清洗，放在阳光下暴晒备用。

饮水系统的消毒。对于封闭的饮水系统，可通过松开部分的连

接点来确认其内部的污物。污物可粗略地分为有机物（如细菌、藻类或霉菌）和无机物（如盐类或钙化物）。可用碱性化合物或过氧化氢去除前者或用酸性化合物去除后者，但这些化合物都具有腐蚀性。还要确认主管道及其分支管道是否均被冲洗干净。

开放的圆形和杯形饮水系统用清洁液浸泡 2～6 小时，将钙化物溶解后再冲洗干净，如果钙质过多，则须刷洗。将带乳头的管道灌满消毒药，浸泡一定时间后冲洗干净并检查是否残留消毒药；而开放的部分则可在浸泡消毒液后冲洗干净。

熏蒸消毒。能够密闭的鹅禽舍，特别是雏鹅舍，将移出的设备和或许要的设备用具移入舍内，密闭熏蒸后待用。当室温为 18～20℃，相对湿度为 70%～90% 时，处理剂量为每立方米空间福尔马林 28 毫升、高锰酸钾 14 克（污染严重的鹅舍可用 42 毫升福尔马林和 21 克高锰酸钾），密闭熏蒸 48 小时（图 9-14）。地面饲养时，进鹅前可以在地面撒一层新鲜的生石灰，对地面进行消毒，也有利于地面干燥（图 9-15）。

(a)熏蒸需要的药物

(b)熏蒸

图 9-14　熏蒸消毒

② 带鹅消毒。即在鹅舍有鹅时，用消毒药物对鹅舍进行消毒。带鹅消毒可以对鹅舍进行彻底的全面消毒，降低舍内空气中的粉尘、氨气，夏季有利于降温和减少热应激。平常每周 2～3 次，发生疫病期间每天 1 次，可以大大减轻疫病的发生。

图 9-15　地面撒布新鲜生石灰

选用高效、低毒、广谱、无刺激性的消毒药（如 0.3% 过氧乙酸或0.05%~0.1% 百毒杀等）。方法有如下两种。

一是喷雾法或喷洒法。消毒器械一般选用高压动力喷雾器或背负式手摇喷雾器，将喷头高举空中，喷嘴向上以画圆方式先内后外逐步喷洒，使药液如雾一样缓慢下落。要喷到墙壁、屋顶、地面，以均匀湿润和鹅体表稍湿为宜，不得直喷鹅体。喷出的雾粒直径应控制在 80～120 微米之间，不要小于 50 微米。雾粒粒径过大易造成喷雾不均匀和鹅舍太潮湿，且在空中下降速度太快，与空气中的病原微生物、尘埃接触不充分，起不到消毒的作用；雾粒粒径太小则易被鹅吸入肺泡，引起肺水肿，甚至引发呼吸道病。同时必须与通风换气措施配合起来。

喷雾量应根据鹅舍的构造、地面状况、气象条件适当增减，一般按每立方米 50～80 毫升计算（每平方米 100～240 毫升，以地面、墙壁、天花板均匀湿润和禽体表微湿为宜）。最好每 3～4 周更换一种消毒药。冬季寒冷喷雾时应将舍内温度比平时提高 3～4℃，不要把鹅体喷得太湿，也可使用温水稀释；夏季带鹅消毒有利于降温和减少热应激死亡。也可以使用过氧乙酸，每立方米空间用 30 毫升的纯过氧乙酸配成 0.3% 的溶液喷洒，选用大雾滴的喷头，喷洒鹅舍各部位、设备、鹅群。一般每周带鹅消毒1～2 次，发生疫病期间每天带鹅消毒1 次。进雏第一周，鹅舍和育雏器每天轻轻喷雾消毒 1～2 次。以后每周1～2 次，育成期每周消毒 1 次，成年禽可 15～20 天消毒 1 次，发生疫情时可每天消毒 1 次（图 9-16）。

图 9-16　带鹅消毒

二是熏蒸法。对化学药物进行加热使其产生气体，达到消毒的目的。常用的药物有食醋或过氧乙酸。每立方米空间使用 5～10 毫升的食醋，加 1～2 倍的水稀释后加热蒸发；30%～40% 的过氧乙酸，每立方米用 1～3 克，稀释成 3%～5% 溶液，加热熏蒸（室内相对湿度要在 60%～80%，若达不到此数值，可采用喷热水的办法增加湿度）。密闭门窗，熏蒸 1～2 小时后，打开门窗通风。

③ 鹅舍中设备用具消毒。饲喂、饮水用具每周洗刷消毒一次，

炎热季节应增加次数。饲喂雏鹅的开食盘或饲槽，正反两面都要清洗消毒。可移动的食槽和饮水器要放入水中清洗，刮除食槽上的饲料结块，放在阳光下暴晒。固定的食槽和饮水器，应彻底清洗、刮净、干燥，用常用阳离子清洁剂或两性清洁剂消毒，也可用高锰酸钾、过氧乙酸和漂白粉液等消毒，如可使用 5% 漂白粉溶液喷洒消毒；拌饲料的用具及工作服，每天用紫外线照射一次，照射时间 20 ～ 30 分钟。其他用具如医疗器械，必须先冲洗后再煮沸消毒。

（4）工作人员手的消毒　工作人员工作前要先洗手消毒，消毒后 30 分钟内不要用清水洗手（图 9-17）。

图 9-17　手的清洗消毒

（5）饮水消毒　鹅饮水应清洁无毒、无病原菌，符合人的饮用水标准，生产中应使用干净的自来水或深井水。但进入禽舍后，由于露在空气中，舍内空气、粉尘、饲料中的细菌可对饮用水造成污染。病鹅可通过饮水系统将病原体传给健康者，从而引发呼吸系统、消化系统疾病。如果在饮水中加入适量的消毒药物则可以杀死水中带的病原体。

临床上常见的饮水消毒剂多为氯制剂、碘制剂和复合季铵盐类等，但季铵化合物只适用于 14 周龄以下禽饮用水的消毒，不能用于产蛋禽。消毒药可以直接加入蓄水池或水箱中，用药量应以最远端饮水器或水槽中的有效浓度达到该类消毒药的最适饮水浓度为宜。家禽喝的是经过消毒的水而不是消毒药水；任意加大水中消毒药物的浓度或长期使用，除可引起急性中毒外，还可杀死或抑制肠道内的正常菌群影响饲料的消化吸收，对家禽健康造成危害，另外影响疫苗防疫效果。饮水消毒应该是预防性的，而不是治疗性的，因此消毒剂饮水要谨慎行事。在饮水免疫的前后 3 天，千万不要在饮水中加入消毒剂。

（6）水塘消毒　采用鹅舍 - 运动场 - 水塘饲养方式的鹅场，水塘也容易被污染，所以也要定期进行消毒。将生石灰配成 10% ～ 20% 的石灰乳溶液泼洒水体，按每亩水面 1 米水深计，剂量为 20 ～ 30 千克；漂白粉按每亩水面 1 米水深计，剂量为 1 ～ 1.5 千克；双链季铵络合碘可参考产品说明使用。对于较大水域，主要是在鹅群活动范围内的污染较大，如果全面泼洒消毒药则成本较高，实际操作也存在一定难度，可考虑在鹅群活动范围内及周边投药消毒，也可在水塘进水处设置臭氧发生器，进水时开动臭氧发生器产生臭氧进行消毒。

（7）垫料消毒　使用碎草、稻壳或锯屑作垫料时，须在进雏前 3 天用消毒液（如博灭特 2000 倍液、10% 百毒杀 400 倍液、新洁尔灭 1000 倍液、强力消毒王 500 倍液、过氧乙酸 2000 倍液）进行掺拌消毒。这不仅可以杀灭病原微生物，而且还能补充育雏器内的湿度，以维持育雏需要的湿度。垫料消毒的方法是取两根木椽子，相距一定距离，将农用塑料薄膜铺在上面，在薄膜上铺放垫料，掺拌消毒液，然后将其摊开（厚约 3 厘米）。采用这种方法，不仅可维持湿度，还可物理性地防治球虫病；同时也便于育雏结束后，将垫料和粪便无遗漏地清除至舍外。

进雏后，每天对垫料还需喷雾消毒 1 次。湿度小时，可以使用消毒液喷雾。如果只用水喷雾增加湿度，起不到消毒的效果，并有危害。这是因为育雏器内的适宜温度和湿度会导致细菌和霉菌急剧增加，进而引发呼吸道疾病。

清除的垫料和粪便应集中堆放，如果没有可疑传染病，可用生物自热消毒法。如果确认某种传染病，应将全部垫料和粪便深埋或焚烧。

四、鹅场的免疫接种

目前，传染性疾病仍是我国养禽业的主要威胁，而免疫接种仍是预防传染病的有效手段。免疫接种通常是使用疫苗和菌苗等生物制剂作为抗原接种于家禽体内，以激发抗体产生特异性免疫力。

1. 疫苗

（1）疫苗的种类及特点　疫苗可分为活疫苗和死疫苗两大类。活疫苗多是弱毒苗，是由活的病毒或细菌致弱后形成的。当其接种后进入鹅体内可以繁殖或感染细胞，既能增加相应抗原量，又可加强抗原刺激作用，具有产生免疫快、免疫效力好、免疫接种方法多、用量小且使用方便等优点，还可用于紧急预防。死疫苗是由强毒株病原微生物灭活后制成的，安全性好、不散毒、不受母源抗体影响、易保存、产生的免疫力维持时间长，适用于多毒株或多菌株制成多价苗，但需免疫注射，成本高。

（2）鹅场常用的疫苗　见表 9-3。

表 9-3　鹅场常用的疫苗

名称	性状	适应证	制剂与规格	用法与用量	药物相互作用（不良反应）及注意事项
重组禽流感病毒灭活疫苗（H5N1 亚型，Re-5 株或 Re-1 株）	乳白色乳状液	预防 H5 亚型禽流感病毒引起的鹅的禽流感。接种后 14 日产生免疫力，鸭、鹅加强接种一次，免疫期为 4 个月	乳剂；250 毫升 / 瓶、500 毫升 / 瓶	颈部皮下或胸部肌内注射。鹅每只 0.5 毫升；5 周龄以上，鹅每只 1.5 毫升	一般无可见不良反应。禽流感感染禽或健康状况异常的禽切忌使用本品；严禁冻结；如果出现破损、异物或破乳分层等异常现象，切勿使用；使用前应将疫苗恢复至常温并充分摇匀；接种时应及时更换针头，最好 1 禽 1 个针头；疫苗启封后，限当日用完；屠宰前 28 日内禁止使用；2 ～ 8℃保存，有效期为 12 个月
鸭瘟活疫苗	淡红色海绵状疏松团块，易与瓶壁脱离，加稀释液后迅速溶解	用于预防鹅的鸭瘟。注射后 3 ～ 4 天产生免疫力	冻干剂；每瓶 200 羽份、400 羽份、500 羽份	肌内注射。按瓶签注明的羽份，用生理盐水稀释，种鹅每年注射两次；20 ～ 22 日龄小鹅首次免疫，3 月龄加强免疫一次	一般无可见的不良反应。疫苗稀释后应放冷暗处，必须在 4 小时内用完；接种时，应做局部消毒处理；用过的疫苗瓶、器具和未用完的疫苗等应进行消毒处理；-15℃以下有效期为 24 个月

名称	性状	适应证	制剂与规格	用法与用量	药物相互作用（不良反应）及注意事项
小鹅瘟活疫苗（GD 株）	微黄或微红色海绵状疏松团块，易与瓶壁脱离，加稀释液后迅速溶解	供产蛋前母鹅注射预防小鹅瘟。免疫后在21～270日内所产种蛋孵出的雏鹅具有抵抗小鹅瘟的免疫力	冻干剂；50羽份/瓶、100羽份/瓶	肌内注射。在母鹅产蛋前20～30日接种，按瓶签注明羽份，用灭菌生理盐水稀释，每只1毫升	一般无可见的不良反应。本疫苗雏鹅禁用；疫苗稀释后应放冷暗处保存，4小时内用完；应对用过的疫苗瓶、器具和稀释后剩余的疫苗进行消毒处理；−15℃以下保存，有效期为12个月
小鹅瘟活疫苗（SYG41-50 株）	湿苗为无色或淡红色澄明液体，静置后，可能有少许沉淀物。冻干苗为淡黄色或淡红色海绵状疏松团块，易与瓶壁脱离，加稀释液后迅速溶解	用于预防雏鹅小鹅瘟	冻干剂；500羽份/瓶、1000羽份/瓶	皮下注射，每只0.1毫升（1羽份）。适用于未经免疫的种鹅所产雏鹅，或免疫后（100日后）的种鹅所产雏鹅。按瓶签注明羽份，用灭菌生理盐水稀释，在雏鹅出壳后48小时内进行接种	一般无可见的不良反应。疫苗稀释后应冷藏，并于当日用完；在疫区使用时，雏鹅接种后须隔离饲养9日，防止在未产生免疫力之前感染小鹅瘟强毒而造成保护率下降；注射疫苗用的针头和注射器等用具，用前需经高压或者煮沸消毒；用过的疫苗瓶、器具和稀释后剩余的疫苗等污染物必须消毒处理。在−15℃以下避光保存，冻干苗有效期为2年
小鹅瘟鹅胚化活疫苗（SYG26-35 株）	湿苗为无色或淡红色澄明液体，静置后，可能有少许沉淀物。冻干苗为淡黄色或淡红色海绵状疏松团块，易与瓶壁脱离，加稀释液后迅速溶解	用于接种鹅，预防其子代的小鹅瘟	冻干剂；每瓶200羽份、300羽份、500羽份	肌内注射，每只1.0毫升（1羽份）。按瓶签注明的羽份用灭菌生理盐水稀释，在产蛋前15日左右进行接种	

名称	性状	适应证	制剂与规格	用法与用量	药物相互作用（不良反应）及注意事项
鹅副黏病毒病油乳剂灭活苗	乳白色均匀乳剂	用于预防鹅副黏病毒病	乳剂；250毫升/瓶	14～16日龄雏鹅肌内注射0.3毫升/只。青年鹅和成年鹅肌内注射0.5毫升/只	有效期6个月；放置在4～20℃常温保存，勿冻结，保存期为1年
雏鹅新型病毒性肠炎-小鹅瘟二联弱毒疫苗	淡红色海绵状疏松固体，稀释后即溶解成均匀的混悬液。湿苗冻结后为淡黄色或淡红色固体	预防雏鹅新型病毒性肠炎和小鹅瘟。专供产蛋前母鹅免疫用，雏鹅一般不使用此疫苗	冻干苗	一般疫苗每瓶5毫升，稀释成500毫升，每只肌内注射1毫升。每只母鹅每年注射2次	在母鹅产蛋前15～30天内注射该疫苗，其后210天内所产的蛋孵出的雏鹅95%以上能获得抵抗小鹅瘟的能力；稀释后的疫苗放在阴暗处，限6小时内用完。雏鹅和产蛋的鹅群不能注射该疫苗
禽多杀性巴氏杆菌病活疫苗（G190E40株）	乳白色海绵状疏松团块，易与瓶壁脱离	用于预防3月龄以上的鸡、鸭、鹅多杀性巴氏杆菌病	冻干剂；每瓶50羽份、100羽份、200羽份、400羽份、500羽份	肌内注射。按瓶签注明的羽份，用20%铝胶生理盐水稀释，每只接种0.5毫升（1羽份）	注射疫苗后，可能有不同程度的反应，表现减食、精神较差，一般2～3日后恢复。产蛋禽只注射疫苗后产蛋略有减少，几日内即可恢复。病禽、体弱禽和使用抗生素并未超过5天者，不宜接种本疫苗；疫苗稀释后放冷暗处，应在4小时内用完；在疫区接种前，应先做小群试验，无重反应后，再扩大使用；接种时，应执行常规无菌操作；严防散毒，使用过的疫苗瓶、器具和稀释后剩余的疫苗等应消毒处理
鹅蛋子瘟灭活苗	采用免疫原性良好的鹅体内分离的大肠杆菌菌株在培养基上培养，经甲醛溶液灭活后，加适量的氢氧化铝胶制成	预防产蛋母鹅卵黄性腹膜炎，即蛋子瘟	乳剂；每瓶100毫升、200毫升、500毫升	种鹅产蛋前半个月注射本疫苗，每只胸部肌内注射1毫升	免疫有效期：4个月左右。放置在10～20℃阴冷干燥处保存，有效期为1年

（3）疫苗的选择和使用　疫苗选择和使用影响免疫效果，应选择优质疫苗并科学使用。购买的疫苗应是国家指定的有生产批文的兽药生物制品生产单位经检验证明免疫性好的疫苗。不同生产单位生产的疫苗，免疫效果可能会有差异，选购时要注意生产单位（图9-18）；要检查疫苗，有瓶签和说明书、不过期、瓶完好无损、瓶塞不松动、瓶内疫苗性状与说明书一致时才能购买，否则不能购买（图9-19）；运输前妥善包装，防止碰破流失。运输中避免高温和日晒，应在低温下冷链运送。量大时用冷藏车运送，量小时用装有冰块的冷藏盒运送（图9-20）；疫苗运达目的地后要尽快放入冰箱内保存（图9-21），摆放有序。活疫苗冷冻保存，灭活苗冷藏保存。疫苗要有专人负责，并登记造册，月底盘点。保证冰箱供电正常。对于需要特殊稀释的疫苗，应用指定的稀释液；其他的疫苗一般可用生理盐水或蒸馏水稀释（图9-22）。

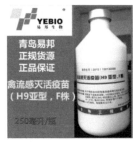

图9-18　青岛易邦的禽流感疫苗

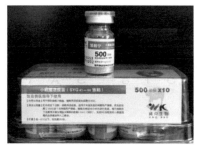

图9-19　附有说明且封闭良好的疫苗

图9-20　疫苗包装和运输

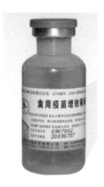

图 9-21　疫苗的保存　　　　图 9-22　专用稀释液

【注意】疫苗使用前要检查名称、有效期、剂量、封口是否严密、是否破损和吸湿等。无真空和潮解的疫苗禁用。瓶塞有松动，瓶有破裂的以及药品的色泽和性状与说明不符的不得使用；稀释过程中一般应分级进行，对疫苗瓶一般应用稀释液冲洗 2 ~ 3 次，疫苗放入稀释器皿中要上下振摇，力求稀释均匀；稀释好的疫苗应尽快用完，尚未使用的疫苗也应放在冰箱或冰水桶中冷藏。

2. 免疫接种方法

家禽的免疫接种方法有饮水、滴眼滴鼻、肌内或皮下注射和气雾等，鹅群常用的是注射法，个别使用滴眼滴鼻法。

（1）肌内或皮下注射

① 特点。肌内或皮下注射免疫接种的剂量准确、效果确实，但耗费劳力较多、应激较大。

② 操作方法。多采用连续注射器进行注射。皮下注射的部位一般选在颈部背侧下 1/3 处，肌内注射部位一般选在胸肌或肩关节附近的肌肉丰满处。颈部皮下注射时，针头方向应向后向下，针头方向与颈部纵轴基本平行。插入深度雏鹅 0.5 ~ 1 厘米，大鹅 1 ~ 2 厘米。胸部肌内注射时，针头方向应与胸骨稍有角度，插入深度雏鹅 0.5 ~ 1 厘米，大鹅可 1 ~ 2 厘米。将疫苗液推入后，针头应慢慢拔出，以免疫苗液漏出（图 9-23、图 9-24）。

图 9-23　雏鹅颈部皮下注射

图 9-24　种鹅颈部皮下注射

【注意】一是疫苗稀释液应是经消毒而无菌的，一般不要随便加入抗菌药物；二是疫苗的稀释和注射量应适当，量太小则操作时误差较大，量太大则操作麻烦，一般以每只 0.2 ~ 1 毫升为宜；三是使用连续注射器注射时，应经常核对注射器刻度容量和实际容量之间的误差，以免实际注射量偏差太大；四是注射器及针头用前均应消毒，在注射过程中，应边注射边摇动疫苗瓶，力求疫苗的均匀；五是在接种过程中，应先注射健康群，再接种假定健康群，最后接种有病的鹅群；六是关于是否一只鹅一个针头及注射部位是否消毒的问题，可根据实际情况而定。吸取疫苗的针头和注射鹅的针头应分开，尽量注意卫生以防止经免疫注射而引起疾病的传播或引起接种部位的局部感染。

（2）饮水法

① 特点。省时、省力，免疫接种后反应温和、安全可靠，避免了逐只抓捉，可减少劳动力，减少鹅群的应激反应。但由于每只鹅的饮水量不同，会导致整个鹅群免疫水平高低不齐。水中的盐碱杂质会影响疫苗的效力。

② 操作方法。将弱毒疫苗混入饮水中，让鹅群在 1 ~ 2 小时内饮完。

【注意】在饮水免疫前 3 小时（夏季最好夜间停水，清晨饮水免疫）给鹅停水，将饮水器反复洗刷干净，再用凉开水冲洗一遍，确保无残留消毒剂或异物。用凉开水或蒸馏水稀释疫苗，宜使用含有漂白粉的水，盐碱含量高的水应当煮沸、冷却，待杂质沉淀后应用。水量严格控制，可在水中加 0.1% ~ 0.3% 的脱脂奶粉，疫苗应在 1 小时内饮完，同时应避免强光照射疫苗溶液。过半小时方可喂料。在饮水免疫期间，饲料中也不应含有能灭活疫苗病毒和细菌的药物，如抗生素等。2 小时内不准饮含高锰酸钾及其他消毒药的水。饮水器应数量充足，保证鹅群 2/3 以上的鹅同时有饮水的位置。饮水器不得置于阳光直射下，如果风沙较大，饮水器应全部放在室内。此法适合禽霍乱活菌苗。

3. 免疫程序制订

（1）免疫程序　鹅场根据本地区、本场疫病发生情况（疫病流行种类、季节、易感日龄）、疫苗性质（疫苗的种类、免疫方法、免疫期）和其他情况制订的适合本场的一个科学的免疫计划称作免疫程序。没有一个免疫程序是通用的和固定不变的，必须根据本场的实际情况，参考别人已成功的经验来制订适合本地或本场的免疫程序。

（2）制订免疫程序应着重考虑的因素

① 本地或本场的鹅病疫情。对目前威胁本场的主要传染病应进行免疫接种。对本地和本场尚未证实发生的疾病，必须证明确实已受到严重威胁时才能计划接种；对强毒型的疫苗更应非常慎重，非不得已不引进使用。

② 母源抗体的影响，这对小鹅接种至关重要。

③ 不同疫苗之间的干扰和接种时间的科学安排。

④ 所用疫苗毒（菌）株的血清型、亚型或株的选择。疫苗剂型的选择，例如活苗或灭活苗、湿苗或冻干苗、细胞结合型或非细胞结合型疫苗等。

⑤ 疫苗的出产国家、出产厂家的选择；疫苗剂量和稀释量的确定；不同疫苗或同一种疫苗的不同接种途径的选择；某些疫苗的联合

使用；同一种疫苗根据毒力先弱后强安排（如传染性支气管炎疫苗先H120 株后 H52 株）及同一种疫苗的先活苗后灭活油乳剂疫苗的安排。

⑥根据免疫监测结果及突发疾病的发生所做的必要修改和补充等。

（3）参考免疫程序 见表 9-4。

表 9-4 鹅的免疫参考程序

日龄	病名	疫苗	接种方法	剂量/毫升
1 日龄	小鹅瘟	抗小鹅瘟病毒血清或精制抗体	肌内或皮下注射	0.5
7 日龄	小鹅瘟	抗小鹅瘟病毒血清或精制抗体（或用小鹅瘟疫苗）	肌内或皮下注射	0.5（0.1）
14 日龄	鹅副黏病毒病	鹅副黏病毒蜂胶灭活疫苗	肌内或皮下注射	0.3 ～ 0.5
20 日龄	禽流感	高致病性禽流感灭活疫苗	肌内或皮下注射	0.5
25 日龄	鹅鸭瘟	鸭瘟弱毒疫苗	肌内或皮下注射	0.5
30 日龄	禽霍乱、大肠杆菌病	禽霍乱与大肠杆菌病多价蜂胶灭活疫苗	肌内注射	0.5
60 ～ 70 日龄	鹅副黏病毒病	鹅副黏病毒蜂胶灭活疫苗	肌内或皮下注射	0.5
	禽流感	高致病性禽流感灭活疫苗	肌内或皮下注射	0.5
150 ～ 160 日龄	鹅副黏病毒病	鹅副黏病毒蜂胶灭活疫苗	肌内或皮下注射	0.5
	禽流感	高致病性禽流感灭活疫苗	肌内或皮下注射	0.5
160 日龄	小鹅瘟	种鹅用小鹅瘟疫苗	肌内或皮下注射	1
180 日龄	大肠杆菌病	鹅蛋子瘟蜂胶灭活疫苗	肌内或皮下注射	1
190 日龄	禽霍乱、大肠杆菌病	禽霍乱与大肠杆菌病多价蜂胶灭活疫苗	胸肌注射	1 ～ 2
270 ～ 280 日龄	鹅副黏病毒病	鹅副黏病毒蜂胶灭活疫苗	肌内或皮下注射	0.5
	禽流感	高致病性禽流感灭活疫苗	肌内或皮下注射	0.5
290 日龄	小鹅瘟	种鹅用小鹅瘟疫苗	肌内或皮下注射	1
320 日龄	禽霍乱、大肠杆菌病	禽霍乱与大肠杆菌病多价蜂胶灭活疫苗	胸肌注射	1 ～ 2
360 日龄	大肠杆菌病	鹅蛋子瘟蜂胶灭活疫苗	胸肌注射	1

注：1. 对于有鹅新型病毒性肠炎的地区，1 ～ 3 日龄可以使用雏鹅新型病毒性肠炎病毒 - 小鹅瘟二联高免血清或高免抗体 1 ～ 1.5 毫升皮下注射。种鹅亦可于 160 日龄用雏鹅新型病毒性肠炎病毒 - 小鹅瘟二联弱毒疫苗肌内注射，280 ～ 290 日龄加强免疫一次。

2. 不同鹅品种开产日龄不同，因此，免疫时间应进行适当调整，应以开产时间为准。

3. 商品仔鹅 90 日龄左右出栏，一般只进行 30 日龄前的免疫。

五、药物防治

1. 药物使用方法

用于鹅病防治的药物种类很多，各种药物由于性质的不同，有不同的使用方法。要根据药物的特点和疾病的特性选用适当的用药方法，以发挥最好的效果。

（1）混料给药 即将药物均匀地拌入饲料中，让鹅采食时同时吃进药物。这种方法方便、简单，应激小，不浪费药物。它适于长期用药、不溶于水的药物及加入饮水内适口性差的药物。但对于病重鹅或采食量过少的鹅，不宜应用。颗粒料因不宜将药物混匀，也不主张经料给药；链条式送料时，因颗粒易被鹅啄食而造成先后采食的鹅只摄入的药量不同，也应注意。

① 准确掌握拌料浓度。混料给药时应按照混料给药剂量，准确、认真计算出所用药物的量混入饲料内；若按体重给药，应严格按照鹅群鹅只总体重，计算出药物用量拌入全天饲料内。

② 药物混合均匀。拌料时为了使家禽能吃到大致相等的药物数量，药物和饲料要混合均匀，尤其是一些安全范围较小和用量较少的药物。混合时切忌把全部药量一次性加入所需饲料中进行搅拌，这样不易搅拌均匀，造成部分鹅只药物中毒而大部分鹅只吃不到药物，达不到防治疾病的目的或贻误病情。可采用逐级稀释法，即把全部用量的药物加到少量饲料中，充分混合后，再加到一定量饲料中，再充分混匀，经过多次逐级稀释扩充，可以保证充分混匀。

③ 注意不良反应。有些药物混入饲料，可与饲料中的某些成分发生拮抗作用。如饲料中长期混入磺胺类药物，就容易引起维生素 B 和维生素 K 缺乏，应适当补充这些维生素。

（2）混水给药 混水给药就是将药物溶解于水中让鹅只自由饮用。此法适合于短期用药、紧急治疗、家禽不能采食但尚能饮水时的投药。易溶于水的药物混水给药的效果较好。饮水投药时，应根据药物的用量，事先配成一定浓度的药液，然后加入饮水器中，让家禽自由饮用。

① 注意药物的溶解度和稳定性。对油剂（如鱼肝油）及难溶于

水的药物（制霉菌素）不能采用饮水给药。对于一些微溶于水的药物和水溶液稳定性较差的药物（土霉素、金霉素）可以采用适当的加热、加助溶剂或现用现配、及时搅拌等方法，促进药物溶解，以达到饮水给药的目的。饮水的酸碱度及硬度（金属离子的含量）对药物有较达大的影响，多数抗生素在偏酸或偏碱的水溶液中稳定性较差，金属离子也可因络合而影响药物的疗效。

②根据鹅可能的饮水量认真计算药液量。为保证舍内绝大部分鹅只在一定时间内都饮到一定量的药物水，不至于由于剩水过多造成摄入鹅体内的药物剂量不够，或加水不足造成饮水不匀，导致某些鹅只饮入的药液量少而影响药物效果，应该掌握鹅群的饮水量，根据鹅群的饮水量，然后按照药物浓度，准确计算药物用量。先用少量水溶解计算好的药物，待药物完全溶解后才能混入计算好的水的容器中。鹅的饮水量多少与品种、饲料种类、饲养方法、舍内温湿度、药物有无异味等因素密切相关，生产中应给予考虑。为准确了解鹅群的饮水量，每栋鹅舍最好安装一个小的水表。

③注意饮水时间和配伍禁忌。药物在水中停留时间与药效关系极大。有些药物放在水中不受时间限制，可以全天饮用，如人工合成的抗生素、磺胺类和喹诺酮类药物。而有些药物放在水中必须在短时间内饮完，如天然发酵抗生素、强力霉素、氨苄青霉素及活疫苗等，一般需要断水 2～3 小时后给药，以便让鹅只在一定时间内充分饮到药水。多种药物混合时，一定要注意药物之间的配伍。有些药物间有协同作用，可使药效增强（如氨苄青霉素和喹诺酮类药的配伍）；有些药物混合使用会增强药的毒性；有些药物混合后会发生中和、分解、沉淀，使药物失效。

（3）经口投服　适合个别病禽治疗，如鹅群中出现软颈病的鹅或维生素 B_2 缺乏的鹅，需个别投药治疗。群体较小的家禽，也通常采用此法。这种方法虽费时费力，但剂量准确，疗效较好。

（4）体内注射　对于难被肠道吸收的药物，为了获得最佳的疗效，常选用注射法。注射法分皮下注射和肌内注射两种。这种方法的特点是药物吸收快而完全，剂量准确，药物不经胃肠道而进入血液中，可避免消化液的破坏。适用于不宜口服的药物和紧急治疗。

（5）体表用药　如果家禽患有虱、螨等体外寄生虫，啄肛和脚垫肿等外伤，可在体表涂抹或喷洒药物。

（6）药物浸泡　浸泡种蛋用于消除蛋壳表面的病原微生物，药物可以渗透到蛋内，杀灭蛋内的病原微生物，以控制和减少某些经蛋传递的疾病。常用的方法是变温浸蛋法。把种蛋的温度在 3 ～ 6 小时内升至 37 ～ 38℃，然后趁热浸入 4 ～ 15℃的抗生素药液中，保持 15 分钟，利用种蛋与药液之间的温差造成的负压使药液进入蛋内。这种种蛋的药物处理方法常用来控制鹅白痢沙门菌、支原体、大肠杆菌等病原菌。

（7）环境用药　在饲养环境中季节性定期喷洒杀虫剂，以控制体外寄生虫及蚊蝇等。为防止传染病，必要时喷洒消毒剂，以杀灭环境中存在的病原微生物。

2. 鹅的常用药物

鹅的常用药物见表 9-5、表 9-6。

表 9-5　鹅常用的抗菌药物

药物名称	使用剂量和方法	用途
硫酸链霉素	注射 10 万单位 / 只，每天 1 次，连用 2 ～ 3 天，可与青霉素混合肌注	对革兰氏阴性菌（沙门菌、大肠杆菌等）有抑制和杀灭作用
青霉素	肌内注射，10 万～ 20 万单位 / 只，每天 2 次，连用 2 ～ 3 天	对革兰氏阴性菌和阳性菌有抑制作用
盐酸土霉素（地霉素、氧四环素）	肌内注射，每千克体重 0.05 ～ 0.1 克；内服每只 0.1 ～ 0.2 克	对细菌、衣原体、支原体、螺旋体、球虫有效
硫酸庆大霉素	肌内注射，每千克体重 3000 单位，每天 3 ～ 4 次	广谱抗生素，对多种革兰氏阴性菌和耐药葡萄球菌有效
红霉素	0.02% ～ 0.05% 混于饲料中；每千克体重注射 10 ～ 40 毫克	对革兰氏阳性菌作用强，对支原体有较好作用
泰乐菌素	0.44% ～ 0.66% 混于饮水中，连用 3 ～ 5 天	治疗呼吸道支原体病
磺胺二甲基嘧啶、磺胺异噁唑	混饲：0.4%～0.5%，连用 3 ～ 4 天；混饮：0.1% ～ 0.2%，连用 3 天	治疗禽霍乱、副伤寒、大肠杆菌病、葡萄球菌病、链球菌病、球虫病
磺胺喹噁啉	混饲：0.1%～ 0.3%。混饮：0.05%～ 0.15%	治疗禽霍乱、副伤寒、大肠杆菌病、球虫病等
磺胺 -5 - 甲氧嘧啶	同磺胺喹噁啉	治疗禽霍乱、慢性呼吸道病、副伤寒、球虫病

表 9-6　鹅常用的抗寄生虫药物及参考用法

药名	有效成分及作用	用法用量
氯苯胍	罗比尼丁；对各种球虫均有较好的防治效果	预防 0.05% 拌料，治疗 0.1%，连喂 10 天。宰前 7 天禁用
球痢灵	硝苯酰胺；对多种球虫有效，主要用于治疗球虫病	预防 0.0125% 混入饲料连用 3 ~ 5 天；治疗 0.025% 拌入饲料，连用 5 天。商品鹅上市前 7 天停药
盐酸氨丙啉	安普罗林；对柔嫩艾美耳球虫及堆型艾美耳球虫作用最强	预防 0.15%，治疗 0.03%，拌入饲料中，连喂 7 天
加福、杜球	马度米星；对多种球虫有抑制作用	0.0006% 饮水，连用 4 ~ 6 天
驱蛔灵	哌哔嗪；驱蛔虫，对成虫效果好	250 ~ 300 毫克 / 千克体重，均匀混入饲料中，一次服用
驱虫净	左旋咪唑；对鹅蛔虫、线虫效果良好	30 毫克 / 千克体重，均匀混入饲料中，一次服用
丙硫咪唑	阿苯达唑；对各种线虫、绦虫、吸虫、蛔虫均有驱除效果	25 ~ 120 毫克 / 千克体重，均匀混入饲料中，一次服用
吡喹酮	广谱高效驱绦虫药	60 毫克 / 千克体重，混入饲料中，一次内服
别丁	硫双二氯酚；可以驱除禽类的各种吸虫	150 ~ 500 毫克 / 千克体重，混入饲料中，一次内服
四氯化碳	驱吸虫	3 ~ 6 毫升 / 只，用细胶管插入食管灌服，或用注射器做食管膨大部注射
灭绦灵	氯硝柳胺，广谱高效驱绦虫药	50 ~ 100 毫克 / 千克体重，混入饲料中，一次内服
2.5% 溴氰菊酯	对各种体外寄生虫有作用	配成 1：8000 浓度（即 2.5% 溴氰菊酯 1 毫升加水 8 千克）喷洒或药浴
25% 戊酸氰醚酯	对各种体外寄生虫有作用	用水稀释成 1：4000 的浓度直接向鹅体喷洒，或稀释成 1：8000 的浓度对鹅进行药浴
蝇毒磷（蝇毒）	广谱杀虫剂，对螨、软蜱、虱、蚤等有杀灭作用	一般是 16% 的油乳剂。配成 0.05% 的药液直接涂擦；配成 0.03% 的药液喷洒环境灭蚊、蠓等昆虫
敌百虫	广谱驱虫药，对鹅的各种体外寄生虫有较好的杀灭作用	用 0.1% ~ 0.5% 水溶液杀灭蚤、蜱、蚊、蝇、蠓等

第二节 鹅常见病诊治

一、病毒性传染病

1.禽流感

禽流感（禽流行性感冒），是由 A 型流感病毒引起多种家禽和野禽感染的一种传染病。鹅、鸭、鸡等家禽以及野生禽类中均可发生感染，在禽类中对鸡尤其是火鸡危害最为严重，常引起感染致病，甚至导致大批死亡，有的死亡率可高达 100%。鹅亦能感染致病或死亡，产蛋鹅感染后，可引起卵子变性，产蛋率下降，产生卵黄性腹膜炎和输卵管炎。

（1）病原　病原为 A 型流感病毒，属正黏病毒科的流感病毒属。流感病毒具有多形性，病毒颗粒呈丝状或球状，直径 80 ~ 120 纳米。目前在全世界包括鹅在内的各种家禽和野生禽类中，已分离到上千株禽流感病毒，并已证明家养或舍饲禽类感染后，可表现为亚临床症状、轻度呼吸系统疾病和产蛋率下降，或引起急性全身致死性疾病。

在自然条件下，流感病毒存在于禽类的鼻腔分泌物和粪便中，由于受到有机物的保护，病毒具有极强的抵抗力。据有关资料记载，粪便中病毒的传染性在 4℃ 可保持 30 ~ 35 天之久，20℃可存活 7 天，在羽毛中存活 18 天，在干骨头或组织中存活数周，在冷冻的禽肉和骨髓中可存活 10 个月。在自然环境中特别是凉爽和潮湿的条件下可存活很长时间，常可以从水禽的体内和池塘中分离到流感病毒。禽流感病毒对乙醚、氯仿、丙酮等有机溶剂敏感，不耐热，常用的消毒药能将其灭活。

（2）流行病学　禽流感一年四季都有可能发生，以冬春季最常见。天气变化大、相对湿度高时发病率较高。各龄期的鹅都会感染，尤以 1 ~ 2 月龄的仔鹅最易感病。

禽流感病毒的致病力差异很大。在自然情况下，有些毒株的致病性较强，发病率和死亡率均较高；有些毒株仅引起轻度的呼吸道症状。

（3）临床症状　发病时鹅群中先有几只出现症状，1～2天后波及全群，病程3～15天。患病雏鹅出现神经症状（图9-25），废食，离群，羽毛松乱，呼吸困难，腹泻，排绿色粪便；脚爪脱水（病死雏鹅头冠部、颈部明显肿胀，眼、睑出血）；眼眶湿润，眼睑、结膜充血、出血（又叫红眼病），舌头出血（图9-26）。育成鹅和种鹅也会感染，但其危害性要小一些。患病鹅生长停滞，精神不振，嗜睡，头肿，眼睑充血或高度水肿向外突出，呈金鱼眼样子。病程长的表现出单侧或双侧眼睑结膜混浊，不能康复。濒死前多数鹅喙端及脚蹼颜色发绀（图9-27）。发病的种鹅产蛋率、受精率均急剧下降，畸形蛋增多。

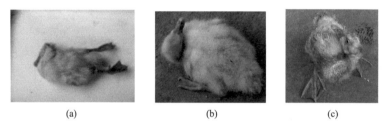

(a) (b) (c)

图9-25　患病雏鹅症状

（a）患病雏鹅死后头颈下勾，两腿向后伸直；（b）患病雏鹅不能站立，头颈向后仰，跛行扭颈等；（c）患病雏鹅头颈向后扭曲，脚蹼发绀干瘪

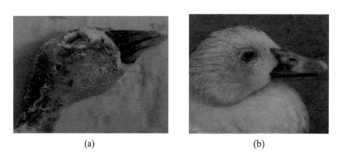

(a) (b)

图9-26　病（死）雏鹅症状

（a）病死雏鹅头颈部肿胀，眼、脸出血；（b）患病雏鹅眼睛四周潮湿，有污物

图 9-27　患病鹅喙端及脚蹼颜色发绀

（4）病理变化　可见病死鹅鼻腔和眶下窦充有浆液或黏液性分泌物。部分鹅头面肿大，头部皮下出血、呈胶冻样水肿；眼结膜和鼻腔黏膜出血；全身皮下和脂肪出血；肝脏、脾脏肿大、淤血，有散在的坏死点；胆囊扩张、肿大；心肌黏膜、腺胃黏膜、小肠黏膜、直肠黏膜及泄殖腔黏膜常充血、出血，有些整个肠道黏膜弥漫性充血、出血。雏鹅法氏囊肿大、出血；胰腺肿大、出血、坏死；肾脏充血、出血；具有神经症状的病死鹅脑血管充血、坏死。成年母鹅卵子变性，卵膜充血、出血，有的卵泡呈葡萄状（图 9-28 ～图 9-33）。

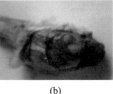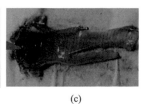

(a)　　　　　　　　(b)　　　　　　　　(c)

图 9-28　患病鹅的病理变化（一）
（a）患病鹅皮肤毛孔充血、出血；（b）患病鹅大脑组织充血、出血，有灰白色坏死灶；
（c）患病鹅喉头有大凝血块

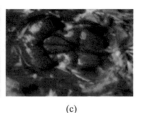

(a)　　　　　　　　(b)　　　　　　　　(c)

图 9-29　患病鹅的病理变化（二）
（a）患病鹅脾脏肿大、淤血、出血，呈三角形；（b）患病鹅肝脏肿大、淤血，有大小不一出血斑；（c）患病鹅肾脏肿大、充血、出血

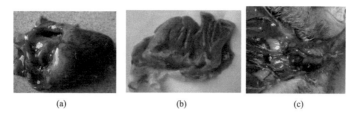

图 9-30　患病鹅的病理变化（三）

（a）患病鹅心肌有灰白色坏死斑；（b）患病鹅心肌内膜有出血斑；（c）患病雏鹅法氏囊肿大、出血

图 9-31　患病鹅的病理变化（四）

（a）患病鹅腺胃与肌胃交界处有出血斑；（b）患病鹅腺胃黏膜有陈旧性出血斑；（c）患病鹅胰腺有弥漫性坏死灶

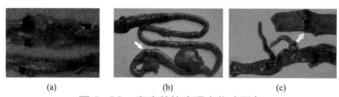

图 9-32　患病鹅的病理变化（五）

（a）患病鹅肠道出血；（b）患病鹅小肠淋巴滤泡增生、出血；（c）患病鹅肠道有局灶性环状血块

图 9-33　患病鹅的病理变化（六）

（a）患病鹅肺部淤血，出血；（b）患病鹅卵泡萎缩；（c）卵泡膜充血、出血

（5）诊断　根据临床症状和病理变化做初步诊断，确诊需进行病毒的分离鉴定（应按国家相关规定在生物安全三级实验室内进行）、琼脂扩散试验、血凝及血凝抑制试验、酶联免疫吸附试验和聚合酶链式反应等。注意与鹅副黏病毒病、鹅巴氏杆菌病相区别（表9-7）。

表9-7　鹅禽流感与鹅副黏病毒病、鹅巴氏杆菌病区别点

鹅副黏病毒病	鹅巴氏杆菌病
鹅禽流感的特征是全身器官以出血为主；而鹅副黏病毒病的特征是以脾脏肿大，并有灰白色、大小不一的坏死灶，肠管黏膜有散在性或弥漫性大小不一、灰白色的纤维素性结痂病灶为主	鹅巴氏杆菌病的病原体是禽多杀性巴氏杆菌，其主要病理变化是肝脏有散在性或弥漫性斜尖大小、边缘整齐、灰白色并稍微突出于肝表面的坏死灶；而鹅禽流感的肝脏以出血为特征，无灰白色坏死灶

（6）防制

① 加强饲养管理。加强幼鹅的饲养管理，注意鹅舍的通风，保持鹅舍干燥和适宜的温度、湿度以及鹅群饲养密度，以提高机体的抗病力。对于水面放养的鹅群，应注意防止和避免野生水禽污染水源而引起感染。

② 免疫接种。雏鹅 14～21 日龄时，用 H5N1 亚型禽流感灭活疫苗进行初免；间隔 3～4 周，再用 H5N1 亚型禽流感灭活疫苗进行一次加强免疫；以后根据免疫抗体检测结果，每隔 4～6 个月用 H5N1 亚型禽流感灭活疫苗免疫一次。商品肉鹅 7～10 日龄时，用 H5N1 亚型禽流感灭活疫苗进行一次免疫，间隔 3～4 周，再用 H5N1 亚型禽流感灭活疫苗进行一次加强免疫。散养鹅春、秋两季用 H5N1 亚型禽流感灭活疫苗各进行一次集中全面免疫，每月定期补免。

③治疗措施

【方案1】注射高免血清。肌内或皮下注射禽流感高免血清，小鹅每只2毫升、大鹅每只4毫升，对发病初期的鹅效果显著，见效快。注射高免蛋黄液效果也好，但见效稍慢。

【方案2】250毫克/升病毒灵或利巴韦林（病毒唑）混水服用，连续用药 5～7 天。为防止继发感染，抗病毒药要与其他抗菌

药同时使用，若能配合使用解热镇痛药和维生素、电解质，效果更好。

【方案 3】中药凉茶廿四味加柴胡、黄芩、黄芪，煎水给鹅群饮用，对禽流感的预防和治疗有较好的效果。饮水前鹅群先停水 2 小时，再把中药液投于饮水器中供饮用 6 小时，每天一次，连用 3 天。病情较长时要在药方中加党参、白术。

2. 小鹅瘟

小鹅瘟是由细小病毒引起雏鹅与雏番鸭的一种急性或亚急性的高度致死性传染病。主要侵害 20 日龄以内的雏鹅，致死率高达 90% 以上，超过 3 周龄雏鹅仅少数发生，1 月龄以上雏鹅基本不发生。特征为精神委顿、食欲废绝，严重腹泻和有时出现神经症状。病变特征主要为渗出性肠炎，小肠黏膜表层有大片坏死脱落，与渗出物凝成假膜状，形成栓子阻塞肠腔。

（1）病原　病原为细小病毒，属细小病毒科，细小病毒属。病毒为球形，无囊膜，直径为 20 ～ 40 纳米，是一种单链 DNA 病毒。病毒存在于病雏鹅的肠道及其内容物、心血、肝脾、肾和脑中。国内外分离到的毒株抗原性基本相同，而与哺乳动物的细小病毒没有抗原关系。该病毒对外界不良环境有较强抵抗力，在 -20℃ 以下至少能存活两年。经 65℃ 3 小时滴度不受影响，在 pH 3.0 溶液中 37℃ 条件下耐受 1 小时以上，对氯仿、乙醚和多种消毒剂不敏感，能抵抗胰酶的作用。普通消毒剂对病毒有杀灭作用。

（2）流行病学　该病仅发生于鹅与番鸭，其他禽类均无易感性。该病的发生及其危害程度与日龄密切相关，主要侵害 4 ～ 20 日龄的雏鹅，5 ～ 15 日龄为高发日龄，发病率和死亡率均在 90% 以上。15 日龄以上的雏鹅发病后，症状比较缓和，并可部分自愈；25 日龄以上的雏鹅很少发病；成年鹅感染后不显示任何症状。

病雏鹅及带毒成年禽是该病的传染源。在自然情况下，与病禽直接接触或采食被污染的饲料、饮水都可感染该病。该病毒还可附着于蛋壳上，通过蛋将病毒传给孵化器中的易感雏鹅造成该病的垂直传播。当年留种鹅群的免疫状态对后代雏鹅的发病率和成活率有显著影响。如果种鹅都是经患病后痊愈或经无症状感染而获得了坚强免疫力，其后代有较强的母源抗体保护，因此可抵抗天然或人工感染而不发生小鹅瘟。如果种鹅群由不同年龄的母鹅组成，而有些年龄段的母鹅未曾免疫，则其后代还会发生不同程度的疾病危害。

（3）临床症状　潜伏期为 3 ～ 5 天，分为最急性、急性和亚急性 3 型。最急性型多发生在 1 周龄内的雏鹅，往往不显现任何症状而突然死亡。急性型常发生于 15 日龄内的雏鹅。病雏初期食欲减少，精神委顿，缩颈蹲伏，羽毛蓬松，离群独处，步行艰难。继而食欲废绝，严重腹泻，排出混有气泡的黄白色或黄绿色水样稀便（图 9-34）。鼻分泌液增多，病鹅摇头，口角有液体甩出，喙和蹼发绀。临死前出现神经症状，全身抽搐或发生瘫痪（图 9-35）。病程 1 ～ 2 天。亚急性型发生于 15 日龄以上的雏鹅。以萎靡、不愿走动、厌食、腹泻和消瘦为主要症状。病程 3 ～ 7 天，少数能自愈，但生长不良。

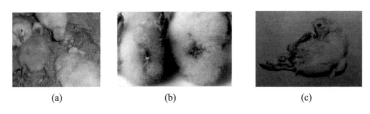

(a)　　　　　　　(b)　　　　　　　(c)

图 9-34　小鹅瘟病鹅的临床症状（一）

（a）最急性的患病雏鹅突然倒地死亡；（b）患病鹅排白色稀便，糊肛；（c）患病鹅肛门周围羽毛湿润，有稀便附着，全身脱水严重

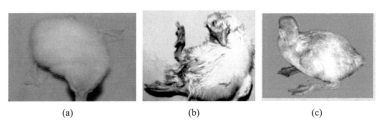

(a)　　　　　　　(b)　　　　　　　(c)

图 9-35　小鹅瘟病鹅的临床症状（二）

（a）急性型病鹅站立不稳，两腿麻痹；（b）病鹅不能站立，两腿乱划；（c）病鹅扭脖

（4）病理变化　主要病变在消化道，特别是小肠部分。死于最急性型的病雏，病变不明显，十二指肠黏膜肿胀、充血和出血［图

9-36（a）]，出现败血性症状，表现为急性卡他性肠炎［图9-36（b）]。急性型雏鹅，特征性病变是小肠的中段、下段，尤其是回盲部的肠段极度膨大，质地硬实，形如香肠，肠腔内形成淡灰色或淡黄色的凝固物［图9-36（c）]，其外表包围着一层厚的坏死肠黏膜和纤维形成的伪膜。部分病鹅小肠内虽无典型的凝固物，但肠黏膜充血和出血。肝、脾肿大、充血，偶有灰白色坏死点，胆囊也增大；脑膜血管也充血和出血（图9-37）。

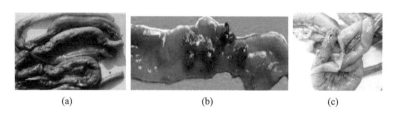

(a)　　　　　　　　　(b)　　　　　　　　(c)

图9-36　小鹅瘟病鹅的病理变化（一）

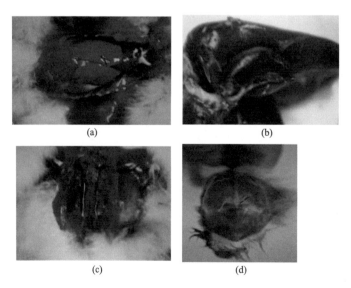

(a)　　　　　　　　　　　　　(b)

(c)　　　　　　　　　　　　　(d)

图9-37　小鹅瘟病鹅的病理变化（二）

（a）患病鹅肝脏肿大、表面光滑、质地变脆；（b）患病鹅胆囊显著扩张，充满暗绿色胆汁；（c）患病鹅肾稍肿大，呈深红色，质脆，输尿管扩张，充满白色尿酸沉淀物；（d）病鹅脑膜血管充血和出血

（5）诊断　确诊需经病毒分离鉴定或血清保护试验（血清保护试验也是鉴定病毒的特异性方法。取 3～5 只雏鹅作为试验组，先皮下注射标准毒株的免疫血清 1.5 毫升，然后皮下注射含毒尿囊液 0.1 毫升；对照组以生理盐水代替血清，其余同试验组。结果，试验组雏鹅全部存活，对照组于 2～5 天内全部死亡）。

注意与鸭瘟、禽流感、副伤寒和球虫病区别。鸭瘟特征性病变是在食管和泄殖腔出血和形成伪膜或溃疡，必要时以血清学试验相区别。禽流感、副伤寒可通过细菌学检查和敏感药物治疗实证来区别。球虫病通过镜检肠内容物和粪便是否发现球虫卵囊相区别。

（6）防制

① 加强饲养管理。做好孵化过程中的清洁消毒工作，孵坊中的一切用具、设备使用后必须清洗消毒。种蛋要用福尔马林熏蒸消毒。刚出壳的雏鹅要防止与新购入的种蛋接触；做好育雏舍清洁卫生和消毒工作，维持适宜的环境条件。

② 免疫接种。母鹅在产蛋前 1 个月，每只注射 1:100 倍稀释（或见说明书）的小鹅瘟疫苗 1 毫升，免疫期 300 天，每年免疫 1 次。注射后两周，母鹅所产的种蛋孵出的雏鹅具有免疫力。母鹅注射小鹅瘟疫苗后，无不良反应，也不影响产蛋。在该病流行地区，未经免疫的种蛋所孵出的雏鹅，每只皮下注射 0.5 毫升抗小鹅瘟血清，保护率可达 90% 以上。

③ 发病后措施。一旦发生小鹅瘟，立即将未出现症状的雏鹅隔离出饲养场地，放在清洁无污染场地饲养；病死鹅尸体集中进行无害化处理，每天用 0.2% 过氧乙酸带鹅消毒 1 次，保持鹅舍清洁卫生，通风透气。治疗宜采取抗体疗法，同时配合抗病毒、抗感染等辅助疗法。

【方案 1】雏鹅，皮下注射 0.5～0.8 毫升高效价抗血清，或 1～1.6 毫升卵黄抗体，在血清或卵黄抗体中可适当加入广谱抗生素。每只病雏鹅皮下注射高效价 1 毫升抗血清或 2 毫升卵黄抗体。患病仔鹅每 500 克体重注射 1 毫升抗血清或 2 毫升卵黄抗体，严重病例可再注射 1 次。可在饮水中添加多种维生素。如果伴有呼吸道感染，可加入阿米卡星。

【方案 2】赤桂五瘟散加减：板蓝根 250 克，金银花 120 克，连翘 120 克，大蒜 18 克，黄连 20 克，黄柏 20 克，黄芩 18 克，水牛角 15 克，栀子 25 克，赤芍 30 克，鱼腥草 30 克，丹皮 25 克，官桂 20 克，赤石脂 20 克。预防时将上述药研成药末，粉剂按 5% 拌于饲料中喂服，或用 0.5% 水溶液饮服；治疗时将上述药切细煎水喂服，煎剂 1 毫升 / 只，重症腹腔注射 1 ～ 1.5 毫升 / 只。

3. 副黏病毒病

鹅副黏病毒病是由副黏病毒引起鹅的一种以消化道症状和病变为特征的急性传染病，常引起大批死亡，尤其是雏鹅死亡率可达 95％ 以上，给养鹅业造成巨大的经济损失，是目前鹅病防治的重点。

（1）病原 病原是副黏病毒科副黏病毒属的副黏病毒。该病毒广泛存在于病鹅的肝脏、脾脏、肠管等器官内。在电子显微镜下观察，病毒颗粒大小不一，形态不正，表面有密集纤突结构，病毒内部有囊膜包裹着的螺旋对称的核衣壳，病毒颗粒大小平均直径为 120 纳米。分离的毒株接种 10 日龄发育鸡胚，均能迅速繁殖，通常鸡胚在接种后 2 ～ 3 天内死亡。

（2）流行病学 该病对各种年龄的鹅都具有较强的易感性，日龄愈小，发病率、死亡率愈高，雏鹅发病后常引起死亡。各个品种鹅均可感染发病，对鸡亦有较强的易感性。发生该病的鹅群，其附近尚未接种疫苗的鹅也可感染发病死亡。种鹅感染后，产蛋率下降。该病无季节性，一年四季均可发生，常引起地方性流行。

（3）临床症状 该病潜伏期一般为 3 ～ 5 天，日龄越小潜伏期越短。病鹅精神委顿、缩头垂翅、食欲不振或废绝、口渴、饮水量增加，排稀白色或黄绿色或绿色稀便，行走无力，不愿下水，或浮在水面，随水漂游，喜卧。成年病鹅有时将头顾于翅下，严重者常见口腔流出水样液体。部分病鹅出现神经症状（图9-38），少数雏鹅发病后有甩头、咳嗽等症状及眼部病症（图9-39）。雏鹅常在发病后 2 ～ 3 天内死亡，青年鹅、成年鹅病程稍长，一般为 3 ～ 5 天。

(a)扭颈

(b)转圈

(c)仰头

图9-38　患病鹅出现神经症状

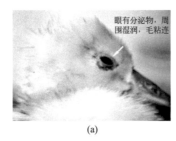
眼有分泌物，周围湿润，毛粘连

(a)

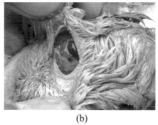
(b)

图9-39　患病鹅眼部症状

（a）眼有分泌物周围湿润，毛粘连；（b）眼结膜出血，有的形成红眼圈

　　（4）病理变化　病死鹅机体脱水，眼球下陷，脚蹼常干燥。肝脏轻度肿大、淤血，少数有散在的坏死灶，胆囊充盈，脾脏轻度肿大，有芝麻大的坏死灶。成年病死鹅肌胃内较空虚，肌胃角质呈棕黑色或淡墨绿色，肌胃角质膜易脱落，角质膜下常有出血斑或溃疡灶［图9-40（a）］，腺胃黏膜出血、充血［图9-40（b）］；肠道黏膜有不同程度的出血［图9-40（c）］，空肠和回肠黏膜常见散在性的青豆大小的淡黄色隆起的结痂，剥离后呈现出血面和溃疡灶，偶尔波及直肠黏膜；盲肠扁桃体肿大出血，少数病例盲肠黏膜出血，有少量隆起的小瘢块。偶见少数病例食管黏膜有少量芝麻大白色假膜。具有神经症状的病死鹅，脑血管充血（图9-41、图9-42）。

　　（5）诊断　用鸡胚进行病毒分离，用血凝和血凝抑制试验、中和试验、保护试验等血清学方法进行鉴定而确诊。注意与鹅鸭瘟、鹅流感、鹅巴氏杆菌病相区别，见表9-8。

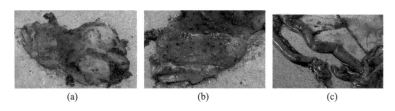

(a)   (b)   (c)

图 9-40 鹅副黏病毒病患病鹅的病变（一）

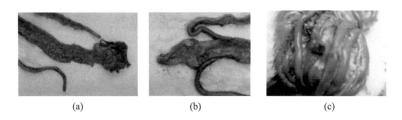

(a)   (b)   (c)

图 9-41 鹅副黏病毒病患病鹅的病变（二）

（a）患病鹅直肠和泄殖腔黏膜有弥漫性大小不一的结痂病灶；（b）患病鹅结肠、盲肠、直肠黏膜有大小不一的溃疡灶，表面覆盖着纤维素形成的结痂；（c）肠道黏膜有大小不等的出血斑和溃疡灶

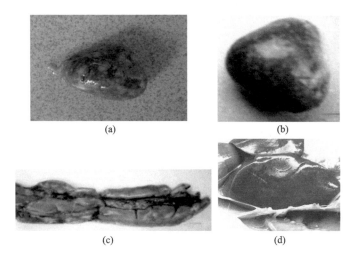

(a)   (b)

(c)   (d)

图 9-42 鹅副黏病毒病患病鹅的病变（三）

（a）（b）患病鹅脾脏肿大，表面及组织有大小不一的灰白色坏死灶；（c）患病鹅胰腺肿大，有大小不一的灰白色坏死灶；（d）肝脏有大量的坏死点

表 9-8 鹅副黏病毒病与鹅鸭瘟、鹅流感、鹅巴氏杆菌病相区别点

病名	区别点
鹅鸭瘟	鸭瘟病毒感染的鹅在下眼睑、食管和泄殖腔黏膜有出血溃疡和假膜特征性病变，而鹅副黏病毒病无此病变。两种病毒均能在鸭胚和鸡胚上繁殖，并引起胚胎死亡。鸭瘟病毒致死的尿囊液无血凝性，而鹅副黏病毒致死的尿囊液能凝集鸡红细胞并被特异性抗血清所抑制，不被抗鸭瘟病毒血清抑制。
鹅流感	鹅副黏病毒感染的鹅脾脏肿大，有灰白色、大小不一的坏死灶，同时肠道黏膜有散在性或弥漫性大小不一、淡黄色或灰白色的纤维素性结痂病灶，而鹅流感以全身器官出血为特征。两种病毒均具有凝集红细胞的特性，但鹅副黏病毒血凝性能被特异性抗血清所抑制，而不被禽流感抗血清所抑制，鹅流感病毒血凝性正相反
鹅巴氏杆菌病	鹅巴氏杆菌病是由禽多杀性巴氏杆菌所致，多发生于青年鹅、成年鹅。广谱抗生素和磺胺类药对鹅巴氏杆菌病有防治作用，而对鹅副黏病毒病无任何作用。鹅巴氏杆菌感染的鹅肝脏有散在性或弥漫性针头大小坏死病灶，肝脏触片用亚甲蓝染色镜检可见两极染色的卵圆形小杆菌，肝脏接种鲜血培养基可见露珠状小菌落，涂片革兰氏染色镜检为阴性卵圆形小杆菌；而鹅副黏病毒感染的鹅肝脏无坏死病灶，肝脏触片亚甲蓝染色为阴性，肝脏接种鲜血培养基为阴性，肝脏接种鸡胚能引起鸡胚死亡且尿囊液能凝集鸡红细胞并被特异性抗血清抑制

（6）防制 该病目前尚无特殊的药物治疗。

① 免疫接种。应用经鉴定的基因Ⅳ型毒株制备的、含高抗原量的灭活苗，以便有较高的保护率。种鹅免疫：在留种时应用鹅副黏病毒病油乳剂灭活苗进行一次免疫，产蛋前 15 天左右进行第二次免疫，再过 3 个月左右进行第三次免疫，每鹅每次肌内注射 0.5 毫升。雏鹅，在 10 日龄以内或 15 ～ 20 日龄进行首免，每雏鹅皮下注射 0.3 ～ 0.5 毫升鹅疫油乳剂灭活苗。首免后 2 个月左右进行第二次免疫，每只肌内注射 0.5 毫升。也可用鹅疫灭活苗或鹅副黏病毒病和鹅疫二联灭活苗进行免疫。抗血清（或卵黄抗体）在患病鹅群中使用有一定效果。

② 调整饲料组成成分。患病期间减少全价饲料用量，增加青绿饲料（嫩牧草），让鹅群自由采食，暂停投喂带壳谷类饲料。

③ 做好环境清洁卫生工作。做好鹅场及鹅舍的隔离、卫生，禽舍和场地用 1∶300 稀释的双链季铵盐络合碘液喷洒消毒，每天 1 次，连续 7 天。

④ 发病后措施。首先隔离病鹅，并对场地严格消毒，使用双链季铵盐络合碘液按 1∶800 浓度进行消毒，每天 1 次，连用 5 天。

【方案 1】副黏病毒高免蛋黄液 3 毫升 / 只和 10% 西咪替丁注射液 0.4 毫升 / 只，分点胸肌注射，每天 1 次，连用 2 天。或高免血清，

病鹅每只皮下注射 0.8 ～ 1 毫升。

【方案 2】500 千克体重鹅群，病毒唑 20 克、头孢氨苄 10 克、硫酸新霉素 6 克，加水 100 千克混饮，隔 8 小时后再以维生素 C 25 克、葡萄糖 2 千克，加水 100 千克溶解后让鹅自由饮用，每天 1 次，连用 3 天。

4. 鸭瘟

鹅鸭瘟（鸭病毒性肠炎，俗称"大头瘟"）是由鸭瘟病毒引起的一种高死亡率、急性败血性传染病。该病的主要特征是头颈肿大、高热、流泪、腹泻、粪便呈灰绿色，两腿麻痹无力。

（1）病原　病原为鸭瘟病毒，属于疱疹病毒，存在于病鹅的各个内脏器官、血液、分泌物和排泄物中，一般认为肝、脾脏和脑的病毒含量最高。一般对热、干燥和普通消毒药都很敏感。病毒在 56℃ 10 分钟就能被杀死，在 50℃ 时需要 90 ～ 120 分钟才能使病毒灭活，而在室温条件下（20℃）其传染力能够维持 30 天；在氯化钙干燥的条件下，能维持 9 天。但病毒对低温的抵抗力较强，在 –20℃ 经 347 天仍能使鹅发病。

（2）流行病学　该病一年四季均可发生，通常以春夏之际和秋天购销旺季时流行最严重。鹅群流动频繁，也易于疫病传播流行。任何品种和性别的鹅，对鸭瘟都有较高的易感性。在自然流行中，公鹅抵抗力较母鹅强；成年鹅尤其是产蛋母鹅，发病和死亡较严重；而一月龄以下的雏鹅，发病较少。感染发病的多是种鹅，少数是 3 ～ 4 月龄的肉用仔鹅，雏鹅亦未见发病。

传染源主要是病鹅（病愈不久的鹅可带毒 3 个月）和潜伏期的感染鸭鹅。主要通过消化道感染，但也可通过呼吸道、交配和眼结膜感染；通过口服、滴鼻、泄殖腔接种、静脉注射、腹腔注射和肌内注射等人工感染途径，也可使易感鹅发病。健康鹅与病鹅同群放牧均能发生感染，病鹅排泄物污染的饲料、水源、用具和运输工具，以及鹅舍周围的环境，都有可能造成鹅群鸭瘟的传播。某些野生水禽如野鸭和飞鸟，能感染和携带病毒，成为该病传染源或传播媒介，此外某些吸血昆虫也有可能传播该病。

（3）临床症状　潜伏期一般为 3 ～ 5 天，发病初期，患鹅食欲减少或停食，渴欲增加，体温升高达 43℃以上，不愿下水，行动困难甚至伏地不愿移动，强行驱赶时，步态不稳或两翅扑地勉强挣扎而行。走不了几步，即行倒地，以致完全不能站立。典型症状是怕光，流泪，眼睑水肿，眼睛流出浆性、脓性分泌物，眼结膜充血、出血（图9-43）。部分病鹅头颈部肿胀，鼻腔流出浆液性或黏液性分泌物，呼吸困难、叫声嘶哑，腹泻，排出灰白色或

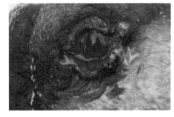

图 9-43　结膜充血、出血

绿色稀便，肛门周围的羽毛沾污并结块，泄殖腔黏膜充血、出血、水肿，严重者黏膜外翻，可见黏膜表面覆盖一层不易剥离的黄绿色假膜。患病公鹅阴茎不能收回。种鹅多表现产蛋下降、流泪、腹泻、跛行等症状。急性病程一般为 2～5 天，慢的可以拖延至一周以上，少数不死的转为慢性，仅有极少数病鹅可以耐过，一般都表现消瘦、生长发育不良。

（4）病理变化　患典型鸭瘟的病死鹅皮下组织发生不同程度的炎性水肿；在头颈部肿大的病例，皮下组织有淡黄色胶冻样浸润。口腔黏膜主要是舌根、咽部和上颌部黏膜表面常有淡黄色假膜覆盖，剥离后露出鲜红色外形不规则的出血浅溃疡。食管黏膜的病变具有特征性。外观有纵行排列的灰黄色假膜覆盖或散在的出血点，假膜易刮落，刮落后留有大小不等的出血浅溃疡 [图9-44（a）]。有时腺胃与食管膨大部的交界处或与肌胃的交界处常见有灰黄色坏死带或出血带，腺胃黏膜与肌胃角质层下充血或出血 [图9-44（b）]。整个肠道发生急性卡他性炎症，以小肠和直肠最严重，肠集合淋巴滤泡肿大或坏死，有时可见肠道弥漫性出血 [图9-44（c）]。泄殖腔黏膜的病变也具有特征性，黏膜表面有出血斑点和覆盖着一层不易剥离的黄绿色坏死结痂或溃疡。法氏囊黏膜充血、出血，后期常见有黄白色凝固的渗出物。心内外膜有出血斑点，心血凝固不良，气管黏膜充血，有时可见肺充血或出血、水肿。肝脏出血坏死。胆囊充盈，有时可见黏膜出现小溃疡。脾脏有出血点和灰黄色的坏死点。产蛋母鹅的卵巢亦有明显病变，卵泡充血、出血或整个卵泡变成暗红色（图9-45、图9-46）。

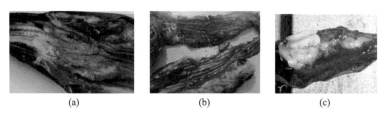

(a) (b) (c)

图 9-44 鸭瘟病鹅的病理变化（一）

(a) (b) (c)

图 9-45 鸭瘟病鹅的病理变化（二）

（a）患病鹅肝脏肿大，有大量针尖状坏死灶；（b）病鹅脾脏有灰黄色的坏死灶；
（c）病鹅胰腺肿大，有出血点

图 9-46 鸭瘟病鹅泄殖腔病变

（5）诊断

① 病毒分离。无菌操作取病死鹅的肝脏、脾脏组织，剪碎研磨后加无菌生理盐水，制成 1：5 混悬液，加青霉素 1000 国际单位 / 毫升，作用 1 小时，经每分钟 3000 转离心后取上清液，以绒毛尿囊膜途径接种 10 日龄鸡胚和 11 日龄鸭胚各 10 枚，每枚 0.2 毫升，同时设无菌生理盐水和空白对照组，37℃培养。接种病料的鸡胚发育正常，鸭胚 4 ～ 6 小时全部死亡，胚体充血、出血。

② 中和试验。取 20 枚 11 日龄的鸭胚分成两组，每组 10 枚，将分离的病毒做 1∶50 倍稀释。第 1 组用抗鸭瘟血清与等量的待检病毒液充分混匀，作用 1 小时，再接种第 1 组鸭胚；第 2 组不加抗鸭瘟血清，接种鸭胚，37℃下培养观察。第 1 组 5 天后全部存活，第 2 组 5 天后全部死亡。

③ 动物试验。取 10 日龄非免疫雏鸭 12 只，分成 2 组。第 1 组每只肌内注射抗鸭瘟血清 1.5 毫升，第 2 组不注射抗鸭瘟血清，24 小时后 2 组同时用尿囊液肌内注射，每只 0.2 毫升。注射抗鸭瘟血清的雏鸭 5 天后全部生长正常，未注射抗鸭瘟血清的一组 5 天后全部死亡。死后剖检可见口腔、食管内有黄色分泌物，黏膜上有伪膜，剥离伪膜有溃疡；肝脏肿大，有出血斑点等病变。

（6）防制

① 注意隔离、卫生和消毒。采用全进全出的饲养制度。不从疫区引种，需要引进种蛋或种雏时，要严格进行检疫和消毒处理，经隔离饲养 10～15 天证明无病后方可并群饲养。鹅群不可在可能感染疫病的地方放牧（如上游有病鹅，下游就不能放牧）。饮水每升要加入 50～100 毫克百毒杀等消毒。被污染的放牧水体也要按每亩（667 平方米）撒 20～30 千克生石灰进行消毒。

② 科学饲养管理。加强饲养管理，注意环境卫生。鹅舍要每天打扫干净，粪水等要集中密闭堆埋发酵。鹅舍、运动场、用具、贩运车辆和笼子等每周或每天应用 10%～20% 石灰乳或 5% 漂白粉或（1∶300）～（1∶400）抗毒威等消毒。日粮中注意添加多种维生素和矿物质，以增强机体的抗病力。

③ 免疫接种。接种疫苗时要严格按瓶签上标明的剂量接种，不使用非正规厂家生产的疫苗。疫苗使用时要用生理盐水或蒸馏水稀释，鹅在 20～30 日龄肌内或皮下注射鸭瘟疫苗，每只 0.5 毫升。发现病鹅立即对鹅群紧急预防注射鸭瘟疫苗。

④ 发病后的措施。发现病鹅应停止放牧，隔离饲养，以防止病毒传播扩散。

【方案 1】紧急预防注射鸭瘟疫苗，最好做到注射 1 只鹅换 1 个针头，每只 3～4 羽份。

【方案 2】立即使用鸭瘟高免血清，鹅 3 毫升 / 只，一次皮下或肌内注射。

【方案3】清瘟败毒饮，按1.2%比例混饲或按家禽每千克体重每日0.8克喂给，连用3～5天。

5. 新型病毒性肠炎

新型病毒性肠炎是由新型腺病毒即A型腺病毒引起的，主要侵害40日龄以内的雏鹅，致死率高达90%以上的一种急性传染病。

（1）病原　病原为新型腺病毒即A型腺病毒，呈球形或略呈椭圆形，无囊膜，直径70～90纳米且病毒衣壳结构清晰。对乙醚、氯仿、脱氧胆酸、胰蛋白酶、2%的酚和5%的乙酸等脂溶剂具有抵抗力，可耐受pH 3～9，在1∶1000浓度甲醛中可被灭活，可被DNA抑制剂5-碘脱氧尿嘧啶和5-溴脱氧尿嘧啶所抑制。

（2）流行病学　雏鹅新型病毒性肠炎主要发生于3～40日龄的雏鹅，发病率10%～50%不等，致死率可达90%以上。其死亡高峰为10～18日龄，病程为2～3天，有的长达5天以上。成年鹅感染后无临床症状。

（3）临床症状　病鹅精神沉郁或打瞌睡，病情传播迅速，患病雏鹅腿麻痹，不愿走动，食欲减退或废绝。叫声嘶哑，羽毛蓬松，泄殖腔的周围常常沾满粪便。排出的粪便呈水样，其间夹杂黄绿色或灰白色黏液物质，个别因肠道出血严重，排出淡红色粪便。行走摇晃，间歇性倒地，抽搐，两脚朝天划动，最后因严重脱水衰竭死亡，多呈角弓反张状态。患病雏鹅恢复后，常常表现为生长发育迟缓，给养鹅业造成的经济损失十分严重。

（4）病理变化　剖检死亡病鹅除了见肠道有明显的病理变化外，其他脏器无肉眼可见的病理变化。急性死亡只能见到直肠、盲肠充血肿大及轻微出血；亚急性死亡则除了肠道有较多的黏液外，还见泄殖腔膨胀、充满白色稀薄的内容物，明显的病变表现为小肠外观膨大，比正常大1～2倍，内为包裹有淡黄色假膜的凝固性栓子。有栓塞物处的肠壁薄而透明，无栓子的肠壁则严重出血。

程安春等报道，亚急性病死鹅的病理变化：①十二指肠上皮细胞完全脱落，固有膜充满大量的红细胞，有的固有膜水肿，内有大量的淋巴细胞浸润。肠腺细胞空泡变性、坏死，结构散乱。有的十二指肠为典型的纤维素性坏死性肠炎，肠绒毛绝大部分脱落，分离面平整，肠中有大量纤维素、炎性细胞、细菌等，严重的病例固有膜也坏死、脱落；肠腔中充满大量脱落、坏死的上皮细胞、纤维素等。②回肠的绒毛顶端上皮坏死、脱落，胰腺细胞肿胀、空泡变性、结构散乱，有的轮廓消失，有的有大量结缔组织增生，严重的回肠也为典型的纤维素性坏死性肠炎。③肝脏局部充血，轻度的颗粒变性，部分脂肪变性。④其他脏器则无明显的病理变化。

（5）诊断

① 血清学中和试验。用该病毒免疫兔子制备高免血清，血清琼扩效价大于等于 1∶32 时可用作血清中和试验。于鸭胚原代成纤维细胞上能够中和 1000LD$_{50}$ 的已知病毒即可确诊。中和试验也可用易感雏鹅进行。

② 雏鹅血清保护试验。1～3 日龄易感雏鹅 20 只，随机分成两组，每组 10 只，1 组和 2 组每只口服 1 万倍 LD$_{50}$ 的雏鹅病毒性肠炎病毒，经 12 小时，第 1 组每只皮下注射高免血清 1 毫升作试验组，第 2 组每只皮下注射 0.5 毫升生理盐水作为对照。试验组全部存活而对照组全部死亡即可确诊。

注意与小鹅瘟、球虫病相区别。雏鹅球虫病于小肠形成的栓子极其容易与该病混淆。但在光学显微镜下，可以从雏鹅球虫病的肠内容物涂片发现大量的球虫卵囊，且使用抗球虫药物效果良好。雏鹅新型病毒性肠炎的临床症状、病理变化甚至组织学变化与小鹅瘟非常相似，难以区别，需要通过病毒学及血清学等实验室手段进行区别诊断。

（6）防制　该病目前尚无有效的治疗药物，重在预防。

① 注重隔离卫生。关键是不从疫区引进种鹅和雏鹅，在有该病发生、流行地区，必须采用疫苗进行免疫和高免血清进行防治。平时一定要坚持做好清洁、卫生、消毒、隔离工作。

② 疫苗免疫。种鹅免疫。在种鹅开产前 1 个月采用雏鹅新型病毒性肠炎-小鹅瘟二联弱毒疫苗进行 2 次免疫，在 5～6 个月内可使其种蛋孵出的雏鹅获得母源抗体保护，不发生雏鹅新型病毒性肠炎和小鹅瘟，这是目前预防该病最有效的方法。雏鹅免疫。对 1 日龄雏

鹅，采用雏鹅新型病毒性肠炎弱毒疫苗口服免疫，第 3 天即可产生部分免疫，第 5 天即可产生 100% 免疫。

③ 高免血清。对 1 日龄雏鹅，采用雏鹅新型病毒性肠炎高免血清或雏鹅新型病毒性肠炎 - 小鹅瘟二联高免血清，每只皮下注射 0.5 毫升，即可有效控制该病发生。

④ 发病后措施。对发病的雏鹅，尽快采用雏鹅新型病毒性肠炎高免血清或雏鹅新型病毒性肠炎 - 小鹅瘟二联高免血清，每只皮下注射 1.0 ～ 1.5 毫升，治愈率可达 60% ～ 80%。在采用抗血清防治的同时，可适当选用维生素 E、维生素 C 进行辅助防治，能有效地防止并发症的发生，有利于安全生产。

6. 出血性坏死性肝炎

雏鹅出血性坏死性肝炎是由呼肠孤病毒引起的雏鹅的一种传染病。患病雏鹅以出血性坏死性肝炎为主要特征。2001 年王永坤从我国雏鹅中分离鉴定出呼肠孤病毒，其已在我国多个省份流行，并造成危害。

（1）病原　鹅出血性坏死性肝炎病原为呼肠孤病毒。该病毒为无囊膜，呈二十面体对称的，双层衣壳结构的球形 RNA 病毒。其有两种病毒颗粒，一种为完整病毒颗粒，另一种为无核酸仅有衣壳的不完整病毒颗粒。对热有抵抗力，能耐受 60℃ 8 ～ 10 小时，56℃ 22 ～ 24 小时，37℃ 15 ～ 16 周，22℃ 48 ～ 51 周，4℃ 3 年以上，–20℃ 4 年以上，–63℃ 10 年以上。对乙醚和胰酶不敏感，对氯仿不敏感或轻度敏感，对 pH 3.0 有抵抗力。

（2）流行病学　鹅出血性坏死性肝炎发生于 1 周龄至 10 周龄的雏鹅和仔鹅。最早发生于 10 日龄左右雏鹅，最晚发生于 10 周龄仔鹅，多发生于 2 ～ 4 周龄雏鹅。发病率和死亡率与日龄有密切的关系，差异很大。发病率为 10% ～ 70%，日龄越小，发病率越高，死亡率为 20% ～ 60%；3 周龄以内雏鹅感染后死亡率最高，而 7 ～ 10 周龄仔鹅感染后，死亡率低。一般多表现为运动失调、跛行等症状。该病潜伏期与鹅易感日龄有关，易感日龄雏鹅人工感染一般潜伏期为 5 ～ 7 天。病毒可水平传播和垂直传播。

（3）临床症状　生长受阻是该病特征。患鹅有急性、亚急性和慢性症状，且与日龄有密切的关系。患病雏鹅多呈急性，精神委顿，食欲大减或废绝，羽毛杂乱无光泽、体弱、消瘦，行动缓慢或跛行，腹泻。一侧或两侧跗关节或跖关节肿胀。患病仔鹅或部分雏鹅呈亚急性或慢性。鹅胚孵化至25天之后出现死亡可能与该病有关（图9-47）。

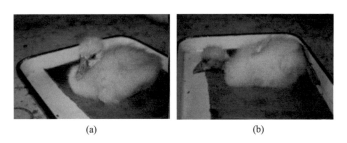

(a) (b)

图 9-47 出血性坏死性肝炎病鹅临床症状

（a）患病雏鹅精神萎靡，不能站立；（b）患病雏鹅无力，头颈着地，双腿向后曲

（4）病理变化 患病雏鹅肝脏出血、坏死（图9-48）。脾脏稍肿大，有大小不一的坏死灶［图9-49（a）］，胰腺肿大、出血，并有散在性坏死灶［图9-49（b）］。肾脏肿大、充血、出血，有弥漫性针头大的灰白色坏死灶［图9-49（c）］。心内膜有出血点。肠道黏膜和肌胃肌层有鲜红色出血斑［图9-50（a）（b）］。胆囊肿大，充满胆汁。脑壳严重充血，脑组织充血［图9-50（c）］。肺充血。肿胀的关节腔内有纤维蛋白渗出液。慢性病例，内脏器官的病变大大减轻或没有病变，肿胀关节腔有机化的纤维素性渗出物。

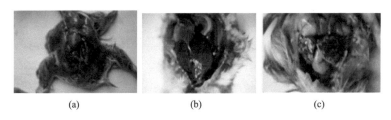

(a) (b) (c)

图 9-48 病鹅肝脏病变

（a）肝脏有弥漫性大小不一的紫红色出血斑；（b）肝脏有弥漫性大小不一的鲜红色出血斑和散在性淡黄色坏死灶；（c）鹅胚肝脏肿大，有弥漫性大小不一的黄色和红色相间的坏死灶

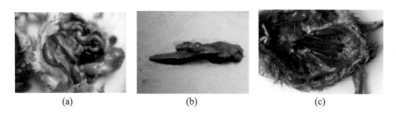

(a)　　　　　　　　(b)　　　　　　　　(c)

图 9-49　出血性坏死性肝炎病鹅的病理变化（一）

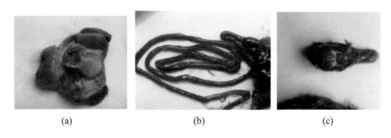

(a)　　　　　　　　(b)　　　　　　　　(c)

图 9-50　出血性坏死性肝炎病鹅的病理变化（二）

（5）诊断　病毒分离和鉴定（血清中和试验、琼脂扩散试验、ELISA 等鉴定病毒）可以确诊。与小鹅瘟、禽流感、鹅副黏病毒病和鹅鸭疫里默氏杆菌病相区别。

（6）防制

① 病鹅应隔离饲养，注意搞好卫生，消除应激因素并做好消毒工作等生物安全措施。

② 免疫接种。种鹅应在产蛋前 15 天左右应用油乳剂灭活苗进行免疫，免疫后 15 天已产生较高抗体，一方面可消除垂直传播的危险，另一方面使其子代具有较高滴度的母源抗体，可免受早期感染。雏鹅防疫，种鹅免疫的雏鹅，在 10 日龄左右用油乳剂灭活苗或灭活苗进行免疫；未免疫种鹅的雏鹅，在 7 日龄以内用油乳剂灭活苗或灭活苗进行免疫。

③ 紧急防疫，应用高免血清进行紧急注射，同时也可注射油乳剂灭活苗或数天后注射灭活苗。

④ 发病后措施。对出现临床症状的患病雏鹅可用高免血清进行治疗。给患病鹅只的饲料中添加维生素 C 和维生素 K_3，能降低损失。

二、细菌性传染病

1. 大肠杆菌病

禽大肠杆菌病是指由致病性大肠杆菌引起家禽的多病型的疾病总称。该病的特征是病型众多，临床上常见的病型有大肠杆菌性胚胎病与脐炎、败血症、母禽生殖器官病等，症状特征各有不同，剖检病禽常可见到纤维素性肝周炎、心包炎、气囊炎、腹膜炎及眼炎、脑炎、关节炎、肠炎、脐炎、生殖器官炎症和肉芽肿等病理变化。

（1）病原 病原是某些致病血清型的大肠杆菌，常见的有QK89、QK1、O7K1、O141K85、Q39等血清型。该菌在自然界分布甚广，在污染的土壤、垫草、禽舍内等处均可发现此病原菌，从病鹅的变性卵子、腹腔渗出物中以及发病鹅群的公鹅外生殖器官病灶中都可以分离出该病原菌。该菌对外界环境抵抗力不强，一般常用的消毒药可以杀灭该菌。

（2）流行病学 该病的发生与不良的饲养管理有密切关系，天气寒冷、气温骤变、青绿饲料不足、维生素 A 缺乏、鹅群过度拥挤、闷热、长途运输等因素，均能促进该病的发生和传播。主要经消化道感染，雏鹅发病常与种蛋污染有关。成年母鹅群感染发病时，一般是产蛋初期零星发生，至产蛋高峰期发病最多，产蛋停止后该病也停止发生。流行期间常造成多数病鹅死亡。公鹅感染后，虽很少出现死亡，但可通过配种而传播该病。

（3）临床症状

① 急性败血型。各种年龄的鹅都可发生，但以 7～45 日龄的鹅较易感。病鹅精神沉郁，羽毛松乱，怕冷，常挤成一堆，不断尖叫，体温升高 1～2℃。粪便稀薄而恶臭，混有血丝、血块和气泡，肛门周围沾满粪便，食欲废绝，渴欲增加，呼吸困难，最后衰竭窒息而死亡，死亡率较高。

② 母鹅大肠杆菌性生殖器官病。母鹅在产蛋后不久，部分产蛋母鹅表现精神不振，食欲减退，不愿走动，喜卧，常在水面漂浮或离群独处，气喘，站立不稳，头向下弯曲，嘴触地，腹部膨大 ［图 9-51

（a）］。排黄白色稀便［图9-51（b）］，肛门周围沾有污秽发臭的排泄物，其中混有蛋清、凝固的蛋白或卵黄小块。病鹅眼球下陷，喙、蹼干燥，消瘦，呈现脱水症状，最后因衰竭而死亡［图9-51（c）］。即使有少数鹅能自然康复，也不能恢复产蛋。

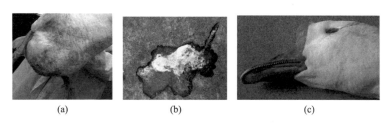

（a）　　　　　　（b）　　　　　　（c）

图9-51　禽大肠杆菌病病鹅临床症状

③ 公鹅大肠杆菌性生殖器官病。主要表现阴茎红肿、溃疡或结节。病情严重的，阴茎表面布满绿豆粒大小的坏死灶，剥去痂块即露出溃疡灶，阴茎无法收回，丧失交配能力。

（4）病理变化　败血型病例主要表现为纤维素性心包炎、气囊炎、肝周炎（图9-52）。成年母鹅的特征性病变为卵黄性腹膜炎，腹腔内有少量淡黄色腥臭浑浊的液体，常混有损坏的卵黄［图9-53（a）］，卵黄变性，卵泡破裂［图9-53（b）］；各内脏表面覆盖有淡黄色凝固的纤维素性渗出物，肠系膜互相粘连，肠浆膜上有小出血点［图9-53（c）］。公鹅的病变仅局限于外生殖器，阴茎红肿，有坏死灶和结痂。该病还会引起关节炎（图9-54）。

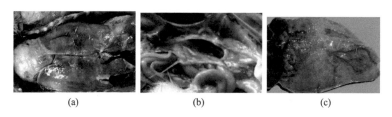

（a）　　　　　　（b）　　　　　　（c）

图9-52　禽大肠杆菌病病鹅病理变化（一）

（a）患病鹅肝脏棕黑，严重纤维素性肝周炎、心包炎；（b）腹气囊壁增厚；（c）病鹅的纤维素性心包炎

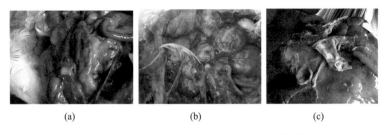

(a)   (b)   (c)

图 9-53　禽大肠杆菌病病鹅病理变化（二）

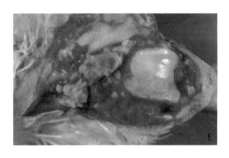

图 9-54　大肠杆菌病引起的关节炎

（5）诊断　细菌分离鉴定或玻板凝集或试管凝集试验。注意与小鹅瘟（小鹅瘟肠道形成纤维素性坏死性肠炎和脱落形成特殊的栓子，细菌学检查看不到病原体）、鹅多杀性巴氏杆菌病和禽流感鉴别诊断。

（6）防制

① 加强管理。降低饲养密度，注意控制温湿度和通风，减少空气中细菌污染。禽舍和用具经常清洗消毒，种鹅场应加强种蛋收集、存放和整个孵化过程的卫生消毒管理，搞好常见多发病的预防工作，减少各种应激因素，避免大肠杆菌病的发生与流行。

② 药物预防。大肠杆菌对多种抗生素如卡那霉素、新霉素、磺胺类等药物都敏感，但大肠杆菌极易产生耐药性。药物预防对雏禽具有一定意义，一般可在雏禽出壳后开食时，在饮水中投 0.03％～ 0.04％庆大霉素等。可选择敏感药物在发病日龄前 1 ～ 2 天进行预防性投药。

③ 免疫接种。在该病流行的地区，可采用鹅蛋子瘟氢氧化铝灭活菌苗预防接种，在开产前 1 个月，每只成年公母鹅每次胸肌注射 1

毫升,每年 1 次。

④发病后措施。早期投药可控制早期感染的病鹅,促使痊愈,同时可防止新发病例的出现。但在大肠杆菌病发病后期,若出现了气囊炎、肝周炎、卵黄性腹膜炎等较为严重的病理变化,使用抗生素疗效往往不显著甚至没有效果。大肠杆菌的耐药性非常强,因此,应根据药敏试验结果,选用敏感药物进行预防和治疗。

【方案 1】氨苄青霉素(氨苄西林),按 0.2 克 / 升饮水或按 5 ～ 10 毫克 / 千克拌料内服,每日 1 次,连用 3 天。

【方案 2】丁胺卡那霉素(或氟苯尼考),每 100 千克水 8 ～ 10 克,混饮 4 ～ 5 天。

【方案 3】强力霉素,10 ～ 20 毫克 / 千克体重,内服,每日 1 次,连用 3 ～ 5 天。

【方案 4】复方新诺明,30 ～ 50 毫克 / 千克体重,内服,每日 2 次,连用 3 ～ 5 天。

【方案 5】硫酸庆大霉素(或硫酸卡那霉素),3 ～ 5 毫升 / 千克体重,肌内注射,每日 2 次,连用 3 ～ 5 天。

【方案 6】10% 磺胺嘧啶钠注射液,1 ～ 2 毫升 / 千克体重,肌内注射,每日 2 次,连用 3 ～ 5 天。或磺胺嘧啶,0.2 % 拌饲(0.1%～ 0.2%饮水),连用 3 天。

【方案 7】甲砜霉素,0.01 % ～ 0.02 % 拌饲(或红霉素 50 ～ 100 克 / 吨拌饲或泰乐菌素 0.2 % ～ 0.5 % 拌饲或泰妙菌素 125 ～ 250 克 / 吨饲料),连用 3 ～ 5 天。

2. 出血性败血症

禽出血性败血症又称禽巴氏杆菌病或禽霍乱,是由多杀性巴氏杆菌引起鸡、鸭、鹅等家禽发生的有高度发病率和死亡率的一种急性败血性传染病。病理特征为全身浆膜和黏膜有广泛的出血斑点,肝脏有大量坏死病灶。慢性型主要表现为关节炎。

(1)病原 该病的病原为多杀性巴氏杆菌。该菌分为 A、B、D 和 E 四种荚膜血清型,对家禽致病的主要是 A 型(禽型),D 型少见。菌体呈卵圆形或短杆状,单个、成对排列,偶尔也排列成链状。该菌对青霉素、链霉素、土霉素及磺胺类药物等都具有敏感性;该菌对一般消毒药的抵抗力不强，如5％石灰乳、1％～2％漂白粉水溶液或3％～5％煤酚皂溶液能在数分钟内很快杀灭该菌。病菌在干燥空气中2～3天死亡，在血液、分泌物及排泄物中能生存6～10天；在死鹅体内，可生存1～3月之久；高温下立即死亡。

（2）流行病学　鹅、鸭、鸡最为易感，而且多呈急性经过。鹅群发病多呈流行性，病鹅和带菌鹅及其他病禽是该病的传染源。病鹅的排泄物和分泌物中，带有大量病菌，能污染饲料、饮水、用具和场地等，导致健康鹅染病。饲养管理不良、长途运输、天气突变和阴雨潮湿等因素都能促进该病的发生和流行。

（3）临床症状　潜伏期2小时至5天。按病程长短一般可分为最急性、急性和慢性3型。最急性型常见于该病暴发的最初阶段，无明显症状，常在吃食时或吃食后突然倒地，迅速死亡。有时见母鹅死在产蛋窝内。急性出现"摇头瘟"，晚间一切正常，吃得很饱，次日口鼻中流出白色黏液，并常有腹泻，排出黄色、灰白色或淡绿色的稀便（图9-55），有时混有血丝或血块，恶臭，发病1～3天死亡。慢性型，多发生在该病的流行后期，病鹅日趋消瘦、贫血，腿关节肿胀和化脓、跛行，最后消瘦衰竭而死。少数病鹅即使康复，也生长迟缓。

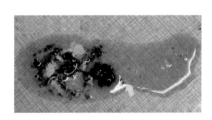

图9-55　患病鹅腹泻，排出黄白色或黄绿色稀便

（4）病理变化　最急性型病变不明显。急性型，皮肤（尤其是腹部）发绀；心外膜和心冠脂肪有出血点 [图9-56（a）]；肝肿大、质脆，表面有灰白色针尖大小的坏死点等特征性病变 [图9-56（b）]；脾脏肿大，有散在或密集的灰白色坏死灶 [图9-56（c）]。胆囊多数肿大。十二指肠和大肠黏膜充血和出血最严重，并有卡他性炎症。肺充血和出血 [图9-57（a）]。胰腺肿胀，有出血点 [图9-57（b）]。腺胃、肌

胃及全身浆膜有出血斑［图9-57（c）］。慢性型常见鼻腔和鼻窦内有多量黏性分泌物，关节肿大变形，个别可见卵巢充血。

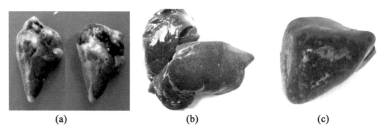

图 9-56　禽霍乱病鹅病理变化（一）

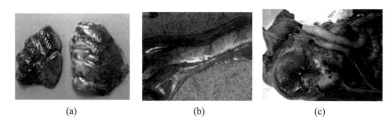

9-57　禽霍乱病鹅病理变化（二）

（5）诊断　涂片染色镜检和细菌分离培养及鉴定。注意与鹅鸭瘟、禽副伤寒、禽大肠杆菌病相区别（表9-9）。

表 9-9　禽出血性败血症与鹅鸭瘟、禽副伤寒、禽大肠杆菌病鉴别

鹅鸭瘟	鸭瘟除有一般的出血性素质外，还有其他特征性病变：肝脏的坏死灶大小不一、边缘不整齐、中间有红色出血点或周围有出血环。食管和泄殖腔黏膜有坏死和溃疡
禽副伤寒	患副伤寒死亡的小鹅，肝脏也常有边缘不整齐的坏死灶，呈灰黄白色，多见于肝被膜下，肝脏稍肿，肝表面色泽不匀，呈红色或古铜色。脾脏也有明显肿大，有针头大坏死点，呈斑驳花纹状，最具特征性的病变是盲肠肿大1～2倍，呈斑驳状，肠内有干酪样团块物质
禽大肠杆菌病	病死鹅主要病变为心包膜、心外膜、肝和气囊表面有纤维素性渗出物，呈淡黄绿色，凝乳样或网状，厚度不等。肝肿大，质脆，表面有针头大小、边缘不整齐的灰白色坏死灶，比禽巴氏杆菌病的肝脏坏死灶稍大

（6）防制

① 加强禽群饲养管理。平时严格执行禽场兽医卫生防疫措施是防制该病的关键措施。因为该病的发生经常是由于一些不良的外界因素刺激降低禽体的抵抗力而引起的（如禽群拥挤、圈舍潮湿、营养缺乏、寄生虫感染或其他应激因素都是该病的诱因），所以必须加强饲养管理，以栋舍为单位采取全进全出的饲养制度，并注意严格执行隔离卫生和消毒制度，从无病禽场引种。

② 药物预防。定期在饲料中加入抗菌药。在饲料中添加 0.004%的杆菌肽锌，具有较好的预防作用。

③ 免疫接种。一般从未发生该病的鹅场不进行疫苗接种。对常发地区或鹅场，药物治疗效果日渐降低，该病很难得到有效的控制，可考虑应用疫苗进行预防，但疫苗免疫期短，防治效果不十分理想。在有条件的地方可在本场分离细菌，经鉴定合格后，制作自家灭活苗，定期对鹅群进行注射。实践证明通过 1 ～ 2 年的免疫，该病可得到有效控制。现国内有较好的禽霍乱蜂胶灭活疫苗，安全可靠，可在 0℃下保存 2 年，易于注射，不影响产蛋，无毒副作用，可有效防制该病。

④ 发病后措施。磺胺类药物、红霉素、庆大霉素、环丙沙星、恩诺沙星均有较好的疗效。

【方案 1】抗微生物药物治疗。盐酸土霉素，50 ～ 100 毫克 / 千克体重，内服，每日 2 次，连用 1 周。大群治疗时可按 0.05% ～ 0.1%的比例拌入饲料中喂禽，连用 1 周；或硫酸链霉素，5 万 ～ 10 万国际单位，肌内注射，每日 2 ～ 3 次，连用 3 ～ 4 天；或复方新诺明 100 毫克 / 千克体重，内服，每日 2 次，或按 0.4% 的比例拌入饲料中喂给，连用 3 ～ 5 天；或 0.5% 痢菌净 1 毫升，肌内注射，每日 1 ～ 2 次，实施 1 ～ 2 天；或磺胺二甲基嘧啶，按 0.5% ～ 1% 的比例配入饲料中，连用 3 ～ 4 天；或增效磺胺嘧啶，每只 0.5 克，内服，每日 1 次。

【方案 2】中药治疗。特效霍乱灵散，每 100 千克饲料 1 千克，连续给药 3 ～ 5 天，预防量减半。或穿心莲（干品）90%、鸡内金（干品）8%、甘草（干品）2%，烤干，粉碎成末，装瓶备用。小鹅每只每次 1 ～ 2 克，成年鹅每只每次 2 ～ 3 克，直接灌服或拌入饲料中喂食，每日 2 次，连用 2 ～ 3 天。

3. 鸭疫里默氏杆菌病

鹅鸭疫里默氏杆菌病（鹅浆膜炎）是由鸭疫里默氏杆菌引起的一种接触性传染病。多发于 2～7 周龄的雏鸭和雏鹅，呈急性和慢性败血症。近几年，在雏鹅群中也开始流行。患病鹅以纤维素性心包炎、肝周炎、气囊炎、输卵管炎、关节炎、脑膜炎等为特征性病变。

（1）病原 鸭疫里默氏杆菌为革兰氏阴性、无鞭毛、不运动、不形成芽孢的小杆菌。

（2）流行病学 1～8 周龄的鸭、鹅均易感，尤其以 2～3 周龄的雏鸭、仔鹅最为易感，该病在感染群中感染率和发病率都很高，有时可达 90% 甚至以上，死亡率为 5%～80% 不等。该病呈明显的季节性，一年四季均可发生，但冬春季节发病率相对较高。该病主要经呼吸道或皮肤伤口感染。育雏密度过高，垫料潮湿污秽和反复使用，通风不良，饲养环境卫生条件不佳，育雏地面粗糙导致雏禽脚掌擦伤而感染；饲养管理粗放，饲料中蛋白质水平、维生素或某些微量元素含量过低也易造成该病的发生和流行。此外，其他疫病的发生亦经常与该病并发或继发，如大肠杆菌病、鸭瘟、禽流感、水禽副黏病毒病、禽霍乱、小鹅瘟等。

（3）临床症状 鹅感染该菌后多表现为亚急性型或慢性型症状，少数呈急性型，极少为最急性型。亚急性型和慢性型多发生于日龄较大的雏鸭、仔鹅，病程长达一周左右，表现为精神沉郁，食欲不振，伏地不起或不愿走动 [图 9-58（a）]。常伴有神经症状，如摇头摆尾，前仰后合，头颈震颤。遇到其他应激时，不断鸣叫，颈部扭曲，发育严重受阻，最后衰竭而亡。有的病鹅患窦腔炎，下颌窦肿胀 [图 9-58（b）]；面部红肿，眼结膜潮红、水肿 [图 9-58（c）]。该病的死亡率与饲养管理水平和应激因素密切相关。

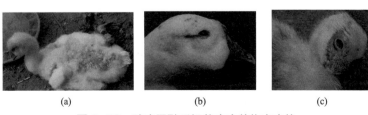

(a)　　　　　　　(b)　　　　　　　(c)

图 9-58　鸭疫里默氏杆菌病病鹅临床症状

（4）病理变化　鹅浆膜炎伤亡剖检病变为全身广泛性纤维素性炎症。心包内可见淡黄色液体或纤维素性渗出物，心包膜与心外膜粘连。肝脏肿大，表面常覆有一层灰白色或灰黄色纤维素性渗出物，易剥离，肝脏呈土黄色或红褐色。脾脏肿大淤血，外观呈大理石状；肾脏充血肿大，实质较脆，手触易碎。个别病例出现输卵管炎，输卵管膨大，管腔内积有黄色纤维素性物质。表现出神经症状的病鹅可见脑膜炎，脑膜充血、出血；慢性或亚急性病例可见跗关节、趾关节一侧或两侧肿大，关节腔积液，手触有波动感，剖开可见大量液体流出（图9-59、图9-60）。

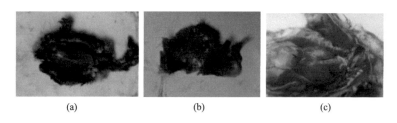

(a)　　　　　　　　　(b)　　　　　　　　　(c)

图9-59　鸭疫里默氏杆菌病病鹅病理变化（一）

（a）患病雏鹅消瘦，皮下充血、出血，胶样浸润；（b）患病雏鹅的胸壁有黄白色干酪样物附着；（c）患病鹅肝脏肿大，质脆，呈鲜红色

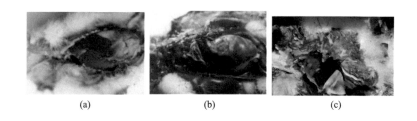

(a)　　　　　　　　　(b)　　　　　　　　　(c)

图9-60　鸭疫里默氏杆菌病病鹅病理变化（二）

（a）患病雏鹅肝包膜增厚，有一层灰白色纤维素膜，心包膜增厚；（b）心包膜增厚，位置不同其厚度也不同；（c）患病鹅以颈胸气囊最为明显，胸腺、法氏囊明显萎缩，同时可见胸腺出血、肺脏充血、出血，表面覆盖一层黄白色纤维素性渗出物

（5）诊断　根据发病情况、临床症状、病例变化初步诊断，通过组织涂片镜检、细菌分离和鉴定等实验室检查可以确诊。注意与大

肠杆菌病（心包炎特征病变）和巴氏杆菌病（发病日龄不同）的鉴别诊断。

（6）防制　由于该病的发生和流行与环境卫生条件和天气变化有密切关系，因此，要注意改善饲养管理条件和禽舍及运动场环境卫生，减少各种应激因素。

① 预防接种。10日龄左右首免，后2～3周二免。

② 药物治疗。阿莫西林0.025%混水，大群饮用，连饮3天。或2.0%氟苯尼考溶液按2毫克/千克体重肌内注射，连用3天。同时用电解多维饮水，连饮7天。另外，丁胺卡那霉素、氨苄青霉素等也有治疗效果。

4. 禽副伤寒

禽副伤寒是由除鸡白痢和鸡伤寒沙门菌以外的其他沙门菌引起鹅的一种急性或慢性传染病。主要发生在幼禽并引起大批死亡，成年家禽往往是慢性或隐性感染，成为带菌者。这一类细菌危害甚大，常引起人类食物中毒。该病在世界分布广泛，几乎所有的国家都有该病存在。

（1）病原　病原是沙门菌属的细菌，种类很多，目前从禽体和蛋品中分离到的沙门菌已达130多种。沙门菌为革兰氏阴性小杆菌，菌体长为1～3微米，宽为0.4～0.6微米；具有鞭毛（鸡白痢和鸡伤寒沙门菌除外），无芽孢，能运动；为兼性厌氧菌，能在多种培养基上生长。引起禽副伤寒的沙门菌常见的有6～7种，最主要的是鼠伤寒沙门菌（约占50%），其他如肠炎沙门菌、鸭沙门菌、汤卜逊沙门菌等，也有较多的报道。病原菌的种类常因地区和家禽种类的不同而有差别。

沙门菌的抵抗力不是很强，对热和多数常用消毒剂都很敏感，一般的消毒药能很快将其杀灭，在60℃10分钟即行死亡。而病原菌在土壤、粪便和水中生存时间较长，土壤中的鼠伤寒沙门菌至少可以生存280天，粪便中的沙门菌能够存活28周，池塘中的鼠伤寒沙门菌能存活19天，在饮用水中也能生存数周至3个月之久。

（2）流行病学　该病的发生常为散发性或地方性流行，不同种类的家禽（鹅、鸡、鸭、鸽等）和野禽（野鸡、野鸭等）及哺乳动物均可发生感染，并能互相传染，也可以传染给人类，禽副伤寒是一种重要的人畜共患病。幼龄鹅对禽副伤寒非常易感，尤其3周龄以下易发生败血症而死亡，成年鹅感染后多成为带菌者。鼠类和苍蝇等也是携带该菌的传播者。临床发病的鹅和带菌鹅以及污染该菌的畜禽副产品是该病的主要传染来源。禽副伤寒既可通过消化道等途径水平传播，也可通过卵而垂直传播。

（3）临床症状　该病的发病率和死亡率取决于雏鹅群感染禽的程度和饲养环境。雏鹅感染禽副伤寒大多由带菌种蛋引起。2周龄以内雏鹅感染后，常呈败血症经过，往往不显任何症状突然死亡。多数病例表现嗜睡、呆钝、畏寒、垂头闭眼、两翅下垂、羽毛松乱、颤抖、厌食、饮水增加、眼和鼻腔流出清水样分泌物、腹泻、肛门常有稀便附着、体质衰弱、动作迟钝不协调、步态不稳、共济失调、角弓反张，最后抽搐死亡。少数慢性病例可能出现呼吸道症状，表现呼吸困难、张口呼吸。亦有病例出现关节肿胀。3周龄以上的鹅很少出现急性病例，常成为慢性带菌者，如果继发其他疾病，可使病情加重，加速死亡。成年鹅一般无临床体征或有时排稀便，往往成为带菌者（图9-61）。

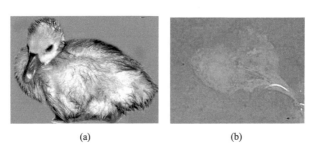

(a)　　　　　　　　　　(b)

图9-61　病雏精神不振，被毛逆立，嗜睡（a）和白色水样稀便（b）

（4）病理变化　初生幼雏的主要病变是卵黄吸收不良和脐炎，俗称"大肚脐"，卵黄黏稠，色深，肝脏轻度肿大。日龄稍大的雏禽常见肝脏肿大，呈古铜色，表面有散在的灰白色坏死点。有的病例气囊混浊，常附有淡黄色纤维素的团块，亦有表现心包炎、心肌有坏死结节的病例。脾脏肿大、色暗淡，呈斑驳状，肾脏色淡，肾小管内有尿酸盐沉着，输尿管稍扩展，管内亦有尿酸盐，最具特征的病变是盲肠肿胀，呈斑驳状。盲肠内有干酪样物质形成的栓子，肠道黏膜轻度出血，部分节段出现变性或坏死。少数病例腿部关节炎性肿胀。

（5）诊断　取发病禽心血、肝、脾、肺和十二指肠为病料进行接种培养。首先用营养肉汤做增菌培养，可加入亚硒酸盐、0.05% 磺胺噻唑钠抑制其他杂菌生长，培养 8～20 小时后，再接种固体培养基培养 24 小时观察结果。若发现革兰氏阴性、无芽孢、无荚膜、能运动的小杆菌，便可确诊。

（6）防制

① 预防措施。加强鹅群的环境卫生和消毒工作，地面的粪便要经常清除，防止污染饲料和饮水。雏禽和成年禽分开饲养，防止直接或间接的接触。种蛋外壳切勿沾污粪便，孵化前应进行必要的消毒。使用药物预防。

② 发病后措施。首先淘汰鹅群中病情特别严重且腹部膨大者，集中深埋，使用药物治疗。

【方案 1】0.5% 磺胺嘧啶或磺胺甲基嘧啶，饲料中添加，连续饲喂 4～5 天。或饮水中加入 0.1%～0.2%，供病禽取食或自行饮服。

【方案 2】硫酸卡那霉素，10～30 毫克 / 千克体重，肌内注射或内服。

【方案 3】氟苯尼考（或丁胺卡那霉素），按 100 千克水 8～10 克混水，连用 5～7 天。

【方案 4】四环素，2 万～5 万国际单位 / 千克体重，口服或肌内注射，每日 2 次。

【方案 5】磺胺嘧啶，饲料中加入 0.4%～0.5%（或饮水中加入 0.1%～0.2%），供病禽取食或自行饮服。或磺胺 -6- 甲氧嘧啶，0.05～0.2 克 / 只，连用 14 天。

【方案 6】强力霉素，按 100 毫克 / 千克，拌料饲喂 5～7 天。

5. 鹅流行性感冒

鹅流行性感冒是由鹅流行性感冒志贺菌引起的发生在大群饲养场中的一种急性、败血性传染病。由于该病常发生在半月龄后的雏鹅，所以也称小鹅流行性感冒（简称小鹅流感）。雏鹅的死亡率一般为50％～60％，有时高达90％～100％。

（1）病原 病原为鹅流行性感冒志贺菌，此菌只对鹅尤其是对雏鹅的致病力最强，对鸡、鸭都不致病。

（2）流行病学 春秋两季常发，可能是由于病原菌污染了饲料和饮水而引起发病。

（3）临床症状 初期可见病鹅鼻腔不断流清涕，有时还有眼泪，呼吸急促，并时有鼾声，甚至张口呼吸。由于分泌物对鼻孔的刺激和机械性阻塞，为尽力排出鼻腔黏液，常强力摇头，头向后弯，把鼻腔黏液甩出去。因此，病鹅身躯前部羽毛上常有鼻黏液。整个鹅群都沾有鼻黏液，因而体毛潮湿。鹅发病后即缩颈闭目，体温升高，食欲逐渐减少，后期头脚发抖，两脚不能站立。死前出现腹泻，病程2～4天。

（4）病理变化 鼻腔有黏液，气管、肺、气囊都有纤维素性渗出物。脾肿大突出，表面有粟粒状灰白色斑点。有些病例出现浆液性纤维素性心包炎，心内膜及心外膜出血，肝有脂肪性病变。

（5）诊断 涂片镜检、细菌分离培养、生化试验。注意鉴别诊断（表9-10）。

表9-10 小鹅流行性感冒与鹅巴氏杆菌病、小鹅瘟的鉴别

鹅巴氏杆菌病	鹅巴氏杆菌病肝脏有坏死，该病没有；细菌学检查，鹅巴氏杆菌病可以检出两极浓染的杆菌，该病检出类似于球状的短杆菌
小鹅瘟	小鹅瘟主要是雏鹅，成鹅不发病。肠道形成纤维素坏死性肠炎和脱落形成特殊的栓子，细菌学检查看不到病原体

（6）防制

① 预防措施。平时应加强对鹅群的饲养管理，饲养密度要适当，特别对1月龄以内的雏鹅，更要注意防寒保暖，保持鹅舍干燥和场地、垫草的清洁卫生。

② 发病后措施。使用药物治疗。

【方案1】青霉素。每只雏鹅胸肌注射2万～3万单位，每天2次，连用2～3天。

【方案2】磺胺噻唑钠。每千克体重每次0.2克，8小时1次，连用3天，肌注、静注均可；或按0.2％～0.5％的比例拌于饲料中喂给。

【方案3】磺胺嘧啶。第一次口服 1/2 片（0.25 克），每隔 4 小时服 1/4 片。

6. 葡萄球菌病

禽葡萄球菌病是由金黄色葡萄球菌引起的一种急性或慢性传染病。临床上有多种病型：腱鞘炎、创伤感染、败血症、脐炎、心内膜炎等。

（1）病原　病原通常是金黄色葡萄球菌，该菌对外界环境抵抗力较强，80℃ 30 分钟才能被杀死，常用消毒药需 20 ～ 30 分钟才能将其杀死。

（2）流行病学　各种年龄的鹅均可感染，幼禽的长毛期最易感。是否感染与体表或黏膜有无创伤，机体抵抗力的强弱及病原菌的污染程度有关。传染途径主要是经伤口感染，也可通过口腔和皮肤感染，也可污染种蛋，使胚胎感染。该病常呈散发式流行，一年四季均可发生，但以雨季、空气潮湿的季节多发。饲养密度过大，环境不卫生，饲养管理不良等常成为发病的诱因。

（3）临床症状　败血型患病鹅精神委顿，食管膨大部积食，食欲减退或不食，下痢，粪便呈灰绿色，鹅胸、翅、腿部皮下有出血斑点，足、翅关节发炎、肿胀，病鹅跛行。有时在胸部或龙骨上出现浆液性滑膜炎，一般病后 2 ～ 5 天死亡。关节炎型常见胫、跗关节肿胀、热痛，跛行（图 9-62），卧地不起，有时胸部龙骨上发生浆液性滑膜炎，最后逐渐消瘦死亡。脐炎型为腹部膨大，脐部发炎，有臭味，流出黄灰色液体。

(a)跗关节　　　　　　　(b)胫关节

图 9-62　患病鹅跗、胫关节肿胀热痛，跛行

（4）病理变化　败血症的病变可见全身肌肉、皮肤、黏膜、浆膜水肿、充血、出血；肾脏肿大，输尿管充满尿酸盐。关节内有浆液性或浆液纤维素性渗出物，时间稍长变成干酪样（图9-63）；龙骨部及翅下、四肢关节周围的皮下呈浆液性浸润或皮肤坏死，甚至化脓、破溃；实质器官不同程度地肿胀、充血；

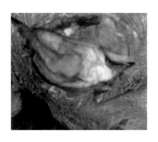

图 9-63　关节病变

肠有卡他性炎症。关节炎型为关节肿胀，关节囊中有脓性、干酪样渗出物；关节软骨糜烂，易脱落，关节周围的纤维素性渗出物机化；肌肉萎缩。脐炎型则见卵黄囊肿大，卵黄绿色或褐色；腹膜炎；脐口局部皮下胶样浸润。

（5）诊断　以无菌操作法取干酪样物，肝、脾组织接种于普通琼脂平板及血液琼脂平板，经 37℃培养 24 小时。普通琼脂平板上形成圆形、湿润、稍隆起、光滑、边缘整齐、不透明的菌落，继续培养后菌落变成橙色；血液琼脂平板上形成白色、圆形、周围有溶血环的菌落。取上述菌落涂片染色镜检，见到典型的葡萄串状革兰氏阳性球菌，即可确诊。

（6）防制

① 加强日常饲养管理。采取全进全出制，加强日常鹅舍内的卫生清扫与消毒工作，保持圈舍干燥；注意防止种鹅吃霉变的饲料；保持适宜饲养密度；保持地面或网架的清洁，不能积有粪便。每日可用百毒杀、火碱等对全场、鹅舍进行彻底消毒。对饲养场地上的尖锐物进行及时清理，防止对种鹅脚部的磨伤、擦伤、刺伤等。

② 全群预防。首先采集病料分离出病原菌，做药敏试验后，选择最敏感药物进行预防与治疗。用丁胺卡那霉素混于饲料饲喂有防治效果，用量按饲料量的 0.05% 连续喂服 3 天。每月在饲料中加药 1 次进行预防。

③ 发病后的措施。药物治疗。

【方案 1】青霉素，雏鹅 1 万单位，青年鹅 3 万～ 5 万单位肌内注射，4 小时一次，连用 3 天。并及时将恢复后的鹅隔离。

【方案 2】磺胺 -5- 甲氧嘧啶（消炎磺）或磺胺间甲氧嘧啶（制

菌磺），按 0.04% ～ 0.05% 混饲，或按 0.1% ～ 0.2% 浓度饮水。

【方案3】环丙沙星，按 0.05% ～ 0.1% 浓度饮水，连饮 7 ～ 10 天。

7. 曲霉菌病

鹅曲霉菌病是鹅的一种常见的真菌病。主要侵害雏鹅，多呈急性，发病率较高，造成大批死亡。成年鹅多为个别散发。曲霉菌能产生毒素，使动物痉挛、麻痹、组织坏死和致死。

（1）病原　主要是烟曲霉菌。其他如黄曲霉菌、黑曲霉菌等，也有不同程度的致病力。曲霉菌的气生菌丝一端膨大形成顶囊，上有放射状排列小梗产生的分生孢子形如葵花状。曲霉菌的孢子抵抗力很强，煮沸后 5 分钟才能杀死，常用的消毒剂有 5% 甲醛、石炭酸、过氧乙酸和含氯消毒剂。

（2）流行病学　曲霉菌和它所产生的孢子，在鹅舍地面、空气、垫料及谷物中广泛存在。各种禽类易感，以幼禽的易感性最高，常为急性和群发性，成年禽为慢性和散发。环境条件不良，如鹅舍低矮潮湿、空气污浊、高温高湿、通气不良、鹅群拥挤以及营养不良、卫生状况不好等，更易造成该病的发生和流行。

（3）临床症状　病鹅主要表现为食欲减少或停食，精神委顿，眼半闭，缩颈垂头，呼吸困难，喘气，呼气时抬头伸颈，有时甚至张口呼吸，并可听到"咕咕"沙哑的声音，但不咳嗽。少数病鹅鼻、口腔内有黏液性分泌物，鼻孔阻塞，故常见"甩鼻"，表现口渴，后期腹泻，最后倒地，头向上向后弯曲，昏睡不起，以致死亡。雏鹅发病多呈急性，在发病后 2 ～ 3 日内死亡，很少延长到 5 日以上。慢性者多见于大鹅。

（4）病理变化　病死鹅的主要特征性病变在肺部和气囊。肺、气囊中有一种针头大小乃至米粒大小的浅黄色或灰白色颗粒状结节。肺组织质地变硬，失去弹性，切面可见大小不等的黄白色病灶。气囊壁增厚混浊，可见到成团的霉菌斑，坚韧而有弹性，不易压碎（图9-64）。

（5）诊断　根据临床症状和病理变化初步诊断，确诊需进行实验室检查。

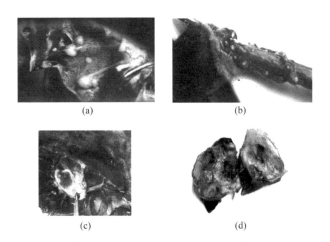

（b）

（c）   （d）

图 9-64   曲霉菌病病鹅的病理变化

（a）病鹅的肺脏表面有珍珠样曲霉菌结节；（b）病鹅颈部皮下有珍珠状的曲霉菌结节；
（c）病鹅气囊增厚，表面有白色的霉菌性假膜和黑绿色的曲霉菌菌落；（d）病鹅气囊
上取下的豆腐皮状霉菌性假膜

① 镜检。无菌操作取少量的肝、脾组织涂片，革兰氏染色，镜检，未检出细菌；或无菌操作取少量的肝、脾组织接种在营养肉汤培养基中，置 37℃温箱中培养 24 小时 和 48 小时后，革兰氏染色，镜检，均未检出细菌；直接镜检。取肺中黄白色结节于载玻片上，剪碎，加 2 滴 20% KOH 溶液，混匀，盖上盖玻片，在酒精灯上微微加热至透明后镜检，可见典型的曲霉菌：大量霉菌孢子，并见有多个菌丝形成的菌丝网，分隔的菌丝排列成放射状。

② 分离培养。无菌操作取肺中黄白色结节接种于沙保氏琼脂平板上，37℃培养，每天观察，36 小时后长出中心带有烟绿色、稍凸起、周边呈散射纤毛样无色结构菌落，背面为奶油色，直径约 7 毫米，镜检可见典型霉菌样结构：分生孢子头呈典型致密的柱状排列，顶囊似倒立烧瓶样；菌丝分隔，孢子圆形或近圆形，绿色或淡绿色。

（6）防制

① 预防措施。改善饲养管理，搞好鹅舍卫生，注意防霉是预防该病的主要措施。雏鹅入舍前，育雏舍使用福尔马林熏蒸消毒，入舍后定期消毒。不使用发霉的垫草，严禁饲喂发霉饲料。垫草要经常更

现代实用养鹅技术大全

换、翻晒，尤其在梅雨季节，要特别注意防止垫草和饲料霉变。注意鹅舍的通风换气，保持舍内干燥卫生。

② 发病后措施。及时隔离病雏，清除污染霉菌的饲料与垫料，清扫禽舍，喷洒 1∶2000 的硫酸铜溶液，换上不发霉的垫料。严重病例扑杀淘汰，轻症者可用 1∶2000 或 1∶3000 的硫酸铜溶液饮水连用 3 ～ 4 天，可以减少新病例的发生，有效地控制该病的继续蔓延。可使用下列处方治疗。

【方案 1】制霉菌素，混饲，每千克饲料 100~200 毫克，连喂 3 ～ 5 天，有一定疗效。或制霉菌素 1 万～ 2 万单位，内服，每日 2 次，连用 3 ～ 5 天。也可按每只病禽 1 万～ 2 万单位的剂量，将药溶于水中，让其饮用，连用 3 ～ 5 天。雏禽用量为 0.5 万单位。

【方案 2】碘化钾 5 ～ 10 克，蒸馏水 1000 毫升。将碘化钾溶于水中，每只禽每次内服 1 毫升，每日 2 ～ 3 次，连用 3 天；或配成 0.05% ～ 0.1% 的碘化钾水溶液，让其自由饮用。

【方案 3】0.19% 紫药水 0.2 毫升，肌内注射，每日 2 次，早期应用效果明显。病初也可用 0.05% 紫药水与 2% ～ 5% 的糖水让病禽自饮，连用 3 ～ 5 天。

【方案 4】硫酸铜 1/3000 ～ 1/2000 稀释，全群饮用，连饮 3 ～ 5 天，停 3 天后再饮 3 ～ 5 天。

【方案 5】鱼腥草、蒲公英各 60 克，筋骨草、桔梗各 1.5 克，山海螺 30 克。煎汁供病禽饮用，连用 1 ～ 2 周。

8. 鹅口疮

鹅口疮（禽念珠菌病，或消化道真菌病）主要是由白色念珠菌所致家禽上消化道的一种霉菌病。主要发生在鹅、鸡和火鸡。其特征为口腔、喉头、食管等上部消化道黏膜形成伪膜和溃疡。

（1）病原　病原是白色念珠菌，在自然条件下广泛存在，在健康的畜禽及人的口腔、上呼吸道等处寄生。该菌为类酵母菌，在病变组织及普通培养基中皆产生芽生孢子及假菌丝。出芽细胞呈卵圆形，革兰氏染色阳性，兼性厌氧菌。

（2）流行病学　该病主要发生在幼龄的鸡、鸭、鹅、火鸡和鸽等禽类。幼龄的发病率和死亡率都比成龄的高。病禽粪便中含有多量病菌，可污染饲料、垫料、用具等，通过消化道传染，黏膜损伤有利于病菌侵入。也可通过蛋壳传染。鹅舍内过分拥挤、闷热不通风、不清洁等，饲料配合不当，维生素缺乏以及天气湿热等，均导致鹅抵抗力降低，促使该病发生和流行。

（3）临床症状　病鹅生长缓慢，食欲减少，精神委顿，羽毛松乱，口腔内、舌面可见溃疡坏死，吞咽困难。

（4）病理变化　食管膨大部黏膜增厚，表面为灰白色、圆形隆起的溃疡，黏膜表面常有伪膜性斑块和易剥离的坏死物。口腔黏膜上病变呈黄色、豆渣样。

（5）诊断　确诊必须依靠病原分离与鉴定等实验室诊断。采取病死鹅食管黏膜剥落的渗出物，抹片、镜检，观察有大量酵母状的孢子体和菌丝（因许多健康鹅也常有白色念珠菌寄生，故在进行微生物检查时，只有发现大量菌落时方可断定患有该病），即可确诊。

（6）防制

① 预防措施。加强饲养管理，做好鹅舍内及周围环境的卫生工作，防止维生素缺乏症的发生。科学合理地使用抗菌药物，避免因过多、盲目地使用而导致消化道正常菌群的紊乱。在此病的流行季节，可饮用 1∶2000 硫酸铜溶液。

② 发病后措施。及时隔离病鹅，进行全面消毒。

【方案1】大群治疗时，可在每千克饲料中加入制霉菌素 50 ～ 100 毫克，连用 2 ～ 3 周。

【方案2】个别鹅只发病，可剥离病鹅口腔上的假膜，在溃疡部涂上碘甘油，向食管中灌入 2 毫升硼酸溶液消毒，并在饮水中加入 0.05% 的硫酸铜，连用 7 天。

9. 衣原体病

衣原体病又称鸟疫，是由鹦鹉热衣原体引起家禽的一种接触性传染病。在自然情况下，野鸟特别是鹦鹉的感染率较高，所以也称为鹦鹉热。该病在世界各地均有发生，在欧洲曾发生鸭、鸡和火鸡的流行暴发，引起巨大的经济损失。

（1）病原　衣原体的形态呈球形，直径为 0.3 ～ 1.5 微米，不能运动，只能在易感动物体内或细胞培养基上生长繁殖。病原体对周围环境的抵抗力不强，一般消毒药物均能迅速将其杀死。

（2）流行病学　不同品种的家禽和野禽都能感染该病，一般幼禽最易感。其主要通过空气传播，病禽的排泄物中含有大量病原体，干燥以后随风飘扬，易感家禽吸入含有病原体的尘土，引起传染。该病的另一个传染途径是从皮肤伤口侵入禽体，螨类和虱类等吸血虫可能是该病的传染媒介。

（3）临床症状　急性型的发病较为严重。病鹅步态不稳、发生震颤、食欲废绝、腹泻、排绿色水样稀便，眼和鼻孔流出浆液性或脓性分泌物，眼睛周围羽毛上有分泌物干燥凝结成的痂块，随着疾病的发展，病鹅明显消瘦，肌肉萎缩。

（4）病理变化　临诊上显现流眼泪和鼻液的病鹅，剖检时可发现气囊增厚、结膜炎、鼻炎、眶下窦炎以及偶见全眼球炎和眼球萎缩等变化。病鹅的胸肌萎缩并有全身性的多发性浆膜炎，常见胸腔、腹腔和心包腔中有浆液性或纤维素性渗出物，肝脏和脾脏肿大，以及肝周炎。肝脏和脾脏偶见有灰色或黄色的小坏死灶。

（5）诊断　根据临床症状和病理变化做出初步诊断，确诊需进行病原分离和鉴定，必要时结合动物血清学试验。将病料研磨后用链霉素处理，接种于鸡胚卵黄囊内或小鼠腹腔，卵黄囊涂片染色镜检可以看到衣原体，即可确诊。

（6）防制

① 预防措施。加强幼禽的饲养管理，搞好环境卫生，控制一切可能的传染来源，坚持消毒制度。幼禽要饲养在接触不到病禽的粪便、垫料及脱落羽毛的地方。

② 发病后措施。发病后隔离病禽，病死禽要焚烧或深埋；及时清理粪便和清扫地面，每天要用 0.2% 的过氧乙酸带禽消毒一次；注意禽舍通风换气。药物治疗可使用以下方案。

【方案1】强力霉素或土霉素，混饲，每千克饲料 200～400 毫克，连喂 1～3 周，大群治疗。

【方案2】四环素，每千克饲料中添加 200～400 毫克，充分混合，连续饲喂 1～3 周；或 3～5 毫克/千克体重，一次投服，每日 2 次，连用 5～7 天。

【方案3】红霉素 50～150 毫克，葡萄糖酸钙 1～2 克。一次投服，每日 2 次，连用 3 ～ 5 天。

10. 禽支原体病

禽支原体病是由一种原核微生物禽支原体引起的禽类传染性疾病，支原体的自然宿主包括鸡、火鸡、鸭、鹅等家禽和雉鸡、鹧鸪、鹌、海鸥、天鹅、孔雀等野禽在内所有禽类。对禽类产生危害的主要有禽败血支原体、滑液支原体和火鸡支原体，对禽类造成感染的主要为禽败血支原体病种，通常称为慢性呼吸道病。

（1）病原　病原为禽支原体，其呈细小的圆形或卵圆形，大小为 0.25 ～ 0.5 微米。该病原体抵抗力不强，一般常用消毒剂均能将其杀灭。该病原体在 18 ～ 20℃条件下可存活一周，高温下很快失活；低温下，存活时间很长。

（2）流行病学　该病各年龄鹅均易感，尤以幼鹅发病严重。该病一年四季均可发生，但以冬末春初发病最为严重。该病的主要传染源是正在发病或隐性感染的鹅或其他禽类。该病主要有水平传播和垂直传播两种传播方式。水平传播，病原体随病鹅或隐性感染鹅的呼吸道分泌物喷出，健康鹅经呼吸道感染该病。被污染的饲料和饮水也可传播该病。垂直传播，感染病原体的病鹅，特别是母鹅的卵巢、输卵管及公鹅的精液中含有支原体，其可通过交配传播。感染该病的母鹅可产出带病原体的种蛋，造成种蛋孵化率降低。孵出的雏鹅带有病原体，成为传染源。不同场地或鹅舍间主要通过人员、设备、苍蝇等媒介机械传播该病，或通过带入病鹅（禽）及隐性感染鹅（禽）引起接触性传播。

饲养密度过大、卫生条件差，舍内通风不良，氨气和二氧化碳浓度过高，舍内保温差或气温骤降，青绿饲料缺乏，精饲料维生素 A 含量不足时均可诱发该病。

（3）临床症状　单纯感染支原体的鹅多为隐性经过，轻微的呼吸道症状几乎不被察觉，仅在晚上熄灯后听见一些喷嚏声。病鹅因上呼吸道黏膜发炎而出现浆液性或黏液性或浆液 - 黏液性鼻液，严重时炎性分泌物堵塞鼻孔。随病情发展，病鹅鼻窦发炎，有炎性渗出物，并使鼻孔后的皮肤向外侧肿胀，呼吸困难，张口呼吸、喘气。炎症蔓延至下呼吸道时引起气管炎，病鹅喘气声、气管啰音更为明显。前期有的病鹅鼻腔和眶下窦积有大量浓稠浆液或黏液，清除堵塞鼻孔的污物后，轻压眶下窦外胀起的皮肤，从鼻孔中流出大量浓稠液体。后期，眶下窦内渗出物因水分被吸收而变为干酪样或豆腐渣样。眶下窦内的固体物很难被吸收，若不手术摘除，可导致化脓破溃。有的病鹅发生眼炎，眼睑极度肿胀，积有干酪样渗出物，严重者眼前房积脓，眼睛失明。病鹅食欲不振或不能采食，产蛋鹅产蛋量下降，淘汰率增加；肉鹅饲养期延长，饲料报酬低，发生气囊炎，胴体等级降低。

（4）病理变化　鼻和眶下窦有轻度炎症。前期，内有大量浆液或黏液；后期，眶下窦内有干酪样固体物。气管和喉头有黏液状物。严重者，炎症波及肺和气囊。早期气囊膜浑浊、增厚，呈灰白色，不透明，常有黄色的液体；时间长者，则有干酪样物附着。眼部变化，严重者切开结膜可挤出黄色的干酪样凝块。

（5）诊断　平板凝集试验、血凝抑制试验、酶联免疫吸附试验等血清学检验确诊。

（6）防制

① 预防措施。不从疫区购进鹅苗和鹅蛋。新购进的鹅苗须单独饲养，并隔离观察 21 天；饲养密度适当，育雏期注意保温和通风。春初保持舍温稳定，防止鹅只受寒；饲喂全价日粮。在饲喂青料的基础上，适当补充维生素，特别是维生素 A，以增强机体抵抗力；实行全进全出的饲养制度。避免不同日龄的鹅只混养；注意场地卫生，定期消毒；药物预防，定期在饲料中添加 0.065％～ 0.1％的土霉素，饲喂 5 ～ 7 天。

② 发病后措施。许多种类的抗生素对败血支原体感染具有一定疗效，其中包括林可霉素、螺旋霉素、壮观霉素、泰乐菌素、红霉素、金霉素、链霉素、土霉素等。使用抗生素类药物治疗该病时，应注意早期投药，并注意环境卫生，改善饲养管理条件，以期获得较满意的疗效。在治疗过程中若有康复病例停药后又复发的现象，应再继续用药 3 ～ 5 天，以避免复发。

【方案 1】隔离发病鹅，进行熏蒸消毒。鹅舍每立方米用食用白醋 10 ～ 15 毫升熏蒸，以杀灭呼吸道内的支原体，每天一次，连用 3 天；饮水中添加强力霉素，按 0.01％ 比例投饮或用泰乐菌素，按 0.05％ 投饮，二者最好交替应用，连用 3 ～ 5 天。

【方案2】速百治（药品名，有效成分为壮观霉素），用20%水溶液，给病禽颈部皮下注射，每次3～5毫升，每天两次，连用7天为一疗程。对假定健康禽群用百病消饮水，每2000毫升饮水中加10%百病消口服液1毫升，连用3～5天为一疗程。

【方案3】饲料中添加0.13%～0.2%的土霉素，连续饲喂5～7天。

【方案4】重病家禽采取上述方法处理后，可配合注射链霉素，用量为50～200毫克/只，早晚一次，连用2天。

三、寄生虫病

1. 球虫病

球虫病是一种常见的家禽原虫病。鸡、鸭、鹅都能感染该病。对幼禽的危害特别严重，暴发时可发生大批死亡。

（1）病原及生活史　鹅球虫有15种，分别属于两个属，即艾美耳属和泰泽属。其中以艾美耳球虫致病力最强，它寄生在肾小管上皮，使肾组织遭到严重破坏。3周龄至3月龄的幼鹅最易感，常呈急性经过，病程2～3天，死亡率较高。其余14种球虫均寄生于肠道，它们的致病力变化很大，有些球虫种类会引起严重发病；而另一些种类单独感染时，无危害，但混合感染时就会严重致病。

（2）流行病学　鹅球虫病主要发生于2～11周龄的幼鹅，临床上所见的病鹅最小日龄为6日龄，最大为73日龄，以3周龄以下的鹅多见。常引起急性暴发，呈地方性流行。发病率90%～100%，死亡率为10%～96%不等。通常是日龄小的发病严重、死亡率高。该病的发生与季节有一定的关系，如鹅肠球虫病大多发生在5～8月份的温暖潮湿的多雨季节。不同日龄的鹅均可发生感染，日龄较大的以及成年鹅的感染，常呈慢性或良性经过，成为带虫者和传染源。

（3）临床症状　急性者在发病后1～2天死亡。多数病鹅开始甩头，并有食物从口中甩出，口吐白沫，头颈下垂，站立不稳。腹泻，粪便带血呈红褐色，泄殖腔松弛，周围羽毛被粪便污染。病程长者，食欲减退，继而废绝，精神委顿，缩颈、翅下垂，落群，排稀便或便中有红色黏液，最后衰竭死亡（图9-65）。

(a)   (b)

图9-65　病鹅排的血便（a）和带有红色黏液的稀便（b）

（4）病理变化　患肾球虫病的病鹅，可见肾肿大，由正常的红褐色变为淡黄色或红色，有的也呈灰黑色（图9-66），有出血斑和针尖大小的灰白色病灶或条纹，于病灶中也可检出大量的球虫卵囊。胀满的肾小管中含有将要排出的卵囊、崩解的宿主细胞和尿酸盐，使其体积比正常的增大5～10倍。鹅肠球虫病可见小肠肿胀，肠黏膜增厚，出血和糜烂。肠腔内充满红褐色的黏稠物，小肠的中段和下段可见到黏膜上有白色结节或糠麸样的伪膜覆盖。

图9-66　患肾球虫病的病鹅肾脏肿胀，呈灰黑色

肠球虫病可见十二指肠和小肠肿胀，肠黏膜增厚、出血和糜烂[图9-67（a）]；肠腔内有的充满稀薄的红棕色液体[图9-67（b）]，有的充满了浓稠的似捣碎的红色乳豆腐状物[图9-67（c）]。

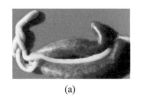 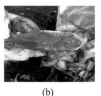 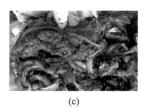

(a)　　　　　　　　(b)　　　　　　　　(c)

图 9-67　肠球虫病病鹅病理变化

（5）诊断　取伪膜压片镜检，发现大量的球虫卵囊可确诊。

（6）防制

① 预防措施。鹅舍应保持清洁干燥，定期清除粪便，定期消毒。在小鹅未产生免疫力之前，应避开含有大量卵囊的潮湿地区。氯苯胍按 30 ～ 60 毫克 / 千克混入饲料中连续服用，可以预防该病暴发。氨丙啉、球虫净或球痢灵，均按 0.0125% 浓度混入饲料，连续用药 30 ～ 45 天或交替用药可以预防球虫病的发生。

② 发病后措施

【方案1】氯苯胍按 60 ～ 120 毫克 / 千克饲喂，连续服用 5 ～ 7 天。

【方案2】氨丙啉或球虫净或球痢灵 0.025% 混料，使用 5 ～ 7 天。

【方案3】0.1% 磺胺间甲氧嘧啶，混入饲料饲喂，连用 4 ～ 5 天，停 3 天，再用 4 ～ 5 天。或磺胺嘧啶，30 ～ 40 毫克 / 千克体重，1 次拌料喂服，连用 5 ～ 7 天。

【方案4】青霉素 10 万单位，1 次肌注，连用 2 ～ 3 天。

【方案5】莫能霉素 70 ～ 80 毫克 / 千克，拌匀混饲，连用 5 ～ 7 天。

2. 蛔虫病

鹅蛔虫病是由蛔虫寄生于鹅的小肠内引起的一种寄生虫病。幼鹅与成年鹅都可感染，但以幼鹅表现明显，可导致幼鹅出现生长发育迟缓、腹泻、贫血等症状，严重的可引起死亡。

（1）病原及生活史　鹅的蛔虫病是由隶属于蛔虫目禽蛔科禽蛔属的鸡蛔虫和鹅蛔虫引起的，其属禽蛔科禽蛔属。蛔虫是鹅体内最大的一种线虫，虫体为淡黄白色、豆芽梗样，表皮有横纹，头端较钝，有 3 个唇片，雌雄异体，雄虫长 26 ～ 70 毫米，雌虫长 65 ～ 110 毫米。

蛔虫卵对寒冷的抵抗力很强，而对 50℃以上的高温、干燥、直射阳光敏感。对常用消毒药有很强的抵抗力。在荫蔽潮湿的地方，虫卵可存活较长时间。在土壤中，感染性虫卵可存活 6 个月以上。

鹅蛔虫为直接发育型寄生虫，不需要中间宿主。成虫主要生活在鹅的小肠内，交配后，雌虫产的卵，随粪便一起排到外界。刚排出的虫卵没有感染力，如果外界的湿度和温度适宜，虫卵开始发育，经 1～3 周发育为一期幼虫；一期幼虫在卵内蜕皮，发育为二期幼虫，此时的虫卵具有感染性，称为感染性虫卵，鹅吃到这种感染性虫卵后就会发生感染。二期幼虫在腺胃或肌胃内脱壳而出，进入小肠，在小肠内蜕皮一次，发育为三期幼虫，这过程约需 9 天。以后幼虫钻进肠壁黏膜中，再蜕皮一次，发育为四期幼虫，此期间，常引起肠黏膜出血。到 17 天或 18 天时，四期幼虫重新回到小肠肠腔，蜕皮后变为五期幼虫，以后逐渐生长发育为成虫。从感染性虫卵侵入鹅体到发育成成虫，这一过程需要 35～60 天。

（2）流行病学　主要是雏鹅和幼鹅的感染，而且可以引起危害。成年鹅感染的较少，而且多为隐性感染，但也有种鹅感染较严重的报道，感染强度达 10 条以上。环境卫生不佳，饲养管理不良，饲料中缺乏维生素 A、维生素 B 族等，可使鹅感染蛔虫的可能性提高。

（3）临床症状　鹅感染蛔虫后表现的症状与鹅的日龄、感染虫体的数量、本身营养状况有关。轻度感染或成年鹅感染后，一般症状不明显。雏鹅发生蛔虫病后，可表现出生长不良，发育迟缓，精神沉郁，行动迟缓，羽毛松乱，食欲减退或异常，腹泻，逐渐消瘦，贫血等症状。严重的可引起死亡。

（4）病理变化　小肠黏膜发炎、出血，肠壁上有颗粒状脓灶或结节。严重感染者可见大量虫体聚集，相互缠结，引起肠阻塞，甚至肠破裂或腹膜炎（图 9-68）。

（5）诊断　采用饱和盐水浮集法漂浮粪便中的虫卵，载玻片蘸取后镜检，观察虫卵形态与数量可确诊。

（6）防制

① 预防措施。搞好日常环境卫生，及时清除粪便，堆积发酵，杀灭虫卵。定期预防性驱虫，每年 2～3 次。

② 发病后措施。

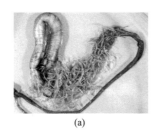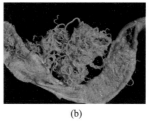

(a)   (b)

图 9-68 蛔虫病病鹅病理变化

（a）病鹅肠道内大量虫体聚集，相互纠缠，引起肠阻塞；（b）肠道出血，内有大量虫体

【方案 1】丙硫咪唑（抗蠕敏），20 毫克 / 千克体重，一次投服。

【方案 2】左旋咪唑，20 ～ 30 毫克 / 千克体重，一次口服。

【方案 3】驱蛔灵（枸橼酸哌嗪），250 毫克 / 千克体重（或 500 ～ 1000 毫克 / 只），一次拌料内服。

【方案 4】驱虫净（噻咪唑），40 ～ 60 毫克 / 千克体重（或 80 ～ 250 毫克 / 只），一次拌料内服。

【方案 5】甲苯咪唑，30 克 / 吨，混匀后连喂 7 天。

3. 异刺线虫病

异刺线虫病是由异刺属的异刺线虫寄生于鹅盲肠中引起的，火鸡、鸭、鹅也可感染，我国各地均有发生。病鹅表现腹泻，精神沉郁，消瘦，贫血等。

（1）病原及生活史　异刺线虫又称盲肠虫。成虫寄生在鸡、火鸡和鹅等家禽的盲肠内。本虫除可使家禽致病外，其虫卵还能携带组织滴虫，使禽发生盲肠肝炎。雄虫长 7 ～ 13 毫米，尾部有两根不等长的交合刺。雌虫长 8 ～ 15 毫米，呈黄白色。虫卵较小，随粪便排出体外，环境条件适宜时，继续发育，经 7 ～ 14 天变成感染性虫卵。此时被鹅吞食后，幼虫在肠管内破壳而出，进入盲肠并钻进黏膜中，2 ～ 5 天重新回到盲肠腔内继续发育，24 天变成成虫。虫卵对外界环境因素的抵抗力很强，在阴暗潮湿处可保持活力 10 个月，能耐干燥 16 ～ 18 天，但在干燥和阳光直射下很快死亡。

（2）临床症状　病鹅表现为食欲不振或废绝，贫血，下痢，消瘦，发育停滞，产蛋率下降，严重时可引起死亡。此外，异刺线虫还会传播盲肠肝炎。

（3）病理变化　盲肠有异刺线虫寄生时，一般无明显症状和病变。严重时可能引起黏膜损伤而出血，其代谢产物可使机体中毒。大量寄生时，盲肠黏膜肿胀并形成结节，有时甚至发生溃疡。

（4）诊断　采集病鹅粪便，用饱和盐水法检查粪便中的虫卵可确诊。

（5）防制

① 预防措施。搞好日常环境卫生，及时清除粪便，堆积发酵，杀灭虫卵。定期预防性驱虫，每年 2 ～ 3 次。

② 发病后措施

【方案 1】硫化二苯胺，对成虫效果较好，对未成熟的虫体无效，中雏使用剂量为 0.3 ～ 0.5 克 / 千克体重，成年鹅用量为 0.5 ～ 1.0 克 / 千克体重，拌料饲喂。

【方案 2】四氯化碳，2 ～ 3 月龄雏鹅 1 毫升，成年鹅 1.5 ～ 2 毫升，注入泄殖腔或胶囊剂内服。

【方案 3】吩噻嗪，按 0.5 ～ 1 克 / 千克体重做成丸剂投服，给药前绝食 6 ～ 12 小时。

【方案 4】左旋咪唑，按 25 ～ 30 毫克 / 千克体重混饲或饮水。

【方案 5】丙硫咪唑，按 40 毫克 / 千克体重口服。

4. 毛细线虫病

鹅毛细线虫病是毛细线虫属的线虫寄生于鹅的小肠前半部（也见于盲肠）所引起的。在少数情况下，还寄生于消化道的后半部。除此之外，寄生于鹅的盲肠、小肠或食管的线虫还有鸭毛细线虫、环形毛细线虫和膨尾毛细线虫等。

（1）病原及生活史　病原体是毛细线虫，雄虫体长 9.2 ～ 15.2 毫米，雌虫体长 13.5 ～ 21.3 毫米。雄虫具有 1 根圆柱形的交合刺，其长度为 1.36 ～ 1.85 毫米，宽大约为 0.01 毫米（在中部）。虫卵长为 0.050 ～ 0.058 毫米，宽为 0.025 ～ 0.030 毫米。成熟雌虫在寄生部位产卵，虫卵随禽粪便排到外界，直接型发育型的毛细线虫卵在外界环境中发育成感染性虫卵，被禽类宿主吃入后，幼虫逸出，进入寄生部位黏膜内，约经 1 个月发育为成虫。间接型发育型的毛细线虫卵被中间宿主蚯蚓吃入后，在其体内发育为感染性幼虫，禽啄食了带有感染性幼虫的蚯蚓后，蚯蚓被消化，幼虫释放并移行到寄生部位黏膜内，经 19 ～ 26 天发育为成虫。

（2）流行病学　一般情况下，在该病流行地区每年各季都能在鹅体内发现毛细线虫。在气温较高的季节里，虫体数量较多；在气温较低的季节里，病鹅体内虫体数量较少。未发育的虫卵比已发育虫卵的抵抗力强，在外界可以长期保持活力。在干燥的土壤中，不利于鹅毛细线虫卵的发育和生存。

（3）临床症状　不同种病原体所引起的毛细线虫病的经过和症状基本一致。轻度感染时，不出现明显的症状，在 1 ～ 3 月龄的幼鹅中发病较严重。严重感染的病例，表现食欲不振或废绝，但大量饮水，精神萎靡，翅膀下垂，常离群独处，蜷缩在地面上或在鹅舍的角落里。消化紊乱后出现间歇性的腹泻，而后呈稳定性的腹泻。随着疾病的发展，腹泻加剧，在排泄物中出现黏液。病鹅很快消瘦，生长停顿，发生贫血。由于虫体数量多，常引起机械性阻塞，分泌毒素而引起鹅慢性中毒。病鹅常由于极度消瘦，最后衰竭而死。

（4）病理变化　剖检可见小肠前段或十二指肠有细如毛发样的虫体，严重感染的病例可见大量虫体阻塞肠道，在虫体固定的地方，发现肠黏膜浮肿、充血、出血。由于营养不良，可见肝、肾缩小，尸体极度消瘦。在慢性病例中，可见肠浆膜周围结缔组织增生和肿胀，使整个肠管黏成团。

（5）诊断　用 2 次离心法进行检查。配制饱和食盐溶液，在其中添加硫酸镁（在 1 升溶液内加 200 克）。在盛有水的玻璃杯内，调和 3 ～ 5 克粪便，直到获得稀薄稠度为止。把获得的混合物经过金属筛或者纱布过滤到离心管内，离心 1 ～ 2 分钟。由于毛细线虫的虫卵比水重，因此，离心后易沉于管底。离心后将上清液弃掉，加入硫酸镁的食盐溶液。搅匀后再离心 1 ～ 2 分钟，毛细线虫的虫卵便浮于溶液的表面。然后用金属环从液面取出液膜，放在载玻片上进行镜检。

（6）防制

① 预防措施。搞好日常环境卫生，及时清除粪便，堆积发酵，杀灭虫卵；消灭禽舍中的蚯蚓；定期预防性驱虫，每年 2 ～ 3 次。

② 发病后措施

【方案1】左旋咪唑，按每千克体重20～30毫克，一次内服。

【方案2】甲苯咪唑，按每千克体重20～30毫克，一次内服。

【方案3】甲氧苄啶，按每千克体重200毫克，用灭菌蒸馏水配成10%溶液，皮下注射。

【方案4】越霉素A，按每千克体重35～40毫克，一次口服。或按0.05%～0.5%比例混入饲料，拌匀后连喂5～7天。

【方案5】四咪唑，每千克体重40毫克，溶于水中饮服。

5. 裂口线虫病

鹅裂口线虫病是寄生于鹅肌胃内一种常见寄生虫病，对鹅尤其是幼鹅危害较大，严重感染时，常引起大批死亡，是鹅的一种重要的寄生虫病。

（1）病原及生活史　裂口线虫属线虫纲、圆形目、毛圆科。虫体细长，微红，表面有横纹，口囊短而宽，底部有3个尖齿。雄虫长10～17毫米，宽250～350微米。雌虫长12～24毫米，阴门处宽200～400微米，虫体的两端均逐渐变细（图9-69）。卵壳薄，虫卵呈卵圆形，大小为（60～73）微米×（44～48）微米。虫卵随病鹅的粪便排出体外，在28～30℃下，经2天在虫卵内形成幼虫，再经5～6天，幼虫从卵内孵出经两次脱皮，发育为感染性幼虫。感染性幼虫能在水中游泳，爬到水草上，鹅吞食受感染性幼虫污染的食物、水草或水时而遭受感染。在牧场上感染性幼虫也可以通过鹅的皮肤引起感染（幼虫在牧场上能存活近3周）。皮肤感染时，幼虫经肺移行，幼虫在鹅体内约经3周发育为成虫，成虫的寿命为3个月。

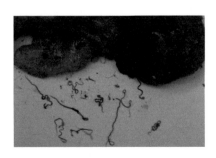

图9-69　鹅的裂口线虫

（2）流行病学　该病常发生于夏秋季节，主要发生于2月龄左右的幼鹅，幼鹅感染后发病较为严重，常引起衰弱死亡。成年鹅感染，多为慢性，一般呈良性经过，成为带虫者。我国不少地方均有过该病的报道，鹅群的感染率有的可高达96.4%，常呈地方性流行。

（3）临床症状　病鹅精神委顿、羽毛松乱、无光泽、食欲不振、消瘦、生长发育缓慢（图9-70）、贫血、腹泻，严重者排出带有血黏液的粪便，常衰弱死亡。

图9-70　病鹅精神不振、消瘦

（4）病理变化　病死鹅通常较瘦弱，眼球轻度下陷，皮肤及脚、蹼外皮干燥。剖检可见肌胃角质膜呈暗棕色或黑色［图9-71（a）］，角质膜松弛易脱落，角质层下常见肌胃有出血斑或溃疡灶［图9-71（b）］，幽门处黏膜坏死、脱落，常见虫体积聚，其周围的角质膜亦坏死脱落，肠道黏膜呈卡他性炎症，严重者内有多量暗红色黏液。

（a）　　　　　　　　　　（b）

图9-71　裂口线虫病病鹅病理变化

（5）诊断　病死鹅肌胃角质层中发现虫体或粪检发现虫卵，即可确诊。

（6）防制

① 预防措施。搞好日常环境卫生，及时清除粪便，堆积发酵，杀灭虫卵；在流行的牧场或地区，每年需进行 2 ～ 3 次预防性驱虫（一般在 20 ～ 30 日龄进行第 1 次，3 ～ 4 月龄再驱 1 次）。

② 发病后措施

【方案 1】丙硫咪唑，按每千克体重 25 毫克混饲，每日一次，连用 2 日。

【方案 2】甲苯咪唑，按每千克体重 50 毫克，内服，每日一次，连用 2 日。

【方案 3】四咪唑，按每千克体重 40 ～ 50 毫升，一次内服，或 0.01% 浓度混饮，连用 7 天。

【方案 4】四氯化碳，20 ～ 30 日龄鹅，每只 1 毫升；1 ～ 2 月龄鹅，每只 2 毫升；2 ～ 3 月龄鹅，每只 3 毫升；3 ～ 4 月龄鹅，每只 4 毫升；5 月龄以上 5 ～ 10 毫升。早晨空腹一次性口服。

6. 绦虫病

鹅绦虫病全称为鹅矛形剑带绦虫病，发生于放养在河、湖、沟、塘中的小鹅和中龄鹅。当虫体大量积于肠道内时，可阻塞肠腔，破坏和影响鹅的消化吸收，并能吸收营养、分泌毒素，导致鹅只生长发育受阻和产蛋性能下降乃至发生大批死亡。主要表现为食欲减退、贫血、消瘦和腹泻，生长发育不良。幼小鹅严重感染时常引起死亡。

（1）病原　矛形剑带绦虫的成虫长达 11 ～ 13 厘米，宽 18 毫米。顶突上有 8 个钩排成单列。成虫寄生在鹅的小肠内。孕卵节片随禽粪排出到外界。孕卵节片崩解后，虫卵散出。虫卵如果落入水中，被剑水蚤吞食后，虫卵内的幼虫就会在其体内逐渐发育成为似囊尾蚴。当鹅吃到了这种体内含有似囊尾蚴的剑水蚤时，就发生感染。在鹅的消化道中，似囊尾蚴能吸着在小肠黏膜上并发育为成虫。

（2）流行病学　矛形剑带绦虫病主要危害数周到 5 月龄的鹅，严重感染时会表现出明显的全身性症状。青年鹅、成年鹅也可感染，但症状一般较轻。多发生在秋季，病鹅发育受阻，周龄内死亡率甚高（60% 以上），带黏液的粪便很臭，可见虫体节片。

（3）临床症状　病鹅首先出现消化机能障碍的症状，排出灰白色或淡绿色稀薄粪便，污染肛门四周羽毛，粪便中混有白色的绦虫节片，食欲减退。病程后期病鹅拒食，口渴增加，生长停顿，消瘦，精神萎靡，不喜活动，常离群独居，翅膀下垂，羽毛松乱 [图 9-72（a）]。有时显现神经症状，如运动失调，走路摇晃，两腿无力，向后面坐倒或突然向一侧跌倒，不能起立 [图 9-72（b）]。发病后一般 1～5 天死亡。有时也会由于其他不良环境因素（如气候、温度等）的影响而使大批幼年病鹅突然死亡。

（4）病理变化　病死鹅血液稀薄如水，剖检可见肠黏膜肥厚，呈卡他性炎症，有出血点和米粒大、结节状溃疡，十二指肠和空肠内可见扁平、分节的虫体，有的肠段变粗、变硬，呈现阻塞状态。心外膜有明显出血点或斑纹（图 9-73）。

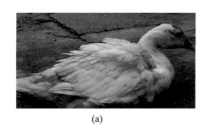
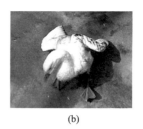

(a)　　　　　　　　　　　　(b)

图 9-72　鹅绦虫病的临床症状

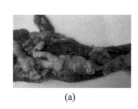
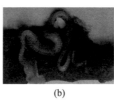

(a)　　　　　　　　　　(b)　　　　　　　　　　(c)

图 9-73　鹅绦虫病的病理变化

（a）肠道中的虫体和肠道黏膜增厚，有炎症；（b）病鹅的肠黏膜潮红，在肠管内有一矛形剑带绦虫，虫体分节，前端窄小，后端宽阔，位于前端的头节深埋于肠道黏膜下层；（c）寄生在小肠内的成虫

（5）诊断　可根据粪便中观察到的虫体节片以及小肠前段的肠内虫确诊。

（6）防制

① 严格饲养管理。雏鹅与成年鹅分开饲养，3 月龄内雏鹅最好

实行舍饲，特别是不应到不流动、小而浅的死水域去放牧（因为这种水域利于中间宿主剑水蚤的孳生）；注意鹅群驱虫前，应绝食12小时，投药时间宜在清晨进行；鹅粪应收集堆积发酵处理，以防散播病原。

②定期驱虫。每年对鹅群定期进行2次驱虫，一次在春季鹅群下水前，一次在秋季终止放牧后。平时发现虫体，随时驱虫。驱虫办法如下：氢溴酸槟榔碱，配成0.1％的水溶液，一次灌服，每千克体重用药1～2毫克。或槟榔100克，石榴皮100克，加水至1000毫升，煎成800毫升。内服剂量：20日龄雏鹅1.2毫升，30～40日龄雏鹅1.8～2.3毫升，成年鹅4～5毫升，拌料，连喂2次，1日1次。

③发病后的措施。由于绦虫的头牢固地吸附在肠壁上，往往后面的节片已被驱出，而头节还没有驱出，经过2～3周，又重新长出节片变成一条完整的绦虫。所以第一次喂药后，隔2～3周再驱虫一次，才能达到彻底驱除绦虫的效果。其粪便须经堆积发酵腐熟杀死虫卵后才作肥料，对病死鹅采用深埋处理，减少二次感染的机会。治疗原则是"急则治其标，缓则治其本"。

【方案1】阿苯达唑，25毫克/千克体重，或复方新诺明，250毫克/只，每天一次，连用两次。黄连解毒散，按500克拌料200千克的量使用，每天两次，连用三天。

【方案2】吡喹酮，每千克体重10～15毫克，一次口服，本药效果较好。

【方案3】氯硝柳胺（灭滴灵），按60～150毫克/千克体重，一次口服。

【方案4】硫双二氯酚，每千克体重用药90～110毫克，把药片磨细后加水稀释，用胶头滴管灌入食管或与精饲料拌匀，于早晨喂饲料后喂服。

【方案5】丙硫咪唑，按20～30毫克/千克体重，一次口服。

【方案6】南瓜粉，将南瓜子煮沸1小时后，取出脱脂晒干研成粉末。本法常用于鹅，每只取南瓜粉25～50克拌料饲喂。

【注意】与大肠杆菌混合感染时，上述处方可配合中药（黄连解毒汤与白头翁汤加减）治疗。方剂：黄连45克、黄芩45克、黄柏45克、白头翁45克、栀子50克、苦参50克、龙胆草45克、郁金35克、甘草40克，水煎服，以上为200只成年鹅一天的用量。有条件的可根据药敏试验选择用药，力争把损失控制在最小范围之内。对有病毒感染的可配合使用生物干扰素，每瓶 5 克拌料 10 千克，每天两次，连用三天。

7. 嗜眼吸虫病

鹅嗜眼吸虫病是寄生在鹅眼结膜上的一种外寄生虫病，能引起鹅（鸭也能感染）的眼结膜、角膜水肿发炎。流行地区的鹅群致病率平均为 35% 左右。

（1）病原及生活史　病原常见的种类为涉禽嗜眼吸虫。新鲜虫体呈微黄色，外形似矛头状、半透明。虫体大小为（3～8.4）毫米×（0.7～2.1）毫米，腹吸盘大于口吸盘，生殖孔开口于腹吸盘和口吸盘之间，雄精囊细长，睾丸呈前后排列，卵巢位于睾丸之前，卵黄腺呈管状，位于虫体中央两侧，腹吸盘后至睾丸前充满被盘曲的子宫，子宫内虫卵都含有发育完全的毛蚴。

虫体寄生于眼结膜囊内，虫卵随眼分泌物排出，遇水立即孵化出毛蚴，毛蚴进入适宜的螺蛳体内，经发育后形成尾蚴，从毛蚴发育为尾蚴约需 3 个月的时间。尾蚴主动从螺蛳体内逸出，在螺蛳外壳的体表或任何一种固体物的表面形成囊蚴。当含有囊蚴的螺等被禽类吞食后即被感染，囊蚴在口腔和食管内脱囊逸出童虫，在 5 天内经鼻泪管移行到结膜囊内，约经一个月发育成熟。

（2）流行病学　涉禽嗜眼吸虫可寄生于各种不同种类的禽类，鹅、鸡、火鸡、孔雀等是该虫常见的宿主。但临床上主要见于鹅、鸭，以散养的成年鹅、鸭多见。

（3）临床症状　早期病鹅症状不明显，仅见畏光流泪，食欲降低，时有摇头弯颈，用脚搔眼动作。观察鹅眼睛，可见眼睑水肿，眼部见有黄豆大隆起的泡状物，结膜呈网状充血，有出血点。少数严重病鹅可见角膜混浊溃疡，并有黄色块状坏死物突出于眼睑之外。虫体多数吸附于近内眼角瞬膜处。病鹅左右眼内虫体寄生多的有 30 余条，平均有 7～8 条。日久可见病鹅精神沉郁，消瘦，种鹅产蛋减少，最后失明，或并发其他疾病死亡。

（4）病理变化　剖检病变与上述的临床症状描述眼部变化相同，另外可以在眼角内的瞬膜处发现虫体，而内脏器官未见明显病变。

（5）诊断　从眼内挑取可疑物，置载玻片上，滴加生理盐水1滴，压片，置10×10显微镜下检查。如果发现淡黄色、半透明与嗜眼吸虫一致的虫体，即可确诊。

（6）防制

① 预防措施。禁止在该病流行地区的水域中放鹅。若将水生植物（或螺蛳）作为饲料饲喂时应事先进行灭囊处理。

② 发病后的措施。75%酒精滴眼。由助手将鹅体及头固定，自己左手固定鹅的头，右手用钝头金属细棒或眼科玻璃棒插入眼膜，向内眼角方向拨开瞬膜（俗称"内衣"），用药棉吸干泪液后，立即滴入75%酒精4～6滴。用此法滴眼驱虫，操作简便，可使病鹅症状很快消失，驱虫率可达100%。

8. 前殖吸虫病

前殖吸虫病是由前殖科前殖属的多种吸虫寄生于鸡、鸭、鹅等禽、鸟类的直肠、泄殖腔、法氏囊和输卵管内引起的，常导致母禽产蛋异常，甚至死亡。

（1）病原及生活史　透明前殖吸虫属前殖科、前殖属。虫体呈梨形，前端稍尖，后端钝圆，大小为（6.5～8.2）毫米×（2.5～4.2）毫米，体表前半部有小刺。口吸盘近似圆形，腹吸盘呈圆形，两者大小几乎相等。睾丸呈卵圆形，不分叶，位于虫体中央的两侧，左右并列，二者几乎大小相等。雄茎囊弯曲于口吸盘与食管的左侧，生殖孔开口于吸盘的左上方。卵巢多分叶，位于两睾丸前缘与腹吸盘之间。子宫盘曲于腹吸盘与睾丸后的空隙中。卵黄腺的分布始于腹吸盘后缘的体两侧，后端终于睾丸之后。虫卵呈深褐色，大小为（26～32）毫米×（10～15）毫米，一端有卵盖，另一端有小刺。

前殖吸虫生活过程中需要两个以上的中间宿主，第一中间宿主为多种淡水螺蛳，第二中间宿主为蜻蜓的幼虫或稚虫。成虫在鹅的输卵管和法氏囊内产卵，虫卵随粪便或排泄物排出体外，进入水中被淡水螺蛳吞食，即在其肠内孵出毛蚴，再钻入螺蛳肝脏内发育成胞蚴和尾蚴（无雷蚴期），成熟的尾蚴离开螺体，进入水中，遇到第二中间宿主蜻蜓幼虫或稚虫钻入其腹肌内发育为囊蚴。鹅啄食蜻蜓或其幼虫即被感染，囊蚴进入家禽消化道后，囊壁消化，游离的童虫经肠道下行移至泄殖腔，然后进入法氏囊或输卵管内，经1～2周发育成成虫。

（2）流行病学　该病常呈地方性流行，分布于全国各地，但以华东、华南地区较为多见，以春、夏两季较为流行。各种年龄的鹅均有发生感染，但以产蛋母鹅发病严重。该病除感染鸭、鹅外，鸡和野鸭及其他多种野鸟均可发生感染。其中产蛋鸡发病最为严重。

（3）临床症状　感染初期，病禽外观正常，但蛋壳粗糙或产薄壳蛋、软壳蛋、无壳蛋，或仅排蛋黄或少量蛋清；继而病禽食欲下降，消瘦，精神萎靡，蹲卧墙角，滞留空巢，或排乳白色石灰水样液体；有的腹部膨大，步态不稳，两腿叉开，肛门潮红、突出，泄殖腔周围沾满污物；严重者因输卵管破坏，导致泛发性腹膜炎而死亡。

（4）病理变化　输卵管发炎，黏膜充血、出血，极度增厚，后期输卵管壁变薄甚至破裂。腹腔内有大量浑浊的黄色渗出液或脓样物，并可查到虫体（图9-74）。

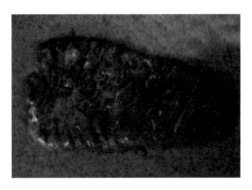

图 9-74　寄生于病鹅直肠黏膜上的前殖吸虫（远观）

（5）诊断　粪便中检出虫卵可确诊。

（6）防制

① 预防措施。勤清理粪便，堆积发酵，杀灭虫卵，避免活虫卵进入水中；圈养家禽，防止吃入蜻蜓及其幼虫；及时治疗病禽，每年春、秋两季有计划地进行预防性驱虫。

② 发病后的措施

【方案1】六氯乙烷，以每千克体重200～300毫克，混入饲料中喂给，每天一次，连用3天。或六氯乙烷粉剂，每只按200～500

毫克的剂量，制成混悬液拌于少量精料中喂鹅，连续3天。

【方案2】丙硫咪唑（抗蠕敏），每千克体重80～100毫克，一次内服。

【方案3】吡喹酮，每千克体重30～50毫克，一次内服。

9. 隐孢子虫病

禽隐孢子虫病是由隐孢子虫科隐孢子虫属的贝氏隐孢子虫寄生于家禽的呼吸系统、消化道、法氏囊和泄殖腔内所引起的一种原虫病。

（1）病原及生活史　贝氏隐孢子虫的卵囊大多为椭圆形，部分为卵圆形和球形，（4.5～7.0）微米×（4.0～6.5）微米，卵囊壁薄，单层，光滑，无色；无卵膜孔和极粒。孢子化卵囊内含4个裸露的子孢子和1个较大的残体，子孢子呈香蕉形，（5.7～6.0）微米×（1.0～1.43）微米，无折光球，子孢子沿着卵囊壁纵向排列在残体表面；残体呈球形或椭圆形，（3.11～3.56）微米×（2.67～3.38）微米，中央为均匀物质组成的折光球，约2.14微米×1.79微米，外周有1～2圈致密颗粒，颗粒直径0.36～0.46微米。在不同的介质中，卵囊的颜色有变化，在蔗糖溶液中，卵囊呈粉红色，在硫酸镁溶液中无色。

隐孢子虫的发育可分为裂体生殖、配子生殖和孢子生殖3个阶段。孢子化的卵囊随受感染的宿主粪便排出，通过污染的环境，包括食物和饮水，进而被禽吞食经消化道感染，亦可经呼吸道感染。在禽的胃肠道或呼吸道，子孢子从卵囊脱囊逸出，进入呼吸道和法氏囊上皮细胞的刷状缘或表面膜下，经无性裂体生殖，形成Ⅰ型裂殖体，其内含有6个或8个裂殖子。Ⅰ型裂殖体裂解后，各裂殖子再进行裂体生殖，产生Ⅱ型裂殖体，其内含有4个裂殖子。从Ⅱ型裂殖体裂解出来的裂殖子分别发育为大、小配子体，小配子体再分裂成16个没有鞭毛的小配子。大小配子结合形成合子，由合子形成薄壁型和厚壁型两种卵囊，在宿主体内行孢子生殖后，各含4个孢子和1团残体。薄壁型卵囊囊壁破裂释放出子孢子，在宿主体内行自身感染；厚壁型卵囊则随宿主的粪便排出体外，可直接感染新的宿主。

（2）流行病学　隐孢子虫病呈世界性分布，隐孢子虫是一种多宿主寄生原虫。在中国发现于鸡、鸭、鹅、火鸡、鹌鹑、孔雀、鸽、麻雀、鹦鹉、金丝雀等鸟禽类体内。除薄壁型卵囊在宿主体内引起自身感染外，主要感染方式是发病的鸟禽类和隐性带虫者粪便中的卵囊污染了禽的饲料、饮水等经消化道感染，此外亦可经呼吸道感染。发病无明显季节性，但以温暖多雨的 8～9 月份多发，在卫生条件较差的地区容易流行。

（3）临床症状　病禽精神沉郁，缩头呆立，眼半闭，翅下垂，食欲减退或废绝，张口呼吸，咳嗽，严重的呼吸困难，发出"咯咯"的呼吸音，眼睛有浆液性分泌物，腹泻，排血便。人工感染严重发病者可在 2～3 天后死亡，死亡率可达 50.8%。

（4）病理变化　泄殖腔、法氏囊及呼吸道黏膜上皮水肿，肺腹侧坏死，气囊增厚、混浊，呈云雾状外观。双侧眶下窦内含黄色液体。

（5）诊断　可采用卵囊检查及病理组织学诊断。卵囊检查常用饱和蔗糖溶液漂浮法：取新鲜禽粪，加 10 倍体积的常水，浸泡 5 分钟充分搅匀，用铜网过滤，取滤液按 3000 转／分，离心 10 分钟，弃去上清液，加蔗糖漂浮液（蔗糖 454 克、蒸馏水 355 毫升、石炭酸 6.7 毫升），充分混匀，3000 转／分，离心 10 分钟，用细铁丝圈蘸取表层漂浮液，在 400～1000 倍光镜下检查。或用饱和食盐水作漂浮液。亦可采肠黏膜刮取物或粪便作涂片，用姬氏液或石炭酸品红液染色镜检。病理组织学诊断取气管、支气管、法氏囊或肠道作病理组织学切片，在黏膜表面发现大小不一的虫体可确诊。

（6）防制

① 预防措施。应加强饲养管理和环境卫生，成年禽与雏禽分群饲养。饲养场地和用具等应经常用热水或 5% 氨水或 10% 福尔马林消毒。粪便污物定期清除，进行堆积发酵处理。

② 发病后的措施。目前没有有效的抗贝氏隐孢子虫的药物，据报道百球清在推荐的浓度下，治疗有效率达 52%。对该病的临床治疗尚可采用对症治疗。

10. 住白细胞虫病

住白细胞虫病又名住白虫病、白细胞孢子病或嗜白细胞体病，它是由西氏住白细胞原虫侵入鹅只血液和内脏器官的组织细胞而引起的一种原虫病。

（1）病原及生活史　病原为西氏住白细胞虫。西氏住白细胞虫的发育史中需要吸血昆虫——库蠓或蚋作为中间宿主。这种虫在鹅的内脏器官（肝、脾、肺、心等）内进行裂殖生殖，产生裂殖子和多核体。一些裂殖子进入肝的实质细胞，进行新的裂殖生殖；另一些则进入淋巴细胞和白细胞并发育为配子体。这时的白细胞呈纺锤形，当蚋叮咬鹅只吸血时，同时也吸进配子体。西氏住白细胞虫的孢子生殖在蚋体内经 3～4 天完成发育。大配子体受精后发育成合子，继而成为动合子，在蚋的胃内形成卵囊，产生子孢子。子孢子从卵囊逸出后，进入蚋的唾液腺，当蚋再叮咬健康的鹅时，传播子孢子，使鹅致病。

（2）流行病学　该病的发病、流行与库蠓或蚋等吸血昆虫的活动规律有关，发病高峰都在库蠓和蚋大量出现的夏、秋季节。各日龄的鹅都能感染，但幼禽和青年禽的易感性最强，发病也最严重。

（3）临床症状　雏鹅发病后，精神委顿，体温升高，食欲消失，渴欲增加，流涎；体重下降，贫血，腹泻，粪便呈淡黄色；两肢轻瘫，走路不稳，全身衰弱，常伏卧地上；呼吸急促，流鼻液和流泪，眼睑粘连；成年鹅感染后呈慢性经过，表现为不安和消瘦。

（4）病理变化　病死鹅消瘦，肌肉苍白，肝、脾肿大，呈淡黄色；消化道黏膜充血，心包积液，心肌松弛苍白，全身皮下、肌肉有大小不等出血点，并有灰白色的针尖至粟粒大小结节；腺胃、肌胃、肺、肾等黏膜有出血点。

（5）诊断　采取病禽血液涂片，吉姆萨染色，镜检查找虫体或从内脏、肌肉上采取小的结节，压片镜检找虫体，亦可做组织切片查找虫体。

（6）防制

① 消灭中间宿主。在住白细胞虫流行的地区和季节，应首先消灭其媒介者——吸血昆虫库蠓和蚋，可用 0.2% 敌百虫溶液在鹅舍内和周围环境喷洒，也可用 0.1% 的溴氰菊酯溶液。保持鹅舍的卫生、通风和干燥。禁止将幼雏与成年禽混群饲养。

② 药物预防。预防用药应在病流行前进行，可选用磺胺间二甲氧嘧啶混料或饮水；磺胺喹噁啉混料或饮水；乙胺嘧啶 0.0001% 混料；克球粉 0.0125% 混料；氯苯胍 0.0033% 混料。

③ 发病后的措施

【方案1】磺胺间二甲氧嘧啶0.05%饮水2天，再以0.03%饮水2天。

【方案2】乙胺嘧啶0.0005%混料3天。

【方案3】氯苯胍0.0066%混料或用0.01%泰灭净钠粉剂饮水3天，然后改用0.001%浓度连用2周，效果较好。

11. 鹅虱

鹅虱是常见的体表寄生虫，寄生在鹅的头部和体部羽毛上，以食羽毛和皮屑为生，也吞食皮肤损伤部位外流的血液。

（1）病原及生活史　鹅虱是鹅的一种体表寄生虫，体形很小，分为头、胸、腹3部分。鹅虱的全部生活史离不开鹅的体表。鹅虱产的卵常集合成块，黏着在羽毛的基部，依靠鹅的体温孵化，经5～8天变成幼虱，在2～3周内经过几次蜕皮而发育为成虫。

（2）流行病学　传播方式主要是鹅的直接接触传染，一年四季均可发生，冬春季较严重。

（3）临床症状　鹅虱吞噬鹅羽毛的皮屑。虽不引起鹅死亡，但可使鹅体奇痒不安，羽毛脱落，有时甚至使鹅毛脱光，民间称之"鬼拔毛"。寄生严重时，鹅食欲不振，产蛋下降，影响母鹅抱窝孵化，甚至衰弱消瘦死亡。

（4）防制

① 预防措施。对新引进的种鹅必须检疫，如果发现有鹅虱寄生，应先隔离治疗，愈后才能混群饲养。灭鹅虱同时，应在鹅舍、用具垫料、场地进行灭虱消毒，以求彻底消除隐患。在鹅虱流行的养鹅场内，栏舍、饲具等应彻底消毒。可用0.5%杀螟松和0.2%敌敌畏合剂，或以0.03%除虫菊酯和0.3%敌敌畏合剂进行喷洒。

②发病后的措施

【方案1】灭虫灵（阿维菌素），鹅每千克体重一次内服0.1～0.3克，15～20天再服一次，灭虱效果很好。

【方案2】0.2%敌百虫或0.3%杀灭菊酯，晚上喷洒到鹅体羽毛表面，当虱夜间从羽毛中外出活动时沾上药物即被杀死。对于颊白羽虱可用 0.1% 敌百虫滴入鹅外耳道，涂擦于鹅颈部、羽翼下面杀灭鹅虱。

【方案3】虱癞灵（含 12.5% 双甲脒乳油），配成 0.05% 溶液（即在 1000 毫升开水中加 4 毫升 12.5% 的双甲脒充分搅拌，使之成乳白色液体）在鹅体及圈舍、场地喷雾、喷洒，杀灭虱的效果很好，但不宜药浴。

四、营养代谢病

1. 脂肪肝综合征

脂肪肝综合征又称脂肝病，是由于鹅体内脂肪代谢障碍，大量的脂肪沉积于肝脏，引起肝脏脂肪变性的一种内科疾病。该病多发生于寒冷的冬季和早春，主要见于产蛋鹅群。

（1）病因

① 饲料单一，营养不全。鹅群长期饲喂碳水化合物过高的口粮，缺乏青绿饲料，饲料种类单一等；同时饲料中甲硫氨酸、胆碱、生物素、维生素 E、肌醇等中性脂肪合成磷脂所必需的因子不足，都会造成大量的脂肪沉积于肝脏而产生脂肪变性。

② 缺乏运动或运动少。活动量不足容易使脂肪在体内沉积，往往也是诱发该病的重要因素。

③ 毒素和疾病。某些传染病和黄曲霉毒素等也可能引起肝脏脂肪变性。

（2）临床症状　发病鹅群营养良好，产蛋率不高，病鹅无特征性临床症状而急性死亡。

（3）病理变化　可见皮肤、肌肉苍白、贫血，肝脏肿大，色泽变黄，质地较脆，有时表面有散在的出血斑点，常见肝包膜下（一侧肝叶多见）或体腔中有大量的血凝块，腹腔和肠系膜有大量的脂肪组织沉着。若并发副伤寒，可见肝脏表面有散在的坏死灶。

（4）防制

① 预防措施。合理调配饲料口粮，适当控制鹅群稻谷的饲喂量，以及饲料中添加多种维生素和微量元素，一般可预防该病的发生。

② 治疗措施。发病鹅群的饲料中可添加氯化胆碱、维生素 E 和

肌醇。按每吨饲料加 1000 ～ 1500 克氯化胆碱，1 万国际单位维生素 E 和 5 克肌醇，连续饲喂数天，具有良好的治疗效果。

2. 痛风

痛风是由于鹅体内蛋白质代谢发生障碍所引起的一种内科病。其主要病理特征为关节或内脏器官及其他间质组织蓄积大量的尿酸盐。该病多发生于缺乏青绿饲料的寒冬和早春季节。不同品种和日龄的鹅均可发生，临床上多见于幼龄鹅。鹅患病后引起食欲不振、消瘦，严重的常导致死亡，是危害养鹅业生产的一种重要营养代谢疾病。

（1）病因　病因主要与饲料和肾脏机能障碍有关。饲喂过量的蛋白质饲料，尤其是富含核蛋白和嘌呤碱的饲料。常见的有大豆粉、鱼粉等以及菠菜、甘蓝等植物。幼鹅的肾脏功能不全，饲喂过量的蛋白质饲料，不仅不能被机体吸收，相反会加重肾脏负担，破坏肾脏功能，导致该病的发生，而临床所见的青年鹅、成年鹅病例，多与过量使用损害肾脏机能的抗菌药物（如磺胺类药物等）有关。缺乏充足的维生素，如饲料中缺少维生素 A 也会促进该病的发生。

此外，鹅舍潮湿、通风不良、缺乏光照以及各种疾病引起的肠道炎症都是该病的诱发因素。

（2）临床症状　根据尿酸盐沉积的部位不同可分为内脏型痛风和关节型痛风。

① 内脏型痛风。主要见于一周龄以内的幼鹅，患病鹅精神委顿，常食欲废绝，两肢无力，行走摇晃、衰弱，常在 1 ～ 2 天内死亡。青年鹅或成年鹅患病，常精神、食欲不振，病初口渴，继而食欲废绝，形体瘦弱，行走无力，排稀白色或半黏稠状含有多量尿酸盐的粪便，逐渐衰竭死亡，病程 3 ～ 7 天。有时成年鹅在捕捉中也会突然死亡，多因心包膜和心肌上有大量的尿酸盐沉着，影响心脏收缩而导致急性心力衰竭（图 9-75）。

② 关节型痛风。主要见于青年鹅或成年鹅，患病鹅病肢关节肿大，触之较硬实，常跛行，有时见两肢的关节均出现肿胀，严重者瘫痪，其他临床表现与内脏型痛风病例相同，病程为 7 ～ 10 天。有时临床上也会出现混合型病例。

图 9-75　内脏型痛风心脏沉积的大量尿酸盐

（3）病理变化　所有死亡病例均见皮肤、脚蹼干燥。内脏型病例剖检可见内脏器官表面沉积大量的尿酸盐，如一层重霜，尤其心包膜沉积最严重，心包膜增厚，附着在心肌上，与之粘连，心肌表面亦有尿酸盐沉着；肾脏肿大，呈花斑样，肾小管内充满尿酸盐，输尿管扩张、变粗，内有尿酸结晶，严重者可形成尿酸结石。少数病例皮下疏松结缔组织亦有少量尿酸盐沉着；关节型病例，可见病变的关节肿大，关节腔内有多量黏稠的尿酸盐沉积物。

（4）防制

① 预防措施。改善饲养管理，调整饲料配合比例，适当减少蛋白质饲料，同时供给充足的新鲜青绿饲料，添加充足的维生素。在平时疾病预防中也要注意防止用药过量。

② 发病后的治疗。发病鹅群停用抗菌药物，特别是对肾脏有毒害作用的药物。增加青绿饲料喂量，并在饮水中添加 5% 的食用碱或碳酸氢钠，加速体内尿酸的排出。同时使用肾肿解毒药（主要成分为磷酸二氢钾、碘化钾、亚硒酸钠），按照说明书用量饮水。

3. 维生素 A 缺乏症

维生素 A 对于鹅的正常生长发育和保持黏膜的完整性以及良好的视觉都具有重要的作用。主要表现以生长发育不良，器官黏膜损害，上皮角化不全，视觉障碍，种鹅的产蛋率、孵化率下降，胚胎畸形等为特征。不同品种和日龄的鹅均可发生，但临床上以一周龄左右雏鹅多见，主要发生于冬季和早春季节。一周龄以内的雏鹅患该病，常与种鹅缺乏维生素 A 有一定的关系。

（1）病因

① 日粮中维生素 A 或胡萝卜素含量不足或缺乏。鹅可以从植物性饲料中获得胡萝卜素维生素 A 原，可在肝脏转化为维生素 A。长期使用谷物、糠麸、粕类等胡萝卜素含量少的饲料，极易引起维生素 A 的缺乏。

② 消化道及肝脏的疾病，影响维生素 A 的消化吸收。由于维生素 A 是脂溶性的物质，它的消化吸收必须在胆汁酸的参与下进行，肝胆疾病、肠道炎症能影响脂肪的消化，进而阻碍维生素 A 的吸收。此外肝脏的疾病也会影响胡萝卜素的转化及维生素 A 的贮存。

③ 饲料贮存时间太长或加工不当，降低饲料中维生素 A 的含量。如黄玉米贮存期超过 6 个月，约损失 60％的维生素 A；颗粒饲料加工过程中可使胡萝卜素损失 32％以上，夏季添加多种维生素拌料后，堆积时间过长，使饲料中的维生素 A 遇热氧化分解而遭破坏。

④ 选用的禽用多种维生素（包括维生素 A）制剂质量差或失效。

（2）临床症状　幼鹅缺乏时，表现出生长停滞、体质衰弱、羽毛蓬松、步态不稳、不能站立，喙和脚蹼颜色变淡，常流鼻液，流泪，眼睑羽毛粘连、干燥，形成一干眼圈。有些雏鹅眼睑粘连或肿胀隆起，剥开可见有白色干酪样渗出物质，以致有的眼球下陷、失明。病情严重者可出现神经症状，如运动失调。病鹅易患消化道、呼吸道疾病，引起食欲不振、呼吸困难等症状。成年鹅缺乏维生素 A，产蛋率、受精率、孵化率均降低，也可出现眼、鼻的分泌物增多，新膜脱落、坏死等症状。种蛋孵化初期死胚较多，出壳雏鹅体质虚弱，易患眼病及感染其他疾病。

（3）病理变化　剖检死胚可见，畸形胚较多，胚皮下水肿，常出现尿酸盐在胚胎、肾及其他器官沉着，眼部常肿胀。病死雏鹅剖检，可见消化道黏膜尤以咽部和食管出现白色坏死病灶，不易剥落，有的呈白色假膜状覆盖；呼吸道黏膜及其腺体萎缩、变性，原有的上皮由一层角质化的复层鳞状上皮代替；眼睑粘连，内有干酪样渗出物；肾肿大，颜色变淡，呈花斑样，肾小管、输尿管充满尿酸盐，严重时心包、肝、脾等内脏器官表面也有尿酸盐沉积。

（4）防制

① 预防措施。注意合理搭配饲料口粮，防止饲料品种单一。

② 发病后的措施。发病后，多喂胡萝卜、青菜等富含维生素A的饲料，也可在饲料中添加鱼肝油，按每千克饲料2～4毫升添加，连用10～20天。维生素A制剂，对于鹅，一般每千克饲料中具有4000国际单位的维生素A即可预防该病的发生。治疗该病可用预防量的2～4倍，连用2周，同时饲料中还应添加其他种类的维生素。成年重症病鹅可口服浓缩鱼肝油丸，每只1粒，连用数日，方可奏效。

4. 维生素E及硒缺乏症

维生素E及硒缺乏症又名白肌病，是鹅因缺乏维生素E或硒而引起的一种营养代谢病。主要病理特征为脑软化症、渗出性素质、肌营养不良、出血和坏死。不同品种和日龄的鹅均可发生，但临床上主要见于1～6周龄的幼鹅。患病鹅发育不良，生长停滞，日龄小的雏鹅发病后常引起死亡。

（1）病因

① 饲料调制储存不当等。饲料加工调制不当或因饲料长期储存，饲料发霉或酸败，或因饲料中不饱和脂肪酸过多等，均可使维生素E遭受破坏，活性降低。若用上述饲料喂鹅容易发生维生素E缺乏，同时也会诱发硒缺乏。相反如果饲料中硒严重不足，也同样能影响维生素E的吸收。

② 饲料搭配不当，营养成分不全。饲料中的蛋白质及某些必需氨基酸缺乏或矿物质（钴、锰、碘等元素）缺乏，以及维生素C的缺乏和各种应激因素，均可诱发和加重维生素E及硒缺乏症；

③ 环境污染。环境中铜、汞等金属与硒之间有拮抗作用，可干扰硒的吸收和利用。

（2）临床症状　根据临床表现和病理特征可分为三种病型。

① 脑软化症。主要见于1～2周龄以内的雏鹅。病鹅减食或不食，运动失调，头向后方或下方弯曲，有的两肢瘫痪、麻痹。3～4日龄雏鹅患病，常在1～2天内死亡。

② 渗出性素质。临床上见于3～6周龄的幼鹅，主要表现为精神不振，食欲下降，排稀便，消瘦，喙尖和脚蹼常局部发紫，有时可

见育肥仔鹅腹部皮下水肿，外观呈淡绿色或淡紫色。

③ 肌营养不良。主要见于青年鹅或成年鹅。青年鹅常生长发育不良，消瘦，减食，排稀便；成年母鹅的产蛋率下降，孵化率降低，胚胎发生早期死亡；种公鹅生殖器官发生退行性变化，睾丸萎缩，精子数减少或无精。

（3）病理变化　死于脑软化症的雏鹅，可见脑颅骨较软，小脑发生软化和肿胀，表面常见有出血点。渗出性素质病例剖检可见头颈部、胸前、腹下等皮下有淡黄色或淡绿色胶冻样渗出，胸、腿部肌肉常见有出血斑点，有时可见心包积液，心肌变性或呈条纹状坏死。肌营养不良病例可见全身的骨骼肌肌肉色泽苍白，胸肌和腿肌中出现条纹状灰白色坏死；心肌变性、色淡，呈条纹状坏死，有时也可见肌胃有坏死。

（4）防制

① 预防措施。注意饲料搭配，保证饲料营养全面平衡，特别是氨基酸的平衡，禁止饲喂霉变、酸败的饲料。通常每千克饲料添加0.5毫克硒和50国际单位维生素E可以预防该病的发生。

② 发病后的措施。在鹅饲粮中添加足够量的亚硒酸钠维生素E制剂。

【方案1】每千克饲料中加入0.25毫克硒和250国际单位维生素E，连喂2～3周。

【方案2】每千克日粮添加维生素E 250国际单位或植物油10克、亚硒酸钠0.2毫克、甲硫氨酸2～3克，连用2～3周。

【方案3】每只喂服300国际单位的维生素E，同时每千克饲料中补充含硒0.05～0.1毫克的硒制剂，也可用含硒0.1毫克/升的亚硒酸钠水饮服。每千克饲料补充甲硫氨酸0.2毫克，连用2～3周。

【方案4】当归、地龙各0.1克，川芎0.05克（川芎地龙汤），煎煮取汁，每只每天饮用，饮用前需停水2小时，连用3天。

5. 软骨症

软骨症是由维生素D缺乏或钙、磷缺乏以及钙、磷比例失调引起幼鹅（佝偻病）或成年鹅（软骨症）的一种营养性骨病。不同日龄的鹅均可发生，临床上常见于5～6周龄的幼鹅。主要表现为生长发育停滞、骨骼变形、肢体无力、软脚以致瘫痪。成年鹅患病时产蛋减少或产软壳蛋。此外，该病尚可诱发其他疾病，常给养鹅业造成一定的经济损失。

（1）病因

① 钙磷不足或不平衡。钙、磷是机体重要的常量元素，参与禽骨骼和蛋壳的构成，并具有维持体液酸碱平衡及神经肌肉的兴奋性、构成生物膜结构等多种功能。鹅对钙、磷需求量大，一旦饲料中钙、磷总量不足或比例失调则必然引起代谢的紊乱。

② 维生素 D 不足。维生素 D 是一种脂溶性维生素，具有促进机体对钙、磷的吸收的作用。在舍饲条件下，尤其是育雏期间，雏鹅得不到阳光照射，无法得到充足的维生素 D，则必须从饲料中获得。当饲料中维生素 D 含量不足或缺乏时，都可引起鹅体维生素 D 缺乏，从而影响钙、磷的吸收，导致该病的发生。

③ 日粮中矿物质比例不合理或有其他影响钙、磷吸收的成分存在。许多二价金属元素间存在抑制作用，例如饲料中锰、锌、铁等过高可抑制钙的吸收；含草酸盐过多的饲料也能抑制钙的吸收。

④ 疾病。肝脏疾病以及各种传染病、寄生虫病引起的肠道炎症均可影响机体对钙、磷以及维生素 D 的吸收，从而促进该病的发生。

（2）临床症状　病雏鹅生长缓慢，病初食欲尚可，羽毛生长不良，鹅喙变软、易扭曲，腿虚弱无力，行走摇晃，步态僵硬，不愿走动，常蹲卧，后逐渐瘫痪，需拍动双翅移动身体，采食受限，若不及时治疗常衰竭死亡（图 9-76）。

图 9-76　鹅的软骨症

产蛋母鹅可表现产蛋减少，蛋壳变薄易碎，时而产生软壳蛋或无壳蛋。鹅腿虚弱无力，步态异常，重者发生瘫痪。在产蛋高峰期或在春季配种旺季，易被公鹅踩伤。

（3）病理变化　幼鹅剖检可见甲状旁腺增大，胸骨变软呈"S"状弯曲，长骨变形，骨质变软，易折，骨髓腔增大；关节肿大，肋骨与肋软骨的结合部可出现明显球形肿大，排列成"串珠"状。鹅喙色淡、变软、易扭曲。成年产蛋母鹅可见骨质疏松，胸骨变软，胫骨易折。种蛋孵化率显著降低，早期胚胎死亡增多，胚胎四肢弯曲，腿短，多数死胚皮下水肿，肾脏肿大。

（4）防制

① 预防措施。平时注意合理配制日粮中钙、磷的含量及比例，合理的钙、磷比例一般为 $2:1$，产蛋期为（$5:1$）～（$6:1$）。由于钙磷的吸收代谢依赖于维生素 D 的含量，故日粮中应有足够的维生素 D 供应。阳光照射可以使鹅体合成维生素 D_3，因此，要根据不同的饲养方式在日粮中补充相应含量的维生素 D 或保证每天一定时间的舍外运动，多晒阳光促使鹅体维生素 D 的合成。在阴雨季节应特别注意饲料中补充维生素 D 或给予如苜蓿等富含维生素 D 的青绿饲料。

② 发病后的措施

【方案1】肌内注射维丁胶性钙，每鹅 $2 \sim 3$ 毫升，每天 1 次，连用 $2 \sim 3$ 天。

【方案2】鱼肝油每天 2 次，每只每次 $2 \sim 4$ 滴，连用 $5 \sim 7$ 天。

【方案3】维生素 D_3，每只鹅一次内服 15000 单位，或肌内注射 4 万单位。若同时服用钙片，则疗效更好。

6. 微量元素缺乏症

微量元素缺乏症简介、预防及治疗见表 9-11。

表 9-11　鹅的微量元素缺乏症简介、预防及治疗

	微量元素缺乏症简介	预防	治疗
锰缺乏症	膝关节异常肿大，病禽腿部弯曲或扭转，不能站立；产蛋母禽蛋的孵化率显著下降，胚胎在出壳前死亡；胚胎表现腿短而粗，翅膀变短，头呈球形，鹦鹉嘴，腹膨大	饲料中加入一定量的米糠	每千克饲料中加硫酸锰 $0.1 \sim 0.2$ 克或 $0.005\% \sim 0.01\%$ 高锰酸钾溶液饮水，连喂 2 天，停 $2 \sim 3$ 天后再喂 2 天

微量元素缺乏症简介		预防	治疗
硒缺乏症	表现为头、颈部皮下水肿，精神不振，不愿走动，有的卧地不起，鼻腔分泌物增多、腹泻。皮下水肿，呈黄色胶冻样浸润，腿部、腹部、髓关节处皮下水肿，肌肉出血，并有大米粒状黄色坏死灶	每吨饲料中保持 250 毫克硒	饲料中补充亚硒酸钠 0.03%。或亚硒酸钠维生素注射液 1 毫升，用水稀释 20 倍，皮下或肌内注射，再取 1 毫升混入 100 毫升水中饮用
锌缺乏症	雏禽表现衰弱，站不起来，食欲消失，羽毛发育不良等症状。如受惊吓，则表现呼吸困难，死亡雏禽剖检无特征性变化	日粮中含锌 50 ～ 100 毫克 / 千克	添加硫酸锌或碳酸锌，使日粮含锌量达 150 毫克 / 千克饲料，约 10 天后，降至预防量。或饲料中补充含锌丰富的鱼粉和肉粉

五、中毒性疾病

1. 黄曲霉毒素中毒

黄曲霉毒素中毒是由黄曲霉毒素引起鹅的一种中毒性疾病。临床上以消化机能障碍、全身浆膜出血、肝脏器官受损以及出现神经症状为主要特征，呈急性、亚急性或慢性经过，不同种类和日龄的家禽均可致病，但以幼禽易感。幼鹅中毒后，常引起死亡。

（1）病因　黄曲霉毒素主要是由黄曲霉、寄生曲霉等产生。鹅饲喂受黄曲霉污染的花生、玉米、黄豆、棉籽等作物及其副产品，很容易引起中毒。黄曲霉毒素对人和各种动物都有较强的毒性，其中黄曲霉 B_1 毒素的毒力最强，能诱发鸭、鹅等家禽的肝癌。

（2）临床症状　病鹅最初采食减少、生长缓慢、羽毛脱落。腹泻、步态不稳，常见跛行，腿部和脚蹼出现紫色出血斑点，一周龄以内的雏鹅多呈急性中毒，死前常见有共济失调、抽搐、角弓反张等神经症状，死亡率可达 100%。成年鹅通常呈亚急性或慢性经过，精神、食欲不振，排稀便，生长缓慢，有的可见腹围增大。

（3）病理变化　剖检病雏可见胸部皮下和肌肉有出血斑点，肝脏肿大、色淡、有出血斑点或坏死灶，胆囊扩张，肾脏苍白、肿大或有点状出血，胰腺亦有出血点。病死成年鹅可见心包积液，腹腔常有腹水，肝脏颜色变黄，肝硬化，肝实质有坏死结节或有黄豆大小的增生物，严重者肝脏癌变。

（4）防制

① 预防措施。禁喂霉变饲料是预防该病的关键，同时应加强饲料贮存保管，注意保持通风干燥、防止潮湿霉变。用2%次氯酸钠溶液消毒环境，粪便用漂白粉处理。仓库用福尔马林熏蒸消毒。饲料中添加防霉剂，主要有富马酸二甲酯、苯甲酸钠（以0.1%混料）和硅酸铝钠钙水合物（商品名"速净"，以0.1%剂量混料）。

② 发病后的措施。发现鹅有中毒症状时，应立即检查饲料是否发霉，若饲料发霉，立即停喂，改用易消化的青绿饲料。病雏饮用5%葡萄糖水，饲料中补加维生素AD_3粉、维生素B_1、维生素B_2和维生素C，或添加禽用多维素。为避免继发细菌感染，可投喂土霉素等抗菌药物。

2.磺胺类药物中毒

鹅的磺胺类药物中毒是在用磺胺类药物防治鹅只的细菌性疾病过程中，由于应用不当或剂量过大而引起鹅只发生急性或慢性中毒症。其毒害作用主要是损害肾、肝、脾等器官，并导致鹅只发生黄疸、过敏、酸中毒以及免疫抑制等，往往造成大批鹅只死亡。

（1）病因

① 使用不当。使用磺胺类药物剂量过大，用药时间过长，拌料不均匀。

② 疾病。因磺胺类药物本身在体内代谢较缓慢，不易排泄，当肝、肾有疾患时更易造成在体内的蓄积而导致中毒。

③ 肝肾功能不全。1月龄以内的雏鹅因体内肝、肾等器官功能不全，对磺胺类药物的敏感性较高，也极易引起中毒。

（2）临床症状　急性中毒时主要表现为痉挛和神经症状；慢性中毒时精神沉郁，食欲不振或消失，饮水增加，排稀便，粪便黄色或带血丝，贫血，黄疸，生长缓慢。产蛋禽表现为产蛋明显下降，产软壳蛋和薄壳蛋。

（3）病理变化　剖检表现为出血综合征。出血可发生于皮肤、肌肉及内部器官，也可见于头部、眼前房等。出血凝固时间延长，骨髓由暗红变为淡红甚至黄色。腺胃及肌胃角质膜下出血，整个肠道有出血斑点。肝、脾肿大，散在出血，有坏死灶。心肌呈刷状出血，肺充血与水肿。肾肿大，肾小管内析出磺胺结晶而造成肾阻塞与损伤，产生尿酸盐沉积。

（4）防制

① 预防措施。使用磺胺类药物时应严格控制使用剂量与疗程，并保证充分供给饮水。投药期间，在饲料中添加维生素 K_3、维生素 B_1，其剂量为正常量的 10～20 倍。

② 发病后的措施。发现中毒后立即停药，大量供水。1%～5% 碳酸氢钠溶液适量，自由饮用。或维生素 C 片 25～30 毫克/只，一次口服。或肌内注射维生素 C 注射液，50 毫克/只。饮用车前草和甘草糖水，以促进药物从肾排出。

3. 亚硝酸盐中毒

亚硝酸盐中毒指家禽采食富含亚硝酸盐或亚硝酸饲料造成的高铁血红蛋白症，导致组织缺氧的急性中毒病症，以鸭、鹅多发而鸡次之。

（1）病因　由于采食贮藏或加工方法不当的叶菜类饲料以及富含大量亚硝酸盐的秧苗等而引起家畜中毒。如将青绿饲料温水浸泡、文火焖煮以及加热堆放都可导致大量的亚硝酸盐产生。亚硝酸盐能迅速使氧合血红蛋白氧化成高铁血红蛋白，血红蛋白失去载氧能力而引起机体缺氧。亚硝酸盐具有扩张血管的作用，导致外围循环衰竭更加重组织缺氧、呼吸困难及神经功能紊乱。

（2）临床症状　发病急且病程短，一般在食入后 2 小时内发病。发病时呼吸困难，口腔黏膜发紫，并伴有抽搐、四肢麻痹、卧地不起等症状。严重时很快窒息死亡。

（3）病理变化　剖检可见血液不凝固呈酱油色，遇空气不变成鲜红色。肺内充满泡沫样液体，肝、脾、肾有淤血，消化道黏膜充血。心包腹腔积水，心房脂肪出血。

若有饲喂贮藏、加工和调剂方法不当的饲料病史和典型缺氧症状且血液呈酱油色遇空气不变红色即可诊断。

（4）防制

① 预防措施。不喂堆积、闷热、变质的青绿饲料。贮存青绿饲

料应在阴凉处松散摊放。不喂文火煮熟的青绿饲料，蒸煮过的饲料不宜久放。

② 发病后的措施。更换新鲜饲料，禁止饲喂含亚硝酸盐的饲料。

【方案 1】每只病禽口服维生素 C 片（100 毫克），每天 1 次，连用 2 ～ 3 天。更换新鲜饲料和清洁饮水。

【方案 2】用亚甲蓝 2 克，95% 酒精 10 毫升，生理盐水 90 毫升，溶解后每千克体重注射 1 毫升同时饮服或腹腔注射 25% 葡萄糖溶液，5% 维生素 C 溶液。用盐类泻剂加速肠胃内容物排出。

4. 有机磷农药中毒

有机磷农药包括敌百虫、1605（对硫酸）、马拉硫磷、杀螟松、敌敌畏、二嗪农、倍硫磷等，是一种接触性剧毒农药，进入鹅体可引起中毒。

（1）病因　禽类因误食施用过有机磷农药的蔬菜、谷类、植物种子或被农药污染过的沟水而引起中毒。农药在舍内驱虫灭蚊或超量用含磷药杀体外寄生虫等。

（2）临床症状和病理变化　最急性中毒的鹅往往见不到任何症状而突然死亡。多数中毒鹅表现为停食、精神不安、运动失调、流泪、大量流涎、频频摇头、肌肉震颤、泄殖腔急剧收缩，有时伴有下痢、瞳孔明显缩小、呼吸困难、循环障碍、黏膜发绀、体温下降、足肢麻痹，最后抽搐、昏迷而死亡。剖检口腔积有黏液、食道黏膜脱落、气囊内充满白色泡沫；肺充血、肿胀，心肿大、充血，血液呈酱油色；肝脾肿胀、肝质脆，肾弥漫性出血；胃肠黏膜肿胀、出血，黏膜层极易脱落；肌胃严重出血，黏膜完全脱落，胃内容物散发出大蒜臭味（这一点可作为本病的特征性病理变化）。

（3）防制

① 预防措施。妥善保管、贮存和使用好农药，严禁在禽场附近存放和使用此类农药。使用过农药的农田附近的沟塘和田间，禁止放牧家禽。驱虫时，也应注意选择安全性高的药品。

② 发病后的措施。发现中毒，立即停喂被污染的饲料和饮水。

【方案 1】氯解磷定，鹅肌内或皮下注射 0.2 ～ 0.5 毫升（每毫升含氯解磷定 40 毫克），只要抢救及时，注射后数分钟症状即有所缓解。也可配合肌内注射硫酸阿托品注射液，鹅注射 1 毫升（每毫升含硫酸阿托品 0.5 毫克），以后每隔 30 分钟服用 1 片阿托品，一般喂服 2 ～ 3 次。雏禽可内服阿托品 1/3 ～ 1/2 片，以后按每只 1/10 片的剂量溶于水饮服，每隔 30 分钟 1 次，连用 2 ～ 3 次。

【方案 2】早期中毒，可采取嗉囊（鹅食管膨大部）切开术，用 0.1% 的高锰酸钾冲洗，同时每禽肌注 0.5% 阿托品溶液 0.2 ～ 0.5 毫升，鹅可注射 1 毫升。必要时 2 小时后重复注射 1 次。也可使用特效解毒剂解磷定肌注解救，每禽 0.2 ～ 0.5 毫升。

【方案 3】经皮肤或口腔中毒者，迅速用 5% 碳酸氢钠溶液或 1% 食醋，洗涤皮肤或灌服。

【方案 4】对尚未出现症状的，每只鹅口服 1 毫升阿托品。

5. 有机氯农药中毒

有机氯中毒是指家禽摄入有机氯农药引起的以中枢神经机能紊乱为特征的中毒病。有机氯农药包括氯丹、碳氯灵等。

（1）病因　用有机氯农药杀灭体表寄生虫时，用量过大或体表接触药物的面积过大，易经过皮肤吸收而中毒；采食被该类农药污染的饲料、植物、牧草或拌过农药的种子而引起中毒；饮服被有机氯农药污染的水而中毒。因这类农药对环境污染和对人类的危害大，我国已停止生产。但还有相当数量的有机氯农药流散在社会，由于管理使用不当，引起家禽中毒。

（2）临床症状和病理变化　急性中毒时，先兴奋后抑制，表现不断鸣叫，两翅扇动，角弓反张，很快死亡。短时内不死者，则很快转为精神沉郁，肌肉震颤，共济失调，卧地不起，呼吸加快，口鼻分泌物增多，最后昏迷、衰竭死亡。慢性中毒时，常见肌肉震颤，消瘦，多从颈部开始震颤，再扩散到四肢。预后不良。腺胃、肌胃和肠道出血、溃疡或坏死。肝脏肿大、变硬，肾脏肿大、出血，肺脏出血。

（3）防治　禁止鹅到喷洒过有机氯农药的牧地和水域放牧。发病鹅每只肌注阿托品 0.2 ～ 0.5 毫升。若毒物由消化道食入，则用 1% 石灰水灌服，每只禽 10 ～ 20 毫升。若经皮肤接触而引起中毒，则用肥皂水刷洗羽毛和皮肤。每只禽灌服 5% 的硫酸钠溶液，饮用 1 ～ 2

天，有利于消化道毒物排出。

6. 肉毒毒素中毒

该病是由于食入了肉毒梭菌产生的外毒素而引起的急性中毒性疾病。该病特征是全身性麻痹，头下垂，软弱无力，故又称软颈病。

（1）病因　病原为肉毒梭菌，但细菌本身不致病，而是其产生的肉毒毒素，有极强的毒力，对人、畜、禽均有高度致死性。该病多发于温暖的季节，由于气温高，饲料易腐败，或死鱼烂虾腐败都会产生该毒素。当鹅、鸭等水禽吃了这些腐败食物会发生中毒，也可由吃了身体沾上该毒素的蝇蛆而致病。

（2）临床症状和病理变化　该病潜伏期1～2天，患鹅突然发病，典型的症状是"软颈"，头颈伸直下垂，眼紧闭，翅膀下垂拖地，昏迷死亡［图9-77（a）］。剖检可见十二指肠充血、出血，有轻度炎症［图9-77（b）］。严重病禽羽毛松乱，容易脱落（也是该病的特征性症状之一）。该病无特征性病变，一些出血性变化无诊断意义。根据特征性"软颈"麻痹的症状，流行病学调查有吃腐败食物或接触过污水、粪坑等情况，可做出初步诊断。确诊需取病鹅肠内容物的浸出物，接种小白鼠，如果在1～2天内发生麻痹即可确诊。

(a)

(b)

图9-77　肉毒毒素中毒表现

（3）防治　平时禁喂腐败的饲料、死鱼烂虾、粪坑蝇蛆等。同时注意死于该病的尸体仍有极强毒力，仍可致死人或犬等动物，严禁食用或喂动物，务必深埋或销毁。该病无特效治疗药物。肉毒梭菌C型抗毒素，每只注射2～4毫升。硫酸镁2～3克/只，加水灌服，加速毒素的排出，同时口服抗生素，抑制肠道菌产生毒素。或将仙人掌洗净、切碎，并按 100 克仙人掌加入 5 克白糖，捣烂成泥，每只灌服仙人掌泥 3～4 克，每天 2 次，连用 2 天。

六、其他病

1. 感冒

（1）病因　感冒是家禽的一种常见疾病，是由于气温骤变，家禽突然受寒冷侵袭引起的以呼吸道感染为主的全身发热性疾病。临床上以鼻炎、结膜炎、咳嗽和呼吸增快为特征，多发生于雏禽。

（2）临床症状和病理变化　该病经常由寒冷的刺激而引起。病禽精神沉郁，体温升高，羽毛松乱，鼻流清涕，眼结膜发红，流泪，打喷嚏，行动迟缓，食欲降低或不吃食，怕冷挤堆，有的因上呼吸道感染或继发支气管炎或肺炎，咳嗽夜间尤甚，呼吸粗厉，最终因继发肺炎而死亡。剖检可见鼻腔有黏液蓄积，喉部有炎症病变，并有多量黏液，气管内有炎性渗出物积聚，肺充血肿大。

（3）防治　加强饲养管理，做好育雏室的保温工作（32℃左右），饲养密度适中，采光和通风良好，防止贼风侵袭。水禽放牧在外面时，要注意天气变化，遇有风雨，特别是严冬遇上恶劣天气，要及时赶进舍内避风寒，夏天防止雨淋（尤其是暴风雨）。在饲料中添加少量的鱼肝油或维生素 A，可以增强抗病力。发病后阿司匹林，每天每 100 只病禽用 0.5～1 克拌料饲喂，连用 2～3 天。饲料中拌入 0.02% 的土霉素，连用 3～4 天；或长效磺胺，首次按每千克体重 0.2 克，以后减半，每天 1 次，连用 5～7 天。

2. 喉气管炎

（1）病因　鹅受到寒冷刺激及各种有刺激性的气体（如氨气、二氧化碳等）的刺激，而引起喉及气管的炎症过程。

（2）临床症状和病理变化　临床上以鼻孔有多量黏液流出，呼吸困难，并有"咯咯"的呼吸声为特征。主要表现为鼻有多量黏液流出，喉头有白色黏液附着，常有张口伸颈，呼吸困难，并有"咯咯"的呼吸声，特别是驱赶后表现更为明显。病初精神尚好，食欲时有减退，但喜饮清水；随病情恶化，食欲废绝，体温升高，几天后死亡。

剖检可见喉、气管黏膜充血、水肿，甚至有出血点，并有黏液附着。胆汁浓稠，心包积液。

（3）防治　平时要加强饲养管理，防止受寒，保持鹅舍清洁、干燥及通风良好。发病后，每千克体重肌内注射青霉素1万单位，链霉素0.01克，每天1～2次，连用3天。或口服土霉素每只0.1～0.5克，每天1次，连用2～3天。或中草药制剂，柴胡50克、知母50克、金银花50克、连翘50克、枇杷叶50克、莱菔子50克，煎水1000毫升（解表清热、化痰止咳），1000只4日龄雏鹅拌料，早、晚各1次，每日1剂，连用5～7天。

3. 中暑

中暑是家禽热射病与日射病的总称。

（1）病因　中暑是由于烈日暴晒、环境气温过高导致家禽中枢神经紊乱、心衰猝死的一种急性病。该病常发生于炎热季节，家禽群处于烈日暴晒之下或处于闷热的栏舍中，会突然发生零星的或众多的禽只猝死，且以体型肥胖的禽只易发病。

（2）临床症状和病理变化　该病的特征症状是鹅群突然发病，病鹅一般表现为烦躁不安，战栗，两翅张开，走路摇摆，站立不稳，呼吸急促，体温升高，跌倒在地、翻滚，两脚朝天，在水中不时扑打翅膀，最后昏迷、麻痹、痉挛死亡。剖检可见禽大脑实质及脑膜不同程度充血、出血，其他组织亦可见有出血。另外，刚死亡的禽只，其胸腹内温度升高，热可灼手。

（3）防制

① 防暑降温。加强禽舍内通风换气，有条件的可安装排气扇、吊扇，增加空气流通速度，保证室内空气新鲜；在禽舍周围栽阔叶树木遮阴或搭盖阴棚，窗户上也要安装遮阳棚，避免阳光直射；每天向禽舍房顶喷水或鹅体喷雾1～2次（下午2时左右，晚上7时左右），有防暑降温之效。

② 充分供应饮水。高温季节家禽饮水量是平时的7～8倍，要保证饮水的供应。为有效控制热应激发生，可在饮水中加入0.15%～0.30%氯化钾、0.5%小苏打（碳酸氢钠）和按150～200毫克/千克的比例添加维生素C。

③ 调整营养结构。适当调整饲料营养水平，在饲料中添加 2%～3% 脂肪，可提高家禽的抗应激能力。在产蛋禽日粮中加喂 1.5% 动物脂肪（需同时加入乙氧喹类等抗氧化剂），能增强饲料适口性，提高产蛋率和饲料转化率；提高日粮中甲硫氨酸和赖氨酸含量；加倍补充 B 族维生素和维生素 E，可增强家禽的抗应激能力。同时，在饲料中添加 0.004%～0.01% 杆菌肽锌，可降低热应激，提高饲料转化率。

④ 药物保健。添加大蒜素。大蒜素具有抗菌杀虫、促进采食、帮助消化和激活动物免疫系统的作用，可在饲料中按说明添加使用。此外，将生石膏研成细末，按 0.3%～1% 混饲，有解热清火之效。添加中药，方剂：滑石 60 克、薄荷 10 克、藿香 10 克、佩兰 10 克、苍术 10 克、党参 15 克、金银花 10 克、连翘 15 克、栀子 10 克、生石膏 60 克、甘草 10 克，粉碎过 100 目筛混匀，以 1% 比例混料，每日上午 10 时喂给，可清热解暑，缓解热应激。

⑤ 加强饲养管理。坚持每天清洗饮水设备，定期消毒。及时清理禽粪，消灭蚊蝇。改进饲喂方式，以早晚进行饲喂为主。减少对家禽的惊扰，控制人员、车辆出入，防止病原菌传入。放牧应早出晚归，并选择凉爽的地方放牧。

⑥ 发病后的措施。鹅群一旦发生中暑，应立即进行急救，把鹅赶入水中降温，或赶到阴凉的地方，给予充足清洁饮水，并用冷水喷淋头部及全身；个别病禽还可放在冷水里短时间浸泡。

【方案 1】喂服酸梅加冬瓜水或 3%～5% 红糖水解暑。少量鹅发病时，可口服 2%～3% 冷盐水，也可用冷水灌肠（如果家禽体温很高，不宜降温太快）。

【方案 2】病重的小鹅每只可喂仁丹半粒和针刺翼脉、脚盘穴。

【方案 3】中暑严重的鹅可放脚趾静脉血数滴。不定时让家禽饮用 5%～10% 绿豆糖水和维生素 C 溶液。

【方案 4】甘草、鱼腥草、金银花、地黄、香薷各等份煎水内服，按每只鹅 0.5 克干品的剂量，取每天 1 剂，连服两剂。

【方案 5】藿香、金银花、板蓝根、苍术、龙胆草各等份混合研末（消暑散），按 1% 的比例添加到饲料中。

【方案 6】甘草 3 份、薄荷 1 份、绿豆 10 份，煎汤让鹅自由饮服。

4. 输卵管炎

（1）病因　饲喂过多的动物性饲料，饲料中缺乏维生素 A、维生素 D、维生素 E，产过大的双黄蛋，卵在输卵管中破裂，细菌侵入（如由泄殖腔逆行侵入）等均可引起该病。

（2）临床症状和病理变化　主要症状是排出黄白色脓样分泌物，污染肛门周围的羽毛。产蛋困难有痛感，蛋壳上常带有血迹。随着病程发展，疼痛不安，体温升高，有时呈昏睡状态，常卧地不起，走路腹部着地。炎症蔓延可引起腹膜炎。该病常继发输卵管脱垂、蛋滞。

（3）防制　搞好环境卫生和消毒工作，保证饲料中充足的维生素供给，做好禽流感、传染性支气管炎和新城疫等疾病预防工作。发现病鹅隔离饲养，及时检查，并助产。用 0.5% 高锰酸钾、0.01% 新洁尔灭或 3% 硼酸溶液或普息宁 1∶100 稀释冲洗泄殖腔和输卵管。然后注入青霉素和链霉素或用土霉素拌料喂服禽群。

5. 泄殖腔外翻（脱肛）

主要是指输卵管或泄殖腔翻出肛门之外造成的一种疾患，初产或高产母禽易发生此病。

（1）病因

① 营养因素。蛋白质含量增加、喂料过多、维生素缺乏，使产蛋多或产蛋大，产蛋时用力过度造成脱肛。

② 管理因素。饲养密度过大、通风不良、饮水不足、光照不合理、地面潮湿、卫生条件差、泄殖腔发炎等造成脱肛。

③ 疾病因素。患胃肠炎或其他病导致腹泻，产蛋时用力过度而脱肛。

④ 应激因素。惊吓、响声对产蛋禽是超强刺激，使输卵管外翻不能复位而脱肛。

（2）临床症状和病理变化　病初肛门周围的绒毛湿润，从肛门流出白色或黄色黏液，随后呈肉红色的泄殖腔脱出肛门外，颜色渐变为暗红色，甚至紫色，粪便难于排出。脱出部分发炎、水肿甚至溃烂，脱出物常引起其他禽啄食，病禽最后死亡。

（3）防制　注意饲养密度和舍温适宜，通风良好，给水充足，及时清除粪便，保持地面干燥，在日粮中增加维生素和矿物质。发现病禽，及时隔离，防止啄食。发病后治疗方法：

【方案1】外翻泄殖腔用0.1%高锰酸钾或硼酸水或明矾水冲洗，涂布消炎软膏，并以消毒纱布托着缓慢送回，然后进行肛门烟包缝合，保持3～5天。

【方案2】用1%普鲁卡因溶液清洗外翻泄殖腔，并于肛门周围做局状麻醉，以减少发炎和疼痛，减少努责，避免再度外翻。或整复后倒吊1～2小时，内服补中益气丸，每次15～20粒，每天1～2次，连用数日。

6. 难产

母禽产蛋过程中，超过正常时间不能将蛋产出时，称为禽的难产。鸡、鸭、鹅等均可发生。

（1）病因　主要原因是输卵管炎，或蛋过大，或输卵管狭窄、扭转或麻痹；因啄肛而造成的肛门瘢痕、输卵管脓肿等，也可造成禽的难产。

（2）临床症状和病理变化　难产母禽主要表现为羽毛逆立，起卧不安，频繁努责，全身用力做产蛋动作却又产不出蛋。有时蜷曲于窝内，呼吸急促。站立后可见到后腹部膨大，向下脱垂。触诊此处可明显感觉到有蛋。

（3）防制　注重禽群培育期的骨骼发育；保持饲料中适量的蛋白质和减少输卵管炎症。发病后，泄殖腔内注入10毫升液状石蜡，再由前向后逐渐挤压；也可将手伸入泄殖腔，将蛋挤碎，使内容物流出，再抠出蛋壳，并在输卵管中注入40万单位青霉素。

7. 皮下气肿

皮下气肿是幼鹅的一种常见外伤性疾病。

（1）病因　多见于粗暴捕捉使颈部气囊及腹部气囊破裂；尖锐异物刺破气囊或鸟喙骨和胸骨等有气腔的骨骼发生骨折，均可使气体积聚于皮下，造成皮下气肿。该病多发于1～2周龄的幼鹅，常发生颈部皮下气肿，俗称"气脖子"或"气嗉子"。

（2）临床症状和病理变化　颈部气囊破裂时，可见颈部羽毛逆立，颈的基部或整个颈部气肿，以致头部和舌系带下部出现鼓气泡。腹部气囊破裂或颈部气体向下蔓延时，可见胸腹围增大，皮肤紧张，叩诊呈鼓音。如果延误治疗，则气肿继续增大，病鹅精神沉郁，呆立，呼吸困难，饮欲、食欲废绝，衰竭死亡。该病无其他明显病变，仅见气肿部皮下充满气体。根据该病特殊的症状不难做出诊断。

（3）防制　主要是避免粗暴捉鹅和鹅群拥挤、摔伤和踩伤。发病后，刺破膨胀皮肤，放出气体。注意须多次放气，或用烧红的烙铁在膨胀部烙个缺口，使伤口暂不愈合而持续放气，患鹅可逐渐自愈。

8. 异食癖

异食癖也称恶食癖或啄癖，是鹅的一种由多种原因引起的代谢机能紊乱性综合征，有摄食通常认为无营养价值或根本不应该吃的东西的癖好，如食羽、食蛋、食粪等。

（1）病因　异食癖的原因非常复杂，常常找不到确定的原因，被认为是综合性因素的结果。

① 日粮营养成分缺乏、不足或其比例失调。日粮中蛋白质和某些必需氨基酸如赖氨酸、甲硫氨酸、色氨酸等缺乏或不足；日粮缺乏某些矿物质或矿物质不平衡，如钠、钙、磷、硫、锌、锰、铜等，尤钠、锌等缺乏可引起味觉异常，引起异食。饲料中某些维生素的缺乏与不足，尤其是维生素A、维生素D及B族维生素缺乏，如维生素B_{12}、叶酸等的缺乏可引起食粪癖。

② 饲养管理不当。如饲养密度过高，光线过强，噪声过大，环境温度、湿度过高或过低，混群饲养，外伤，过于饥饿等。

③ 疾病。继发于一些慢性消耗性疾病，如寄生虫病或泄殖腔炎、脱肛、长期腹泻等疾病。

（2）临床症状和病理变化　异食癖发生的类型不同，其表现也不一样。食肛则肛门周围破裂、流血，严重的肠道或子宫也可被拖出肛门外，可引起死亡；食羽则背部常无毛，有的留有羽根，皮肤出血破损；另有表现为啄食蛋，啄食地面水泥、墙上石灰，啄食粪便等嗜好的。啄癖往往首先在个别鹅发生，以后迅速蔓延。

（3）防制

① 预防措施。加强饲养管理，使用全价日粮，保证良好的环境条件。应注意纠正不合理的饲养管理方法，积极治疗某些原发性疾病。

② 发病后的措施。发现啄癖后，首先隔离"发起者"和"受害者"，然后采取综合分析的办法尽快找出原因，然后采取缺什么补什么的措施。对肛门出血的被啄鹅，用 0.1% 高锰酸钾溶液洗患部后涂磺胺软膏。

【方案 1】患啄羽癖可增加蛋白质的喂量，增喂含硫氨基酸、维生素、石膏等；啄蛋癖者若以食蛋壳为主，要增加钙和维生素 D；若以食蛋清为主，要增加蛋白质；若蛋壳和蛋清均食，要同时添加蛋白质、钙和维生素 D。

【方案 2】可用 2% 氯化钠饮水，每日半天，连用 2 ～ 3 天；饲料中添加生石膏粉，每天每只雏 0.5 ～ 3 克，连用 3 ～ 4 天；饲料中添加 1% 小苏打，连用 3 ～ 5 天等。

【方案 3】饲料中添加 3% ～ 4% 羽毛粉，连续饲喂 1 ～ 2 周。

9. 公鹅生殖器官疾病

（1）病因　公鹅在寒冷天气配种，阴茎伸出后被冻伤，不能内缩，因而失去配种能力；也有的因公、母比例不当，公鹅长期滥配而过早地失去配种能力；再者，在水里配种时，阴茎露出后被蚂蟥咬伤，使阴茎受到感染发炎而失去配种能力。

（2）临床症状　公鹅生殖器官疾病的表现是阴茎露出后不能缩回，阴茎红肿，甚至感染化脓。如因交配频繁，则阴茎露出呈苍白色，久之变成暗红色。公鹅患病者，虽有爬跨，但阴茎伸不出来，无法交配。

（3）防制　合理调整公、母配种比例，一般应为（1:4）～（1:6）。另外，在母鹅产蛋期到来之前，提早给公鹅补料。发病后，淘汰患病和阴茎已呈暗红色的鹅。当阴茎受冻垂出在外，不能缩回时，应及时用温水温敷；或用 0.1% 高锰酸钾温热溶液冲洗干净，涂以抗生素软膏或三黄膏，并矫正其位置。

10. 卵黄性腹膜炎

卵黄性腹膜炎（蛋子瘟）主要发生于产蛋鹅，尤其是处于产蛋高峰期的鹅（其具有较低的抗病力）。

（1）病因　病毒性传染病感染（小鹅瘟、禽流感等）、细菌性传染病感染（大肠杆菌病、沙门菌病、巴氏杆菌病等）、其他发热性疫病感染（温和流感、感冒等）、应激因素（各种原因导致的惊群、炸群等）、其他因素（强烈冲击性外力导致腹压过大等）。

（2）临床症状　患病鹅初期精神萎靡，食欲不振，嗜睡，产蛋率由原来的 85% 下降至 70%。随着病情发展，病鹅产软壳蛋、畸形蛋、沙皮蛋等，有的甚至停产，卧地不动，羽毛蓬乱、无光泽，肛门周围羽毛上糊满了带有蛋清或蛋黄碎块的黏性排泄物。大部分病鹅出现体温升高，排稀糊状粪便、脱水、消瘦、眼球下陷，喙、蹼发黄及干燥等全身症状，发病后期常衰竭死亡，病程一般 2 ～ 4 天。

（3）病理变化　可见大部分鹅腹膜及输卵管呈弥漫性出血，有的输卵管与肠系膜粘连、坏死，腹腔有大量散在绿豆粒至玉米粒大小的卵黄，腹膜上也有淡黄色污浊恶臭的液体和破碎的卵黄，有未成熟的卵子呈凝结状干酪样物（图 9-78）。

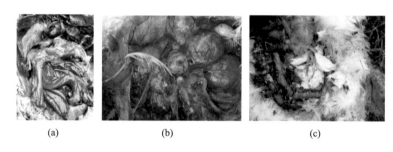

　　(a)　　　　　　　　　(b)　　　　　　　　　(c)

图 9-78　病鹅卵黄性腹膜炎病理变化

(a) 打开腹腔有腐臭、破裂的卵黄；(b) 卵黄变色、变性、变形；(c) 肠道颜色变黑，腹腔内有大量干酪样物

（4）诊断　通常可根据具体的发病时间、临床症状和尸检病变进行诊断。如有必要，应使用腹部渗出物进行涂片、染色和显微镜检查或细菌分离。

（5）防制　加强产蛋期的饲养管理和监测，做好繁殖期繁殖环境的卫生和消毒工作。

免疫接种：①鹅蛋子瘟氢氧化铝甲醛灭活菌苗，母鹅开产前 1个月，每只成年公母鹅胸肌注射 1 毫升，每年 1 次，可有效预防该病的发生；②鹅蛋子瘟多价灭活疫苗，雏鹅颈部皮下注射 0.3 毫升 / 只，青年鹅、成年鹅、种鹅，胸肌注射 1 毫升 / 只。

药物治疗。将病鹅及疑似病鹅全部隔离饲养，未发病鹅公母分开饲养。病鹅每只肌内注射安普霉素 15 毫克，每天一次，连续 5 天。全群混饮氟苯尼考，每克加水 6 千克，自由饮用，连用 3 ～ 5 天。中药：黄连 20 克、黄芩 30 克、黄柏 30 克、白头翁 30 克、紫花地丁 30 克、板蓝根 30 克、穿心莲 20 克、赤芍 40 克、藿香 20 克、雄黄 5 克、木通 50 克、知母 30 克、甘草 30 克，混合粉碎按 1% 比例混合饲料，饲喂 3 ～ 5 天。

第十章
鹅场的经营管理

鹅场的经营管理就是通过对鹅场的人、财、物等生产要素和资源进行合理的配置、组织、使用，以最少的消耗获得尽可能多的产品产出和最大的经济效益。

第一节　经营管理概述

一、经营管理的对象和职能

1. 经营管理的对象
经营管理的对象分类见图 10-1。

2. 经营管理的职能
经营管理的职能分类见图 10-2。

二、经营与管理的关系

经营与管理是两个不同的概念。经营是指在国家法律、条例所允许的范围内，面对市场的需要，根据企业内外部的环境和条件，合理地确定企业的生产方向和经营总目标；合理组织企业的供、产、

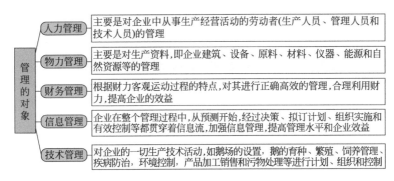

图 10-1　经营管理的对象

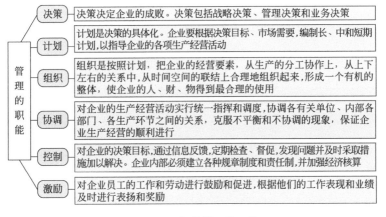

图 10-2　经营管理的职能

销活动,以求用最少的人、财、物消耗,取得最多的物质产出和最大的经济效益,即利润。管理是指根据企业经营的总目标,对企业生产总过程的经济活动进行计划、组织、指挥、调节、控制、监督和协调等工作。

　　经营和管理是统一体,在企业整个生产经营活动中是相互联系、相互制约、相互依存的统一体的两个组成部分。但两者又是有区别的。经营的重点是经济效益,而管理的重点是讲求效率。经营主要解决企业的生产方向和企业目标等根本性问题,偏重于宏观决策;而管理主要是在经营目标已定的前提下，如何组织和以怎样的效率实现的问题，偏重于微观调控。

鹅场的经营管理是指实现一定的经营目标，按照鹅的生物学规律和经济规律，运用经济、法律、行政及现代科学技术和管理手段，对鹅场的生产、销售、劳动报酬、经济核算等活动进行计划、组织和调控的科学。它属于管理科学的范畴，其核心是充分、有效地利用鹅场的人力、物力和财力，以达到高产和高效的目的。

第二节 市场调查和预测

一、市场调查方法

市场调查方法很多，养鹅企业要根据自己的实际情况，选择简便易行的方法（表 10-1）。

表 10-1 市场调查方法

按调查方法分类	询问法	根据已经拟定的调查事项，通过面谈、书面或电话等，向被调查者提出询问、征求意见来搜集市场资料的办法
	观察法	在被调查者不知道的情况下，由调查人员从旁观察记录被调查者的行为和反应，以取得调查资料的方法
	表格调查法	采用一定的调查表格或问卷形式来搜集资料的方法
	样品征询法	通过试销、展销、选样订货、看样订货，一方面推销商品，一方面征询意见的方法
按调查范围分类	全面调查法	进行全方位的调查，搜集的资料全面、详细、精确，但费事、费力，成本较高
	重点调查法	通过一些重点单位（或消费者）调查，得到基本关乎全局情况的资料
	典型市场调查法	通过对具有代表性的市场调查，以达到全面了解某一方面问题的目的。由于调查对象少，可以集中人力、物力和时间进行深入细致的了解
	间接市场调查法	利用其他有关部门提供的调查积累的资料，来推测市场需求变化等
	抽样调查法	从需要了解的总体中抽出其中的一个组成部分进行调查，从而推断出整体情况，但抽取的样品要代表性

二、市场预测方法

市场预测方法见表10-2。

表10-2　市场预测方法

方法	概述	举例
定性预测方法	依靠预测者的逻辑推理和主观判断，对事物的未来发展趋势所做的定性推测。这种方法适合于多因素综合性分析，但预测的结果不够确切、具体，且易受预测者个人的分析能力和主观认识的影响	个人判断法
		集体讨论法
		德尔菲法（专家调查法）
		历史推类法
		定性相关分析法
定量预测方法	运用数学方法对事物进行数量分析，得出预测结果。这种方法的结果确切、具体，但只能用于能够定量的因素分析，而且必须有完整、准确的数据资料	因素推算法
		时间序列预测法（包括算术平均预测法、加权平均预测法和时间序列的一元直线回归分析法）
		一元直线回归分析预测法

【提示】定性预测与定量预测各有优缺点，只有将它们相互结合起来，才能使预测结果更加符合客观实际。

第三节　经营决策

　　经营决策就是鹅场为了确定远期和近期的经营目标和解决与这些目标有关的一些重大问题做出最优选择的决断过程。鹅场经营决策的内容很多，如生产经营方向、经营目标、远景规划、规章制度制定、生产活动安排等，鹅场饲养管理人员每时每刻都在决策。决策的正确与否，直接影响到经营效果。有时一次重大的决策失误就可能导致鹅场的亏损，甚至倒闭。正确的决策是建立在科学预测的基础上的，通过收集大量有关的经济信息，进行科学预测后，才能进行决策。正确的决策必须遵循一定的决策程序，采用科学的方法。

一、决策的程序

决策的程序见图 10-3。

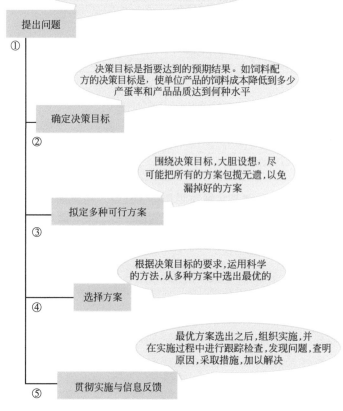

图 10-3　决策程序

二、常用的决策方法

常用的决策方法见图 10-4。

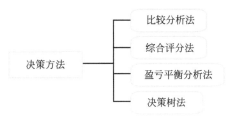

図 10-4　決策方法分类

第四节　计划管理

　　计划是决策的具体化，计划管理是经营管理的重要职能。计划管理就是根据鹅场确定的目标，制订各种计划，用以组织协调全部的生产经营活动，达到预期的目的和效果。

　　鹅场的计划主要包括鹅群周转计划、产品生产计划、饲料使用计划、孵化计划和其他计划等。鹅群周转计划是制订其他各项计划的基础，只有制订好周转计划，才能制订饲料计划、产品计划和引种计划。

1. 鹅群周转计划

鹅群周转计划表见表 10-3。

表 10-3　鹅群周转计划表

类型	年初结构	类别	月份													总计	年末结构	备注
			1	2	3	4	5	6	7	8	9	10	11	12			
种母鹅		转入																
		转出																
		出售																
		淘汰																
		死亡																

类型	年初结构	类别	月份												总计	年末结构	备注
			1	2	3	4	5	6	7	8	9	10	11	12			
种公鹅		转入															
		转出															
		出售															
		淘汰															
		死亡															
雏鹅		转入															
		转出															
		出售															
		淘汰															
		死亡															
青年鹅		转入															
		转出															
		出售															
		淘汰															
		死亡															
肉用仔鹅		转入															
		转出															
		出售															
		淘汰															
		死亡															

2. 产品生产计划

产品生产计划表见表10-4。

表10-4　产品生产计划表

产品名称	年内各月产品量												总计	肉鹅活重/千克	备注
	1	2	3	4	5	6	7	8	9	10	11	12			
种蛋/枚															
雏鹅/只															
商品蛋/枚															

产品名称	年内各月产品量												总计	肉鹅活重/千克	备注
	1	2	3	4	5	6	7	8	9	10	11	12			
商品肉鹅/千克															
鹅毛（绒）/千克															

3. 孵化计划

孵化计划表见表 10-5。

表 10-5　孵化计划表

项目		月份												总计	备注
		1	2	3	4	5	6	7	8	9	10	11	12		
种蛋	数量/枚														
	合格率/%														
入孵	数量/枚														
	头照检出/枚														
	二照检出/枚														
	毛蛋检出/枚														
出雏	雏禽数/只														
	孵化率/%														

4. 饲料使用计划

饲料使用计划表见表 10-6。

表 10-6　饲料使用计划表

项目		数量/只	饲料消耗总量/千克	能量饲料量/千克	蛋白质饲料量/千克	矿物质饲料量/千克	饲料添加剂量/千克	饲料支出/元
1月份（31天）	种母鹅							
	种公鹅							
	育雏鹅							
	育成鹅							
	肉用仔鹅							

项目		数量/只	饲料消耗总量/千克	能量饲料量/千克	蛋白质饲料量/千克	矿物质饲料量/千克	饲料添加剂量/千克	饲料支出/元
2月份（28天）	种母鹅							
	种公鹅							
	育雏鹅							
	育成鹅							
	肉用仔鹅							
全年各类饲料合计								

注：全年饲料使用计划可按照该表格进行，其他月份不再赘述。

5.年财务收支计划

年财务收支计划表见表10-7。

表 10-7　年财务收支计划表

收入		支出		备注
项目	金额/元	项目	金额/元	
淘汰鹅		种（苗）鹅费		
肉鹅		饲料费		
种蛋		折旧费（建筑、设备）		
商品蛋		燃料、药品费		
鹅毛（绒）		基建费		
其他		设备购置维修费		
		水电费		
		管理费		
		其他		
合计				

第五节　生产运行过程的管理

一、制订技术操作规程

技术操作规程是鹅场生产中按照科学原理制订的日常作业的技术规范，鹅群管理中的各项技术措施和操作等均应通过技术操作规程加以贯彻。同时，它也是检验生产的依据。不同饲养阶段的鹅群，按其生产周期制订不同的技术操作规程。如育雏（或育成鹅或种鹅或肉鹅）技术操作规程。

技术操作规程的主要内容包括对饲养任务提出生产指标，使饲养人员有明确的目标；指出不同饲养阶段鹅群的特点及饲养管理要点；按不同的操作内容分段列条，提出切合实际的要求等。技术操作规程的指标要切合实际，条文要简明具体，易于落实执行。

二、制订日工作程序

规定各类鹅舍每天从早到晚的各个时间段内的常规操作，使饲养管理人员有规律地完成各项任务，见表10-8。

表10-8　鹅舍每日工作程序

雏鹅舍每日工作程序		育成舍每日工作程序		种鹅舍每日工作程序	
时间	工作内容	时间	工作内容	时间	工作内容
8：00	喂料，检查饲料质量，饲喂均匀，饲料中加药，避免断料	8：00	喂料，检查饲料质量，饲喂均匀，料中加药，避免断料	6：00	喂料，观察鹅群和设备运转情况
9：00	检查温湿度，清粪，打扫卫生，巡视鹅群。检查照明、通风系统并保持卫生	9：00	检查温湿度，清粪，打扫卫生，巡视鹅群，检查照明、通风系统并保持卫生	7：30	早餐
				9：00	匀料，观察环境条件，提死鹅
				10：00	开门放鹅，清理鹅舍

雏鹅舍每日工作程序		育成舍每日工作程序		种鹅舍每日工作程序	
时间	工作内容	时间	工作内容	时间	工作内容
10：00	喂料，检查舍内温湿度，检查饮水系统，观察鹅群	10：00	检查舍内温湿度和饮水系统，观察鹅群	11：30	喂料，观察鹅群和设备运转情况
11：30	午餐休息	11：30	午餐休息	15：00	喂料
13：00	喂料，观察鹅群和环境条件	13：00	喂料，观察鹅群和环境条件	16：00	洗刷饮水和饲喂系统，打扫卫生
15：00	检查笼门，调整鹅群，观察温湿度，个别治疗	15：00	检查笼门，调整鹅群；观察温湿度，个别治疗。清粪	17：00	记录和填写相关表格，环境消毒等
16：00	喂料，做好各项记录并填写表格；做好交班准备	16：00	喂料，做好各项记录并填写表格	18：00	鹅入舍，观察鹅群
17：00	夜班饲养人员上班工作	17：00	下班	20：00	喂料，2小时后关灯

三、制订综合防疫制度

为了保证鹅群的健康和安全生产，场内必须制订严格的防疫措施，规定对场内、外人员，车辆，场内环境，装蛋放鹅的容器进行及时或定期的消毒，鹅舍在空出后的冲洗、消毒，各类鹅群的免疫，种鹅群的检疫等。

四、劳动定额和劳动组织

1. 劳动定额

劳动定额标准见表10-9。

表 10-9 劳动定额标准

工种	工作内容	定额/（只/人）	工作条件
肉种鹅育雏育成（平养）	饲养管理，一次清粪	1000～2000	饲料到舍；自动饮水，人工供暖或集中供暖
肉种鹅育雏育成（笼养）	饲养管理，经常清粪	1000～2000	
肉种鹅网上-地面饲养	饲养管理，一次清粪	1000～2000	人工供料、检蛋，自动饮水
肉种鹅平养	饲养管理	1000	自动饮水。人工供料、检蛋
肉仔鹅（1日龄至上市）	饲养管理	3000～4000	人工供暖、喂料，自动饮水
孵化	由种蛋到出售鉴别雏	6000枚/人	蛋车式，全自动孵化器

2.劳动组织

（1）生产组织精简高效　生产组织与鹅场规模大小有密切关系，规模越大，生产组织就越重要。规模化鹅场一般设置有行政、生产技术、供销财务和生产班组等组织部门，部门设置和人员安排尽量精简，提高直接从事养鹅生产的人员比例，最大限度地降低生产成本。

（2）人员的合理安排　养鹅是一项脏、苦而又专业性强的工作，所以必须根据工作性质来合理安排人员，知人善用，充分调动饲养管理人员的劳动积极性和提高专业技术水平。

（3）建立健全岗位责任制　岗位责任制规定了鹅场每一个人员的工作任务、工作目标和标准。完成者奖励，完不成者被罚，不仅可以保证鹅场各项工作顺利完成，而且能够充分调动劳动者的积极性，使生产完成得更好，生产的产品更多，各种消耗更少。

五、记录管理

记录管理就是将鹅场生产经营活动中的人、财、物等消耗情况及有关事情记录在案，并进行规范、计算和分析。记录可以反映鹅场生产经营活动的状况，是经济核算的基础，是提高蛋鹅场管理水平和效益的保证，所以，鹅场必须加强记录管理。

1. 鹅场的记录原则

鹅场的记录原则见图 10-5。

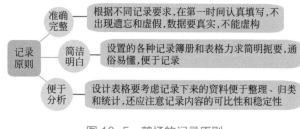

图 10-5　鹅场的记录原则

2. 鹅场的记录表格

鹅场的记录表格见表 10-10 ～表 10-18。

表 10-10　产蛋和饲料消耗记录

品种_____　　　　　　鹅舍栋号_____　　　　　填表人_____

日期	日龄	鹅数/只	死亡淘汰数/只	饲料消耗/千克		产蛋量				饲养管理情况	其他情况
				总耗量	只耗量	数量/枚	重量/千克	破蛋率/%	产蛋率/%		

表 10-11　疫苗购、领记录表

填表人：

购入日期	疫苗名称	规格	生产厂家	批准文号	生产批号	来源（经销点）	购入数量/只	发出数量/只	结存数量/只

表 10-12　饲料添加剂、预混料、饲料购、领记录表

填表人：

购入日期	名称	规格	生产厂家	批准文号或登记证号	生产批号或生产日期	来源（生产厂家或经销点）	购入数量/只	发出数量/只	结存数量/只

表 10-13　疫苗免疫记录表

填表人：

免疫日期	疫苗名称	生产厂家	免疫动物批次日龄	栋号	免疫数/只	免疫次数	存栏数/只	免疫方法	免疫剂量/（毫升/只）	责任兽医

表 10-14　消毒记录表

填表人：

消毒日期	消毒药名称	生产厂家	消毒场所	配制浓度	消毒方式	操作者

表 10-15　鹅场入库的药品、疫苗、药械记录表

日期	品名	规格	数量	单价	金额	生产厂家	生产日期	生产批号	经手人	备注

表 10-16　鹅场出库的药品、疫苗、药械记录表

日期	车间	品名	规格	数量	单价	金额	经手人	备注

表 10-17　购买饲料原料记录表

日期	饲料品种	货主	级别	单价	数量	金额	化验结果	化验员	经手人	备注

表 10-18　收支记录表格

收入		支出		备注
项目	金额/元	项目	金额/元	
合计				

六、鹅场资产管理

1. 流动资产管理

流动资产是指可以在一年内或者超过一年的一个营业周期内变现或者运用的资产。流动资产周转状况影响产品的成本，只有加快流动资产周转，提高流动资产利用率，才能降低产品成本（图10-6）。

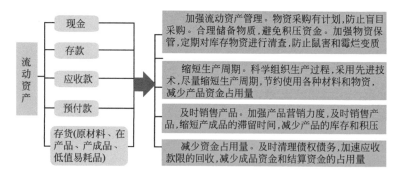

图 10-6　流动资产

2. 固定资产管理

固定资产是指使用年限在1年以上，单位价值在规定的标准以上，并且在使用中长期保持其实物形态的各项资产。鹅场的固定资产主要包括建筑物、道路、产蛋鹅以及其他与生产经营有关的设备、器具、工具等。

（1）固定资产的折旧　固定资产在长期使用中，其物质会受到磨损，价值会发生损耗。固定资产在使用过程中，由于损耗而发生的价值转移，称为折旧。由于固定资产损耗而转移到产品中去的那部分价值叫折旧费或折旧额，用于固定资产的更新改造。

鹅场提取固定资产折旧，一般采用平均年限法和工作量法。

① 平均年限法。它是根据固定资产的使用年限，平均计算各个时期的折旧额，因此也称直线法。其计算公式：

$$固定资产年折旧额 = \frac{[固定资产原值-（预计残值-清理费用）]}{固定资产预计使用年限}$$

$$固定资产年折旧率 = \frac{（固定资产年折旧额）}{固定资产原值} \times 100\%$$

$$= \frac{（1-净残值率）}{折旧年限} \times 100\%$$

② 工作量法。它是按照使用某项固定资产所提供的工作量，计算出单位工作量平均应计提折旧额后，再按各期使用固定资产所实际完成的工作量，计算应计提的折旧额。这种折旧计算方法，适用于一些机械等专用设备。其计算公式为：

$$单位工作量（单位里程或单位工作小时）折旧额$$
$$= \frac{（固定资产原值-预计净残值）}{总工作量（总行驶里程或总工作小时）}$$

（2）提高固定资产利用效果的途径　一是根据轻重缓急，合理购置和建设固定资产，把资金使用在经济效果最大而且在生产上迫切需要的项目上；二是购置和建造固定资产要量力而行，做到与单位的生产规模和财力相适应；三是各类固定资产务求配套完备，注意加强设备的通用性和适用性，使固定资产能充分发挥效用；四是建立严格的使用、保养和管理制度，对不需要的固定资产应及时采取措施，以免浪费，注意提高机器设备的时间利用强度和生产能力的利用程度。

七、产品销售管理

1. 销售预测

规模化鹅场的销售预测是在市场调查的基础上，对产品的趋势做出正确的估计。产品市场是销售预测的基础，市场调查的对象是已经存在的市场情况，而销售预测的对象是尚未形成的市场情况。产品销售预测分为长期预测、中期预测和短期预测。长期预测指 5 ～ 10 年的预测；中期预测一般指 2 ～ 3 年的预测；短期预测一般为每年内各季度月份的预测，主要用于指导短期生产活动。进行预测时可采用定性预测和定量预测两种方法，定性预测是指对对象未来发展的性质方向进行判断性、经验性的预测；定量预测是通过定量分析对预测对象及其影响因素之间的密切程度进行预测。两种方法各有所长，应从当前实际情况出发，结合使用。鹅场的产品虽然只有肉鹅和淘汰鹅，但其产品可以有多种定位，要根据市场需要和销售价格，结合本场情况有目的地进行生产，以获得更好效益。

2. 销售决策

影响企业销售规模的因素有两个：一是市场需求，二是鹅场的销售能力。市场需求是外因，是鹅场外部环境对企业产品销售提供的机会；销售能力是内因，是鹅场内部自身可控制的因素。对具有较高市场开发潜力，但目前在市场上占有率低的产品，应加强产品的销售推广宣传工作，尽力扩大市场占有率；对具有较高的市场开发潜力，且在市场有较高占有率的产品应有足够的投资以维持市场占有率，但由于其成长期潜力有限，过多投资则无益。对那些市场开发潜力小、市场占有率低的产品，因考虑调整企业产品组合。

3. 销售计划

鹅产品的销售计划是鹅场经营计划的重要组成部分，科学地制订产品销售计划，是做好销售工作的必要条件，也是科学地制订鹅场生产经营计划的前提。主要内容包括销售量、销售额、销售费用、销售利润等。制订销售计划的中心问题是完成企业的销售管理任务，能够在最短的时间内销售产品，争取到理想的价格，及时收回贷款，取得较好的经济效益。

4. 销售形式

销售形式指产品从生产领域进入消费领域，由生产单位传送到消费者手中所经过的途径和采取的购销形式。依据服务领域和收购部门经销范围的不同而各有不同，主要包括国家预购、国家订购、外贸流通、鹅场自行销售、联合销售、合同销售6种形式。合理的销售形式可以加速产品的传送过程，节约流通费用，减少流通过程的消耗，更好地提高产品的价值。目前，鹅场自行销售已经成为主要的渠道，自行销售可直销，销售价格高，但销量有限；也可以选择一些大型的商场或大的消费单位进行销售。

5. 销售管理

鹅场销售管理包括销售市场调查、营销策略及计划的制订、促销措施的落实、市场的开拓、产品售后服务等。市场营销需要研究消费者的需求状况及其变化趋势。在保证产品质量并不断提高的前提下，利用各种机会、各种渠道刺激消费、推销产品（图10-7）。

加强宣传、树立品牌：加强宣传才能将产品推销出去。广告是被市场经济所证实的一种良好的促销手段，应很好地利用。一个好企业，首先必须对企业形象及其产品包装（含有形和无形）进行策划设计，并借助广播电视、报刊等各种媒体做广告宣传，以提高企业及产品的知名度。在社会上树立起良好的形象，创造产品品牌，从而促进产品的销售

加强营销队伍建设：一是要根据销售服务和劳动定额，合理增加促销人员，加强促销力量，不断扩大促销辐射面，使促销人员无所不及。二是要努力提高促销人员业务素质。促销人员的素质高低，直接影响着产品的销售。因此，要经常对促销人员进行行业知识的培训和职业道德、敬业精神的教育，使他们以良好素质和精神面貌出现在用户面前，为用户提供满意的服务

积极做好售后服务：售后服务是企业争取用户信任，巩固老市场，开拓新市场的关键。因此，种鹅场要高度重视，扎实认真地做好此项工作。在服务上，一是要建立售后服务组织，经常深入用户做好技术咨询服务；二是对出售的种鹅等提供防疫、驱虫程序及饲养管理等相关技术资料和服务跟踪卡，规范售后服务，并及时通过用户反馈的信息，改进鹅场的工作，加快鹅场的发展

图10-7 销售管理

第六节 鹅场的成本和盈利核算

一、产品成本核算

产品的生产过程，同时也是生产的耗费过程。企业要生产产品，就要发生各种生产耗费。生产过程的耗费包括劳动对象（如饲料）的耗费、劳动手段（如生产工具）的耗费以及劳动力的耗费等。企业为生产一定数量和种类的产品而发生的直接材料费（包括直接用于产品

生产的原材料、燃料动力费等)、直接人工费用(直接参加产品生产的工人工资以及福利费)和间接制造费用的总和构成产品成本。

1. 成本核算的作用

产品成本是一项综合性很强的经济指标,它反映了企业的技术实力和整个经营状况。鹅场通过成本和费用核算,可发现成本升降原因,降低成本费用耗费,提高盈利能力。

2. 成本核算的基础工作

成本核算的基础工作见图 10-8。

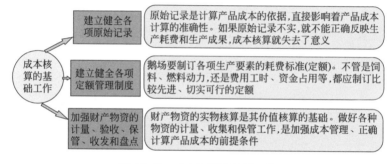

图 10-8 成本核算的基础工作

3. 鹅场成本的构成

鹅场的成本构成有:饲料费、育成鹅培育费(肉用鹅场是鹅苗费)、固定资产维修折旧费、人工费、劳务费、燃料动力费、疾病防治费、利息、税金和杂费。鹅场免税,税金是零;饲料费、培育费、人工费、固定资产维修折旧费是成本项目构成的主要部分,应当重点控制。

4. 成本计算方法

(1)分群核算 分群核算的对象是每种畜的不同类别,如种鹅群、育雏群、育成群、肉鹅群等,按鹅群的不同类别分别设置生产成本明细账户,分别归集生产费用和计算成本。鹅场的主产品是鲜蛋、种蛋、肉鹅,副产品是粪便和淘汰鹅的收入。鹅场的饲养费用包括育成鹅的培育费用、饲料费用、折旧费、人工费等。

① 鲜蛋成本

每千克鲜蛋成本＝［产蛋鹅生产费用－产蛋鹅残值－非鹅蛋收入（包括粪便、死淘鹅等收入）］÷入舍母鹅总产蛋重量

② 种蛋成本

每枚种蛋成本＝［种鹅生产费用－种鹅残值－非种蛋收入（包括鹅粪、商品蛋、淘汰鸡等收入）］÷入舍种母鹅出售种蛋数

③ 雏鹅成本

每只雏鹅成本＝（全部的孵化费用－副产品价值）÷成活一昼夜的雏禽只数

④ 鹅肉成本

每千克鹅肉成本＝（基本鹅群的饲养费用－副产品价值）÷禽肉总重量

⑤ 育雏鹅成本

每只育雏鹅成本＝（育雏期的饲养费用－副产品价值）÷育雏期末存活的雏鹅数

⑥ 育成鹅成本

每只育成鹅成本＝（育雏育成期的饲养费用－粪便、死淘鹅收入）÷育成期末存活的鹅数

（2）混群核算　混群核算的对象是每类畜禽，如牛、羊、猪、鸡、鹅等，按畜禽种类设置生产成本明细账户归集生产费用和计算成本。资料不全的小规模鹅场常用。

① 种蛋成本

每枚种蛋成本＝［期初存栏种鹅价值＋购入种鹅价值＋本期种鹅饲养费－期末种鹅存栏价值－出售淘汰种鹅价值－非种蛋收入（商品蛋、鹅粪等收入）］÷本期收集种蛋数

② 鹅蛋成本

每千克鹅蛋成本＝［期初存栏蛋鹅价值＋购入蛋鹅价值＋本期蛋鹅饲养费用－期末蛋鹅存栏价值－淘汰出售蛋鹅价值－鹅粪收入］÷本期产蛋总重量

③ 鹅肉成本

每千克鹅肉成本＝［期初存栏鹅价值＋购入鹅价值＋本期鹅饲养费用－期末鹅存栏价值－淘汰出售鹅价值－鹅粪收入］÷本期产肉总

重量

二、赢利核算

赢利核算是对鹅场的赢利进行观察、记录、计量、计算、分析和比较等工作的总称，所以赢利也称税前利润。赢利是企业在一定时期内的货币表现的最终经营成果，是考核企业生产经营好坏的一个重要经济指标。

1. 赢利的核算公式

赢利＝销售产品价值－销售成本＝利润＋税金

2. 衡量赢利效果的经济指标

（1）销售收入利润率　表明产品销售利润在产品销售收入中所占的比重。其越高，表明经营效果越好。

销售收入利润率＝产品销售利润／产品销售收入 ×100%

（2）销售成本利润率　它是反映生产消耗的经济指标，在畜产品价格、税金不变的情况下，产品成本愈低，销售利润愈多，其愈高。

销售成本利润率＝产品销售利润／产品销售成本 ×100%

（3）产值利润率　说明实现百元产值可获得多少利润，用以分析生产增长和利润增长比例关系。

产值利润率＝利润总额／总产值 ×100%

（4）资金利润率　把利润和占用资金联系起来，反映资金占用效果，具有较大的综合性。

资金利润率＝利润总额／流动资金和固定资金的平均占用额 ×100%

（5）资金利用率

固定资金利润率＝全年产品销售收入／全年平均占用
固定资金总额 ×100%

流动资金利润率＝总利润额／全年流动资金占用额 ×100%

【提示】鹅场为获得较好收益需从市场竞争、提高产量和降低生产成本三方面着手。一是生产适销对路的产品。进行市场调查和预测，根据市场变化生产符合市场需求的、质优量多的产品。二是提高资金的利用效率。合理配备各种固定资产，注意适用性、通用性和配套性，减少固定资产的闲置和损毁。加强采购计划制订，及时清理回收债务等。三是提高劳动生产率。购置必要的设备减轻劳动强度。制订合理劳动指标和计酬考核办法，多劳多得，优劳优酬。四是提高产品产量。选择优良品种、创造适宜条件、合理饲喂、应用添加剂（饲料中添加沸石、松针叶、酶制剂、益生素、中草药等添加剂能改善鹅消化功能，促进饲料养分充分吸收利用，增加抵抗力、提高生产性能）、科学管理、加强隔离卫生和消毒等，控制好疾病，促进生产性能的发挥。五是制订好鹅场周转计划，保证生产正常进行，一年四季均衡生产。六是降低饲料费用。购买饲料要货比三家，选择质量好、价格低的饲料。利用科学饲养技术、创造适宜的饲养环境、进行严格细致的观察和管理、制订周密饲料计划、及时淘汰老弱病残鹅等，减少饲料的消耗和浪费。

参 考 文 献

［1］ 魏刚才，李学斌．鹅安全高效生产技术［M］．北京：化学工业出版社，2012．

［2］ 王恬．鹅饲料配制及饲料配方［M］．北京：中国农业出版社，2002．

［3］ 韦光辉，牛可可，魏刚才．生态养鹅实用新技术［M］．郑州：河南科学技术出版社，2017．

［4］ 董瑞璠．鹅快速育肥［M］．北京：中国农业科学技术出版社，2006．

［5］ 焦库华，王志强，庄国宏．水禽常见病防治图谱［M］．上海：上海科学技术出版社，2005．

［6］ 尹兆正．养鹅手册［M］．北京：中国农业大学出版社，2005．

［7］ 刁有祥．鹅病图鉴［M］．北京：中国农业科学技术出版社，2019．

［8］ 魏刚才，胡建和．养殖场消毒指南［M］．北京：化学工业出版社，2011．

［9］ 胡民强，郭金彪，张建华．鹅反季节繁殖生产技术［J］．安徽农业科学，2013，41（20）：8819-8821．

［10］ 施振旦，孙爱东．鹅繁殖季节的调控和配套技术［J］．中国家禽，2011，33（18）：40-42．